大学物理学

(第三版) 下册

唐南 王佳眉 主编
胡炳全 李熙涵 编

高等教育出版社·北京

内容提要

本书第二版是作者在重庆大学多年教学经验的基础上编写的大学物理教材，现对第二版内容进行修订。教材以新编制的《理工科类大学物理课程教学基本要求》(2010年版)为依据，在教材结构和编写内容上做了一定改动。全书内容精练、概念清晰，力图在有限的课时内清晰准确地讲授大学物理的基本内容。本书将能力培养与知识传授有机地融为一体，在内容的选取上涵盖了大学物理最基本、最重要的知识点，在保留经典物理基本框架的同时，对近代物理部分(相对论和量子物理)和新技术的基本物理原理进行了加强和拓展。全书各章均有内容提要及丰富的例题和习题，并附有习题答案。全书共三册，上册为力学和热学，中册为电磁学，下册为波动学、相对论和量子物理。

本书可作为理科非物理学类专业和工科各专业的大学物理课程教材，也可供相关人员参考。

图书在版编目(CIP)数据

大学物理学. 下册 / 唐南, 王佳眉主编; 胡炳全, 李熙涵编. -- 3版. -- 北京: 高等教育出版社, 2018.8 (2022.1重印)

ISBN 978-7-04-049628-4

Ⅰ. ①大⋯ Ⅱ. ①唐⋯ ②王⋯ ③胡⋯ ④李⋯ Ⅲ. ①物理学-高等学校-教材 Ⅳ. ①O4

中国版本图书馆 CIP 数据核字(2018)第 084358 号

| 策划编辑 | 王 硕 | 责任编辑 | 王 硕 | 封面设计 | 张志奇 | 版式设计 | 杜微言 |
| 插图绘制 | 于 博 | 责任校对 | 王 雨 | 责任印制 | 刁 毅 | | |

出版发行	高等教育出版社	网　　址	http://www.hep.edu.cn
社　　址	北京市西城区德外大街4号		http://www.hep.com.cn
邮政编码	100120	网上订购	http://www.hepmall.com.cn
印　　刷	肥城新华印刷有限公司		http://www.hepmall.com
开　　本	787mm×1092mm 1/16		http://www.hepmall.cn
印　　张	20	版　　次	2004年7月第1版
字　　数	420千字		2018年8月第3版
购书热线	010-58581118	印　　次	2022年1月第5次印刷
咨询电话	400-810-0598	定　　价	37.40元

本书如有缺页、倒页、脱页等质量问题，请到所购图书销售部门联系调换

版权所有　侵权必究

物　料　号　49628-00

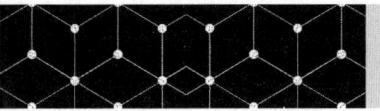

大学物理学
（第三版）（下册）

唐南　王佳眉　主编

胡炳全　李熙涵　编

1　计算机访问http://abook.hep.com.cn/1245814，或手机扫描二维码、下载并安装Abook应用。
2　注册并登录，进入"我的课程"。
3　输入封底数字课程账号（20位密码，刮开涂层可见），或通过Abook应用扫描封底数字课程账号二维码，完成课程绑定。
4　单击"进入课程"按钮，开始本数字课程的学习。

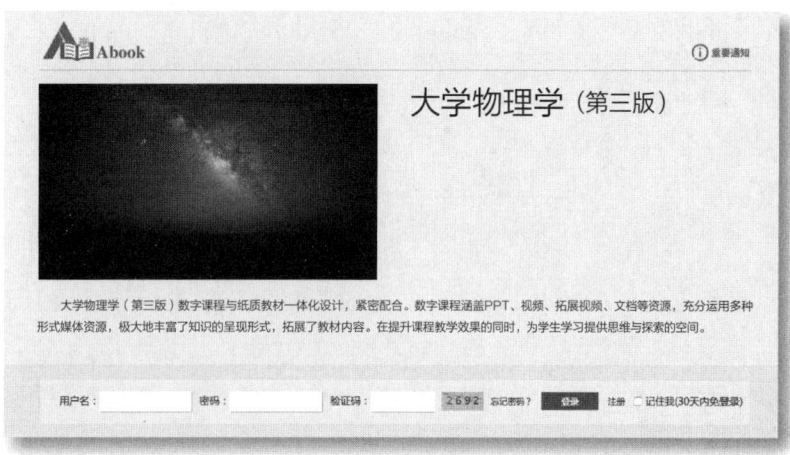

课程绑定后一年为数字课程使用有效期。受硬件限制，部分内容无法在手机端显示，请按提示通过计算机访问学习。

如有使用问题，请发邮件至abook@hep.com.cn。

扫描二维码
下载Abook应用

Discovery视频

名家介绍

http://abook.hep.com.cn/1245814

目 录

第4篇 波动与光学

第十四章 振动 …………………………………………………………… 003
  §14-1 简谐振动的描述 ……………………………………………… 003
    一 简谐振动的描述 ……………………………………………… 003
    二 同频率的简谐振动的相位差 ………………………………… 007
    三 简谐振动的速度和加速度 …………………………………… 008
  §14-2 简谐振动的动力学 …………………………………………… 010
    一 简谐振动的微分方程 ………………………………………… 010
    二 简谐振动的动力学 …………………………………………… 010
    三 简谐振动的能量 ……………………………………………… 015
  §14-3 阻尼振动 ……………………………………………………… 017
  §14-4 受迫振动 共振 ……………………………………………… 019
  §14-5 同方向同频率的简谐振动的合成 …………………………… 020
  §14-6 同方向不同频率的简谐振动的合成 ………………………… 023
  §14-7 谐振分析 ……………………………………………………… 025
  内容提要 ……………………………………………………………… 026
  习题 …………………………………………………………………… 027

第十五章 机械波 ………………………………………………………… 031
  §15-1 机械波的产生和传播 ………………………………………… 031
    一 机械波产生的条件 …………………………………………… 031
    二 机械波的传播 ………………………………………………… 031
    三 波速 横波和纵波 …………………………………………… 033
    四 波阵面和波射线 ……………………………………………… 033
    五 波长和频率 …………………………………………………… 034
    六 弹性介质 ……………………………………………………… 034
  §15-2 平面简谐波 波动方程 ……………………………………… 037
    一 平面简谐波的波动方程 ……………………………………… 038
    二 波动微分方程 ………………………………………………… 040
    三 波动微分方程的推导 ………………………………………… 041
  §15-3 波的能量 波的强度 ………………………………………… 045
    一 波的能量 ……………………………………………………… 045
    二 波动能量的推导 ……………………………………………… 046
    三 波的强度 ……………………………………………………… 047

　　　　四　波的吸收 …………………………………………………………… 049
§15-4　声波 ……………………………………………………………………… 051
　　　　一　声压 ……………………………………………………………… 051
　　　　二　声强　声强级 …………………………………………………… 052
§15-5　惠更斯原理　波的衍射、反射和折射 ………………………………… 054
　　　　一　惠更斯原理 ……………………………………………………… 054
　　　　二　波的衍射 ………………………………………………………… 055
　　　　三　波的反射和折射 ………………………………………………… 056
§15-6　波的叠加原理　波的干涉 ……………………………………………… 057
　　　　一　波的叠加 ………………………………………………………… 057
　　　　二　波的干涉 ………………………………………………………… 057
§15-7　驻波 ……………………………………………………………………… 060
　　　　一　驻波现象 ………………………………………………………… 060
　　　　二　驻波的产生 ……………………………………………………… 061
　　　　三　驻波方程 ………………………………………………………… 062
　　　　四　半波损失 ………………………………………………………… 064
　　　　五　弦线上的驻波 …………………………………………………… 065
§15-8　多普勒效应 ……………………………………………………………… 068
　　　　一　多普勒效应 ……………………………………………………… 068
　　　　二　冲击波 …………………………………………………………… 071
内容提要 …………………………………………………………………………… 072
习题 ………………………………………………………………………………… 074

第十六章　电磁振荡和电磁波 …………………………………………………… 080

§16-1　电磁振荡 ………………………………………………………………… 080
§16-2　电磁波的基本性质 ……………………………………………………… 082
　　　　一　电磁辐射 ………………………………………………………… 082
　　　　二　电磁波的基本性质 ……………………………………………… 083
　　　　三　平面电磁波方程 ………………………………………………… 084
　　　　四　电磁波的能量 …………………………………………………… 085
内容提要 …………………………………………………………………………… 086
习题 ………………………………………………………………………………… 087

第十七章　光的干涉 ………………………………………………………………… 088

§17-1　光的相干性 ……………………………………………………………… 088
　　　　一　光源 ……………………………………………………………… 088
　　　　二　光波 ……………………………………………………………… 088
　　　　三　相干光的获取方法 ……………………………………………… 089
§17-2　光程　光程差 …………………………………………………………… 089
　　　　一　光程和光程差 …………………………………………………… 089
　　　　二　薄透镜的等光程性 ……………………………………………… 091
　　　　三　光的半波损失 …………………………………………………… 092

    四　光的干涉 ··· 092
 §17-3　双缝干涉 ··· 093
    一　杨氏双缝干涉 ··· 094
    二　双缝干涉条纹的分布特征 ································ 095
    三　劳埃德镜干涉 ··· 096
    四　菲涅耳干涉 ·· 096
 §17-4　薄膜干涉 ··· 098
    一　薄膜干涉 ··· 098
    二　劈尖的等厚干涉 ·· 101
    三　牛顿环干涉 ·· 105
    四　迈克耳孙干涉仪 ·· 107
 内容提要 ··· 108
 习题 ·· 110

第十八章　光的衍射 ··· 114
 §18-1　单缝衍射 ··· 114
    一　惠更斯-菲涅耳原理 ······································· 114
    二　单缝夫琅禾费衍射 ·· 115
 §18-2　圆孔衍射　光学仪器的分辨本领 ························ 119
    一　圆孔的夫琅禾费衍射 ····································· 119
    二　光学仪器的分辨本领 ····································· 119
 §18-3　光栅衍射 ··· 121
    一　光栅方程 ··· 121
    二　光栅衍射光强的分布特点 ······························ 122
    三　缺级现象 ··· 122
    四　光栅光谱 ··· 124
 §18-4　X射线衍射 ·· 125
 内容提要 ··· 127
 习题 ·· 128

第十九章　光的偏振 ··· 132
 §19-1　自然光和偏振光 ··· 132
 §19-2　起偏和检偏　偏振片 ··· 133
    一　偏振片的起偏和检偏 ····································· 134
    二　马吕斯定律 ·· 135
 §19-3　反射和折射时光的偏振 ····································· 136
 §19-4　光的双折射 ·· 138
    一　双折射现象 ·· 138
    二　惠更斯原理对双折射现象的解释 ···················· 139
 内容提要 ··· 141
 习题 ·· 141

第 5 篇 近 代 物 理

第二十章 狭义相对论 147
 §20-1 经典力学与经典时空观 147
  一 伽利略变换与经典时空观 147
  二 经典力学的伽利略不变性与伽利略相对性原理 149
 §20-2 狭义相对论原理 150
  一 电磁理论的相对性讨论 150
  二 关于"以太"模型 151
  三 迈克耳孙-莫雷实验 151
  四 光行差实验 153
  五 爱因斯坦狭义相对论原理 154
 §20-3 相对论时空观 155
  一 同时性的相对性 156
  二 时间延缓效应 157
  三 长度收缩效应 159
 §20-4 洛伦兹变换 160
  一 洛伦兹坐标变换与洛伦兹坐标差变换 160
  二 洛伦兹变换与相对论时空观 162
  三 时空的运动相关性与对应原理 166
  四 相对论速度变换与光速不变 167
 §20-5 光的多普勒效应 169
 §20-6 相对论动力学基础 170
  一 相对论动力学方程 质速关系 171
  二 相对论能量 173
  三 相对论能量动量关系 175
  四 结合能与质量亏损 175
 §20-7 广义相对论简介 176
  一 引力质量与惯性质量 176
  二 等效原理 177
  三 广义相对性原理 178
  四 广义相对论的实验检验 178
 内容提要 179
 习题 181

第二十一章 电磁辐射的量子理论 185
 §21-1 黑体辐射 普朗克能量子假设 185
  一 热辐射 185
  二 黑体辐射的规律 186
  三 经典理论的困难 187
  四 普朗克能量子假设 188

§21-2 爱因斯坦光子理论 188
  一　爱因斯坦光子理论 188
  二　光的波粒二象性 189
§21-3 电磁辐射与物质相互作用时的量子效应 191
  一　光电效应 191
  二　康普顿散射 195
  三　电子对效应 198
  四　光子的吸收 200
§21-4 玻尔的氢原子理论 201
  一　氢原子光谱的实验规律 202
  二　玻尔假设 203
  三　玻尔的氢原子理论 204
内容提要 207
习题 209

第二十二章　量子力学基础知识 212

§22-1 波粒二象性 212
  一　德布罗意假设 212
  二　物质波的实验验证 213
  三　物质波的统计诠释——概率波 215
§22-2 波函数 217
§22-3 不确定关系 220
§22-4 薛定谔方程 224
§22-5 一维无限深势阱中的粒子 226
  一　势阱 226
  二　一维无限深势阱中运动粒子的波函数 227
  三　能量量子化　概率密度函数 228
§22-6 势垒　隧道效应 231
  一　单壁势垒的情况 231
  二　势垒贯穿　隧道效应 232
  三　扫描隧穿显微镜 232
§22-7 谐振子 234
内容提要 235
习题 236

第二十三章　原子中的电子 238

§23-1 氢原子 238
  一　氢原子的量子力学处理 238
  二　电子云与电子的径向密度函数 240
§23-2 电子自旋 243
§23-3 施特恩-格拉赫实验 244
§23-4 原子中电子的排布 245

一　电子的量子态——四个量子数 ……………………………… 245
　　二　原子中电子的排布 …………………………………………… 246
　　三　元素周期律的理论说明 ……………………………………… 249
内容提要 ……………………………………………………………………… 249
习题 ………………………………………………………………………… 250

第二十四章　原子核 ……………………………………………………… 251

§24-1　原子核的基本性质 ………………………………………………… 251
　　一　原子核的电荷和质量 ………………………………………… 251
　　二　原子核的组成 ………………………………………………… 252
　　三　原子核的大小 ………………………………………………… 253
　　四　原子核的自旋和磁矩 ………………………………………… 253
　　五　原子核的能量 ………………………………………………… 254
§24-2　核力 ………………………………………………………………… 254
§24-3　原子核的结合能 …………………………………………………… 256
§24-4　原子核的放射性衰变 ……………………………………………… 258
　　一　放射性衰变的基本规律 ……………………………………… 258
　　二　α衰变 ………………………………………………………… 261
　　三　β衰变 ………………………………………………………… 263
　　四　γ衰变 ………………………………………………………… 265
§24-5　核反应 ……………………………………………………………… 266
　　一　核反应 ………………………………………………………… 266
　　二　反应道和反应截面 …………………………………………… 267
　　三　反应能和阈能 ………………………………………………… 268
　　四　核反应的过程及机制 ………………………………………… 269
§24-6　核裂变 ……………………………………………………………… 270
　　一　核裂变 ………………………………………………………… 270
　　二　裂变的液滴模型理论 ………………………………………… 271
　　三　裂变能量 ……………………………………………………… 271
　　四　链式反应 ……………………………………………………… 271
§24-7　核聚变 ……………………………………………………………… 273
内容提要 ……………………………………………………………………… 275
习题 ………………………………………………………………………… 276

第二十五章　激光 ………………………………………………………… 278

§25-1　光放大和粒子数反转 ……………………………………………… 278
　　一　光的自发辐射、受激辐射和受激吸收 ……………………… 278
　　二　光放大和粒子数反转 ………………………………………… 280
　　三　能级的寿命 …………………………………………………… 280
　　四　抽运过程 ……………………………………………………… 281
§25-2　激光的产生 ………………………………………………………… 282
　　一　光的增益和损耗 ……………………………………………… 283

二　激光振荡和光学谐振腔 …………………………………… 283
　　三　谐振腔对激光方向、频率和偏振态的选择 ………………… 284
§25-3　激光器 ……………………………………………………………… 287
　　一　氦氖(He-Ne)激光器 ………………………………………… 287
　　二　红宝石($Cr^{3+}:Al_2O_3$)激光器 ……………………………… 288
　　三　半导体激光器 ………………………………………………… 289
　　四　染料(液体)激光器 …………………………………………… 290
§25-4　激光的特点 ………………………………………………………… 290
§25-5　激光的应用 ………………………………………………………… 291
　　一　激光加工 ……………………………………………………… 291
　　二　激光测量 ……………………………………………………… 292
　　三　激光通信 ……………………………………………………… 293
§25-6　光学全息 …………………………………………………………… 294
　　一　光全息的基本思想 …………………………………………… 294
　　二　光全息的实现 ………………………………………………… 294
　　三　光全息的应用 ………………………………………………… 295
习题 ………………………………………………………………………… 296

第二十六章　半导体 …………………………………………………… 298
§26-1　固体的能带结构 …………………………………………………… 298
§26-2　导体、绝缘体和半导体 …………………………………………… 300
　　一　固体中的电子运动 …………………………………………… 300
　　二　导体、绝缘体和半导体 ……………………………………… 300
§26-3　本征半导体和杂质半导体 ………………………………………… 301
§26-4　半导体应用简介 …………………………………………………… 303
　　一　pn结 …………………………………………………………… 303
　　二　半导体传感元件 ……………………………………………… 303
习题 ………………………………………………………………………… 304

习题答案 …………………………………………………………………… 305

第4篇　波动与光学

　　振动是物质的一种非常普遍的运动形式.广义地说,如果一个物理量在某一定值附近来回变化,我们就说这个物理量在振动.振动无处不在,大到地球和太阳的运动,小到原子、分子的运动.在这一篇中,我们主要讨论机械振动(即力学量的振动)和电磁振荡(即电学量或磁学量的振动).

　　波动是振动的传播过程,这种过程在自然界和人类生活中几乎无处不在,在科学技术中也有极其广泛的应用.波的传播伴随着能量的流动,自然界中很多能量的传递都依赖于波的传播.能量的流动伴随着信号的传递,在科学技术中有很多信号的传输都是通过波的传播实现的.我们主要讨论机械波(机械振动在介质中的传播)和电磁波(变化电磁场的传播).

　　光属于电磁波,我们常说的光是指可见光,可见光在真空中的波长大约在 760 nm 到 390 nm 之间.可见光的独特之处是能引起人的视觉,因而具有很强的实用性.本篇我们重点讨论光波的干涉、衍射和偏振现象,这些现象所呈现的规律在科学研究和工程技术中有广泛的应用.

　　本篇先讨论机械振动和机械波(第十四、十五章),然后讨论电磁振荡和电磁波(第十六章),随后讨论光波,包括光的干涉(第十七章)、光的衍射(第十八章)和光的偏振(第十九章).

第十四章
振动

最常见的振动是力学量和电学量或磁学量的振动.位移、速度、加速度等力学量的振动统称为**机械振动**;电流、电压、电场强度和磁感应强度的振动,统称为**电磁振荡**.机械振动比较直观,易于理解,我们先讨论机械振动.从振动的形式来看,有连续振动和非连续(脉冲)振动,有周期振动和非周期振动等,其中最简单的是简谐振动.可以证明,一切复杂的振动都可以看成是许多简谐振动的合成,因而简谐振动理论是一般振动理论的基础,所以我们先讨论简谐振动.

本章先介绍简谐机械振动的描述及其动力学方程,然后介绍阻尼振动和受迫振动,最后说明振动合成的规律.

§14-1 简谐振动的描述

一 简谐振动的描述

如果一个物体对于平衡位置的位移按余弦函数的规律随时间变化,我们说物体的运动是**简谐振动**.例如理想的弹簧振子的无阻尼振动就是简谐振动.如图 14-1 所示,一个轻质弹簧的一端固定,另一端连接一个可以在水平光滑面上自由运动的物体,若所有的摩擦阻力都可以忽略,这就是一个无阻尼的弹簧振子.在弹簧处于自然长度时,物体处于平衡位置 O,以 O 为原点设立 Ox 坐标轴.如果移动物体到 $x=A$ 处然后释放,则物体会在 Ox 坐标轴上 O 点两侧作往复运动.把物体当作质点来讨论,可以证明(见下一节),物体对于平衡位置的位移(如果选取平衡点为坐标

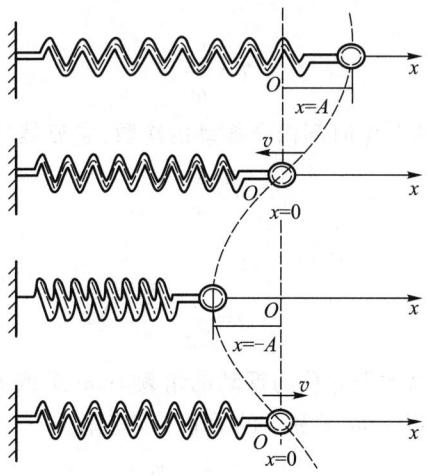

图 14-1 弹簧振子的简谐振动

轴的原点,也可以称为位置)x 将按余弦函数的规律随时间 t 变化,因此,物体的这种振动就是简谐振动.它的数学表达式是

$$x = A\cos(\omega t + \varphi) \tag{14-1}$$

其中 A、ω 和 φ 为常量.式(14-1)称为简谐振动的运动方程,简称为**谐振方程**.

式(14-1)中的 A 表示质点可能离开原点的最大距离,它给出了质点运动的范围.这个量称为振动的**振幅**.

由于振幅 A 是一个常量,因而简谐振动的全部变化都反映在余弦函数的变化之中.式(14-1)中余弦函数的变量($\omega t + \varphi$)称为振动的**相位**(简称为相),记作

$$\Phi = \omega t + \varphi \tag{14-2}$$

简谐振动的状态仅随相位的变化而变化,因而相位是描述简谐振动的状态的物理量.

式(14-2)中的 ω 叫**角频率**,由于

$$\omega = \frac{\mathrm{d}\Phi}{\mathrm{d}t}$$

故角频率表示相位变化的速率,是描述简谐振动状态变化快慢的物理量.简谐振动的 ω 是一个常量,表示它的相位是匀速变化的.

式(14-1)中的 φ 叫**初相**,即 $t=0$ 时的相,初相描述简谐振动的初始状态.

在时间从 t_1 到 t_2 的过程中,相位从 $\Phi_1 = \omega t_1 + \varphi$ 变化到 $\Phi_2 = \omega t_2 + \varphi$,相位变化 $\Delta\Phi = \Phi_2 - \Phi_1$ 和相应的时间变化 $\Delta t = t_2 - t_1$ 的关系为

$$\Delta\Phi = \omega \Delta t$$

此式直观的物理意义是:相位变化等于相位变化的速率与变化的时间之积.

余弦函数是周期函数,相位每变化 2π,即 $\Delta\Phi = 2\pi$ 时运动状态将重复一次,称物体进行了一次**全振动**.以 T 表示一次全振动所需要的时间即振动的**周期**,代入上式有

$$2\pi = \omega T$$

得到

$$T = \frac{2\pi}{\omega}$$

以 ν 表示振动的**频率**,即单位时间内全振动的次数,它显然是周期 T 的倒数,即

$$\nu = \frac{1}{T}$$

将 T 代入,则有

$$\nu = \frac{\omega}{2\pi}$$

由于 ω 和 ν 成正比,所以才把它称为振动的角频率,ω、T 或 ν 都描述简谐振动的周期性.为了方便,我们把以上 ω,T 和 ν 的关系一并记作

$$\omega = 2\pi\nu = \frac{2\pi}{T} \tag{14-3}$$

显然，ω、T 和 ν 这三个量中，只要有一个知道了，其余两个也就很容易得到.在国际单位制中，T 的单位是 s，ν 的单位是 Hz(或 s^{-1})，ω 的单位是 rad/s(或 s^{-1}).

用式(14-3)可把相位变化与时间变化之间的关系 $\Delta\Phi=\omega\Delta t$ 进一步记作

$$\Delta\Phi=\omega\Delta t=\frac{2\pi}{T}\Delta t \tag{14-4}$$

此式表示，时间每过一个周期 $\Delta t = T$，则相位增加 $\Delta\Phi = 2\pi$.谐振方程式(14-1)也可进一步记作

$$x=A\cos(\omega t+\varphi)=A\cos(2\pi\nu t+\varphi)=A\cos\left(\frac{2\pi}{T}t+\varphi\right) \tag{14-5}$$

对于一个简谐振动，如果 A、ω 和 φ 都知道了，这个振动也就完全清楚了.因此，这三个量称为描述简谐振动的**三个特征量**.

简谐振动也可以用振动曲线来描述，称为**谐振曲线**，见图 14-2.图中振动的振幅 $A=0.02$ m，周期 $T=0.4$ s，一目了然.振动的相位也可以在图中大致读出.如果把距离原点最近的一个位移极大即 $x=A$ 的状态选作零相位，则图中 $t=0.1$ s 时的相位为零(图中 a 点所表示的状态).按照时间每过一个周期，相位增加 2π 的规律，一个周期以后(如 b 点所示)的下一个位移极大状态的相位应为 2π，图中是 $t=0.5$ s 时的相位为 2π；一个周期前的那个位移极大状态(c 点)的相位为 -2π.图中还可以读出，$t=-0.1$ s 时(d 点)的相位为 $-\pi$，$t=0.3$ s 时的相位(e 点)为 π.由于相位是匀速变化的，在图中还容易读出 $\pm\pi/2$、$\pm3\pi/2$ 等特殊相位.振动的初相，即 $t=0$ 时的相位，在图中是 $\varphi=-\pi/2$.

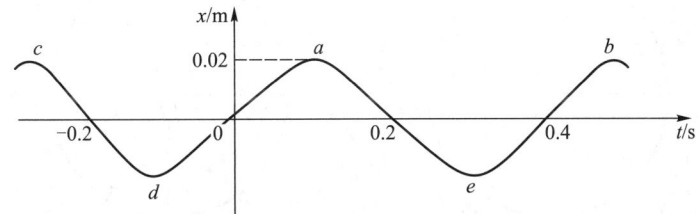

图 14-2 简谐振动的振动曲线

简谐振动除了用谐振方程和谐振曲线来描述以外，还有一种很直观，因而很方便的描述方法，称为**矢量图示法**.该方法很像三角函数中用到的单位圆法.如图 14-3 所示，在一个平面上作一个 Ox 坐标轴，以原点 O 为起点作一个长度为 A 的矢量 $\boldsymbol{A}$，$\boldsymbol{A}$ 绕原点 O 以匀角速度 ω 沿逆时针方向旋转，称为**旋转矢量**，矢量端点在平面上将画出一个圆，称为**参考圆**.设 $t=0$ 时矢量 $\boldsymbol{A}$ 与 x 轴的夹角即初角位置为 φ，则任意 t 时 $\boldsymbol{A}$ 与 x 轴的夹角即角位置为 $\Phi=\omega t+\varphi$，矢量的端点 M 在 x 轴上投影点 P 的坐标为

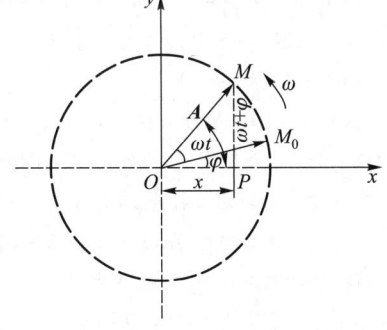

图 14-3 简谐振动的矢量图

$$x = A\cos(\omega t + \varphi)$$

这与式(14-1)所表示的简谐振动定义式相同.由此可知,旋转矢量的端点在 x 轴上的投影的运动就是简谐振动.显然,一个旋转矢量与一个简谐振动相对应,其对应关系是:旋转矢量的长度就是振动的振幅,因而旋转矢量有时又称为**振幅矢量**;矢量的角位置就是振动的相位,矢量的初角位置就是振动的初相,矢量的角位移就是振动相位的变化;矢量的角速度就是振动的角频率;矢量旋转的周期和频率就是振动的周期和频率.我们在讨论一个简谐振动时,用上述方法作一个旋转矢量来帮助分析,可以使运动的各个物理量表现得直观,运动过程显示得清晰,有利于问题的解决.

例 14.1 一质点沿 x 轴作简谐振动,振幅为 A,周期为 T,

(1) 当 $t=0$ 时,质点对平衡位置的位移 $x_0 = A/2$,质点向 x 轴正方向运动,求质点振动的初相;

(2) 质点从 $x=0$ 处运动到 $x=A/2$ 处最少需要多少时间?

解 (1) 当 $t=0$ 时,质点的位移 $x_0 = A/2$,故 $t=0$ 时的矢量图中的旋转矢量应与 x 轴构成 $60°$ 角,即与 x 的夹角为 $\varphi = \pi/3$ 或 $\varphi = -\pi/3$,见图 14-4(a).若 $\varphi = \pi/3$,注意到矢量的转动方向是沿逆时针方向的,所以此时矢量端点的投影正向 x 轴负方向运动,这不合题意;若 $\varphi = -\pi/3$,此时矢量端点的投影正向 x 正方向运动,合题意.故质点振动的初相应为 $\varphi = -\pi/3$.

(2) 质点从位移为 $x=0$ 处运动到 $x=A/2$ 处的过程,在图 14-4(b)中即为质点从 O 点运动到 a 点的过程.由于质点的运动不是匀速运动,所以运动时间在 x 轴上不能直接判断出来.在矢量图中,质点从 $x=0$ 运动到 $x=A/2$ 处,旋转矢量是从 $\Phi = -\pi/2$ 处转动到 $\Phi = -\pi/3$ 处,转过了 $\pi/6$ 的角度.由于矢量的转动是匀角速转动,转动一周的时间是 T,故转过 $\pi/6$ 的时间应为 $T/12$,这也就是质点从 $x=0$ 处运动到 $x=A/2$ 处所需要的最短的时间.

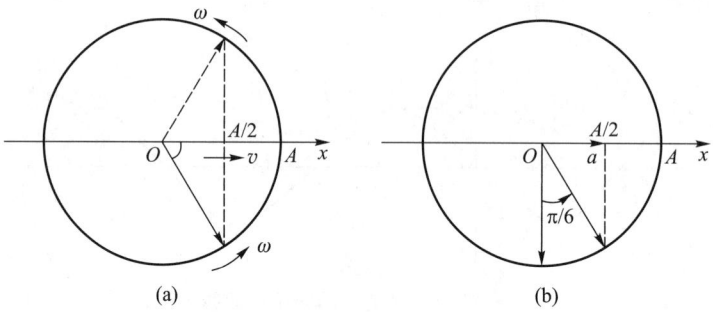

图 14-4 例 14.1 图

例 14.2 一质点作简谐振动的振动曲线如图所示,求质点的振动方程.

解 从图 14-5 中可以直接看出质点振动的振幅为 $A = 2$ cm.

在 $t=0$ 时,质点的位移 $x_0 = A/2$,而质点的速度(曲线的斜率)为负值,参见例 14.1 问题(1)中的分析,可知质点振动的初相为 $\varphi = \pi/3$.

在 $t = 2$ s 时,质点的位移 $x_0 = A/2$,而质点的速度为正值,从矢量图分析可知,质点振动的相位应该为 $\Phi = 5\pi/3$(注意此处不能取 $\Phi = -\pi/3$,因为相位是随时间单调增加的).在 $t=0$ 到 $t=2$ s 的过程中,相位

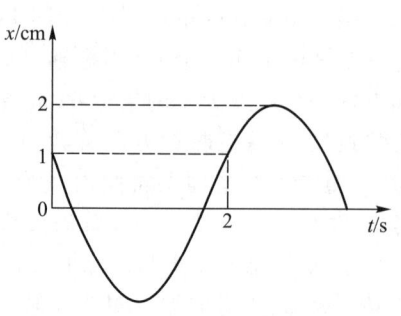

图 14-5 例 14.2 图

从 $\varphi=\pi/3$ 变化到 $\Phi=5\pi/3$,经历的时间为 $\Delta t=2$ s,相位的改变为 $\Delta\Phi=4\pi/3$.振动的角频率 ω,即相位变化的速率为

$$\omega=\Delta\Phi/\Delta t=2\pi/3$$

故质点的振动方程为

$$x=2\cos\left(\frac{2\pi}{3}t+\frac{\pi}{3}\right)$$

式中,x 的单位为 cm,t 的单位为 s.

二 同频率的简谐振动的相位差

相位概念经常用于比较两个同频率的简谐振动的步调.设有下列两个简谐振动:

$$x_1=A_1\cos(\omega t+\varphi_1)$$
$$x_2=A_2\cos(\omega t+\varphi_2)$$

它们的**相位差**(简称相差)为

$$\Delta\Phi=(\omega t+\varphi_2)-(\omega t+\varphi_1)=\varphi_2-\varphi_1=\Delta\varphi \tag{14-6}$$

相差描述同一时刻两个振动的状态差.从式(14-6)可以看出,两个连续进行的同频率的简谐振动在任意时刻的相差都等于其初相差而与时间无关.由这个相差的值可以分析它们的步调是否一致.

如果 $\Delta\Phi=0$(或者 2π 的整数倍),两振动质点将同时达到各自的极大值,并且同时越过原点并同时达到极小值,它们的步调始终相同.这种情况我们说二者**同相**.

如果 $\Delta\Phi=\pi$(或者 π 的奇数倍),两振动质点中的一个达到极大值时,另一个将同时达到极小值,并且将同时越过原点并同时达到各自的另一个极值,它们的步调正好相反.这种情况我们说二者**反相**.

当 $\Delta\Phi$ 为其他值时,我们一般说二者不同相.例如对于下面两个简谐振动:

$$x_1=A_1\cos\omega t$$
$$x_2=A_2\cos(\omega t+\pi/2)=A_2\cos\omega(t+T/4)$$

它们的相差为 $\Delta\Phi=\pi/2$,即 x_2 振动的相位始终要比 x_1 振动的相位大 $\pi/2$.

图 14-6 中描出了这两个振动的振动曲线(为了便于讨论相位差,我们把两个振动的振幅设为相同),图中实线表示振动 x_1,虚线表示振动 x_2.从图中可以看出,在 $t=0$ 时,振动 x_1 的相位为零,振动 x_2 的相位为 $\pi/2$,在 $t=T/4$ 时,振动 x_1 的相位变为了 $\pi/2$,而振动 x_2 的相位则变为 π.也就是说,振动 x_1 要到达振动 x_2 现在的状态,必须要经过 $T/4$ 的时间,待相位变化 $\pi/2$ 后才能实现.对于这种情况,我们说,从相位上看,振动 x_2 比振动 x_1 超前 $\pi/2$,或说成是振动 x_1 比振动 x_2 落后 $\pi/2$,即两个振动比较,相位大的一个称为超前,相位小的一个称为落后.从时间上看,我们说振动 x_2 比振动 x_1 超前 $T/4$,即两个振动比较,时间因子大的一个称为超前,时间因子小的一个称为落后.两个同频率的简谐振动的相位差 $\Delta\Phi$ 和时间差 Δt 的关系,仍然可以记为式(14-4)的形式,即

$$\Delta\Phi=\omega\Delta t=\frac{2\pi}{T}\Delta t \tag{14-7}$$

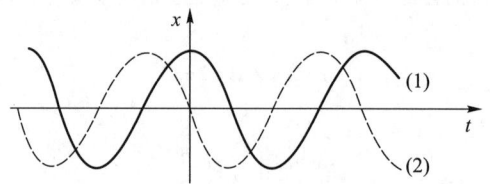

图 14-6 两个同频率的简谐振动的振动曲线

表示一个振动在时间上每超前另一个振动一个周期,则它的相位超前 2π.

从旋转矢量图来讨论两个振动的相位差比较直观,图 14-7 中作出了 $t=0$ 时这两个振动的矢量图,其中 A_1 是振动 x_1 对应的旋转矢量,A_2 是振动 x_2 对应的旋转矢量.由于旋转矢量的角位置表示振动的相位,因而它们的夹角代表它们的相位差.由于两个矢量的角速度相同,它们的相位差不随时间改变.从图中可以看出,振动 x_2 的相位(矢量的角位置)始终要比振动 x_1 的相位大 $\pi/2$,即振动 x_2 在相位上比振动 x_1 超前 $\pi/2$.振动 x_2 到达一个状态后,振动 x_1 总要在 $T/4$ 后才能到达这个状态,即振动 x_2 在时间上比振动 x_1 超前 $T/4$.

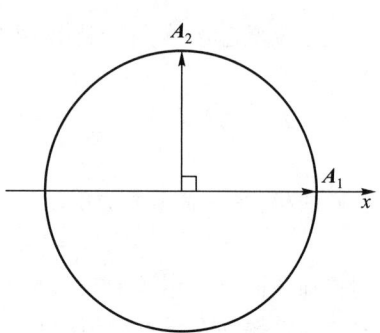

图 14-7 两个同频率的简谐振动的旋转矢量

由于 $x_1 = A_1 \cos \omega t = A_1 \cos(\omega t + 2\pi)$,所以也可以说是振动 x_1 比振动 x_2 超前 $3\pi/2$.为了表述的一致性,我们约定把 $|\Delta\Phi|$ 的值限定在 π 以内,对于上面的两个简谐振动,我们统一说成是振动 x_2 比振动 x_1 超前 $\pi/2$,或说成是振动 x_1 比振动 x_2 落后 $\pi/2$.而不说是振动 x_1 比振动 x_2 超前 $3\pi/2$ 或振动 x_2 比振动 x_1 落后 $3\pi/2$.

三 简谐振动的速度和加速度

由谐振方程式(14-1),可求得任意时刻质点的速度和加速度:

$$v = \frac{dx}{dt} = -\omega A \sin(\omega t + \varphi)$$

$$= \omega A \cos\left(\omega t + \varphi + \frac{\pi}{2}\right) \tag{14-8}$$

$$a = \frac{d^2 x}{dt^2} = -\omega^2 A \cos(\omega t + \varphi)$$

$$= \omega^2 A \cos(\omega t + \varphi + \pi) \tag{14-9}$$

广义地说,简谐振动 x 的速度 v、加速度 a 也都是简谐振动.它们振动的频率相同;它们的振幅分别为 A、$v_{\max} = \omega A$ 和 $a_{\max} = \omega^2 A$,即依次多一个因子 ω;它们的相位依次超前 $\pi/2$.它们的相互关系可用图 14-8 所示的曲线表示,为了突出相位,图中把振幅的大小作得相同.从图中可以看出,它们的频率相同,相位依次超前 π/2,因而加速度和位移反相.比较式(14-1)和式(14-9)亦可以看出

$$a = \frac{d^2 x}{dt^2} = -\omega^2 x \quad (14-10)$$

这一关系式说明,简谐振动的加速度和位移的大小成正比而方向相反.

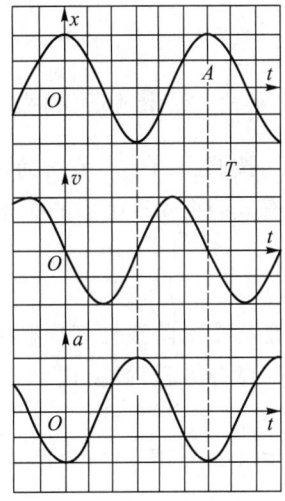

图 14-8 简谐振动的 x, v, a 随时间变化的关系曲线

例 14.3 一质点沿 x 轴作简谐振动,振幅 $A = 0.12$ m,周期 $T = 2$ s,当 $t = 0$ 时,质点对平衡位置的位移 $x_0 = 0.06$ m,此时刻质点向 x 正向运动.求:

(1) 简谐振动的运动方程;
(2) $t = T/4$ 时,质点的位移、速度、加速度.

解 (1) 取平衡位置为坐标原点.设位移表达式为

$$x = A\cos(\omega t + \varphi)$$

其中 $A = 0.12$ m, $\omega = 2\pi/T = \pi$ s^{-1},下面我们用矢量图来求初相 φ.由初始条件,$t = 0$ 时 $x_0 = 0.06$ m $= A/2$,质点向 x 轴正向运动,可画出如图 14-9(a)所示的旋转矢量的初始位置(图中略去了参考圆),从而得出 $\varphi = -\pi/3$.于是此简谐振动的运动方程为

$$x = 0.12\cos\left(\pi t - \frac{\pi}{3}\right) \text{(SI 单位)}$$

(2) 此简谐振动的速度为

$$v = -\omega A\sin(\omega t + \varphi) = -0.12\pi\sin\left(\pi t - \frac{\pi}{3}\right) \text{(SI 单位)}$$

加速度为

$$a = -\omega^2 A\cos(\omega t + \varphi) = -0.12\pi^2\cos\left(\pi t - \frac{\pi}{3}\right) \text{(SI 单位)}$$

将 $t = T/4 = 0.5$ s 代入谐振方程、速度和加速度的表达式可分别得质点在 $t = 0.5$ s 时的位移为

$$x = 0.104 \text{ m}$$

速度为

$$v = -0.188 \text{ m} \cdot \text{s}^{-1}$$

加速度为

$$a = -1.03 \text{ m} \cdot \text{s}^{-2}$$

此时刻旋转矢量的位置如图 14-9(b)所示.

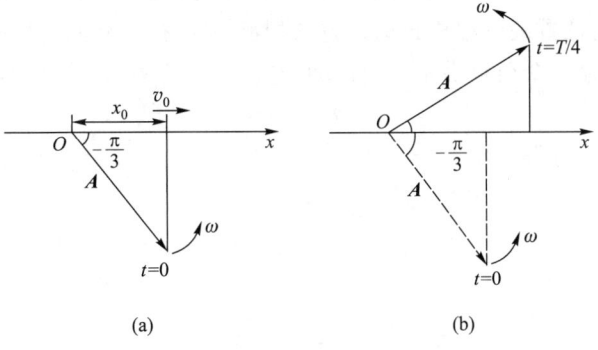

图 14-9 例 14.3 图

§14-2 简谐振动的动力学

一 简谐振动的微分方程

按照我们上一节对简谐振动加速度的分析,如果一个质点的运动是简谐振动,则有式(14-10)所示的关系,该式可写为

$$\frac{d^2 x}{dt^2} + \omega^2 x = 0 \tag{14-11}$$

这是一个二阶线性齐次微分方程,称为**简谐振动的微分方程**,简称谐振微分方程.按照微分方程理论,这个方程的解就是

$$x = A\cos(\omega t + \varphi)$$

其中 A 和 φ 是积分常量.综上所述可见,谐振微分方程可作为简谐振动的充要条件,即**若一个物理量作简谐振动** $x = A\cos(\omega t + \varphi)$,**则它满足谐振微分方程** $\frac{d^2 x}{dt^2} + \omega^2 x = 0$;**反之,若一个物理量满足谐振微分方程,则该物理量作简谐振动**,振动的角频率即为方程中的 ω,振动的振幅和初相即为积分常量 A 和 φ,由振动的初始条件决定.

式(14-11)中的物理量 x 不一定就是物体的位移,也可能是其他的力学量,如速度、加速度、角位移、角速度,甚至是电磁学量,如电流、电压、电场强度和磁感应强度.无论是什么物理量,只要它满足谐振微分方程,它的运动形式就是简谐振动.

二 简谐振动的动力学

根据牛顿第二定律,质量为 m 的质点在 x 方向作简谐振动,它所受的合外力应该是

$$F = m\frac{d^2 x}{dt^2}$$

把式(14-10)代入,则

$$F = -m\omega^2 x$$

由于简谐振动的 m,ω 都是常量,所以有结论:**作简谐振动的质点所受合外力的大小与它对于平衡位置的位移成正比而方向相反**.我们把这样的力称为**正比恢复力**.

反过来,如果一个质点沿 x 方向运动,它受到的合外力为正比恢复力,即

$$F = -kx \tag{14-12}$$

由牛顿第二定律,可得

$$m\frac{d^2 x}{dt^2} = -kx$$

或

$$\frac{d^2 x}{dt^2} + \frac{k}{m}x = 0$$

令
$$\omega = \sqrt{\frac{k}{m}} \tag{14-13}$$

则有
$$\frac{d^2 x}{dt^2} + \omega^2 x = 0$$

这正是谐振微分方程式(14-11),表示 x 是一个谐振量,即
$$x = A\cos(\omega t + \varphi)$$

由此我们得到一个结论:**若质点所受的合外力是正比恢复力,则质点的运动是简谐振动**,这可作为简谐振动的**动力学定义**.简谐振动的角频率由式(14-13)决定.这意味着,角频率是由振动系统本身的力学性质(包括物体的质量和力的性质)所决定的.所以我们把角频率称为振动系统的**固有角频率**,其周期叫**固有周期**,且有

$$T = \frac{2\pi}{\omega} = 2\pi\sqrt{\frac{m}{k}} \tag{14-14}$$

综上可知,受正比恢复力作用是质点作简谐振动的动力学充要条件.

对刚体的转动可以进行同样的讨论.根据转动定律,如果一个刚体绕 O 轴的转动为简谐振动 $\theta = \Theta\cos(\omega t + \varphi)$,其中 Θ 表示角位移的振幅,它受到的合外力矩应该为

$$M = J\frac{d^2\theta}{dt^2} = -J\omega^2\theta$$

M 为正比恢复力矩.

反之,若刚体受到正比恢复力矩
$$M = -k\theta \tag{14-15}$$

则由转动定律可得
$$J\frac{d^2\theta}{dt^2} = -k\theta$$

令
$$\omega = \sqrt{\frac{k}{J}} \tag{14-16}$$

则有
$$\frac{d^2\theta}{dt^2} + \omega^2\theta = 0$$

这也是一个谐振微分方程,表示刚体的角位移 θ 是一个简谐振动量,即
$$\theta = \Theta\cos(\omega t + \varphi)$$

简谐振动的角频率由式(14-16)决定.振动的**固有周期**为

$$T = \frac{2\pi}{\omega} = 2\pi\sqrt{\frac{J}{k}} \tag{14-17}$$

综上可知,**若刚体的转动是简谐振动,则刚体所受的合外力矩是正比恢复力矩;反之,若刚体所受的合外力矩是正比恢复力矩,则刚体的转动是简谐振动**.即正比恢复力是转动刚体简谐振动的充要条件.

下面我们考虑几个具体的简谐振动实例.

1 弹簧振子

对于图 14-1 所示的自由振动的水平弹簧振子,以 k 表示它的劲度系数,则由胡克定律,物体受到的弹性力为

$$F = -kx$$

该力正是式(14-12)那样的正比恢复力,所以物体作简谐振动,固有角频率为 $\omega = \sqrt{\dfrac{k}{m}}$,周期为 $T = \dfrac{2\pi}{\omega} = 2\pi\sqrt{\dfrac{m}{k}}$,其中 k 在此有具体的物理意义,即弹簧的劲度系数.一般地说,其他的简谐振动的物体,受到的合外力也是 $F=-kx$ 的形式,不同的是,它们的 k 值不是劲度系数,而是其他的由系统的力学性质决定的常量,在表述上往往要复杂一些.

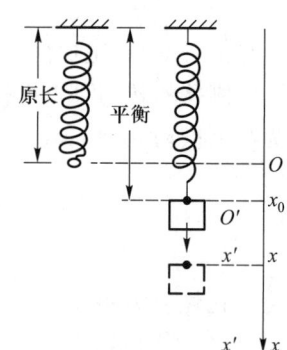

图 14-10 竖直悬挂的弹簧振子

如果物体还受到另一个恒力的作用,例如对于一个竖直悬挂的弹簧振子,物体还将受到重力的作用.可以证明,弹性力与重力(恒力)的合力依然是一个正比恢复力,物体的振动依然是简谐振动.如图 14-10 所示,设 Ox 轴向下,以弹簧的原长点为坐标原点.若小球在运动中的某时刻在 x 处,则小球受到重力和弹力的作用,合力为

$$F = mg - kx \qquad (1)$$

平衡点的位置 x_0 满足

$$mg = kx_0 \qquad (2)$$

把此式代入上式得到

$$F = kx_0 - kx = -k(x - x_0) \qquad (3)$$

以平衡点为坐标原点向下设立 $O'x'$ 轴,x' 和 x 的坐标变换关系为

$$x' = x - x_0$$

代入上式得到

$$F = -kx'$$

可见小球受到的合力是以平衡点为零点的正比恢复力,比例系数仍然是弹簧的劲度系数.故小球的运动是绕平衡点的简谐振动,振动周期仍然是

$$T = 2\pi\sqrt{\dfrac{m}{k}}$$

弹性力与重力(恒力)的合力不是单纯的弹性力,但遵从弹性力的规律,我们把这类力称为**准弹性力**,物体在准弹性力的作用下的运动仍然是简谐振动.

2 单摆

一根质量可以忽略的细线,上端固定,下端连接一个小球就构成一个单摆,如

图 14-11 所示.

将摆球从平衡位置拉开一段距离后放手,摆球就会在竖直平面内来回摆动.设某一时刻摆线与竖直方向所成的角度为 θ 角,忽略空气阻力,摆球所受的合力矩即重力矩,为 $mgl\sin\theta$. 取逆时针方向为角位移 θ 的正方向,注意到重力矩的方向始终与角位移的方向相反,应写成

$$M = -mgl\sin\theta$$

在角位移 θ 很小时,$\sin\theta \approx \theta$,所以

$$M = -mgl\theta = -k\theta$$

这正是式(14-15)所表示的正比恢复力矩,其中的

$$k = mgl$$

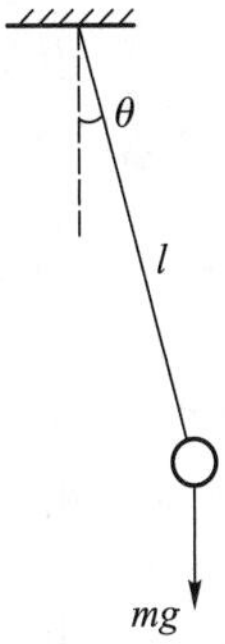

图 14-11 单摆

故单摆的微小振动也是简谐振动.振动的固有角频率为

$$\omega = \sqrt{\frac{k}{J}} = \sqrt{\frac{mgl}{ml^2}} = \sqrt{\frac{g}{l}} \tag{14-18}$$

单摆振动的周期为

$$T = \frac{2\pi}{\omega} = 2\pi\sqrt{\frac{l}{g}} \tag{14-19}$$

3 在稳定平衡位置附近的微小振动

在弹簧振子和单摆的例子中,物体作简谐振动都是在正比恢复力或正比恢复力矩的作用下进行的.严格的正比恢复力(矩)很少,例如单摆所受的恢复力矩通常并不是正比恢复力矩,只有在摆角很小的情况下才可以近似看成是与角位移成正比的,这时单摆的振动才可以看成是简谐振动.下面我们说明,不仅是单摆,所有在稳定平衡位置附近的稳定的微小振动,都可以看成是简谐振动.这个问题可以通过泰勒级数展开严格地证明(有兴趣的读者可参考有关教材),我们以力的曲线作一简单说明.

如果物体离开某位置时就要受到一个力(矩)的作用而使之返回,我们把这一位置称为稳定平衡位置,这个力称为恢复力(矩).下面我们以恢复力为例来说明这个问题.一般的恢复力不一定与位移成正比,正比恢复力的 F-x 曲线与一般恢复力的 F-x 曲线见图 14-12(a)和(b),坐标的原点选在平衡位置即 $F=0$ 的位置.它们的共同特点是力与位移的方向(符号)相反,位移为正则受力为负,位移为负则受力为正,即具有恢复性.不同的是,正比恢复力的 F-x 曲线是一条斜率为 $-k$ 的直线,一般恢复力的 F-x 曲线是一条曲线,因而在一般恢复力的作用下物体的振动不是简谐振动.但如果振动属于微小振动,即物体的位移仅局限在原点附近一个很小的范围 Δx 内,注意到在这个范围内,一般的恢复力的 F-x 曲线也可以看成是一条斜率为 $\left(\dfrac{dF}{dx}\right)_{x=0}$ 的直线,因而这种微小振动所受的力可以看成是正比恢复力,物体的振动也可以看成简谐振动.

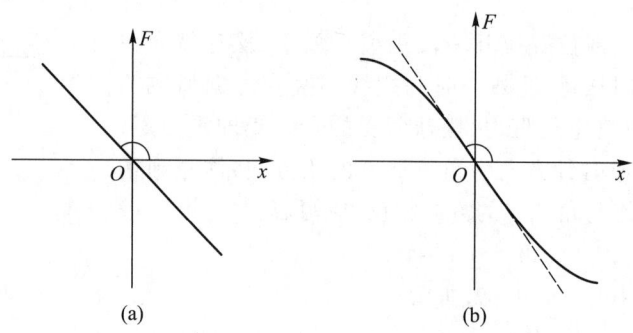

图 14-12 正比恢复力的 F-x 曲线和一般的恢复力的 F-x 曲线

以上的讨论是对恢复力进行的,对恢复力矩的讨论也大致相同,此处不再重复.

综上所述,如果我们能通过分析知道一个物体受到的是正比恢复力(矩)的作用,则我们知道物体的运动是简谐振动,振动的固有角频率 ω 可以由振动系统的力学性质决定.振动的另外两个特征量是振幅 A 和初相 φ,它们可以由初始条件确定.下面我们以弹簧振子为例来说明这个问题.若知道 $t=0$ 时振子的位移 x_0 和速度 v_0 的值,带入式(14-1)和式(14-8)可得

$$x_0 = -A\cos\varphi, \quad v_0 = -\omega A\sin\varphi$$

由此式可解得

$$A = \sqrt{x_0^2 + \frac{v_0^2}{\omega^2}} \qquad (14\text{-}20)$$

$$\varphi = \arctan\left(-\frac{v_0}{\omega x_0}\right) \qquad (14\text{-}21)$$

在用式(14-21)确定 φ 时,要考虑 φ 所在的象限问题.例如,若 $-\dfrac{v_0}{\omega x_0}=1$,则 φ 可能为 $\dfrac{\pi}{4}$ 或 $-\dfrac{3\pi}{4}$,可以用简谐振动的矢量图来判定取舍.若 $x_0>0$,则 $t=0$ 的旋转矢量只能在第一、第四象限,应取 $\varphi=\dfrac{\pi}{4}$;反之若 $x_0<0$,则旋转矢量只能在第二、第三象限,应取 $\varphi=-\dfrac{3\pi}{4}$.

例 14.4 一个弹簧振子沿 x 轴作简谐振动,已知弹簧的劲度系数为 $k=15.0\ \text{N}\cdot\text{m}^{-1}$,物体质量为 $m=0.1\ \text{kg}$,在 $t=0$ 时物体对平衡位置的位移 $x_0=0.05\ \text{m}$,速度 $v_0=-0.82\ \text{m}\cdot\text{s}^{-1}$.写出此简谐振动的表达式.

解 要写出此简谐振动的表达式,需要知道它的三个特征量 A、ω 和 φ,角频率 ω 决定于系统本身的性质,由式(14-13)可得

$$\omega = \sqrt{\frac{k}{m}} = \sqrt{\frac{15}{0.1}}\ \text{s}^{-1} = 12.2\ \text{s}^{-1}$$

A 和 φ 由初始条件决定,由式(14-20)可知

$$A = \sqrt{x_0^2 + \frac{v_0^2}{\omega^2}} = \sqrt{0.05^2 + \frac{(-0.82)^2}{12.2^2}} \text{ m} = 8.38 \times 10^{-2} \text{ m}$$

又由式(14-21)可知

$$\varphi = \arctan\left(-\frac{v_0}{\omega x_0}\right) = \arctan\left(-\frac{-0.82}{12.2 \times 0.05}\right) = \arctan 1.34 = 0.93 \text{ rad}, -2.21 \text{ rad}$$

由于 $x_0 = A\cos\varphi = 0.05$ m>0,所以取 $\varphi = 0.93$ rad.

由此,以平衡位置为原点所求简谐振动的表达式应为

$$x = 8.38 \times 10^{-2} \cos(12.2t + 0.93) \text{ (SI 单位)}$$

例 14.5 一匀质细杆的长度为 l,质量为 m,可绕其一端的轴 O 在竖直面内自由转动,见图 14-13.求杆作微小振动时的周期.

解 细杆所受的合外力矩即重力矩.如图 14-13 所示,在细杆偏离平衡位置为 θ 角时(设逆时针方向为正方向),杆受重力矩为

$$M = -mg \cdot \frac{l}{2}\sin\theta$$

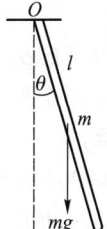

图 14-13 例 14.5 图

其中负号表示重力矩的方向与角位移的方向相反.对于微振动,θ 很小,可以认为 $\sin\theta = \theta$,所以上式可改写为

$$M = -\frac{1}{2}mgl\theta = -k\theta$$

其中

$$k = \frac{1}{2}mgl \tag{1}$$

可见杆受到的力矩为正比恢复力矩,故杆的振动为简谐振动.

细杆绕 O 轴转动的转动惯量为

$$J = \frac{1}{3}ml^2 \tag{2}$$

按式(14-17),细杆微小振动的周期为

$$T = 2\pi\sqrt{\frac{J}{k}} \tag{3}$$

把式(1)、式(2)代入式(3),得

$$T = 2\pi\sqrt{\frac{J}{k}} = 2\pi\sqrt{\frac{ml^2/3}{mgl/2}} = 2\pi\sqrt{\frac{2l}{3g}}$$

三 简谐振动的能量

下面我们以无阻尼自由振动的弹簧振子为例来讨论简谐振动的能量.实际上,如前所述,任何一个简谐振动的物体,由于它们受到的合外力为正比恢复力 $F = -kx$,都相当于一个弹簧振子.不同的是,它们的 k 值不是劲度系数,而是其他的由系统的力学性质决定的常量而已.

利用式(14-1)和式(14-8),可得任意时刻一个弹簧振子的弹性势能和动能

$$E_p = \frac{1}{2}kx^2 = \frac{1}{2}kA^2\cos^2(\omega t + \varphi) \tag{14-22}$$

$$E_k = \frac{1}{2}mv^2 = \frac{1}{2}m\omega^2 A^2 \sin^2(\omega t+\varphi) \tag{14-23}$$

由式(14-13)得到

$$\omega^2 = \frac{k}{m}$$

可把式(14-23)改写为

$$E_k = \frac{1}{2}kA^2 \sin^2(\omega t+\varphi) \tag{14-24}$$

因此,弹簧振子的机械能为

$$E = E_k + E_p = \frac{1}{2}kA^2 \tag{14-25}$$

可见弹簧振子的机械能不随时间改变,即其能量守恒.这是由于无阻尼自由振动的弹簧振子是一个孤立系统,在振动过程中只受弹性力(保守力)作用而没有外力对它做功的缘故.

式(14-25)还表明弹簧振子的总能量和振幅的平方成正比,这一点对其他的简谐振动系统也是正确的.这意味着振幅不仅描述简谐振动的运动范围,而且还反映振动系统能量的大小.

把式(14-22)和式(14-24)改写为

$$E_p = \frac{1}{2}kA^2 \cos^2(\omega t+\varphi) = \frac{1}{4}kA^2 [1+\cos 2(\omega t+\varphi)]$$

$$E_k = \frac{1}{2}kA^2 \sin^2(\omega t+\varphi) = \frac{1}{4}kA^2 [1-\cos 2(\omega t+\varphi)]$$

可见弹簧振子作简谐振动时的动能和势能都在谐振,见图 14-14.它们的平衡点在系统机械能一半的地方处即 $\frac{E}{2} = \frac{1}{4}kA^2$ 处,能量的振幅亦为 $\frac{E}{2} = \frac{1}{4}kA^2$.动能和势能谐振的频率均为位移振动频率的 2 倍,它们振动的相位相反,因而它们的总和即机械能守恒.

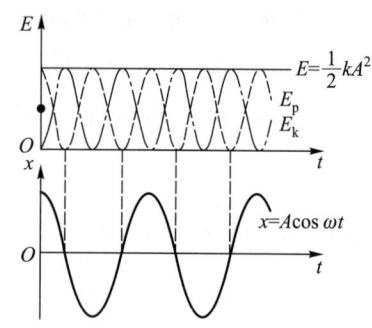

图 14-14 弹簧振子的能量

例 14.6 弹簧振子的劲度系数为 k,质量为 m,可沿 x 轴作简谐振动,刚开始时振子静止在平衡点 O. 用恒定的外力 $F_{外} = ka$ 沿 x 轴正方向拉动振子到 $x=a$ 处放手.以放手时作为时间零点,求振子的运动方程.

解 要得到振子的运动方程,需要确定它的三个特征量 A、ω 和 φ.其中角频率取决于弹簧振子自身的性质 $\omega = \sqrt{\frac{k}{m}}$.下面我们用功能关系来分析它的振幅.按功能原理,弹簧振子的能量等于外力做的功,故有

$$E = \frac{1}{2}kA^2 = F_{外}a = ka^2$$

由此式可解得振幅为

$$A=\sqrt{2}a$$

放手时振子的位移 $x=a=A/\sqrt{2}$,且速度为正,由旋转矢量图容易判断,此时振子的相位为 $\varphi=-\dfrac{\pi}{4}$.按题意,此即振动的初相.

故弹簧振子的运动方程为

$$x=\sqrt{2}a\cos\left(\sqrt{\frac{k}{m}}t-\frac{\pi}{4}\right)$$

§14-3 阻 尼 振 动

前面讨论的简谐振动,如弹簧振子和单摆的振动,都没有考虑阻力的作用,这样的简谐振动又称为**无阻尼自由振动**.这样的振动一旦发生,就会永远地进行下去,并且维持机械能守恒.这显然是一种理想情况.实际上,任何一个振动系统总还要受到阻力的作用,这时的振动称为**阻尼振动**.在阻尼振动中,振动系统要不断地克服阻力做功,所以它的能量将不断地衰减,最终静止.以单摆为例,用细线连接一个小铁球构成一个单摆,使单摆偏离平衡位置后释放.若单摆是在空气中振动,由于空气的阻力,它的振幅会逐渐地减少,最后静止在平衡点,这称为减幅振动.若单摆是在水中振动,它的振幅会急剧减小,振动不了几次就会停止.若阻力足够大,单摆会直接缓慢地回到平衡位置,而不再振动了.也即是说,振动的形式和阻尼的大小有密切关系,下面我们来讨论阻尼振动的各种情况.

通常的振动都是在空气或液体中进行的,振子受到的阻力来自于它们周围的这些介质,我们将主要讨论这样的情况.实验指出,物体在流体中受到的阻力与物体的速度有关.当物体的速度不太大时,介质对运动物体阻力的大小与速度的大小成正比,阻力的方向与速度方向相反,即阻力 F_r 与速度 v 有下述关系:

$$F_r=-\gamma v=-\gamma\frac{\mathrm{d}x}{\mathrm{d}t} \tag{14-26}$$

式中 γ 为正的比例常量,称为阻力系数,它的大小由物体的形状、大小、表面状况以及介质的性质决定.

考虑一个在 x 轴上运动的振子.设它的质量为 m,在弹性力(或准弹性力)和上述阻力的共同作用下运动,按牛顿第二定律可以得到阻尼振动的微分方程

$$m\frac{\mathrm{d}^2x}{\mathrm{d}t^2}=-kx-\gamma\frac{\mathrm{d}x}{\mathrm{d}t} \tag{14-27}$$

令

$$\omega_0^2=\frac{k}{m},\quad 2\beta=\frac{\gamma}{m}$$

这里 ω_0 为无阻尼时系统振动的固有角频率,β 称为阻尼因子.把它们代入式(14-27)可得

$$\frac{d^2x}{dt^2}+2\beta\frac{dx}{dt}+\omega_0^2 x=0 \tag{14-28}$$

在阻尼作用较小(即 $\beta<\omega_0$)时,此方程的解为

$$x=A_0 e^{-\beta t}\cos(\omega t+\varphi_0) \tag{14-29}$$

其中

$$\omega=\sqrt{\omega_0^2-\beta^2} \tag{14-30}$$

而 A_0 和 φ_0 是由初始条件决定的积分常量.为便于理解,令

$$A(t)=A_0 e^{-\beta t} \tag{14-31}$$

称作阻尼振动的振幅因子,把式(14-29)记作

$$x=A(t)\cos(\omega t+\varphi_0) \tag{14-32}$$

式中 $A(t)$ 表示一个随时间按指数规律衰减的振幅,ω 代表着振动的角频率.式(14-32)表示,阻尼振动是一个振幅随时间按指数规律衰减的减幅振动,图14-15画出了阻尼振动的振动曲线,其中虚线代表振幅因子.振幅衰减的情况在图14-15中可以清楚地看出来.由式(14-31)可知,阻尼作用愈大,振幅衰减得愈快.显然阻尼振动不是简谐振动,也不是严格的周期运动.它的运动具有往复性,但其最大位移并不能返回原值.我们常把阻尼振动称为准周期振动,而且仍然把因子 $\cos(\omega t+\varphi_0)$ 的相位变化 2π 所经历的时间,称为阻尼振动的周期.这样,阻尼振动的周期为

$$T=\frac{2\pi}{\omega}=\frac{2\pi}{\sqrt{\omega_0^2-\beta^2}} \tag{14-33}$$

显然,阻尼振动的周期比振动系统的固有周期要长.若阻尼很小,阻尼振动的周期接近于无阻尼振动的周期;阻尼越大,它的振动周期越长.上述运动都属于阻尼作用较小的情况,这时物体的运动还具有振动的基本特性即往复性,称为**欠阻尼振动**.图14-16中的曲线 a 表示的也是欠阻尼振动,其阻尼比图14-15中表示的情况要大一些.

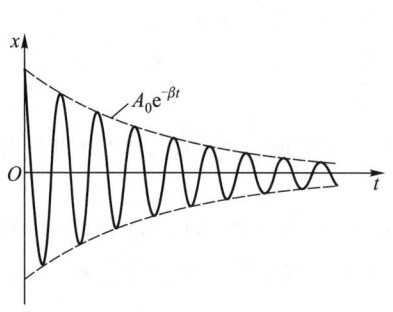

图 14-15 阻尼振动图线

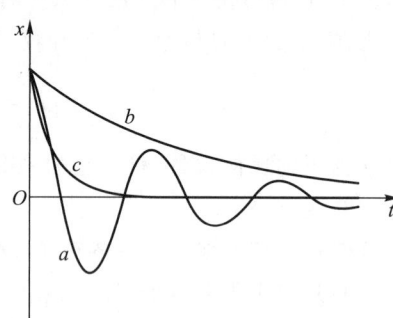

图 14-16 三种阻尼的比较

若阻尼作用过大,即 $\beta>\omega_0$ 时,阻尼振动的微分方程的解不再是式(14-29).此时物体的运动不是周期运动,而是直接缓慢地回到平衡位置,如图14-16中曲线 b 所示,这种情况称为**过阻尼**.

如果阻尼作用恰好使得 $\beta=\omega_0$,则物体运动如图14-16中曲线 c 所示.和欠阻尼和过阻尼相比,这种非周期性运动回到静止状态的时间最短,称为**临界阻尼**.当

物体偏离平衡位置时,如果要它在不发生振动的情况下,很快地恢复到平衡位置,常用施加临界阻尼的方法.在一些仪表中,常常使指针系统处于临界阻尼状态,使其尽快地稳定在刻度盘上,减少测量时间.

§14-4 受迫振动 共振

实际的振动总是有阻力的,阻力会消耗系统的能量,使振幅不断衰减并最终停止.为了能在有阻尼的情况下获得稳定的振动,即振幅并不衰减地振动,必须向系统输入能量.通常是对振动系统施加一个周期性的外力,反复地对系统做功,补充能量.这种周期性外力叫**驱动力**.在驱动力作用下的振动叫**受迫振动**.

为简单起见,设驱动力是随时间按余弦规律变化的简谐力

$$F = F_0 \cos \omega t \tag{14-34}$$

其中 F_0 为驱动力的幅值,ω 为驱动力的角频率,驱动力的初相设为零.由于同时受到弹性力 $-kx$ 和阻力 $-\gamma \dfrac{\mathrm{d}x}{\mathrm{d}t}$ 的作用,按牛顿第二定律,物体受迫振动的微分方程是

$$-kx - \gamma \frac{\mathrm{d}x}{\mathrm{d}t} + F_0 \cos \omega t = m \frac{\mathrm{d}^2 x}{\mathrm{d}t^2}$$

上式两边同时除以 m 并仍令 $\omega_0^2 = \dfrac{k}{m}$,$2\beta = \dfrac{\gamma}{m}$ 以及 $h = \dfrac{F_0}{m}$.则上式可改写成

$$\frac{\mathrm{d}^2 x}{\mathrm{d}t^2} + 2\beta \frac{\mathrm{d}x}{\mathrm{d}t} + \omega_0^2 x = h \cos \omega t \tag{14-35}$$

这个微分方程的解为

$$x = A_0 \mathrm{e}^{-\beta t} \cos(\sqrt{\omega_0^2 - \beta^2} \, t + \varphi_0) + A \cos(\omega t + \varphi) \tag{14-36}$$

此结果表明,受迫振动可以看成是由两个振动合成的.式(14-36)的第一项表示一个减幅振动,经过一段时间后,这个分振动就减弱到可以忽略不计了.式(14-36)的后一项表示一个等幅振动,具有简谐振动的形式.当第一个减幅振动的影响消失后,受迫振动达到稳定状态,物体的运动就是这个等幅振动:

$$x = A \cos(\omega t + \varphi) \tag{14-37}$$

振动的角频率 ω 就是驱动力的角频率.虽然稳态的受迫振动形式上也是一个简谐振动,但它和无阻尼简谐振动却有着明显的区别.稳态的受迫振动的角频率不是振子的固有角频率,而是驱动力的角频率.振动的振幅和初相位也不是取决于振动的初始状态,而是取决于振子的性质、阻尼的大小和驱动力的特性.可以证明,稳态受迫振动的振幅为

$$A = \frac{h}{[(\omega_0^2 - \omega^2)^2 + 4\beta^2 \omega^2]^{1/2}} \tag{14-38}$$

振动与驱动力的相位差为

$$\varphi = \arctan \frac{-2\beta \omega}{\omega_0^2 - \omega^2} \tag{14-39}$$

这些都与初始条件无关.

由式(14-38)可知,稳态受迫振动的振幅与驱动力的频率有关.也就是说,即使我们不改变驱动力的振幅而只是改变驱动力的频率,受迫振动的振幅也会发生变化.当驱动力频率为某一特定值时,振幅将达到极大值.用求极值的方法可以得到,驱动力的角频率 ω 为

$$\omega_r = \sqrt{\omega_0^2 - 2\beta^2} \tag{14-40}$$

时,振幅达到极大值,最大振幅为

$$A_r = \frac{h}{2\beta\sqrt{\omega_0^2 - \beta^2}} \tag{14-41}$$

我们把这种振幅达到最大值的现象称为**共振**.在弱阻尼即 $\beta \ll \omega_0$ 的情况下,由式(14-40)可看出,当 $\omega_r = \omega_0$,即驱动力频率等于振动系统的固有频率时,振幅达到最大值.

受迫振动的振幅与驱动力的角频率之间的关系如图 14-17 所示.从图中可以看出,振动的阻尼越小,振幅的极大值越大,振幅曲线越尖锐.

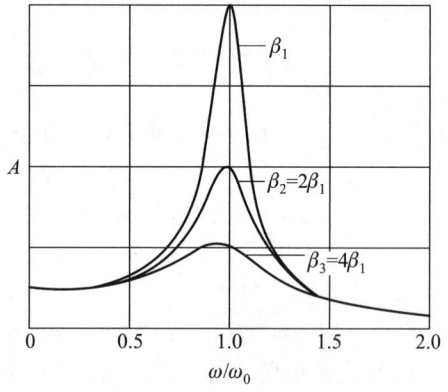

图 14-17 受迫振动的振幅曲线

共振现象在科学研究及工程技术中十分普遍.很多相互作用都存在共振现象,许多仪器就是利用共振原理设计的:收音机利用电磁共振(调谐)选台,一些乐器利用声学共振(共鸣)来加强音响效果,核磁共振被用来进行物质结构的研究以及医疗诊断等.

§14-5 同方向同频率的简谐振动的合成

振动的合成是运动叠加原理在振动中的表现.在实际问题中,振动的合成是经常发生的事情.例如,当两列声波同时传到空间某一点时,该处质点的运动就是两列声波引起的两个分振动的合成.一般的振动合成问题比较复杂,下面我们先讨论振动方向和振动频率都相同的两个简谐振动的合成,这在我们后面讨论波的干涉时十分重要.

设质点两个分振动都发生在 x 方向, 振动的频率均为 ω, 谐振方程分别为
$$x_1 = A_1\cos(\omega t + \varphi_1)$$
$$x_2 = A_2\cos(\omega t + \varphi_2)$$
式中 A_1、A_2 和 φ_1、φ_2 分别为两个分振动的振幅和初相. 按运动的叠加原理, 在任意时刻质点的合位移为
$$x = x_1 + x_2$$

以上合成的计算可以用三角公式求得结果, 但是利用振动的矢量图来分析, 可以更直观、更简捷地得出结论.

在图 14-18 中, $\mathbf{A}_1$、$\mathbf{A}_2$ 分别表示两个简谐振动的旋转矢量. 作 $\mathbf{A}_1$、$\mathbf{A}_2$ 的合矢量 $\mathbf{A}$, 矢量 $\mathbf{A}$ 的端点在 x 轴上投影的坐标是 $x = x_1 + x_2$, 这正好是我们要求的合振动的位移.

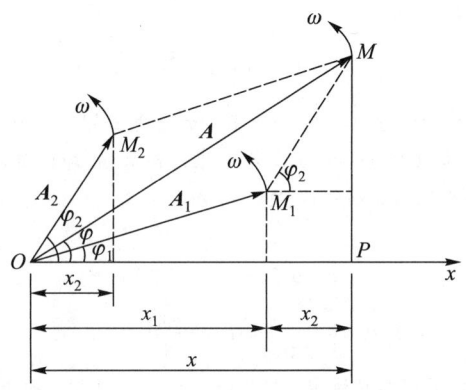

图 14-18　两个同频率的简谐振动合成的矢量图

为了求矢量 $\mathbf{A}$ 的端点在 x 轴上投影的坐标, 我们首先分析 $\mathbf{A}$ 的变化规律. 由于两个振动的角频率相同, 即 $\mathbf{A}_1$、$\mathbf{A}_2$ 以相同的角速度 ω 匀速旋转, 所以在旋转过程中, 图中平行四边形的形状保持不变, 因而合矢量 $\mathbf{A}$ 的长度 A 保持不变, 并以同一角速度 ω 匀速旋转. 因此我们断定, 合矢量 $\mathbf{A}$ 也是一个旋转矢量. 矢量 $\mathbf{A}$ 的端点在 x 轴上的投影坐标可表示为
$$x = A\cos(\omega t + \varphi)$$
即合振动也是简谐振动. 合振动的振幅 A 等于合矢量 $\mathbf{A}$ 的长度, 合振动的初相 φ 就是合矢量的初角位置. 参照图 14-18, 在 $\triangle OMM_1$ 中用余弦定理可求得合振幅为
$$A = \sqrt{A_1^2 + A_2^2 + 2A_1 A_2 \cos \Delta\Phi} \tag{14-42}$$
其中
$$\Delta\Phi = \varphi_2 - \varphi_1$$
为两个同频率振动的相差. 由直角三角形 $\triangle OMP$ 可以求得合振动的初相 φ 满足
$$\tan\varphi = \frac{A_1 \sin\varphi_1 + A_2 \sin\varphi_2}{A_1 \cos\varphi_1 + A_2 \cos\varphi_2} \tag{14-43}$$
φ 角的象限可以通过振动的矢量图直接判定.

由式(14-42)可知,对于两个振幅确定的分振动,合振幅随它们的相差$\Delta\Phi=\varphi_2-\varphi_1$而变.特别是,如果两个分振动同相,$\Delta\Phi=2k\pi$,$k=0,\pm1,\pm2,\cdots$,由式(14-42)得

$$A=\sqrt{A_1^2+A_2^2+2A_1A_2}=A_1+A_2$$

这时合振幅达到最大.如果两个分振动反相,$\Delta\Phi=(2k+1)\pi$,$k=0,\pm1,\pm2,\cdots$,由式(14-42)得

$$A=\sqrt{A_1^2+A_2^2-2A_1A_2}=|A_1-A_2|$$

这时合振幅最小.在实际问题中,还常常有$A_1=A_2$的情况,此时合振幅$A=0$,说明两个同幅反相的振动合成的结果将使质点保持静止状态.

例 14.7 有一个质点参与两个简谐振动,其中第一个分振动为$x_1=0.3\cos\omega t$,合振动为$x=0.4\sin\omega t$,求第二个分振动.

解 把合振动改写为

$$x=0.4\cos\left(\omega t-\frac{\pi}{2}\right)$$

$t=0$时振动合成的矢量图见图14-19.由于图中的直角三角形$\triangle OPQ$正好满足"勾三股四弦五"的条件,于是可直接由勾股定理得到第二个分振动的振幅,即它的旋转矢量$\boldsymbol{A}_2$的长度$A_2=0.5$.亦可直接得到第二个分振动的初相位,即旋转矢量$\boldsymbol{A}_2$与x轴的夹角$\varphi_2=-90°-37°=-127°$,故第二个分振动为

$$x_2=0.5\cos(\omega t-127°)$$

例 14.8 求简谐振动的合振动$x=\sum_{k=0}^{4}a\cos\left(\omega t+\frac{k\pi}{4}\right)$.

解 这是5个同方向、同频率的简谐振动的合振动.$t=0$时合成的矢量图见图14-20.此处采用多边形求和的方法,从图中可以看出,合振动的振幅为$A=(1+\sqrt{2})a$,合振动的初相为$\varphi=\frac{\pi}{2}$,故合振动为

$$x=(1+\sqrt{2})a\cos\left(\omega t+\frac{\pi}{2}\right)$$

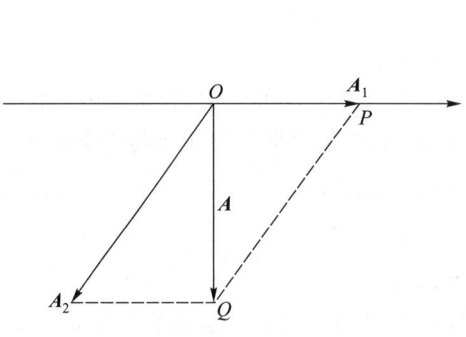

图 14-19　例 14.7 图

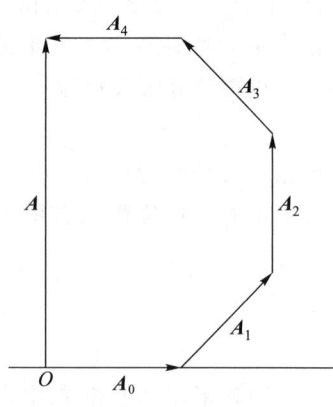

图 14-20　例 14.8 图

§14-6　同方向不同频率的简谐振动的合成

如果两个简谐振动的振动方向相同但振动的频率不同,它们合成的结果就比较复杂.从矢量图上看,两个振动的旋转矢量 A_1、A_2 的合矢量 A 的端点在 x 轴上投影的坐标仍然表示合振动的位移.但由于这时 A_1 和 A_2 的角速度不同,它们之间的夹角要随时间改变,因而它们合矢量的长度也将随时间改变,所以合矢量的端点在 x 轴上的投影所表示的合运动将不是简谐振动.下面我们只讨论两个振幅相同的同方向不同频率简谐振动的合成,一般的情况我们到后面再予以说明.

设两分振动的角频率分别为 ω_1 和 ω_2,振幅都是 a,运动方程可写成

$$x_1 = a\cos(\omega_1 t + \varphi_1)$$
$$x_2 = a\cos(\omega_2 t + \varphi_2) \tag{14-44}$$

应用三角学中的和差化积公式可得合振动的运动方程

$$x = x_1 + x_2 = a\cos(\omega_1 t + \varphi_1) + a\cos(\omega_2 t + \varphi_2)$$
$$= 2a\cos\left(\frac{\omega_2 - \omega_1}{2}t + \frac{\varphi_2 - \varphi_1}{2}\right)\cos\left(\frac{\omega_2 + \omega_1}{2}t + \frac{\varphi_2 + \varphi_1}{2}\right) \tag{14-45}$$

从这个结果我们很难看出合振动有明显的周期性.下面我们来讨论一种较为特殊的情况,即当两个分振动的频率都比较大而且很接近时,合振动将会出现明显的周期性.下面我们就来分析这个问题.式(14-45)中的两个因子 $2a\cos\left(\frac{\omega_2-\omega_1}{2}t+\frac{\varphi_2-\varphi_1}{2}\right)$ 和 $\cos\left(\frac{\omega_2+\omega_1}{2}t+\frac{\varphi_2+\varphi_1}{2}\right)$ 表示两个余弦振动.由于两个分振动的频率很接近,设 ω_2 略大于 ω_1,这意味着 $\omega_2-\omega_1 \ll \omega_2+\omega_1$,即第一个因子的频率比第二个的小得多,或第一个因子的变化要比第二个的变化缓慢得多.把第一个因子即低频振动因子记作

$$A(t) = 2a\cos\left(\frac{\omega_2 - \omega_1}{2}t + \frac{\varphi_2 - \varphi_1}{2}\right) \tag{14-46}$$

并令 $\varphi = \frac{\varphi_2 + \varphi_1}{2}$,把式(14-45)改写为

$$x = A(t)\cos\left(\frac{\omega_2 + \omega_1}{2}t + \varphi\right)$$

此式表示合振动是一个振幅(即 $|A(t)|$)随时间缓慢变化的,角频率是 $\frac{\omega_2+\omega_1}{2}$ 的准周期振动,$A(t)$ 称为振动的振幅因子.

由于振幅的变化具有周期性,所以将出现振动忽强忽弱的现象,这时的振动合成的曲线如图 14-21 所示.图中(a)、(b)表示两个频率相差不大的分振动 x_1 和 x_2,(c)为合振动 x,它的振幅变化在图中表现得非常明显.频率相差很小的两个同方向振动合成时所产生的这种合振动忽强忽弱的现象称为**拍**.单位时间内振动加强或

减弱的次数叫**拍频**.拍频的值可以由振幅因子式(14-46)求出.振幅因子的角频率与两个分振动的角频率的关系为

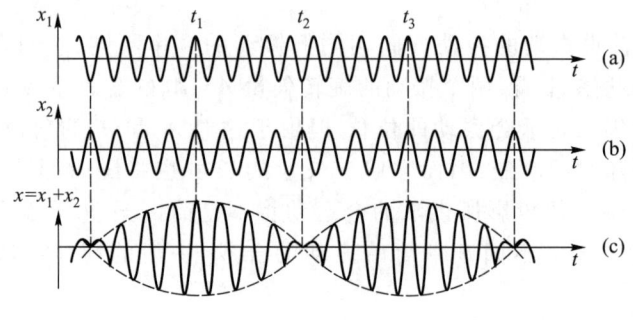

图 14-21 拍

$$\omega' = \frac{\omega_2 - \omega_1}{2}$$

把上式两边同时除以 2π,得到振幅因子的频率

$$\nu' = \frac{\nu_2 - \nu_1}{2}$$

考虑到准周期振动的振幅应该是振幅因子的绝对值,即 $|A(t)|$,而振幅因子作为余弦振动,它每振动一次,绝对值要振动两次,所以振幅振动的频率应为振幅因子频率的两倍,即拍频为

$$\nu = \nu_2 - \nu_1 \tag{14-47}$$

这就是说,拍频为两分振动频率之差.

在矢量图上,振动的振幅的大小取决于合矢量的大小,这与 A_2 和 A_1 的相对位置有关.由图 14-22 可见,由于 A_2 的转动频率 ν_2 略大于 A_1 的转动频率 ν_1,这时 A_2 将以频率 $\nu_2-\nu_1$ 绕 A_1 转动,每秒绕 A_1 转动 $\nu_2-\nu_1$ 周.在 A_2 绕 A_1 转动一周的过程中,当 A_2 和 A_1 的方向相同时,合矢量最大,当 A_2 和 A_1 的方向相反时,合矢量为零.所以振幅的大小在每秒钟将加强或减弱 $\nu_2-\nu_1$ 次,即拍频为 $\nu=\nu_2-\nu_1$.

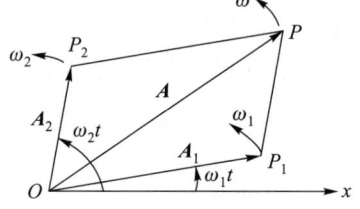

图 14-22 拍形成的矢量图

由以上的分析可以想象,若两个振动的振幅不相等,这时 A_2 和 A_1 的长度不相同,拍现象依然会出现,只是这时合矢量最小的时候不是零,而是 $|A_2-A_1|$,节拍将表现得不清晰.

式(14-47)常用来测量频率.如果要测量一个振动的频率,可以把这个振动和一个频率接近而且已知的振动叠加,测量合成振动的拍频,就可以求出待测的频率.

§14-7 谐振分析

从上节振动合成的式(14-45)我们知道,两个同方向不同频率的简谐振动 x_1 和 x_2 所合成的振动 x 不再是简谐振动,而是一种比简谐振动复杂得多的振动.反过来也可以说,这个复杂的振动 x 可以分解为那两个简谐振动 x_1 和 x_2.

这种分解的概念可以推广.理论证明,任何一个复杂的周期性振动都可以分解为一系列简谐振动.这种把一个振动分解为许多简谐振动的方法称为**谐振分析**,其数学原理叫**傅里叶分析**.按傅里叶分析,一个周期为 T 的函数 $F(t)$ 可以分解为一个级数,级数的每一项表示一个简谐振动,即

$$F(t) = \frac{a_0}{2} + \sum_{k=1}^{\infty} \left[A_k \cos(k\omega t + \varphi_k) \right]$$

其中 $\omega = 2\pi/T$,各分振动的振幅 A_k 与初相 φ_k 可以用数学公式根据 $F(t)$ 求出,有兴趣的读者可以去参看有关的数学书(或直接去查数学手册).这些分振动的频率排列成一个等差级数,其中频率最低的称为**基频振动**,它的频率就是原来的周期函数 $F(t)$ 的频率,故称为**基频**.其他分振动的频率都是基频的整数倍,称为**谐频**.

不仅周期性振动可以分解为一系列的简谐振动,而且任意一种非周期性振动也可以分解为许多简谐振动.不过对非周期性振动的谐振分析要用傅里叶积分来代替傅里叶级数,这里不再介绍.

一个振动可以分解为一系列简谐振动,但这些不同频率的分振动的振幅彼此并不相同,我们常用**频谱**这个概念来描述一个振动所含各成分的振幅与频率之间的关系,即 A_k-$k\omega$ 关系.周期性振动所包含的频率是分立的,它的频谱是线状谱,如图 14-23 中(a)、(b)所示,而非周期性振动包含的频率是连续的,它的频谱是连续谱,如图 14-23 中(c)、(d)所示.

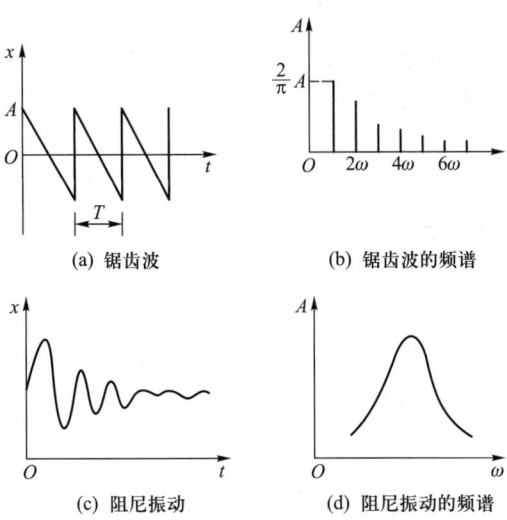

(a) 锯齿波 (b) 锯齿波的频谱
(c) 阻尼振动 (d) 阻尼振动的频谱

图 14-23 振动的频谱

不同的振动生成不同的频谱,频谱从频率的角度反映了振动的全部特性.**频谱分析**无论在理论研究上和实际应用方面都十分重要.对实际振动进行频谱分析,掌握它各种频率成分的强度分布后,我们可以在任何条件下通过合成来模拟或重现这种运动,也可以针对性地对某些频率进行抑制或放大,来改造这种运动.这些科学方法在科学研究和工程技术中已有广泛的应用.

内 容 提 要

1 简谐振动的描述

(1) 谐振方程

$$x = A\cos(\omega t + \varphi)$$

振动的相位: $\Phi = \omega t + \varphi$

简谐振动的三个特征量:角频率 ω 取决于振动系统的性质;振幅 A、初相 φ 取决于振动的初始条件.

(2) 谐振曲线

(3) 旋转矢量

振动与旋转矢量的对应关系:振动的振幅-旋转矢量的长度,振动的相位-矢量的角位置,振动的初相-矢量的初角位置,振动相位的变化-矢量的角位移,振动的角频率-矢量的角速度,振动的周期和频率-矢量旋转的周期和频率.

2 振动的相位随时间变化的关系

$$\Phi = \omega t = \frac{2\pi}{T} t$$

两个同频率振动的相位差和时间差的关系

$$\Delta\Phi = \omega \Delta t = \frac{2\pi}{T} \Delta t$$

$$\text{同相 } \Delta\Phi = 2k\pi, \quad \text{反相 } \Delta\Phi = (2k+1)\pi$$

3 简谐振动的微分方程

$$\frac{d^2 x}{dt^2} + \omega^2 x = 0$$

4 简谐振动的动力学特征

正比恢复力: $F = -kx$

$$\omega = \sqrt{\frac{k}{m}}, \quad T = 2\pi\sqrt{\frac{m}{k}}$$

初始条件决定振幅和初相

$$A = \sqrt{x_0^2 + \frac{v_0^2}{\omega^2}}, \quad \varphi = \arctan\left(-\frac{v_0}{\omega x_0}\right)$$

正比恢复力矩: $M = -kx$

$$\omega = \sqrt{\frac{k}{J}}, \quad T = 2\pi\sqrt{\frac{J}{k}}$$

5 简谐振动实例

弹簧振子： $\dfrac{d^2 x}{dt^2} + \dfrac{k}{m}x = 0, \quad T = 2\pi\sqrt{\dfrac{m}{k}}$

单摆小角度振动： $\dfrac{d^2\theta}{dt^2} + \dfrac{g}{l}\theta = 0, \quad T = 2\pi\sqrt{\dfrac{l}{g}}$

6 简谐振动的能量

$$E = E_k + E_p = \frac{1}{2}kA^2$$

7 阻尼振动

欠阻尼情况下

$$A = A_0 e^{-\beta t}$$

8 受迫振动

在驱动力作用下的振动,稳态时的振动频率等于驱动力的频率;在阻尼不大的情况下,当驱动力的频率等于振动系统的固有频率时发生共振现象.

9 两个简谐振动的合成

(1) 同方向同频率振动的合成:合振动为简谐振动,振动的频率不变;

振动的振幅 $A = \sqrt{A_1^2 + A_2^2 + 2A_1 A_2 \cos \Delta\Phi}$,其中 $\Delta\Phi = \varphi_2 - \varphi_1$;

振动的初相满足 $\tan\varphi = \dfrac{A_1 \sin\varphi_1 + A_2 \sin\varphi_2}{A_1 \cos\varphi_1 + A_2 \cos\varphi_2}$.

(2) 同方向不同频率的振动的合成:两分振动频率都较大而频率差很小时,产生拍的现象.拍频等于两个分振动的频率差, $\nu = \nu_2 - \nu_1$.

(3) 谐振分析:任何一个复杂的周期性振动都可以分解为一系列简谐振动.

习 题

14.1 一个小球和轻弹簧组成的系统,按

$$x = 0.05\cos\left(5\pi t + \frac{\pi}{2}\right)(\text{SI 单位})$$

的规律振动.
(1) 求振动的角频率、频率、周期、振幅和初相;
(2) 求 $t = 0.1$ s 和 0.2 s 时刻的相位和位移;
(3) 画出位移与时间的关系曲线.

14.2 有一个和轻弹簧相连的小球,在 x 轴上绕原点作振幅为 A 的简谐振动.该振动的表达式用余弦函数表示.若 $t = 0$ 时球的运动状态分别为:(1) $x_0 = -A$;(2) 过平衡位置向 x 正方向运动;(3) 过 $x = A/2$ 处,且向 x 负方向运动.试用矢量图法分别确定相应的初相.

14.3 一弹簧振子作简谐振动,振幅为 A,周期为 T,若 $t = t_0$ 时,振子在位移为 $A/2$ 处,且向

正方向运动,则其运动方程为_____.

14.4 一物体作简谐振动,振幅为 24 cm,周期为 4 s,当 $t=0$ 时,位移为 $+12$ cm,向正方向运动,求:

(1) 物体的振动方程;

(2) $t=1.0$ s 时,振动的相位和物体所在的位置;

(3) 物体由起始位置运动到 $x=24$ cm 处所需的最少时间.

14.5 一质点作简谐振动的振动曲线及部分数据如图 14-24 所示,求质点的振动方程.

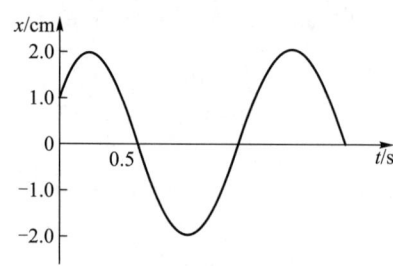

图 14-24 习题 14.5 图

14.6 有两个质点作同频率、同振幅的简谐振动,若第一个质点的位移为正最大时,另一个的速度为正最大,它们的相位差为_____;若第一个振子的振动方程为 $x_1 = A\cos(\omega t + \varphi)$,第二个振子的振动方程为_____.

14.7 有两个质点在 x 轴上绕原点作同振幅、同频率的简谐振动,若它们总在振幅一半处相遇,它们的相位差为_____.

14.8 一个小球和轻弹簧组成的系统,按

$$x = 0.05\cos\left(8\pi t + \frac{\pi}{3}\right) \quad \text{(SI 单位)}$$

的规律振动.

(1) 求振动的最大速度及最大加速度;

(2) 分别画出位移、速度、加速度与时间的关系曲线.

14.9 有一个小球,在 x 轴上绕原点作简谐振动,它的速度与时间的关系为

$$v = 2\cos\left(4\pi t + \frac{\pi}{3}\right) \quad \text{(SI 单位)}$$

求振动的位移和加速度与时间的关系.

14.10 作简谐振动的小球,速度最大值为 v_m,加速度最大值为 a_m,若从速度为正的最大值的某时刻开始计算时间,

(1) 求振动的周期;

(2) 求振动的振幅;

(3) 写出振动表达式.

14.11 有一个小球,在 x 轴上绕原点作简谐振动,它的角频率为 ω,速度最大值为 v_m,$t=0$ 时它的速度 $v = +v_m/2$,位移为正值,求振动的位移与时间的关系.

14.12 一竖直悬挂的弹簧振子,自然平衡时弹簧的伸长量为 x_0,此振子自由振动的周期 $T=$ _____.

14.13 将劲度系数分别为 k_1 和 k_2 的两根轻弹簧串联在一起并竖直悬挂着,下面系一质量为 m 的物体,做成一在竖直方向振动的弹簧振子,其振动周期为_____.

14.14 一个弹簧,劲度系数为 k,一质量为 m 的物体挂在它的下面,振动的周期为 T.若把该弹簧分别割成两半再并联起来,物体挂在并联后的弹簧上,这时弹簧振子的振动周期为_____.

14.15 有一轻弹簧,下面挂一质量为 10 g 的物体时,伸长量为 4.9 cm.将此弹簧和一质量为 80 g 的小球构成一弹簧振子,将小球由平衡位置向下拉开 1.0 cm 后,给予向上的初速度 $v_0 = 5.0 \text{ cm} \cdot \text{s}^{-1}$.试求振动的周期及振动表达式(以向下为正方向).

14.16 在水平光滑桌面上有一个弹簧振子(图 14-25),弹簧的劲度系数为 k,物体的质量为 m_2.$t=0$ 时,一颗质量为 m_1 的子弹沿水平方向以速度 v 击入物体,于是振子开始振动,以子弹速度的方向作为 x 轴的方向,平衡点为坐标原点,求振子的振动方程.

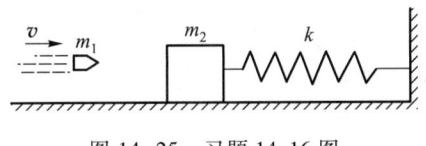

图 14-25 习题 14.16 图

14.17 一弹簧振子质量为 m,劲度系数为 k,作振幅为 A 的简谐振动,则振子从 $x=A/2$ 处运动到 $x=-A/2$ 处最少需时间 $\Delta t =$ _____.

14.18 (1)把一个线长为 l 的单摆挂在倾角为 α 的光滑斜面上,它振动的周期为_____;

(2)把一个线长为 l 的单摆挂在以加速度 a 沿水平方向加速的列车上,它振动的周期为_____;

(3)有一个半球形状的碗半径为 r,内表面光滑,一小球在碗底微振的周期为_____.

14.19 设摆的长度不变,写出单摆的周期的相对变化 dT/T 与重力加速度的相对变化 dg/g 之间的关系式.在 $g = 9.80 \text{ m} \cdot \text{s}^{-2}$ 处走时准确的一只钟,移至另一地点后每天慢 10 s,试用上述关系式计算该地的重力加速度值.设该钟用单摆计时.

14.20 一质量为 m 的质点在力 $F = -\pi^2 x$(SI 单位)的作用下沿 x 轴运动,求其运动的周期.

14.21 一物体放在水平木板上作简谐振动.

(1)若此板沿水平方向作简谐振动,频率为 2.0 Hz,物体与板面间的最大静摩擦因数为 0.50,要使物体在板上不致滑动,振幅的最大值是多大?

(2)若令此板改作竖直方向的简谐振动,振幅为 5.0 cm,要使物体一直保持与板面接触,则振动的最大频率是多少?

14.22 质量为 $m = 121$ g 的水银装在 U 形管中.管截面积 $S = 0.3 \text{ cm}^2$,若使两边水银面相差 $2y_0$,然后使水银面上下振动,求振动周期 T.水银的密度为 $13.6 \text{ g} \cdot \text{cm}^{-3}$.

14.23 一摆由一根质量为 m,长度为 l 的细杆在一端连接一个质量也为 m 的小球构成,求它绕另一端的水平光滑轴作微小摆动的周期.

14.24 在一直线上有两个点电荷,所带电荷量均为 $+Q$,距离为 $2l$.在它们的中点有一质量为 m,电荷量为 $+q$ 的粒子,粒子只能在直线上运动.证明此粒子沿直线的微小振动是简谐振动,并求其周期.

14.25 一载流平面圆线圈的磁矩为 m,放在磁感应强度为 B 的磁场中处于稳定平衡状态,线圈绕直径的转动惯量为 J,使线圈偏离平衡位置一个微小的角度后释放,求证线圈绕平衡位置的振动是简谐振动,并求振动的周期.

14.26 当一个弹簧振子的振幅增大为原来的两倍时,它振动的周期为原来的_____倍,最大速度为原来的_____倍,最大加速度为原来的_____倍,振动的能量为原来的

_____倍.

14.27 有两个相同的弹簧挂两个不同质量的物体作振幅相同的振动,若第一个物体的质量是第二个物体的四倍,则第一个振子的能量是第二个振子能量的_____倍,第一个物体的最大速度是第二个物体最大速度的_____倍.

14.28 质量为 m 的物体和一个轻弹簧组成弹簧振子,其固有振动周期为 T. 当它作振幅为 A 的自由简谐振动时,其振动能量 $E = $ _____.

14.29 一弹簧振子,振幅为 A,最大恢复力为 F,则振子的能量 $E = $ _____.

14.30 一质点作频率为 ν 的简谐振动,其动量的最大值为 p_m,则质点受到的力的最大值为 $F_m = $ _____.

14.31 一弹簧振子,振幅为 A,能量为 E.

(1) 位移是振幅的一半时,势能为 _____;

(2) 位移为 _____ 时,势能和动能相等.

14.32 一弹簧振子,振幅为 2 cm. 当振子距离平衡位置为 _____ cm 时,它的势能和动能之比 $E_p : E_k = 1 : 3$.

14.33 一单摆摆球质量为 m,摆长为 l,作角振幅为 θ_0 的简谐振动. 谐振方程为

$$\theta = \theta_0 \cos(\omega t + \varphi)$$

求此单摆在任意时刻的动能、重力势能(以最低点为势能零点)和总的机械能.

***14.34** 一单摆在空气中摆动,摆长为 1.00 m,初始振幅为 $\theta_0 = 5°$. 经过 100 s,振幅减为 $\theta_1 = 4°$. 再经过多长时间,它的振幅减为 $\theta_2 = 2°$? 此单摆的阻尼系数为多大?

***14.35** 证明:当驱动力的频率等于系统的固有频率时,受迫振动的速度幅达到最大值.

14.36 两个同方向、同频率、同振幅的简谐振动的合振动振幅与分振动的振幅大小相同,两个分振动的相位差等于 _____.

14.37 一质点同时参与两个在同一直线上的简谐振动,其谐振方程为

$$x_1 = 0.4\cos\left(100\pi t + \frac{\pi}{6}\right) \quad (\text{SI 单位})$$

$$x_2 = 0.3\cos\left(100\pi t - \frac{\pi}{6}\right) \quad (\text{SI 单位})$$

试写出合振动的运动方程.

14.38 有两个同方向同频率的简谐振动合成,已知其中一个分振动为 $x_1 = 1 \times 10^{-2} \cos \omega t$,而合振动为 $x = 2 \times 10^{-2} \cos\left(\omega t + \frac{\pi}{2}\right)$ (SI 单位),则另一个分振动的振幅 $A_2 = $ _____ m.

14.39 求 7 个简谐振动的合振动: $x = \sum_{k=0}^{6} a\cos\left(\omega t + \frac{k\pi}{6}\right)$.

14.40 有两个同方向不同频率的简谐振动合成,

$$x_1 = a\cos \pi t$$
$$x_2 = a\cos 2\pi t$$

从 $t = 0$ 时开始观察,什么时候合振动振幅第一次为零?

14.41 将固有频率为 348 Hz 的标准音叉的振动和一待测频率的音叉的振动合成,测得拍频为 3 Hz,若在待测音叉的一端上加上一小块物体,则拍频将减小,求待测音叉的固有频率.

第十五章
机械波

上一章我们讨论了振动,研究的对象是单个的振动物体.实际生活中容易发现,由于物体之间的相互作用,一个物体的振动,往往要带动它周围介质质点的振动,临近的介质质点的振动又会带动较远的介质质点的振动.这样,振动状态就会在介质中传播开来.振动状态的传播称为**波动**,简称波.波动是物质运动的一种极其普遍的形式.在日常生活中如水波、声波和地震波等,它们是机械振动在介质中的传播,称为**机械波**.再如无线电波、光波、红外线、X射线等,它们是变化的电磁场在空间的传播,称为**电磁波**.机械波与电磁波在本源上虽然不同,但都具有波动的共同特征.例如,它们都以一定的速度传播,都能产生反射、折射、干涉和衍射现象等.机械波较为直观,也易于理解,这一章我们先讨论机械波.波动的形式也很多,有连续波也有脉冲波,有周期波也有非周期波等,其中最简单的是简谐波,简称谐波.简谐波是简谐振动的传播,简谐波的规律性很强,而且可以证明,一切复杂的波动都可以看成是多个简谐波叠加的结果,因而对简谐波的讨论是波动学的基础.

§15-1 机械波的产生和传播

一 机械波产生的条件

要产生机械波,首先要有一个振动的物体,即波的激发源,称为**波源**.波源的外面,还得有能够随波源而振动的介质,称为**弹性介质**,故机械波又称为弹性波.在弹性介质中,各质点间是以弹性力互相联系的.已经开始振动的质点要依靠这种弹性力的作用来维持振动,还没有开始振动的质点也要依靠这种弹性力的作用而陆续介入振动,使振动的状态传播出去,形成波动.由此可见,波源和弹性介质是机械波产生的两个必要条件.

二 机械波的传播

我们来分析一个简单的、理想的模型,看机械波是如何由波源产生并在介质中传播的.如图15-1中所示,一根绳子沿 x 轴水平放置,绳子的左端 O 点有一个波源,它在进行简谐振动,于是我们看见,绳上各部分的质点也依次开始上下振动,在绳上交替出现凸起的波峰和凹下的波谷的图形,并以一定的速度沿 x 轴向前传播.波的图形称为**波形**,对于机械波来说,波的传播过程也就是波形推进的过程.波的传播速度称为波速,观察表明,波在绳子上是匀速传播的.随着时间的延续,可以看到,波源随时间的余弦振动在空间被匀速地展开,也生成一条余弦

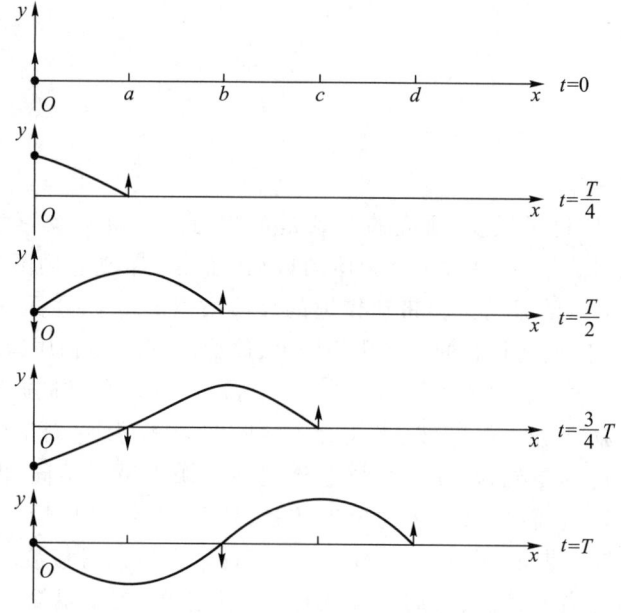

图 15-1　机械波的传播

曲线,曲线沿着波的传播方向不断向前平移.在图 15-1 中我们只作出了从 $t=0$ 开始从 O 点发出的波形(实际上波形应该是一直向前延伸的).

在机械波的讨论中,有一点应该首先引起注意,就是要把波的传播速度和质点的振动速度区分开来.在图 15-1 中可以看出,波速是振动状态传播的速度,它是匀速率的,波一直向前传播;而波动中介质质点的振动速度是质点的运动速度,是往复变化的,质点在平衡位置附近来回运动而并不随波逐流.

下面我们定量地讨论这个模型.在这一章里,我们用 x 表示波动中各质点的平衡位置,用 y 表示它们振动的位移.于是,图 15-1 中 O 点的振动方程为

$$y_0 = A\cos\left(\omega t - \frac{\pi}{2}\right)$$

$t=0$ 时(见最上面一个图),O 点的相位是 $-\pi/2$,它的位置在平衡位置,且在向正方向运动.到 $t=T/4$ 时,O 点的相位变为 0,它的位移为正最大.此时 O 点的下一个考察点 a 点的位置在平衡位置,且在向正方向运动,即相位为 $-\pi/2$,这正是 $t=0$ 时 O 点的相位.到 $t=T/2$ 时,O 点的相位为 $\pi/2$,它的位置在平衡位置,且在向负方向运动.此时 a 点的相位为 0,a 点下一个考察点 b 点的相位为 $-\pi/2$……到 $t=T$ 时,从 O 点开始,沿传播的方向看过去,a、b、c、d 各点的相位依次为 $3\pi/2$、π、$\pi/2$、0、$-\pi/2$,是由近及远依次落后的.

从图中我们可以看出波的传播有这样两个基本特点:首先,各质点振动的周期与波源相同,都等于 T,即它们在进行同频振动.第二,若我们在同一时刻(例如刚才分析的 $t=T$ 时刻)考察各点的相位,振动的相位是从波源开始由近及远依次落后的.若我们在不同的时刻考察同一个相位,例如 $-\pi/2$ 这个相位,从图中可以看到,$t=0$ 时它在 O 点,$t=T/4$ 时到达 a 点,然后才到 b 点、c 点、d 点,是在由近及远

地向前推进,这就是波的传播概念.波的传播实质上是相位的传播,相位传播实质上是在描述波动中各质点之间相位的关系,它是波动中最基本的概念之一.

三 波速 横波和纵波

上面我们谈到,波的传播实际上是振动状态即相位的传播,因而,**波速**实际上指的是相位的传播速度,即**相速度**(相速).

按照波速和质点振动的方向之间的关系,我们可以把波分为横波和纵波两个类型.在波动中,如果质点振动的方向和波的传播方向相互垂直,这种波称为**横波**.如图 15-1 中的绳波就是横波,横波的波形是峰谷相间的图形.如果在波动中,质点的振动方向和波的传播方向相互平行,这种波称为**纵波**.如图 15-2 中所示,将一根弹簧水平悬挂,扰动弹簧的左端使其沿水平方向左右振动,就可以看到这种振动状态沿着弹簧向右传播.纵波的波形是疏密相间的图形.在空气中传播的声波也是纵波.

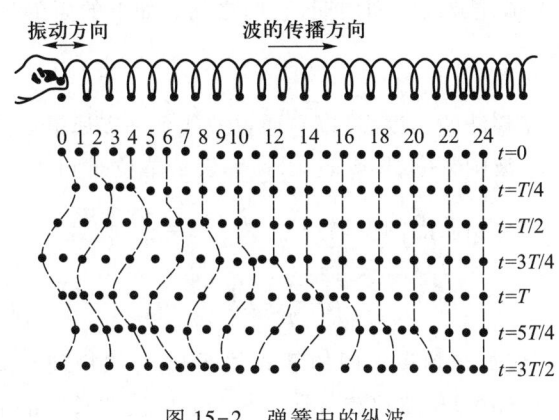

图 15-2 弹簧中的纵波

四 波阵面和波射线

下面介绍描述波动时经常要用到的几个概念.

我们把波动过程中,振动相位相同的点连成的面称为**同相面**,或称**波面**,把波面中走在最前面的那个波面称为**波前**或波阵面.波面是平面的波称为**平面波**[图 15-3(a)],波面是球面的波称为**球面波**[图 15-3(b)].

描述波的传播方向的有向曲线称为**波射线**,简称**波线**.在各向同性的介质中,波线总是与波面垂直,且指向振动相位降落的方向.所以,平面波的波线是垂直于波面的平行直线,球面波的波线是以波源为中心沿半径方向的直线,沿半径向外传播的称为发散波,沿半径向球心传播的称为会聚波.

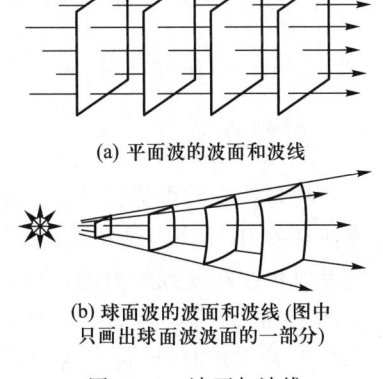

(a) 平面波的波面和波线

(b) 球面波的波面和波线 (图中只画出球面波波面的一部分)

图 15-3 波面与波线

五 波长和频率

简谐波传播时,其波形有周期性,在一条波线上,每隔一段就会出现一个相位相同的点.我们把同一波线上两个相邻的同相点(相位差为 2π)之间的距离称为波的**波长**,用 λ 表示.由此我们可以判定,相距为整数个波长的两点的振动肯定是同相的.两个相邻的同相点之间的这一段波,我们称之为一个完整波,因而波长也即一个完整波的长度.波长描述波的空间周期性.在横波的情况下,波长 λ 等于两相邻波峰之间或两相邻波谷之间的距离;而在纵波情形下,波长 λ 等于两相邻密部的中心之间的距离或两相邻疏部中心之间的距离.

一个完整波通过波线上一点所需的时间,称为波的周期,用 T 表示.一个完整波通过这一点的过程中,该处的质点将进行一次全振动,所以波的周期就是该质点的振动周期,也即是波动中介质的所有质点振动的周期.波的周期 T 描述波的时间周期性,波的波长 λ 描述波的空间周期,它们之间有如下的简单关系:

$$u = \frac{\lambda}{T}$$

意即波速等于一个完整波的长度,除以它通过波线上一点所需要的时间.

周期的倒数称为波的频率,用 ν 表示.频率表示单位时间通过波线上一点的完整波的数目或波动中介质质点的振动频率,由于 $\nu = \frac{1}{T}$,所以

$$u = \frac{\lambda}{T} = \nu\lambda \tag{15-1}$$

这是最常见的**波速、波长和频率之间的基本关系**式.它的物理意义也十分明显,即 1 s 内通过波线上一点的完整波的数目乘上每个完整波的长度的数值,就等于波向前推进的速度的数值,也就是波的传播速度的数值(图 15-4).

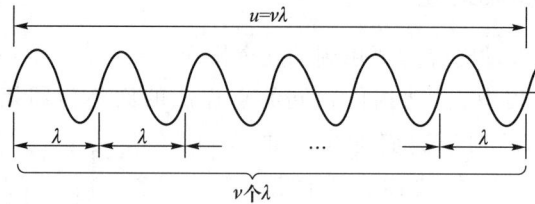

图 15-4 波长、频率和波速的关系

六 弹性介质

在一种弹性介质中能传播横波还是纵波?波的传播速度有多大?这些都与介质的弹性有关.下面我们对介质的弹性作一简要描述.

先考虑物体在受到外力的拉伸或挤压,即长度改变时所表现出来的弹性,称为长变弹性.设有一柱体,两端受拉力 F 作用[图 15-5(a)].如果柱体的横截面为 S,长为 l,受力 F 作用时,伸长了 Δl.我们称单位截面上的受力 $\sigma = F/S$ 为**应力**,柱体的相对伸长 $\Delta l/l$ 为**应变**(也叫胁变).定义**应力**与**应变**的比值

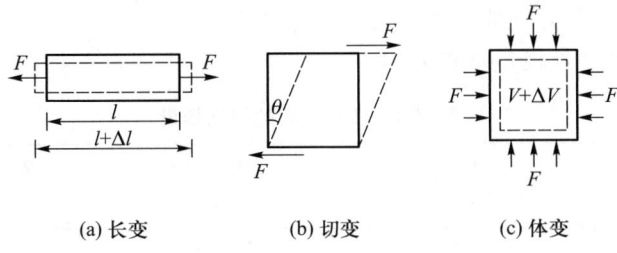

(a) 长变　　(b) 切变　　(c) 体变

图 15-5　长变、切变和体变

$$E = \frac{F/S}{\Delta l/l}$$

为**杨氏模量**.在材料的弹性限度内,杨氏模量是一个常量,它描述固体材料的长变弹性.把上式改写为

$$F = \frac{ES}{l}\Delta l = k\Delta l$$

该式所表示的规律就是胡克定律.柱体在长度变化时表现出的弹性就像一个弹簧,劲度系数 $k = ES/l$.它的弹性势能为

$$W_p = \frac{1}{2}k(\Delta l)^2 = \frac{1}{2}\frac{ES}{l}(\Delta l)^2 = \frac{1}{2}ESl\left(\frac{\Delta l}{l}\right)^2 = \frac{1}{2}E\Delta V\left(\frac{\Delta l}{l}\right)^2$$

其中 $\Delta V = Sl$ 为柱体的体积,故在单位体积中的弹性势能为

$$w_p = \frac{1}{2}E\left(\frac{\Delta l}{l}\right)^2 \tag{15-2}$$

势能与杨氏模量成正比,与**应变**(相对伸长)的平方成正比.在后面(§15-3 中)讨论波的能量的时候要用到弹性势能的公式.

下面考虑物体的切变弹性,即物体在切向力(剪力)作用下变形的情形.设有一柱体,两端底面受到切向力 F 作用[图 15-5(b)],这时产生的形变称为切变.切变中的切应力仍用 $\sigma = F/S$ 表示,S 为柱体底面积,切应变的量值可用角 θ(以弧度为单位)表示.切应力与切应变的比

$$G = \frac{F/S}{\theta}$$

定义为**切变模量**.切变模量描述固体材料的切变弹性.

以上考虑的是物体的长度变化和切向变化时的弹性,下面考虑物体的体积变化时的弹性.设有一体积为 V 的立方形物体受到的压强为 $p = F/S$,压强使体积缩小为 $V' = V + \Delta V$[图 15-5(c),图中的体积增量 ΔV 实际上为负值].把 $\Delta V/V$ 称为体应变,我们定义

$$K = -\frac{p}{\Delta V/V}$$

为体积模量,加负号是使体积模量定义为正常量.

几种材料的弹性模量见表 15.1.

表 15.1　几种材料的弹性模量

材料	杨氏模量 E/ (10^{11} N·m^{-2})	切变模量 G/ (10^{11} N·m^{-2})	体积模量 K/ (10^{11} N·m^{-3})
玻璃	0.55	0.23	0.37
铝	0.7	0.30	0.70
铜	1.1	0.42	1.4
铁	1.9	0.70	1.0
钢	2.0	0.84	1.6
水	—	—	0.02
酒精	—	—	0.009 1

固体中能够产生切变、体变、长变等各种弹性变形,所以在固体中既能传播与切变有关的横波又能传播与体变或长变有关的纵波.理论证明,在固体中横波和纵波的传播速度可分别用下列两式计算:

$$u = \sqrt{\frac{G}{\rho}} \quad (横波) \tag{15-3}$$

$$u = \sqrt{\frac{E}{\rho}} \quad (纵波) \tag{15-4}$$

式中 G 和 E 分别为介质的切变模量和杨氏模量,ρ 为介质的质量密度.实际上,在无限大的各向同性的均匀固体介质中,纵波的波速比式(15-3)还要大一些.仅当纵波在细长棒中沿棒的长度方向传播时,该式才是准确的.同种材料的切变模量 G 总是小于杨氏模量 E(见表 15.1),因而在同种介质中的纵波波速要大于横波的波速,见表 15.2.

绷紧的柔软绳索或弦线中传播的横波的速度为

$$u = \sqrt{\frac{F}{\rho_l}}$$

式中 F 为绳索或弦线中的张力,ρ_l 为绳索或弦线单位长度的质量.

在液体和气体中不可能发生切变,所以不可能传播横波.液体和气体中只能传播与体变有关的弹性纵波(液体表面的波是由重力和表面张力引起,包含纵波和横波两种成分).在液体和气体中纵波传播速度为

$$u = \sqrt{\frac{K}{\rho}} \tag{15-5}$$

式中 K 是介质的体积模量,ρ 是介质的质量密度.对于理想气体,把声波中的气体传输过程作为绝热过程近似处理,根据气体动理论和热力学,可推出声速公式为

$$u = \sqrt{\frac{\gamma p}{\rho}} = \sqrt{\frac{\gamma RT}{M}}$$

式中 M 是气体的摩尔质量,γ 是气体的比热容比,p 是气体的压强,T 是热力学温

度，R 是摩尔气体常量. 例如空气的 $\gamma=1.40$，在标准状态下的声速为

$$u=\sqrt{\frac{1.40\times1.013\times10^5}{1.293}}\ \mathrm{m\cdot s^{-1}}\approx 331\ \mathrm{m\cdot s^{-1}}$$

几种介质中的波速见表 15.2.

表 15.2　一些介质中的波速　　　　　　单位：$\mathrm{m\cdot s^{-1}}$

介　　质	棒中纵波	无限大介质中纵波	无限大介质中横波
硬玻璃	5 170	5 640	3 280
铝	5 000	6 420	3 040
铜	3 750	5 010	2 270
电解铁	5 120	5 950	3 240
低碳钢	5 200	5 960	3 235
海水(25°C)	—	1 531	—
蒸馏水(25°C)	—	1 497	—
酒精(25°C)	—	1 207	—
二氧化碳(气体 0°C)		259	
空气(干燥 0°C)		331	
氢气(0°C)		1 284	

§15-2　平面简谐波　波动方程

波的主要特点在于相位的传播，常称为**行波**，现在我们来定量地描述一个行波. 在波动中，每一个质点都在进行振动，对一列波完整的描述，应该是给出波动中任一质点的振动方程，这种方程称为**波动方程**（或波函数）. 我们知道，平面简谐波（余弦波或正弦波）是最简单的波，它是当波源作简谐振动时，在均匀、无吸收介质中所形成的波. 我们先讨论平面简谐波的波动方程，称为**平面谐波的波动方程**或简称平面谐波方程.

我们在上一节谈到，简谐波传播时，介质中各质点的振动频率相同. 对于在无吸收的均匀介质中传播的平面波，各质点的振幅也相等（理由见下一节）. 因而介质中各质点的振动仅相位不同，表现为相位沿波的传播方向依次落后，因此我们将重点讨论相位. 根据波面的定义我们知道，在任一时刻处在同一波面上的各点有相同的相位，因而有相同的位移. 因此，只要知道了任意一条波线上波的传播规律，就可以知道整个平面波的传播规律.

设平面简谐波的周期为 T，波长为 λ，波速为 u，对于波线上的两点，见图15-6，若 B 点比 A 点距离波源要远 l，l 称为 A、B 之间的波程，就是波由 A 点到 B 点所经历的路程. 一个振动状态从 A 点传到 B 点需要一段时间 $\Delta t=l/u$，即 A 点的振动到达某一状态后，要过 Δt 这么一段时间 B 点才

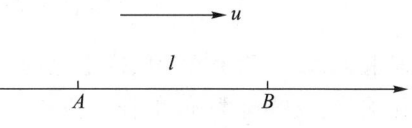

图 15-6　平面简谐波的波程和相位差

到达这个状态,也就是说,B 点的振动要比 A 点在时间上落后

$$\Delta t = \frac{l}{u} = \frac{l}{\lambda} T \tag{15-6}$$

在上面的简单推导中用到了式(15-1).由于 A 点和 B 点在进行同频率的简谐振动,按上一章讨论过的两个同频率振动的相位差和时间差的关系式(14-7),我们可以得到 A 点和 B 点的相位差

$$\Delta \Phi = \omega \Delta t = \frac{2\pi}{T} \Delta t = 2\pi \frac{l}{\lambda} \tag{15-7}$$

此式表示 B 点距离波源比 A 点每远一个 λ,相位落后一个 2π.从式(15-7)我们容易判断,在同一波线上的两点,若它们的距离为整数个波长,则它们的振动同相;若它们的距离为半整数个波长,则它们的振动反相.

一 平面简谐波的波动方程

下面我们通过对相位的分析给出平面简谐波的波动方程.如图 15-7 所示,设有一列平面简谐波沿 x 轴的正方向传播,波速为 u.取任意一条波线为 x 轴,设 O 为 x 轴的原点.假定 O 点处(即 $x=0$ 处)质点的谐振方程为

$$y_0(t) = A\cos(\omega t + \varphi)$$

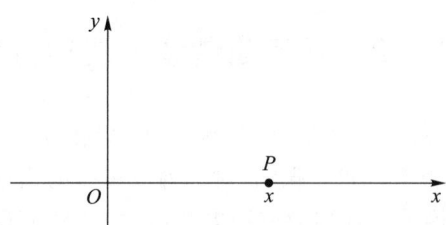

图 15-7 推导波动方程用图

现在考察波线上任意一点 P 的振动,设该点的坐标为 x.如上所述,P 点和 O 点振动的振幅和频率相同,而 P 点振动的相位比 O 点落后.O 点到 P 点的波程为 x,按式(15-6),P 点的振动在时间上比 O 点落后 $\Delta t = \frac{x}{u}$,故 P 点的振动为

$$y(x,t) = A\cos\left[\omega\left(t - \frac{x}{u}\right) + \varphi\right] \tag{15-8}$$

也可以通过相位差来进行推导,根据式(15-7),P 点的振动在相位上比 O 点落后 $\Delta\Phi = 2\pi \frac{x}{\lambda}$,故 P 点的振动为

$$y(x,t) = A\cos\left(\omega t - 2\pi \frac{x}{\lambda} + \varphi\right)$$

不难验证,以上两个方程实际上是同一个振动的两个不同的表述.式(15-8)所表示的是波线上(坐标为 x)的任一点处质点的振动方程,这正是我们希望得到的沿 x 轴方向前进的平面简谐波的波动方程.

简单地讨论一下我们得到的结果. 在图 15-8 中, P 点的坐标 x 为正值, 如果 x 为负值, P 点的相位应该比 O 点超前. 把 x 带入式(15-8), 由于 x 是负值, 这表示 P 点的相位比 O 点超前, 可见方程的形式不会因考察点的位置而改变. 在上面的讨论中, 我们设波是沿着 x 轴传播的, 这称为正行波. 若波逆着 x 轴传播, 则称为反行波, 此时图 15-8 中 P 点的相位应比 O 点超前, 我们规定波速 u 始终取正值(速率), 因而式(15-8)中 x 前面的负号应改为正号, 因而**平面谐波方程的一般形式**(通式)为

$$y(x,t)=A\cos\left[\omega\left(t\mp\frac{x}{u}\right)+\varphi\right] \qquad (15-9\text{a})$$

式中负号对应于正行波, 正号对应于反行波. 方程中的 φ 为原点初相.

利用关系式 $\omega=\dfrac{2\pi}{T}=2\pi\nu$ 和 $uT=\lambda$, 可以将平面简谐波方程改写成多种形式:

$$y(x,t)=A\cos\left(\omega t\mp 2\pi\frac{x}{\lambda}+\varphi\right) \qquad (15-9\text{b})$$

$$y(x,t)=A\cos\left[2\pi\left(\frac{t}{T}\mp\frac{x}{\lambda}\right)+\varphi\right] \qquad (15-9\text{c})$$

我们讨论平面简谐波的时候, 为了简单, 往往直接把波的传播的方向作为 x 轴的方向, 因而波动方程中 x 前面的符号就是负号. 如果再取原点振动的位移到达正最大的时候作为计时起点, 因而原点初相为零, 可以把波动方程化为比较简单的形式:

$$y(x,t)=A\cos\omega\left(t-\frac{x}{u}\right) \qquad (15-10\text{a})$$

或

$$y(x,t)=A\cos 2\pi\left(\frac{t}{T}-\frac{x}{\lambda}\right) \qquad (15-10\text{b})$$

这是平面谐波方程常用的形式.

为了弄清楚平面谐波方程的物理意义, 我们作进一步的分析. 在波动方程中含有 x 和 t 两个自变量, 如果 x 给定(即考察该处的质点), 那么位移 y 就只是 t 的周期函数, 这时这个方程表示 x 处质点在各不同时刻的位移, 也就是该质点的振动方程, 方程的曲线就是该质点的振动曲线. 图 15-8(a) 中描出的即一列简谐波在 $x=0$ 处质点的振动曲线. 如果波动方程中的 t 给定, 那么位移 y 将只是 x 的周期函数, 这时方程给出的是 t 时刻波线上各个不同质点的位移. 波动中某一时刻不同质点的位移曲线称为该时刻波的**波形曲线**, 因而 t 给定时, 方程就是该时刻的波形方程. 图 15-8(b) 中描出的即是 $t=0$ 时一列沿 x 方向传播的简谐波的波形曲线. 无论是横波还是纵波, 它们的波形曲线在形式上没有区别, 不过横波的位移指的是横向位移, 表现的是峰谷相间的图形; 纵波的位移指的是纵向位移, 表现的是疏密相间的图形.

在一般情况下, 波动方程中的 x 和 t 都是变量, 参见式(15-10a). 这时波动方程具有它最完整的含义, 表示波动中任一质点的振动规律: 波动中任一质点的相位随时间变化, 每过一个周期 T 相位增加 2π, 任一时刻各质点的相位随空间变化, 距离波源每远一个波长 λ, 相位落后一个 2π.

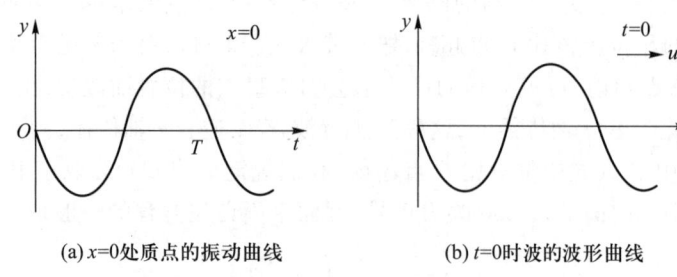

(a) $x=0$ 处质点的振动曲线　　(b) $t=0$ 时波的波形曲线

图 15-8　振动曲线和波形曲线

还应该注意波动方程、振动方程和波形方程在形式上的明显区别.波动方程描述波动中任一质点的振动规律,它有两个自变量,其函数形式表现为 $y=y(x,t)$;振动方程描述某一点的运动,只有一个自变量 t,函数形式表现为 $y=y(t)$ 形式;波形方程表示的是某一时刻各质点的位移,也只有一个自变量,表现为 $y=y(x)$ 形式.反映在曲线表示上,要注意振动曲线和波形曲线的区别.振动曲线是 y-t 曲线而波形曲线是 y-x 曲线.振动曲线的(时间)周期是 T,波形曲线的(空间)周期是波长 λ.在振动曲线中质点的相位随时间逐步增加,而在波形曲线中质点的相位是沿波的传播方向逐点减少.

不同时刻的波形曲线记录的是不同时刻各质点的位移图形,就像该时刻波的照片.而波动的图形是动态的,犹如这些照片的连续放映,表现为波形沿着波线以波速 u 向前推进,每一个周期 T 走一个波长 λ.在波动的分析中应用这样的形象模型,常常能较为直观地得出正确的判断.

介质中任一质点的振动速度,可通过波动方程表达式,把 x 看作定值,将 y 对 t 求导数(偏导数)得到,记作 $\partial y/\partial t$.以常用的式(15-10)为例,质点的振动速度为

$$v=\frac{\partial y}{\partial t}=-A\omega\sin\omega\left(t-\frac{x}{u}\right)$$

质点的加速度为 y 对 t 的二阶偏导数：

$$a=\frac{\partial^2 y}{\partial t^2}=-A\omega^2\cos\omega\left(t-\frac{x}{u}\right)$$

二　波动微分方程

把式(15-8)分别对 t 和 x 求二阶偏导数,得到

$$\frac{\partial^2 y}{\partial t^2}=-A\omega^2\cos\left[\omega\left(t-\frac{x}{u}\right)+\varphi\right]$$

$$\frac{\partial^2 y}{\partial x^2}=-A\frac{\omega^2}{u^2}\cos\left[\omega\left(t-\frac{x}{u}\right)+\varphi\right]$$

比较上列两式,即得

$$\frac{\partial^2 y}{\partial x^2}=\frac{1}{u^2}\frac{\partial^2 y}{\partial t^2} \tag{15-11}$$

对于任意的平面波,即使不是简谐波,也可认为是许多不同频率的平面简谐波合成

的结果.由于每一个平面简谐波都满足式(15-11)所给出的方程,把这些方程加起来,所得的结果将仍有式(15-11)的形式.所以式(15-11)反映一切平面波的共同特征,称为平面波的微分方程.

可以证明,在三维空间中传播的一切波动过程,只要介质是无吸收的各向同性均匀介质,都适合下式:

$$\frac{\partial^2 \xi}{\partial x^2}+\frac{\partial^2 \xi}{\partial y^2}+\frac{\partial^2 \xi}{\partial z^2}=\frac{1}{u^2}\frac{\partial^2 \xi}{\partial t^2} \tag{15-12}$$

式中为了避免混淆改用 ξ 代表振动位移,这是三维的波动微分方程.

式(15-11)和式(15-12)都属于偏微分方程,按照微分方程理论来解这两个方程,它们的解就是一般的平面波和三维波.也即是说,任何物质运动,只要它的运动规律符合式(15-11)或式(15-12),就可以肯定它是以 u 为传播速度的波动.

三 波动微分方程的推导

上面我们是从运动学的角度讨论了波动过程的传播规律和描述方法.我们还可以从动力学的观点,进一步分析波动微分方程的来历和意义.下面以平面纵波在固体细长棒中的传播为例进行分析.

设有截面为 S、密度为 ρ 的细长棒,图 15-9(a)表示棒静止时的情况,各质点处于平衡位置.考察棒中的一个体积元 ab,其原长度为 Δx,体积为 $\Delta V=S\Delta x$.图 15-9(b)表示有平面纵波沿着棒长方向传播时的情况,在波动中体积元 ab 两端的位移由于有相位差而不相同,因而体积元将不断地受到拉伸和压缩.如果在某一时刻体积元正在被拉长,左端面处的应力为 σ(受力方向向左),右端面的应力将为 $\sigma+\frac{\partial \sigma}{\partial x}\Delta x$(受力方向向右),式中的 $\frac{\partial \sigma}{\partial x}$ 表示这时刻应力随距离的变化率.因此体积元所受到的合力是

$$\Delta F=-\sigma S+\left(\sigma+\frac{\partial \sigma}{\partial x}\Delta x\right)S=\frac{\partial \sigma}{\partial x}S\Delta x \tag{15-13}$$

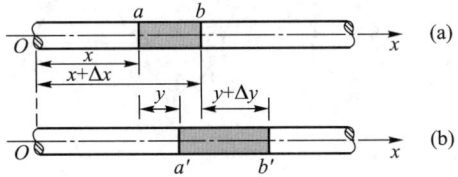

图 15-9 纵波在细长棒中的传播

按照牛顿第二定律 $\Delta F=\Delta m\cdot a$,其中 $\Delta m=\rho S\Delta x$ 为体积元的质量,$a=\frac{\partial v}{\partial t}$,$v$ 是它的振动速度,有

$$\frac{\partial \sigma}{\partial x}S\Delta x=\rho S\Delta x\frac{\partial v}{\partial t}$$

化简后为

$$\frac{\partial \sigma}{\partial x} = \rho \frac{\partial v}{\partial t} \qquad (15-14)$$

参见图 15-9(a),体积元左端的位移为 y,右端的位移为 $(y+\Delta y)$,因此体积元的长度变化是 Δy,由于体积元的原长为 Δx,所以应变(相对伸长)为 $\frac{\Delta y}{\Delta x}$ 或 $\frac{\partial y}{\partial x}$.根据杨氏模量 E 的定义(应力与应变的比值),应力为杨氏模量与应变的积,即有 $\sigma = E\frac{\partial y}{\partial x}$.把此式代入式(15-14),又因为 $v = \frac{\partial y}{\partial t}$,于是式(15-14)变为

$$\frac{\partial^2 y}{\partial x^2} = \frac{1}{E/\rho} \frac{\partial^2 y}{\partial t^2}$$

这就是棒中各点振动的位移所满足的偏微分方程.式中 E/ρ 是一个常量.令

$$u = \sqrt{\frac{E}{\rho}}$$

由此我们得到

$$\frac{\partial^2 y}{\partial x^2} = \frac{1}{u^2} \frac{\partial^2 y}{\partial t^2}$$

这正是波的微分方程(15-11)式.可见棒中传播着平面波,波的传播速度就是 $u = \sqrt{\frac{E}{\rho}}$.当然,平面波不一定是简谐波,但是,若我们知道其中一个质点(例如波源)的振动是简谐振动,那么波动的形式就可以确定为简谐波 $y = A\cos\left[\omega\left(t - \frac{x}{u}\right) + \varphi\right]$,其中 A 和 φ 是积分常量,表示波的振幅和原点的初相.

例 15.1 设某一时刻绳上横波的波形曲线如图 15-10(a)所示,水平箭头表示该波的传播方向.试分别用小箭头表明图中 A、B、C、D、E、F、G、H、I 各质点在该时刻的运动方向,并画出经过 $1/4$ 周期后的波形曲线.

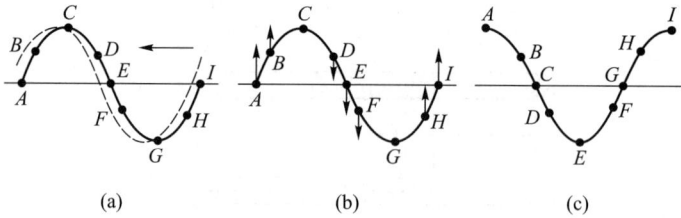

图 15-10 例 15.1 图

解 在波的传播过程中,各个质点只在自己的平衡位置附近振动,并不会随波前进.在横波的情形中,质点的振动方向总是和波的传播方向相垂直.在图(a)中,质点 C 正达到正的最大位移处,质点 G 则处于负的最大位移处,这时它们的速度为零.根据图中的波动传播方向,可以设想出下一瞬时的波形曲线,见图(a)中的虚线,因而可判断各质点的运动方向.如图(b)所示,质点 A、B、H、I 向上运动,质点 D、E、F 向下运动.

由于波形每一个周期向前推进一个波长,所以经过 $T/4$ 后的波形曲线应比图(a)所示的波

形曲线向左平移 $\lambda/4$，如图(c)所示.

通过作下一瞬时的波形曲线来判断质点速度的方向是常用的方法，但也容易造成误解. 如图 15-10(a) 中的虚线可能会使人误认为 C 点的速度向下而 G 点的速度向上，实际上此时它们的位移都正好达到极值，它们的速度都为零.

例 15.2 有平面简谐波沿 x 轴正方向传播，波长为 λ，见图 15-11. 如果 x 轴上坐标为 x_0 处质点的振动方程为 $y_{x_0} = A\cos(\omega t + \varphi_0)$，试求：(1) 波动方程；(2) 坐标原点处质点的振动方程；(3) 原点处质点的速度和加速度.

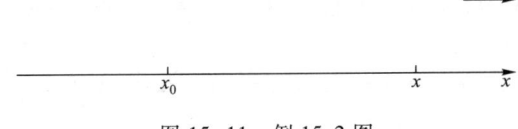

图 15-11　例 15.2 图

解　(1) 如图 15-11 所示，设考察点为 x 轴上任意一点，坐标为 x. 从 x_0 到 x 的波程为 $x - x_0$，按式 (15-7)，x 处质点的振动相位比 x_0 质点落后 $2\pi \dfrac{x - x_0}{\lambda}$，故 x 轴上任意一点的振动方程，即波动方程为

$$y = A\cos\left(\omega t - 2\pi \frac{x - x_0}{\lambda} + \varphi_0\right)$$

(2) 把 $x = 0$ 代入上式，即得原点处质点的振动方程

$$y_0 = A\cos\left(\omega t + 2\pi \frac{x_0}{\lambda} + \varphi_0\right)$$

(3) 原点处质点的速度为

$$v_0 = \frac{\partial y_0}{\partial t} = -\omega A \sin\left(\omega t + 2\pi \frac{x_0}{\lambda} + \varphi_0\right)$$

加速度为

$$a_0 = \frac{\partial^2 y_0}{\partial t^2} = -\omega^2 A \cos\left(\omega t + 2\pi \frac{x_0}{\lambda} + \varphi_0\right)$$

例 15.3 一简谐波逆着 x 轴传播，波速 $u = 8.0\ \text{m} \cdot \text{s}^{-1}$. 设 $t = 0$ 时的波形曲线如图 15-12 所示. 求：(1) 原点处质点的振动方程；(2) 简谐波的波动方程；(3) $t = \dfrac{3}{4}T$ 时的波形曲线.

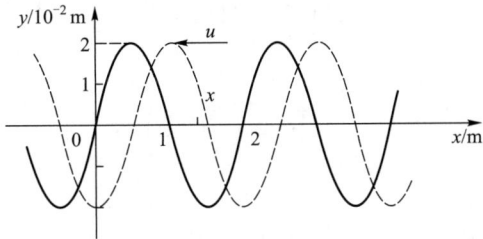

图 15-12　例 15.3 图

解　(1) 由波形曲线图可看出，波的振幅 $A = 0.02\ \text{m}$，波长 $\lambda = 2.0\ \text{m}$，故波的频率为 $\nu = \dfrac{u}{\lambda} = \dfrac{8.0}{2.0}\ \text{Hz} = 4.0\ \text{Hz}$，角频率为 $\omega = 2\pi\nu = 8\pi\ \text{s}^{-1}$. 从图中还可以看出，$t = 0$ 时原点处质点的位移为零，

速度为正值,可知原点振动的初相为 $-\pi/2$,故原点的振动方程为

$$y_0 = 0.02\cos\left(8\pi t - \frac{\pi}{2}\right) \text{(SI 单位)}$$

(2) 设 x 轴上任意一点的坐标为 x,从该点到原点的波程为 x,按式(15-7),x 处质点振动的时间比原点处质点超前 $\dfrac{x}{u} = \dfrac{x}{8.0}$,故 x 轴上任意一点的振动方程,即波动方程为

$$y = 0.02\cos\left[8\pi\left(t + \frac{x}{8}\right) - \frac{\pi}{2}\right] \text{(SI 单位)}$$

(3) 经过 $3T/4$ 后的波形曲线应比图 15-13 中的波形曲线向左平移 $3\lambda/4$,也相当于向右平移 $\lambda/4$,如图中虚线所示.

我们看到,如果知道了某一个质点的振动方程,通过相位(或时间)超前或落后的概念就很容易得到波动方程.

例 15.4 有平面简谐波沿 x 轴正方向传播,波长为 λ,周期为 T.如果 x 轴上坐标为 x_0 处的质点在 t_0 时的位置在平衡位置且正在向负方向运动,试求简谐波的波动方程.

解 按题意可知,x_0 处质点在 t_0 时的振动相位为 $\pi/2$.由于 x_0 处质点振动的相位每过一个 T 要增加 2π,所以 x_0 处质点在任意 t 时的振动相位为 $\dfrac{\pi}{2} + 2\pi\dfrac{t-t_0}{T}$,故 x_0 处质点的振动方程为

$$y_0 = A\cos\left(2\pi\frac{t-t_0}{T} + \frac{\pi}{2}\right)$$

从 x_0 到坐标为 x 的任意一点的波程为 $x - x_0$,参见例 15.2 的图 15-11,按式(15-7),x 处质点的振动相位比 x_0 质点落后 $2\pi\dfrac{x-x_0}{\lambda}$,故 x 点的振动方程,即波动方程为

$$y = A\cos\left(2\pi\frac{t-t_0}{T} - 2\pi\frac{x-x_0}{\lambda} + \frac{\pi}{2}\right)$$

我们也可以通过简谐波的通式(15-9),$y(x,t) = A\cos\left[2\pi\left(\dfrac{t}{T} \mp \dfrac{x}{\lambda}\right) + \varphi\right]$ 用拟合的方法来求出波动方程.注意到,对于正行波,x 前面应该取负号,我们设波动方程为

$$y(x,t) = A\cos\left[2\pi\left(\frac{t}{T} - \frac{x}{\lambda}\right) + \varphi\right]$$

按题意,x_0 处质点在 t_0 时的振动相位为 $\pi/2$,即

$$2\pi\left(\frac{t_0}{T} - \frac{x_0}{\lambda}\right) + \varphi = \frac{\pi}{2}$$

于是得到

$$\varphi = \frac{\pi}{2} - 2\pi\left(\frac{t_0}{T} - \frac{x_0}{\lambda}\right)$$

代入通式即得波动方程

$$y(x,t) = A\cos\left[2\pi\left(\frac{t}{T} - \frac{x}{\lambda}\right) + \frac{\pi}{2} - 2\pi\left(\frac{t_0}{T} - \frac{x_0}{\lambda}\right)\right] = A\cos\left(2\pi\frac{t-t_0}{T} - 2\pi\frac{x-x_0}{\lambda} + \frac{\pi}{2}\right)$$

用简谐波的通式通过拟合来求波动方程是一种很简洁的方法,在数学上这相当于由通解求定解的过程.由于通式中已包含了波动方程的全部物理思想,所以可以很直接地通过对比得到所需要的结果.

§15-3 波的能量 波的强度

当弹性波在介质中传播时,介质中的质元在平衡位置附近振动,因而具有动能.同时该处的介质也将产生形变,因而也具有势能.波动传播时,介质由近及远地开始振动,能量也源源不绝地向外传播出去.波在传播中携带着能量,能量随同波一起传播,这是波动的重要特征.在本节中,我们以平面简谐纵波在棒中传播的特殊情况为例,对能量的传播作简单说明.

一 波的能量

在棒中任取一长度为 Δx、截面为 S、体积为 $\Delta V = S\Delta x$ 的体积元.体积元的质量为 Δm($\Delta m = \rho \Delta V$,ρ 为棒的质量体密度),我们也常把它简称为质元.当波动传播到这个质元时,这质元将具有动能 W_k 和弹性势能 W_p,设棒中平面简谐波的波动方程为

$$y(x,t) = A\cos \omega \left(t - \frac{x}{u}\right)$$

质元的动能是

$$W_k = \frac{1}{2}(\Delta m)v^2 = \frac{1}{2}\rho(\Delta V)v^2$$

由于质元的振动速度为

$$v = \frac{\partial y}{\partial t} = -A\omega \sin \omega \left(t - \frac{x}{u}\right)$$

代入上式即得

$$W_k = \frac{1}{2}\rho(\Delta V)A^2\omega^2 \sin^2 \omega \left(t - \frac{x}{u}\right)$$

对质元的势能的分析要复杂一些,可以证明(见本节下文),质元的动能和势能相等,即有

$$W_k = W_p = \frac{1}{2}\rho A^2 \omega^2 (\Delta V) \sin^2 \omega \left(t - \frac{x}{u}\right) \tag{15-15}$$

而质元的总机械能 W,即波能为

$$W = W_k + W_p = \rho A^2 \omega^2 (\Delta V) \sin^2 \omega \left(t - \frac{x}{u}\right) \tag{15-16}$$

波能表现出特殊的规律,即它的任何一个质元的动能和势能相等,它们同时达到最大,同时为零,是一种同相的关系.其必然结论是质元的机械能不守恒.在上一章我们讨论过简谐振动,谐振子的动能最大时势能最小,势能最大时动能最小,二者相位相反因而机械能守恒.在简谐波中每一个质元都在作简谐振动,为什么它的动能和势能会始终相等,机械能不守恒呢?首先,波动中的质元的模型和谐振子的模型不同.以理想的弹簧振子为例,弹簧振子的动能集中在没有弹性的小球上,而

势能却集中在没有质量的弹簧上,而波动中的质元本身却既有质量又有弹性,动能和势能都集中在它的身上.其次是它们运动的外在条件不同.这是由于前面所讨论的谐振子是孤立系,没有外力对它做功,因而它的机械能守恒.而波动中的任何一个质元都不是孤立的,在波传播的过程中,质元的前后两个截面上都有外力做功,而且两个外力还有相位差,即功率不相同.当输入大于输出时,质元的机械能增加,当输出大于输入时,质元的机械能减少.由于波动的周期性,这种增加和减少也呈周期性的规律,因而质元的机械能也呈周期性的变化,不是一个守恒量.

由本章第一节式(15-2)可看出,质元的势能与相对形变的平方成正比,质元的长度是 Δx,伸长为 Δy,因而质元的相对形变为 $\Delta y/\Delta x$.借助于波形曲线(图 15-13)不难看出:在 P 点,质元的速度为零,动能为零;同时曲线斜率 $\Delta y/\Delta x$ 也为零,即相对形变为零,所以质元的弹性势能也为零.在 Q 处,速度最大,动能最大,同时波形曲线较陡,$\Delta y/\Delta x$ 有最大值,所以弹性势能也最大.可见质元的动能和势能确实是同相的.

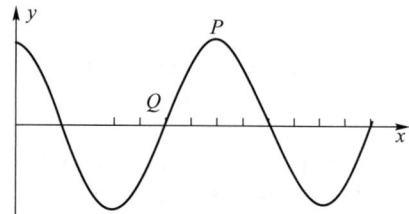

图 15-13 波传播时的体积元的变形

质元的动能和势能相等,而机械能随时间而在零和最大值之间周期地变化着,这说明它在不断地接受和放出能量.波动之所以能传播能量,就是由于它能够交换能量,而孤立的振动系统是不传播能量的.

介质中单位体积的波动能量,称为**波的能量密度**,用 w 表示,有

$$w = \frac{W}{\Delta V} = \rho A^2 \omega^2 \sin^2 \omega \left(t - \frac{x}{u} \right) \qquad (15-17)$$

波的能量密度是随时间迅速变化的,从传输能量的角度出发,我们通常关心它的时间平均值,即在一个周期内的平均值.因为正弦函数的平方在一个周期内的平均值为 $1/2$,所以波的平均能量密度为

$$\bar{w} = \frac{1}{2} \rho A^2 \omega^2 \qquad (15-18)$$

这一公式虽然是从平面简谐波的纵波的特殊情况导出的,但是可以证明,这个结论对于所有的简谐波都适用.

二 波动能量的推导

前面我们推导了体积元 ΔV 的动能

$$W_k = \frac{1}{2} \rho (\Delta V) A^2 \omega^2 \sin^2 \omega \left(t - \frac{x}{u} \right)$$

现在来计算其势能 W_p. 根据第一节我们得到的柱体弹性势能的公式(15-2),体积元的弹性势能为

$$W_p = \frac{1}{2} E \Delta V \left(\frac{\Delta l}{l}\right)^2$$

因 $\Delta V = S\Delta x$, $u = \sqrt{\frac{E}{\rho}}$ 或 $E = \rho u^2$, 应变 $\frac{\Delta l}{l}$ 在本问题中表示为 $\frac{\Delta y}{\Delta x} = \frac{\partial y}{\partial x}$, 又按波动方程求得

$$\frac{\partial y}{\partial x} = A \frac{\omega}{u} \sin \omega \left(t - \frac{x}{u}\right)$$

依次代入,最后得到

$$W_p = \frac{1}{2} \rho u^2 (\Delta V) A^2 \frac{\omega^2}{u^2} \sin^2 \omega \left(t - \frac{x}{u}\right)$$
$$= \frac{1}{2} \rho (\Delta V) A^2 \omega^2 \sin^2 \omega \left(t - \frac{x}{u}\right)$$

与动能完全相同.

三 波的强度

在波动中,可以引入能流的概念来定量地描述能量在介质中的传播.

我们把单位时间内垂直通过介质中某截面的能量称为通过该面积的**能流**,表示为

$$P = \frac{dW}{dt}$$

能流对于能量传输的描述是粗略的,下面介绍能流密度的概念.通过与波动传播方向垂直的单位面积的能流,称为**能流密度**,表示为

$$I = \frac{dP}{dS} = \frac{dW}{dt \cdot dS} \quad (15-19)$$

即能流密度为单位时间通过单位垂面的波能.

现在推导波的能流密度公式.如图 15-14 所示,在介质中垂直于波速 u 取面元 dS,沿波线取线元 dl,构成一个立方体元,体积为 $dV = dSdl$, dV 内波的能量密度可以认为是均匀的,故 dV 内的波能为 $dW = wdV = wdSdl$.这些波能将在 $dt = dl/u$ 的时间内通过 dS,故在该处波的能流密度为

$$I = \frac{dW}{dtdS} = \frac{wdSdl}{dtdS}$$

由于 $dl/dt = u$, 我们得到波的能流密度 $I = wu$. 把能流密度定义为一个矢量并记作 $\boldsymbol{I}$, 其方向就是能量传播的方向即波速 $\boldsymbol{u}$ 的方向, 于是有波的能流密度公式

$$\boldsymbol{I} = w\boldsymbol{u} \quad (15-20)$$

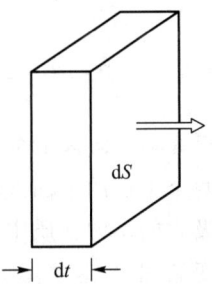

图 15-14 体积 dV 内的能量在 dt 时间内通过 dS 面

平均能流密度即**波的强度**(简称**波强**)定义为能流密度的时间平均值

$$\bar{I} = \bar{w}u \tag{15-21}$$

其中 $\bar{w}$ 为波的平均能量密度. 对于简谐波 $\bar{w} = \frac{1}{2}\rho A^2\omega^2$,代入上式得到波强的大小:

$$\bar{I} = \bar{w}u = \frac{1}{2}\rho u\omega^2 A^2 \tag{15-22}$$

其中 ρu 是实际应用中经常遇到的一个表征介质特性的常量,称为介质的**特性阻抗**. 式(15-22)表明,弹性介质中简谐波的强度与介质的特性阻抗成正比,还正比于振幅的二次方,正比于频率的二次方. 在国际单位制中,波强的单位为 $\mathrm{W\cdot m^{-2}}$.

按照能流密度的定义,通过垂直波传播方向面元 $\mathrm{d}S$ 的波的能流为 $\mathrm{d}P = I\mathrm{d}S$. 如果面元不与波速的方向垂直,设面元的法线方向与波的传播方向夹角为 α,则通过面元的波的能流为 $\mathrm{d}P = I\mathrm{d}S\cos\alpha = \boldsymbol{I}\cdot\mathrm{d}\boldsymbol{S}$,故通过任意曲面的波的能流为

$$P = \int_S \mathrm{d}P = \int_S \boldsymbol{I}\cdot\mathrm{d}\boldsymbol{S}$$

即通过曲面的能流为能流密度在曲面上的积分. 对上式取时间平均值得到波的平均能流公式:

$$\bar{P} = \int_S \bar{\boldsymbol{I}}\cdot\mathrm{d}\boldsymbol{S}$$

如果波的能流密度的方向与曲面垂直且在曲面上大小不变,则通过曲面的平均能流为

$$\bar{P} = \bar{I}S \tag{15-23}$$

设有一平面简谐波以波速 u 在均匀介质中传播,在垂直于传播方向上取两个平面,面积都等于 S,并且通过第一个平面的波线也通过第二个平面(图15-15). 设 A_1 和 A_2 分别表示平面波在这两平面处的振幅,由式(15-23)可知,通过这两个平面的平均能流分别为

$$\bar{P}_1 = \bar{I}_1 S = \bar{w}_1 uS = \frac{1}{2}\rho A_1^2\omega^2 uS$$

$$\bar{P}_2 = \bar{I}_2 S = \bar{w}_2 uS = \frac{1}{2}\rho A_2^2\omega^2 uS$$

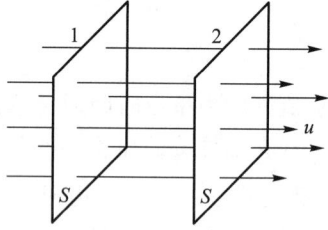

图 15-15 平面波的能流

如果介质不吸收波的能量,按能量守恒的观点,应有 $\bar{P}_1 = \bar{P}_2$,因而有 $A_1 = A_2$,即通过这两个平面的平面波的振幅相等. 前面我们在推导平面谐波方程时曾谈到,对于在无吸收的均匀介质中传播的平面波,各质点的振幅相等,此处我们给出了振幅保持不变的理由,这实际上是能量守恒在波动中的一个必然结论.

对于球面波在均匀介质中传播的情况,见图15-16. 可在距离波源为 r 处取一个球面,面积为 $S = 4\pi r^2$. 如果球面波的传播是各向同性的,通过球面的平均能流应为

$$\overline{P} = \overline{I}S = \overline{I} \cdot 4\pi r^2 = \frac{1}{2}\rho A^2\omega^2 u \cdot 4\pi r^2$$
(15-24)

在介质不吸收波的能量的条件下，通过所有球面的平均能流应相等，得到

$$Ar = 常量$$

即振幅和离开波源的距离成反比．若距离波源为 r_1 和 r_2 的两点波的振幅分别为 A_1 和 A_2，则有

$$\frac{A_1}{A_2} = \frac{r_2}{r_1}$$

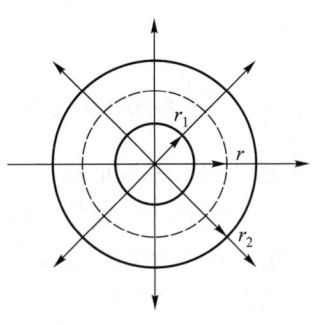

图 15-16 球面波的能流

如果球面波在距离球心 r_0 处的振动为 $\xi = A_0\cos(\omega t + \varphi_0)$，则在任意 r 处的振幅为 $A = A_0 r_0/r$．由于从 r_0 处到 r 处的波程为 $r - r_0$，因此 r 处质点的振动的时间要比 r_0 处落后 $\dfrac{r - r_0}{u}$．故 r 处质点的振动方程，即球面简谐波方程为

$$\xi = A_0\frac{r_0}{r}\cos\left[\omega\left(t - \frac{r - r_0}{u}\right) + \varphi_0\right]$$

例 15.5 用聚焦超声波的方法，可以在液体中产生强度达 $120 \text{ kW} \cdot \text{cm}^{-2}$ 的超声波．设波源作简谐振动，频率为 500 kHz，水的密度为 $10^3 \text{ kg} \cdot \text{m}^{-3}$，声速为 $1\,500 \text{ m} \cdot \text{s}^{-1}$，求这时液体质点的位移振幅、速度振幅和加速度振幅．

解 因波强 $I = \dfrac{1}{2}\rho u A^2\omega^2$．所以有

$$A = \frac{1}{\omega}\sqrt{\frac{2I}{\rho u}} = \frac{1}{2\pi\times 5\times 10^5}\sqrt{\frac{2\times 120\times 10^7}{1\times 10^3\times 1.5\times 10^3}} \text{ m}$$
$$= 1.27\times 10^{-5} \text{ m}$$
$$v_m = \omega A = 2\pi\times 500\times 10^3\times 1.27\times 10^{-5} \text{ m}\cdot\text{s}^{-1} = 40 \text{ m}\cdot\text{s}^{-1}$$
$$a_m = \omega^2 A = (2\pi\times 500\times 10^3)^2\times 1.27\times 10^{-5} \text{ m}\cdot\text{s}^{-2} = 1.25\times 10^8 \text{ m}\cdot\text{s}^{-2}$$

可见液体中声振动的振幅是极小的，但高频超声波的加速度振幅却可以很大．上述结果中的加速度振幅约为重力加速度的 1.28×10^7 倍，这意味着介质的质元受到的作用力要比重力大 7 个数量级．可见超声波的机械作用是很强的，在机械加工、粉碎技术、清除垢污等方面有广阔的应用前景．

四　波的吸收

在前面的讨论中，我们没有考虑介质对波能的吸收，而仅就理想情况进行了讨论．实际上，由于介质中有内摩擦、热传导及散射情况的存在，波能的一部分将通过这些物理过程最终转化为热能，因此波的强度和振幅都将逐渐减小，这种现象称为**波的吸收**．实际上，所有的波，包括电磁波在介质中都存在吸收问题，而且它们所遵从的规律也基本相同．

设有一束平面波沿 x 轴传播，在 x 处波的振幅为 A，由于吸收，在 $x + \text{d}x$ 处振幅变为 $A + \text{d}A$，其中 $\text{d}A < 0$ 为振幅的增量．考虑到 $\text{d}A$ 的大小应正比于 A 和 $\text{d}x$，且符号为

负,即有
$$dA = -\alpha A dx$$

其中 $\alpha = -\dfrac{dA}{A dx}$ 称为吸收系数,其物理意义为波通过单位距离振幅由于吸收而衰减的百分比.吸收系数取决于介质的性质,而且随着波频率的增加而增加.按经典理论,对气体和液体,吸收系数正比于频率的平方,对固体,吸收系数正比于频率.但实际情况要复杂得多,其数值可在有关手册中查到.

把上式分离变量:
$$\frac{dA}{A} = -\alpha dx$$

并对过程积分.设 $x=0$ 处波的振幅为 A_0,则有
$$\int_{A_0}^{A} \frac{dA}{A} = -\alpha \int_0^x dx$$

即
$$\ln \frac{A}{A_0} = -\alpha x$$

$$A = A_0 e^{-\alpha x} \tag{15-25}$$

可见振幅在介质中随传播距离按指数衰减,吸收系数越大,衰减越快.

由于波的强度与振幅的平方成正比,所以平面波强度衰减的规律是
$$I = I_0 e^{-2\alpha x} \tag{15-26}$$

式中 I_0 和 I 分别为 $x=0$ 和 $x=x$ 处波的强度.可见波强也随距离按指数衰减,2α 可看作波强的吸收系数.

声波的能量被介质吸收后,最终将转变成热能使介质的温度升高.超声波的角频率很高因而能获得极大的声强,当它在介质中被吸收时会引起大幅度升温.超声波的热作用可以用于超声杀虫、超声焊接,也可以通过热作用来测定声强和介质的吸收系数等.

例 15.6 空气中声波的吸收系数为 $\alpha_1 = 2 \times 10^{-11} \nu^2$(SI 单位),钢中的吸收系数为 $\alpha_2 = 4 \times 10^{-7} \nu$(SI 单位),式中 ν 代表声波频率的数值.问 5 MHz 的超声波透过多少厚度的空气或钢后,其声强减为原来的 1%?

解 据题意,空气和钢的吸收系数分别为
$$\alpha_1 = 2 \times 10^{-11} \times (5 \times 10^6)^2 \text{ m}^{-1} = 500 \text{ m}^{-1}$$
$$\alpha_2 = 4 \times 10^{-7} \times (5 \times 10^6) \text{ m}^{-1} = 2 \text{ m}^{-1}$$

把 α_1、α_2 分别代入 $I = I_0 e^{-2\alpha x}$ 或下式
$$x = \frac{1}{2\alpha} \ln \frac{I_0}{I}$$

并据题意令 $\dfrac{I_0}{I} = 100$,即空气的厚度为
$$x_1 = \frac{1}{1\ 000} \ln 100 \text{ m} = 0.004\ 6 \text{ m}$$

而钢的厚度为

$$x_2 = \frac{1}{4}\ln 100 \text{ m} = 1.15 \text{ m}$$

可见高频超声波很难透过气体，但极易透过固体．

§15-4 声 波

一般把机械波中的纵波称为声波，这是由于人的听觉及绝大多数声学检测仪器接收的信号都依赖于空气或其他流体中传播的机械波，而一切流体都只能传播纵波．在声波中，频率在 20 Hz 到 20 000 Hz 之间的声波称为可闻声波，它能直接引起人的听觉．频率高于 20 000 Hz 的机械波称为**超声波**，频率低于 20 Hz 的机械波称为**次声波**．

声波是机械波．机械波的一般规律在前面已讨论过．本节主要对描述声波强弱的两个重要物理量——声压和声强进行讨论．从声学工程的观点看来，这些讨论更具有实际意义，而且对所有可闻的或不可闻的声波均适用．

一 声压

声波在介质中传播时，各体积元的介质发生形变，导致密度发生变化，从而压强发生变化．人的耳朵之所以能够听到声音，就是因为感受到这种周期性的压强变化的结果．我们把介质中有声波传播时的压强与无声波时的静压强之间的差额称为声压．设介质中没有声波时的压强为 p_0，有声波时的实际压强为 p'．$p'-p_0 = \Delta p$ 就是考察点的声压，常用 p 来表示，它是由于声波而引起的附加压强．声波是纵波，在稀疏区域，实际压强小于原来静压强，声压是负值．在稠密区域，实际压强大于原来静压强，声压是正值．

下面讨论平面简谐声波在流体中传播时的声压．设流体的质量密度为 ρ，有一平面声波 $y(x,t) = A\cos\omega\left(t - \dfrac{x}{u}\right)$ 正沿 x 方向传播．在流体中 x 处取一截面积为 S、长度为 Δx 的柱形体积元，其体积 $V = S\Delta x$（可参见本章第二节的图 15-9）．声波传播时，这段流体柱两端的位移分别为 y 和 $y+\Delta y$，体积增量为 $\Delta V = S\Delta y$．

本章第一节中我们已经定义了流体的体积模量 $K = -\dfrac{\Delta p}{\Delta V/V} = -V\dfrac{\Delta p}{\Delta V}$，在流体中有声波传播时，式中的压强增量 Δp 就是声压 p，所以此式可改写为

$$K = -S\Delta x \frac{p}{S\Delta y} = -p\frac{\Delta x}{\Delta y}$$

或

$$p = -K\frac{\Delta y}{\Delta x}$$

当流体柱为无限小时，取极限得

$$p = -K\frac{\partial y}{\partial x}$$

对于平面谐波 $y(x,t) = A\cos\omega\left(t-\frac{x}{u}\right)$,$\frac{\partial y}{\partial x} = A\frac{\omega}{u}\sin\omega\left(t-\frac{x}{u}\right)$ 代入上式得到

$$p = -KA\frac{\omega}{u}\sin\omega\left(t-\frac{x}{u}\right)$$

因为流体中的纵波的波速 $u = \sqrt{\frac{K}{\rho}}$,即有 $\frac{K}{u} = \rho u$,故上式也可写成

$$p = -\rho u\omega A\sin\omega\left(t-\frac{x}{u}\right) = -p_m\sin\omega\left(t-\frac{x}{u}\right) \tag{15-27}$$

其中

$$p_m = \rho u\omega A \tag{15-28}$$

称为**声压振幅**. 式(15-27)表示声压也形成一个谐振波,称为声压波. 式(15-28)表示声压振幅 p_m 与位移波振幅 A 与角频率 ω 的乘积成正比.

把式(15-27)改成余弦形式

$$p = p_m\cos\left[\omega\left(t-\frac{x}{u}\right) - \frac{\pi}{2}\right]$$

可见声压波比位移波在相位上落后 $\frac{\pi}{2}$. 即在位移最大处,声压为零;在位移为零处,声压最大.

有声波传播时,在介质中的任一点,声压通常都是一个瞬变量,一般用有效声压来描述它的平均大小. 由于声压是一个谐振量,我们把有效声压定义为它的方均根值

$$p_e = \sqrt{\int_0^T p^2 dt/T}$$

把式(15-27)代入并积分可得

$$p_e = p_m/\sqrt{2}$$

我们平时提到声压的大小时,往往是指它的有效值.

二 声强 声强级

声强就是声波的波强即平均能流密度. 根据式(15-22),声强

$$I = \frac{1}{2}\rho u A^2\omega^2 = \frac{1}{2}\frac{p_m^2}{\rho u} = \frac{p_e^2}{\rho u} \tag{15-29}$$

由于声强正比于角频率的平方,因而频率较高的超声波容易获得较大的声强. 另外因为超声波的方向性好,易于聚焦,可以在焦点处获得极大的声强. 例如,震耳欲聋的炮声,声强约为 $1 \text{ W} \cdot \text{m}^{-2}$. 而目前用聚焦方法,超声波的最大声强已达 $10^8 \text{ W} \cdot \text{m}^{-2}$ (相应的声压约为数百个大气压),比炮的声强高 10^8 倍.

能够引起人的听觉的声波,不仅有一定的频率范围,而且有一定的声强范围.

对于每一可闻频率,声强都有上下两个限值,低于下限的声强不能引起听觉,能引起听觉的最低声强称为听觉阈.高于上限的声强也不能引起听觉,只能引起痛觉,这一声强的上限值称为痛觉阈.声强的上下限值随频率而异,频率在 20 Hz 以下(次声)和 20 000 Hz 以上(超声)时,任何大小的声强都不再引起听觉.在 1 000 Hz 时,一般正常人的听觉最为灵敏,此时的痛觉阈为 1 W·m^{-2},听觉阈为 10^{-12} W·m^{-2}.通常把这一最低声强作为测定声强的标准,用 I_0 表示.

从上面的讨论可以看到,人类听觉可感知的声强范围是极为广阔的,它跨越约 12 个数量级.但人们对听到的声音的强弱的主观反映,即所谓响度,并不简单地与声强成正比,而近似地与声强的对数成正比.因而在声学中常以声强的对数为标度,称为**声强级**(以 L_I 表示),来量度声音的强弱,声强级定义为

$$L_I = \lg \frac{I}{I_0} \tag{15-30a}$$

单位为贝尔(B).贝尔的单位又显得太大,大多数情况,用贝尔的十分之一,即分贝(dB)作为声强级的单位.此时声强级的公式为

$$L_I = 10 \lg \frac{I}{I_0} \tag{15-30b}$$

例如炮声的声强级为 110 dB,而聚焦超声波的声强级可达 210 dB.表 15.3 给出了常遇到的一些声音的声强级.

表 15.3 一些声音的声强、声强级和感觉到的响度

声源	声强/(W·m^{-2})	声强级/dB	响度
听觉阈	10^{-12}	0	极轻
树叶微动	10^{-11}	10	
细语	10^{-11}	10	
交谈	10^{-10}	20	轻
收音机(轻)	10^{-8}	40	
交谈(平均)	10^{-7}	50	正常
工厂(平均)	10^{-6}	60	
闹市(平均)	10^{-5}	70	响
警笛	10^{-4}	80	
锅炉工厂	10^{-2}	100	极响
铆钉锤	10^{-1}	110	
雷声、炮声	10^{-1}	110	
痛觉阈	1	120	震耳
摇滚乐	1	120	
喷气机起飞	10^3	150	

例15.7 一声源辐射各向同性球面波,不考虑介质的吸收,距离波源为 r_1 和 r_2 的两点的声强级之差等于多少?

解 按声强级公式有

$$\Delta L_I = L_{I2} - L_{I1} = 10\lg\frac{I_2}{I_0} - 10\lg\frac{I_1}{I_0} = 10\lg\frac{I_2}{I_1}$$

以波源为中心作一个半径为 r 的球面,通过球面的能流按式(15-24)为 $P = IS = I \cdot 4\pi r^2$,由于介质不吸收波能,$P$ 是一个常量,故波强与半径的平方成反比,所以

$$\Delta L_I = 10\lg\frac{I_2}{I_1} = 10\lg\frac{r_1^2}{r_2^2}$$

如果距离增加一倍,声强级减少 6 dB,距离增加为原来的 10 倍,声强级减少 20 dB。

§15-5 惠更斯原理 波的衍射、反射和折射

一 惠更斯原理

文档:惠更斯

我们在前面谈到,波的传播依赖于介质中各质元之间的相互作用.距离波源近的质点的振动将引起邻近的较远的质点振动,较远质点的振动又会引起邻近的更远的质点振动……这表明波动中的相互作用是通过各质点的直接接触来实现的.按照这个观点,波传播的时候,介质中任何一个波面后面的波,都可以看作是由波面上那些点对其后各点的作用而产生的.也就是说,介质中任何一个波面上的那些点,相对于其后面的点来说,都可以看成是波的源.例如,我们可以在水面上激起一列平行波(图15-17),在波的前方设置一个障碍物,障碍物上留有一个小孔.这时,我们可以清楚地看到,水波将激起小孔中水面的振动,而小孔水面的振动又会在障碍物的后面激起一列圆形的波.显然,对于障碍物后面的波来说,小孔就是波源,波是从小孔发出来的.

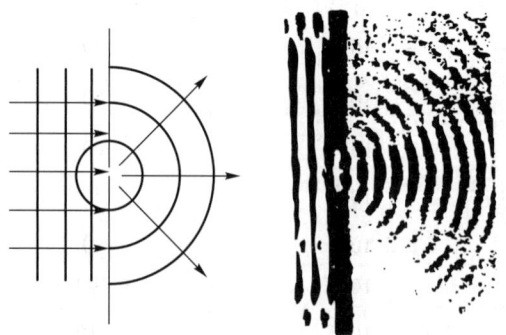

图 15-17 障碍物的小孔成为新的波源

惠更斯(C. Huygens)总结了上述现象,提出了波的传播规律:在波的传播过程中,波阵面(波前)上的每一点都可以看成是发射子波的波源,在其后的任一时刻,这些子波的包迹就成为新的波阵面,这就是**惠更斯原理**.惠更斯原理适用于任何波

动过程,无论是机械波或是电磁波.根据这一原理所提供的方法,只要知道某一时刻的波阵面,就可用几何作图方法来确定下一时刻的波阵面.在各向同性介质中,只要知道了波阵面的形状,就可以按照波射线与波阵面垂直的规律,作出波射线来.因而惠更斯原理在很大程度上解决了波的传播方向问题.图 15-18 是用惠更斯原理描绘的球面波和平面波的传播过程.其中,S_1 为某一时刻 t 的波阵面,S_1 上的每一点发出的球面子波,经 Δt 时间后形成半径为 $u\Delta t$ 的球面,在波的前进方向上,这些子波的包迹 S_2 就成为 $t+\Delta t$ 时刻的新波阵面.根据惠更斯原理作图,还可以简捷地说明波在传播中发生的衍射、反射和折射等现象.

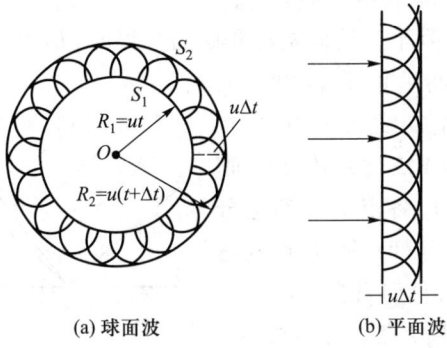

图 15-18 用惠更斯原理求作新的波阵面

二 波的衍射

波在传播过程中遇到障碍物时,其传播方向发生改变,并能绕过障碍物而继续向前传播,这种现象称为**波的衍射**(绕射).我们在生活中发现,对人说话并不需要能看见他,就是由于声波易于衍射的缘故.在通常的情况下,如果障碍物的大小可与波长相比较,则衍射现象比较明显,如水面波很容易绕过水面上的小礁石;如果障碍物远远大于波长,则衍射的现象不明显,如水面波就很难绕过一个岛屿.图 15-19(a)表示的是平面波通过一个狭缝发生衍射的情况,我们看到,波通过狭缝后传播方向发生了偏离,传到了按直线前进所不能到达的几何阴影区域

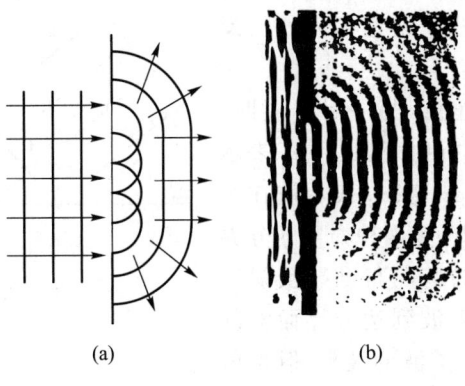

图 15-19 波的衍射

内.图 15-19(b)是用水波来模拟演示的图片.这一现象可用惠更斯原理作出解释.当波阵面到达狭缝时,缝上各点成为子波源,它们发射的子波的包迹在边缘处不再是平面而是圆柱面,波线沿半径方向,从而使传播方向偏离原方向而向外扩展,进入缝两侧的几何阴影区域.

三 波的反射和折射

当波从一种介质传向另一种介质时,在介质的分界面上要发生反射和折射现象,波的传播方向随之改变.根据实验结果,可以得到波的反射定律和折射定律.下面我们先用惠更斯原理来推导反射定律.

在图 15-20 中,一列平面波向两种介质的分界面 MN 传播,入射波的波阵面和介质的分界面均与图面垂直.设 $t=0$ 时,入射波的波阵面与图面的交线到达 AB 所在位置,此时波阵面上的 A 点先到达分界面.随后,波阵面上的 A_1、A_2 各点陆续到达分界面上 E_1、E_2 各点,直到 $t=t_0$ 时,B 点到达 C 点.为了使图形简洁,我们只在波阵面上作出了 A、A_1、A_2 和 B 四个点作为示意.

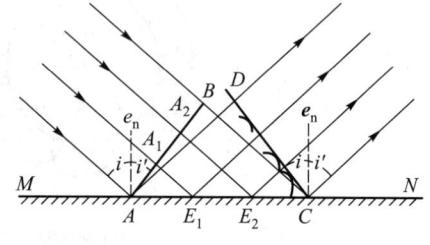

图 15-20 波的反射

入射波到达分界面上的各点作为反射波的子波源发出子波,设图中四条波线的间距相等,并以 u 表示介质中的波速,当 $t=t_0$ 时,从 A、E_1、E_2 各点发射的反射波的子波面均为半球面,与图面的交线是圆弧,半径分别为 ut_0、$\frac{2ut_0}{3}$、$\frac{ut_0}{3}$.这些圆弧的包迹是通过 C 点并与这些圆弧相切的直线 CD,因而当 $t=t_0$ 时,反射波的波阵面为经过 CD 并与图面垂直的平面.图中与波阵面 AB 垂直的射线,是入射波的波射线,称为**入射线**.与波阵面 CD 垂直的射线,是反射波的波射线,称为**反射线**.用 e_n 表示分界面的法线方向,入射线与法线的夹角 i 称为**入射角**,反射线与法线的夹角 i' 称为**反射角**.可以证明,直角三角形 △BAC 和 △DCA 是全等的.因此 ∠BAC=∠DCA,所以 $i=i'$,即**入射角等于反射角**.从图中还可以看出,入射线、反射线和分界面的法线均在同一平面内.以上两个结论称为波的**反射定律**.

当波从一种介质进入另一种介质时,在分界面上还要发生折射现象.用 u_1 表示波在第一种介质中的波速,u_2 表示波在第二种介质中的波速,MN 为两种介质的分界面(图 15-21).入射的情况与推导反射定律时的分析相同,入射波到达分界面上的各点 A、E_1、E_2 仍然是子波的波源.但折射是在第二种介质中进行的,所以子波的波

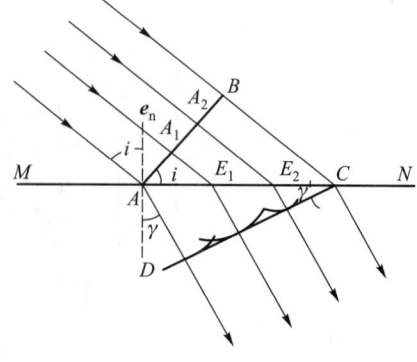

图 15-21 波的折射

速应为 u_2,因此在 $t=t_0$ 时,从 A、E_1、E_2 各点发出的折射波的子波与图面的交线分别为半径等于 u_2t_0、$\dfrac{2u_2t_0}{3}$、$\dfrac{u_2t_0}{3}$ 的圆弧.这些圆弧的包迹是通过 C 点并与这些圆弧相切的直线 CD,因而 $t=t_0$ 时折射波的波阵面是通过 CD 并与图面垂直的平面.与这平面垂直的射线是折射波的波射线,称为**折射线**.折射线与分界面的法线 e_n 的夹角 γ 称为**折射角**.

从图中可以看出,$\angle BAC=i$,$\angle ACD=\gamma$,而 $BC=u_1t_0=AC\sin i$,$AD=u_2t_0=AC\sin \gamma$,将这两个式子相除,得到

$$\frac{\sin i}{\sin \gamma}=\frac{u_1}{u_2}=n_{21}$$

此式表明,入射角与折射角的正弦之比等于波在第一、第二种介质中的波速之比,比值 n_{21} 称为第二介质对于第一介质的**相对折射率**.从图中可以看出,入射线、折射线和分界面的法线均在同一平面内.以上两个结论称为波的**折射定律**.

§15-6 波的叠加原理 波的干涉

一 波的叠加

如果有几列波在空间相遇,那么每一列波都将独立地保持自己原有的特性(频率、波长、振动方向、传播方向),并不会因其他波的存在而改变,这称为波传播的**独立性**.而任一点的振动为各列波单独在该点引起振动的合振动,这一规律称为**波的叠加原理**.波的叠加原理实际上是运动叠加原理在波动中的表现.

在几个人同时讲话时,我们能够听到每个人的声音,这就是声波的独立性的例子.天空中同时有许多无线电波在传播,我们能接收到某一电台的广播,这是电磁波传播的独立性的例子.

二 波的干涉

一般来说,任意的几列简谐波在空间相遇时,叠加的情形是很复杂的,它们可以合成多种形式的波动.下面我们只讨论波的叠加中一种最简单而又最重要的情形,即两列**频率相同**、**振动方向相同**、**相位差恒定**的简谐波的叠加.这种波的叠加会使空间某些点处的振动始终加强,而另一些点处的振动始终减弱,呈现规律性分布.这种现象称为**干涉现象**.能产生干涉现象的波称为**相干波**,相应的波源称为**相干波源**.同频率、同振动方向、恒定相差称为**相干条件**.

如图 15-22 所示,设有两个相干波源 S_1、S_2 的振动分别为

$$y_{S_1}=A_{S_1}\cos(\omega t+\varphi_1)$$
$$y_{S_2}=A_{S_2}\cos(\omega t+\varphi_2)$$

它们发出的两列相干波在空间某 P 点(称为干涉

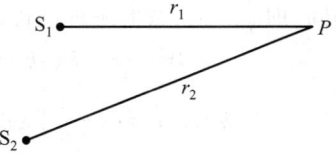

图 15-22 讨论波的干涉用图

点)相遇,两列波在该点引起的分振动为

$$y_1 = A_1 \cos\left(\omega t + \varphi_1 - \frac{2\pi r_1}{\lambda}\right)$$

$$y_2 = A_2 \cos\left(\omega t + \varphi_2 - \frac{2\pi r_2}{\lambda}\right)$$

式中 A_1 和 A_2 为两列波在干涉点引起振动的振幅.若不考虑波的吸收,对于平面波,波的振幅等于波源的振幅,对于球面波,要考虑振幅随距离的增加而减小的规律,如前面§15-3节所述.本节我们主要考虑平面波.φ_1 和 φ_2 为两个相干波源的初相位,并且 $\varphi_2 - \varphi_1$ 是恒定的.r_1 和 r_2 为两个波源到干涉点的波程,λ 为两列相干波的波长.

根据叠加原理,干涉点的合振动为

$$y = y_1 + y_2 = A\cos(\omega t + \varphi) \quad (15\text{-}31)$$

式中合振动的振幅

$$A = \sqrt{A_1^2 + A_2^2 + 2A_1 A_2 \cos \Delta\Phi} \quad (15\text{-}32)$$

其中

$$\Delta\Phi = \varphi_2 - \varphi_1 - 2\pi\frac{r_2 - r_1}{\lambda} \quad (15\text{-}33)$$

为两列相干波在干涉点引起的振动的相位差. 式中的初相位 φ 满足

$$\tan\varphi = \frac{A_1 \sin\left(\varphi_1 - \frac{2\pi r_1}{\lambda}\right) + A_2 \sin\left(\varphi_2 - \frac{2\pi r_2}{\lambda}\right)}{A_1 \cos\left(\varphi_1 - \frac{2\pi r_1}{\lambda}\right) + A_2 \cos\left(\varphi_2 - \frac{2\pi r_2}{\lambda}\right)}$$

由式(15-33)可知,两列相干波在空间任一定点的相位差 $\Delta\Phi$ 是一个常量,因而每一点的合振幅 A 也是常量.对于不同的干涉点,它们到波源的波程差 $r_2 - r_1$ 一般并不相同,因而两列波的相位差 $\Delta\Phi$ 不同,振动的合振幅也不同.

下面讨论**干涉的极值条件**. 按式(15-31),若干涉点的相位差满足

$$\Delta\Phi = \varphi_2 - \varphi_1 - 2\pi\frac{r_2 - r_1}{\lambda} = 2k\pi \quad (k = 0, \pm 1, \pm 2, \cdots)$$

该点的合振幅达到极大 $A = A_1 + A_2$,称为**干涉极大**点;若满足

$$\Delta\Phi = \varphi_2 - \varphi_1 - 2\pi\frac{r_2 - r_1}{\lambda} = (2k+1)\pi \quad (k = 0, \pm 1, \pm 2, \cdots) \quad (15\text{-}34)$$

该点的合振幅为极小,$A = |A_1 - A_2|$,称为**干涉极小**点.在很多实验中,$A_1 = A_2$,即两波的振幅相等,此时干涉极大点的振幅 $A = 2A_1$,干涉极小点的振幅 $A = 0$,称为干涉静止点.

在实际问题中,两个相干源常常是由同一个振源驱动的,这时两个波源的初相相同,即 $\varphi_1 = \varphi_2$,这时干涉的极值条件可简化为

$$\delta = r_1 - r_2 = k\lambda; k = 0, \pm 1, \pm 2, \cdots \text{时}, A = A_1 + A_2 \text{ 干涉极大};$$

$$\delta = r_1 - r_2 = \left(k + \frac{1}{2}\right)\lambda; k = 0, \pm 1, \pm 2, \cdots \text{时}, A = |A_1 - A_2| \text{ 干涉极小}. \quad (15\text{-}35)$$

其中 $\delta = r_1 - r_2$ 表示从波源 S_1 和 S_2 发出的两列相干波到干涉点的**波程差**.上式说明,

若两相干波源为同相源,当两列波干涉的时候,在波程差等于波长的整数倍的各点,振幅极大;在波程差等于半波长的奇数倍的各点,振幅极小.

由式(15-32)可以得到合振动振幅的平方 $A^2 = A_1^2 + A_2^2 + 2A_1A_2\cos\Delta\Phi$,由于波的强度正比于振幅的平方,$I = \frac{1}{2}\rho u A^2 \omega^2$,所以两列波叠加后的波强

$$I = I_1 + I_2 + 2\sqrt{I_1 I_2}\cos\Delta\Phi \qquad (15-36)$$

可见,波干涉的强度随着两列相干波在空间各点相位差的不同而不同,有些地方加强了($I>I_1+I_2$),有些地方减弱了($I<I_1+I_2$).如果有 $I_1 = I_2$(即 $A_1 = A_2$),叠加后波的波强

$$I = 2I_1(1+\cos\Delta\Phi) = 4I_1\cos^2\frac{\Delta\Phi}{2} \qquad (15-37)$$

当 $\Delta\Phi = 2k\pi$ ($k = 0, \pm 1, \pm 2, \cdots$)时,这些位置波的波强极大,等于单个波强度的4倍 ($I = 4I_1$).当 $\Delta\Phi = (2k+1)\pi$ ($k = 0, \pm 1, \pm 2, \cdots$)时,波强为零($I=0$).叠加后波的波强 I 随相位差 $\Delta\Phi$ 变化的情况如图15-23所示.

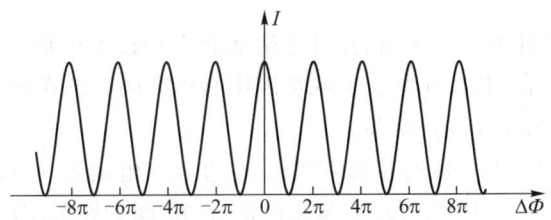

图 15-23 干涉现象的强度分布

波的干涉可用水波演示,见图15-24(a).两个相干源由同一个振源驱动,它们在水面上不停地拍打水面,产生水波,在水面上产生干涉现象.图15-24(b)是干涉的示意图,S_1 和 S_2 是两个同相位的相干源,两列相干波的波峰用实线圆弧表示,波

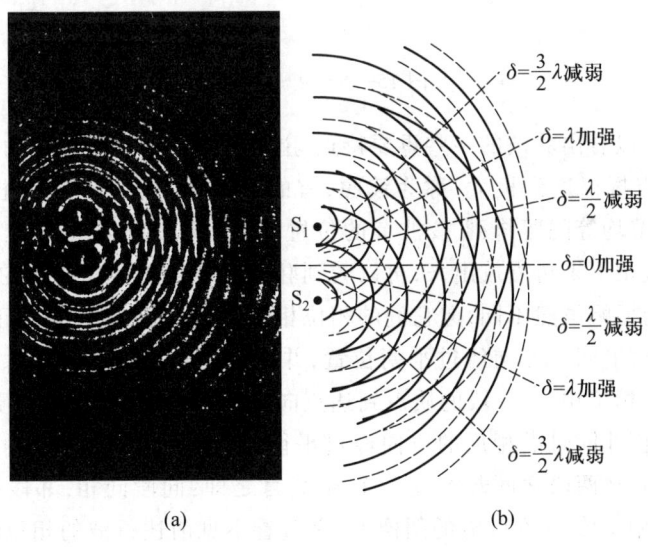

图 15-24 水波干涉现象

谷用虚线圆弧表示,两相邻波峰或波谷之距是一个波长.干涉加强和减弱的地方已在图中标出,呈线状分布,称为干涉条纹.按照式(15-35),干涉条纹到两个相干源的距离之差为常量,应该是一组双曲线.例如在 S_1 和 S_2 的中垂线上 $\delta = 0$,出现极大,称为零级极大.在干涉极大的地方肯定是两列相干波的波峰相遇或波谷相遇(振动同相)的地方,而干涉极小的地方肯定是两列相干波的波峰和波谷相遇(振动反相)的地方.在图 15-24(a)中,干涉极大的地方是振动激烈的地方,图中表现为明暗反差显著,干涉极小的地方是振动平缓的地方,图中的明暗反差模糊.

干涉现象是波动最重要的特征之一,它对于光学、声学、电磁学等都非常重要,对于近代物理学的发展也有重大的作用.

§15-7 驻 波

一 驻波现象

驻波是一种特殊的干涉现象,在日常生活和工程技术中都经常发生.在小提琴或笛子发出稳定的音调时,在琴弦上或笛腔中有声波的驻波在振荡;在激光器发光时,工作物质中有光的驻波在振荡.

驻波可用图 15-25 所示的装置来演示.左边放一电动音叉 A,音叉末端系一水平的细绳 AB,B 处有一尖劈,可左右移动以调节 AB 间的距离.细绳绕过滑轮 P 后,末端悬一重物 m,使绳上产生张力.音叉振动时,细绳随之振动,调节尖劈的位置使振动稳定,结果形成图上所示的波动状态.

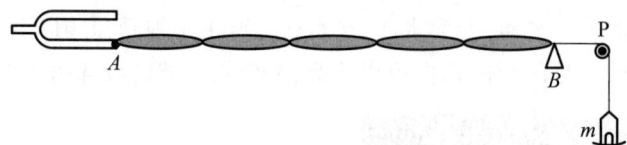

图 15-25 驻波实验

从图中可以看出驻波的一些重要特点.驻波中的每一点都在振动,但它们的振幅不同.有的点振幅达到极大,称为**波腹**;有的点振幅为零(干涉静止点),称为**波节**,波腹和波节均等间距排列.按波节的位置可以把驻波分成若干段,如果把驻波用高速摄像机拍下来再慢放出来,可以看到驻波各质点的振动相位的特点.每一段内质点振动的振幅虽然不同,但它们的相位相同,它们同时到达各自正向位移的最大值,然后同时沿同一方向经过平衡位置,并同时到达负向位移最大值.相邻的两段质点的振动相位相反,一段的质点到达正向位移最大值,另一段的质点却到达负向位移最大值,并同时沿相反的方向经过平衡位置.也就是说,驻波的相位在一段之内完全相同,在两段之间却突变一个 π.简言之即:同段同相,邻段反相,只有相位突变,没有相位传播.在驻波的图像上,完全看不见前述行波的相位传播的特点,而是整个的一个原地踏步的图形,故称之为驻波.

二 驻波的产生

通过图 15-25 所示的装置我们可以分析驻波的生成条件。电音叉振动时,绳上产生行波(横波)向右传播,到达 B 点时发生反射,反射波向左传播并与入射波叠加。由于入射波和反射波满足同频率、同振动方向、恒相差的相干条件,于是在绳上发生干涉现象。机械波在质地不同的介质之间反射率很高,常常在 99% 以上,所以可以认为反射波的振幅和入射波振幅相同,因而干涉的合振幅的最大值为入射波振幅的两倍(波腹),最小为零(波节)。所以我们说,驻波是两列同振幅、反方向传播的相干波叠加的结果。

如图 15-26 所示,我们可以通过波形曲线来说明驻波的产生。图中虚线表示向右传播的波,细实线表示向左传播的波,粗实线表示合成的波。图中画出了这两列波以及它们合成的驻波在 $t=0,T/8,T/4,3T/8,T/2$ 各时刻的波形。从图中可以看到,不论什么时刻,合成波在波节的位置(图中以"N"表示)总是不动的。在两波节之间同一段上所有的点,振动相位都相同,各段的中点振幅最大(图中用"L"表示),这就是波腹。相邻两段上各点的振动相位相反。这些结论均与实验事实一致。

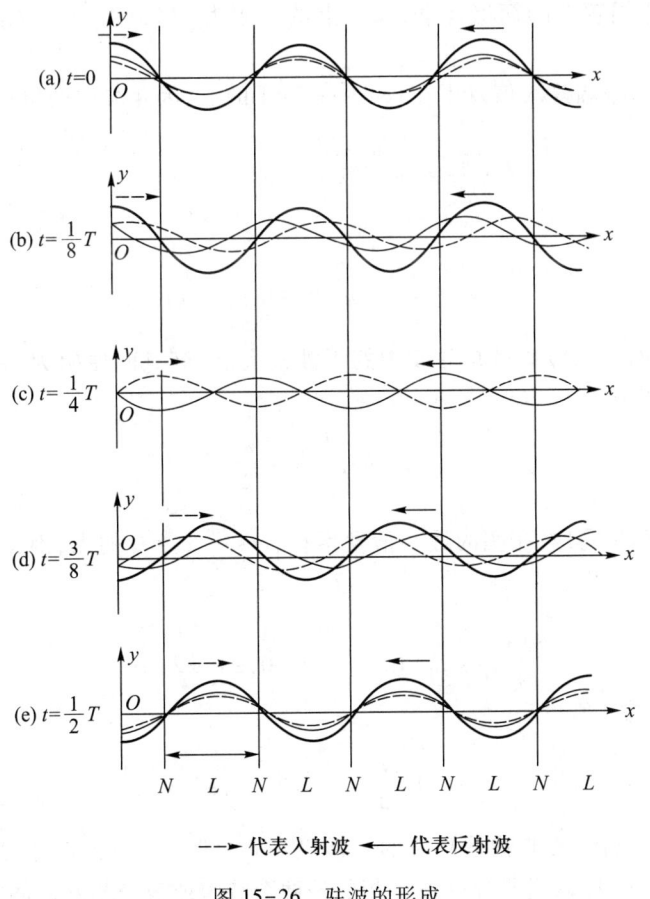

→ 代表入射波   ← 代表反射波

图 15-26 驻波的形成

三 驻波方程

下面我们对驻波进行定量研究,并对其特性给以定量的解释.设有两列同振幅、反方向传播的相干波在 x 轴上传播.为了方便,在它们的波形曲线正好重合的时候,把位移极大的某一点取作坐标原点,并开始计时.于是,两列波的原点初相均为零,它们的波动方程分别为

$$y_1 = A\cos 2\pi\left(\frac{t}{T} - \frac{x}{\lambda}\right)$$

$$y_2 = A\cos 2\pi\left(\frac{t}{T} + \frac{x}{\lambda}\right)$$

由于两列波的振幅相同,我们用和差化积公式来计算合成的结果非常简便

$$y = y_1 + y_2 = A\left[\cos 2\pi\left(\frac{t}{T} - \frac{x}{\lambda}\right) + \cos 2\pi\left(\frac{t}{T} + \frac{x}{\lambda}\right)\right]$$

$$= \left(2A\cos\frac{2\pi}{\lambda}x\right)\cos\frac{2\pi}{T}t \tag{15-38}$$

式(15-38)称为驻波方程,它蕴藏着驻波的所有特点.从此式可以看出,合成以后各点都在作同频率的简谐运动,每一点的振幅为 $\left|2A\cos\frac{2\pi}{\lambda}x\right|$,这表示驻波的振幅与位置有关.振幅最大值发生在 $\left|\cos\frac{2\pi}{\lambda}x\right| = 1$ 的点,因此波腹的位置可由

$$\frac{2\pi}{\lambda}x = k\pi \quad (k = 0, \pm 1, \pm 2, \cdots)$$

来求出,为

$$x = k\frac{\lambda}{2} \quad (k = 0, \pm 1, \pm 2, \cdots)$$

这就是波腹的位置,波腹就是驻波中的干涉极大点,该点的振幅为 $2A$.相邻的两个波腹间的距离为

$$\Delta x = x_{k+1} - x_k = \frac{\lambda}{2}$$

它们是等间距的.同样,振幅的最小值发生在 $\left|\cos\frac{2\pi}{\lambda}x\right| = 0$ 的点,因此,波节的位置可由

$$\frac{2\pi}{\lambda}x = (2k+1)\frac{\pi}{2} \quad (k = 0, \pm 1, \pm 2, \cdots)$$

来决定,即

$$x = (2k+1)\frac{\lambda}{4} \quad (k = 0, \pm 1, \pm 2, \cdots)$$

这就是波节的位置,波节就是驻波的干涉极小点,即干涉静止点.相邻的两个波节之间的距离也是 $\lambda/2$,可见在驻波中相邻的两个波腹或波节相互之间的距离均为

$$\Delta x = \frac{\lambda}{2} \qquad (15\text{-}39)$$

而相邻的一个波腹和一个波节之间的距离为 $\Delta x = \frac{\lambda}{4}$.

下面我们分析驻波中各点的相位关系.由于驻波中各点在进行同频率振动,它们之间的相位差不随时间改变.也就是说,我们考察某一时刻各点的相位差,就可以代表它们在任一瞬时的相位差.为了简单,取 $t=0$ 时的状态来分析,此时 $\cos\frac{2\pi}{T}t = 1$ 为最大,驻波方程式(15-38)化为

$$y = 2A\cos\frac{2\pi}{\lambda}x\cos\frac{2\pi}{T}t = 2A\cos\frac{2\pi}{\lambda}x$$

此时驻波的波形曲线见图 15-27.我们看到,在 $x = -\frac{\lambda}{4}$ 和 $x = \frac{\lambda}{4}$ 这两个波节之间,尽管各点的振幅不同,但它们的振动都到达正最大,因而它们振动的相位相同.在 $x = \frac{\lambda}{4}$ 和 $x = \frac{3\lambda}{4}$ 这两个波节之间,各点振动都到达负最大,所以它们振动的相位也相同并与相邻的段相反.于是我们可以得出同段同相,邻段反相的结论.显然,在驻波中没有振动状态定向传播的现象,它是一种特殊的干涉现象.

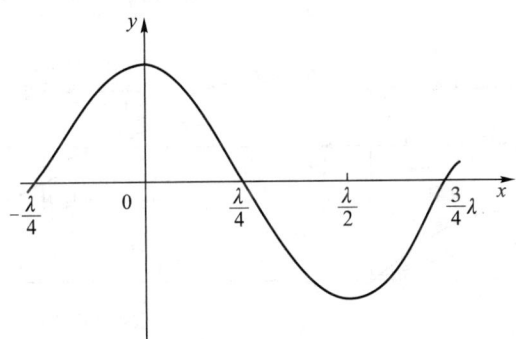

图 15-27 驻波的相位分析

让我们进一步考察驻波的能量,以细绳上的驻波为例来讨论这个问题.当介质中各质点的位移达到最大值时,其速度为零,即动能为零,如图 15-27 所示.这时介质的形变最大,驻波上质元的全部能量都是势能.由于在波节附近的相对形变(横波的形变为切变,相对形变仍与曲线斜率 $\Delta y/\Delta x$ 成正比)最大,所以势能最大;而在波腹附近的相对形变为零,所以势能为零.此时驻波的能量以势能的形式集中在波节附近.

当驻波上所有质点同时到达平衡位置时,介质的形变为零,所以势能为零,驻波的全部能量都是动能.这时在波腹处质点的速度最大,动能最大;而在波节处质点的速度为零,动能为零.此时驻波的能量以动能的形式集中在波腹附近.

由此可见,介质在振动过程中,驻波的动能和势能不断地转化.在转化过程中,

能量不断地由波腹附近转移到波节附近,再由波节附近转移到波腹附近.也就是说在驻波中能流是来回振荡的,没有能量的定向传播.

四 半波损失

要在实际中生成一个驻波,用两个独立的波源,激发两列同振幅、传播方向相反的相干波来进行叠加是很难做到的,通常都是通过反射来形成驻波,就像图 15-25 所示的实验那样.入射波在图中 B 点反射并生成反射波,反射波和入射波叠加生成驻波.图中的 B 点是一个特殊的点,对于入射波它是最后一点,称为入射点,对于反射波它是最开始的一点,称为反射点.入射波和反射波在 B 点的叠加,实际上就是入射点振动和反射点振动的叠加.如果我们简单地认为,反射点的振动就是入射点的振动,那么在该点实现的就是两个完全相同的振动的叠加,理应形成波腹.但在图 15-25 中,B 点是固定不动的,在该处形成的是驻波的一个波节.要形成波节,反射点的振动必须与入射点的振动相位相反.这意味着,图中的反射波在反射的时候,突然发生了相位突变,变化了一个 π,最终的结果是形成了波节.在波动方程中,通常是用波程来计算两点之间的相位差,如果在波程中我们扣除半个波长 $\lambda/2$,则相当于把相位差改变了一个 π,所以这个 π 的相位突变一般等效地称为"**半波损失**".发生半波损失时入射波和反射波叠加的波形曲线见图 15-28(a),其中虚线表示入射波,点虚线表示反射波,实线表示合成的驻波.注意到入射点和反射点的相位是始终相反的.

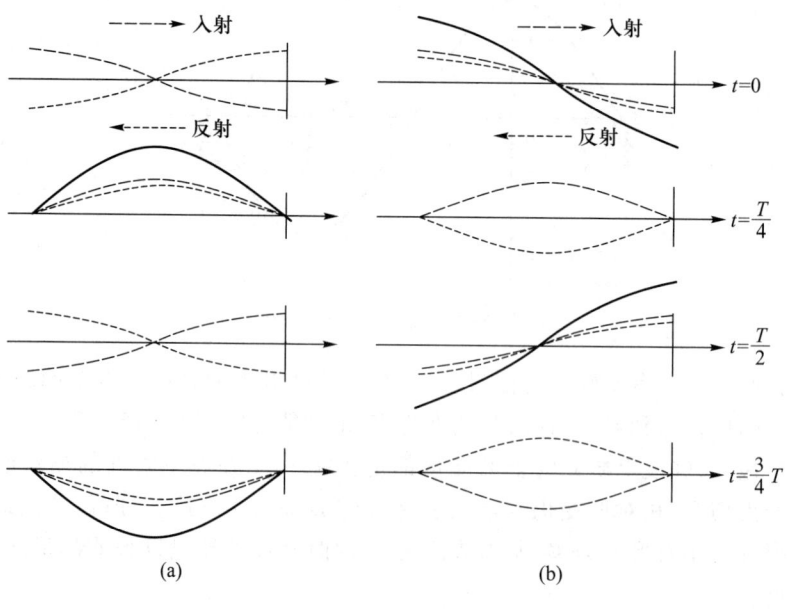

图 15-28 半波损失

并不是所有的反射点都会形成波节.实验表明,当波在介质中传播并在界面反射时,在两种介质的分界面处究竟出现波节还是波腹,取决于两种介质的性质以及入射角的大小.在 §15-3 波的能量一节中,我们介绍过介质的特性阻抗 ρu,它是介

质的密度 ρ 与波速 u 的乘积.两种介质相比较,特性阻抗较大的介质称为波密介质,特性阻抗较小的介质称为波疏介质.在实验中发现,在波垂直入射界面的情况下,如果波是从波疏介质入射到波密介质界面而反射,反射点将出现波节;如果波是从波密介质入射到波疏介质界面,反射点将出现波腹.也就是说,仅仅在前一种情况下,即由波疏介质入射到波密介质界面并反射时,才发生半波损失,即发生相位 π 的突变;在后一种情况,入射点和反射点的相位是相同的.没有半波损失时入射波和反射波叠加的波形曲线见图 15-28(b).

半波损失也即相位突变问题不仅在机械波反射时存在,在电磁波包括光波反射时也存在.对于光波,我们把折射率 n 较大的介质称为光密介质,折射率 n 较小的介质称为光疏介质,当光从光疏介质入射到光密介质表面反射时,在反射点也有半波损失,以后在光学中还要反复地讨论这个问题.

五 弦线上的驻波

在实际应用中,常用波在两个反射壁之间来回反射形成驻波.例如图 15-25 所示的实验,弦线的两端拉紧固定,拨动弦线时,波经两端反射,形成两列反向传播的波,叠加后就能形成驻波.由于在两固定端必须是波节,因而要形成稳定的驻波,弦长 L 必须是半波长 $\lambda/2$ 的整数倍,即

$$L = n\frac{\lambda}{2} \quad (n=1,2,3,\cdots)$$

从上式可以看出,如果弦长是固定的,波长就不能是任意的,只能等于

$$\lambda_n = \frac{2L}{n} \quad (n=1,2,3,\cdots)$$

由于波速 $u = \lambda\nu$,因而波的频率也不能是随意的,只能取

$$\nu_n = n\frac{u}{2L} \quad (n=1,2,3,\cdots) \tag{15-40}$$

就是说,只有波长(或频率)满足上述条件的那些波才能在弦上形成驻波.其中与 $n=1$ 对应的频率称为**基频**,其他频率依次称为二次、三次……**谐频**(对声驻波则称为**基音和泛音**)[图 15-29(a)].各种允许频率所对应的驻波模式(即简谐振动方式)即为简正模式,相应的频率为简正频率.简正频率由驻波系统的结构决定,称为系统的固有频率(和谐振子不同,一个驻波系统有多个固有频率).

不仅对于弦线,在声学谐振腔、微波谐振腔、光学谐振腔中形成的声振荡或电磁振荡,都是声波或电磁波在反射壁之间来回反射形成的驻波,它们都属于驻波系统.若有外界驱使系统振动,当驱动频率接近系统某一固有频率时,系统将产生振幅很大的驻波,这种现象也称为共振.

上面讨论的驻波系统都属于两端固定(出现波节)的系统.也有一端固定、一端自由(出现波幅)的系统,如一端自由的弦线或一端封闭、一端开放的管;或两端自由的系统,如两端开放的管.对于这些系统,也可以作类似的分析,并确定它的简正模式.图 15-29(b)表示的是一端自由的弦线的简正模式.

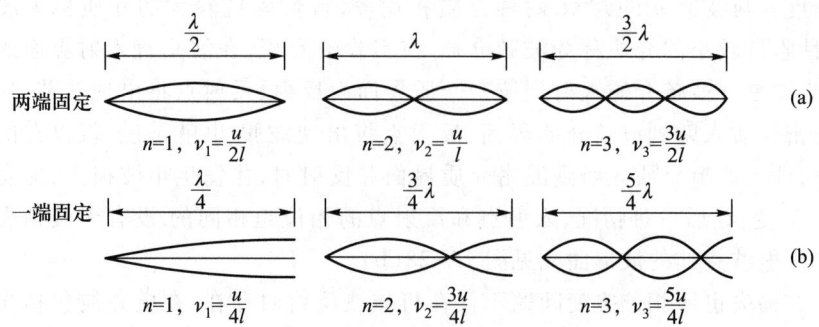

图 15-29 弦振动的简正模式

例 15.8 在 x 轴上有两个波源,S_1 的位置在 $x_1=0$ 处,S_2 的位置在 $x_2=5$ 处,它们的振幅均为 a,S_1 的相位比 S_2 超前 $\pi/2$.假设每个波源都向 x 轴的正方向和负方向发出简谐波,每列波都可以传播到无穷远处,波长为 $\lambda=4$.(1) 求 $x<0$ 区间的合成波的振幅;(2) 求 $x>5$ 区间合成波的振幅;(3) 求 $0<x<5$ 区间形成的驻波的波腹和波节的位置.

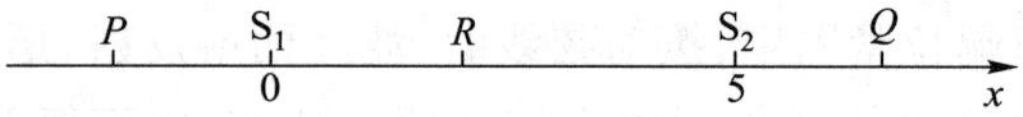

```
      P      S₁         R          S₂     Q
  ─────●─────●──────────●──────────●─────●─────→
              0                     5             x
```

图 15-30 例 15.8 图

解 (1) 在 $x<0$ 区间,如图 15-30 所示,两个波源 S_1 和 S_2 发出的反行波相互干涉形成反行波,设考察点 P 的坐标为任意 x,S_1 和 S_2 到 P 点的波程差为 $r_2-r_1=5$ 与 x 无关.按式(15-33),在 P 点干涉的相位差

$$\Delta\Phi=\varphi_2-\varphi_1-2\pi\frac{r_2-r_1}{\lambda}=-\frac{\pi}{2}-2\pi\frac{5}{4}=-3\pi$$

与 P 点的位置无关.根据式(15-34),该区间的合振幅应为极小值,即两列波振幅之差.由于两列波的振幅相等,故合振幅

$$A=0$$

即在 $x<0$ 区间,两列波因干涉而完全抵消.

(2) 在 $x>5$ 区间,如图 15-30 所示,两波源发出的正行波干涉形成正行波,设考察点 Q 的坐标为任意 x,S_1 和 S_2 到 Q 点的波程差 $r_2-r_1=-5$,干涉的相位差

$$\Delta\Phi=\varphi_2-\varphi_1-2\pi\frac{r_2-r_1}{\lambda}=-\frac{\pi}{2}-2\pi\frac{-5}{4}=2\pi$$

按式(15-34),该区间的合振幅为极大,即两列波振幅之和

$$A=2a$$

(3) 在 $0<x<5$ 区间,如图 15-30 所示,S_1 发出的正行波与 S_2 发出的反行波干涉形成驻波,设考察点 R 的坐标为任意 x,S_1 和 S_2 到 R 点的波程差

$$r_2-r_1=(5-x)-x=5-2x$$

相位差

$$\Delta\Phi=\varphi_2-\varphi_1-2\pi\frac{r_2-r_1}{\lambda}=-\frac{\pi}{2}-2\pi\frac{5-2x}{4}=-3\pi+\pi x$$

与 R 点的位置有关.

对于波腹(干涉极大点),按式(15-33),应有

$$\Delta\Phi = -3\pi + \pi x = 2k\pi$$

故波腹位置为 $x=2k+3$，为奇数，在 $0<x<5$ 区间，取 $x=1,3$ 两点．

对于波节，应有

$$\Delta\Phi = -3\pi + \pi x = (2k+1)\pi$$

即波腹位置为 $x=2k+4$，为偶数，在 $0<x<5$ 区间，取 $x=2,4$ 两点．

例 15.9 在 x 轴的原点处有一波源，振动方程为 $y_0=A\cos(\omega t+\varphi)$，发出的波沿 x 轴正方向传播，波长为 λ，波在 $x=x_0(x_0>0)$ 被一刚性壁反射，求（1）入射波方程；（2）入射点振动方程；（3）反射点振动方程；（4）反射波方程；（5）驻波方程；（6）所有的波腹和波节的位置．

解（1）波源发出的正行波即是入射波，见图 15-31．从波源到 x 轴上坐标为 x 处质点的波程为 x，所以入射波在 x 处振动的相位比波源落后 $2\pi\dfrac{x}{\lambda}$，故入射波方程为

$$y_1 = A\cos\left(\omega t - 2\pi\frac{x}{\lambda} + \varphi\right)$$

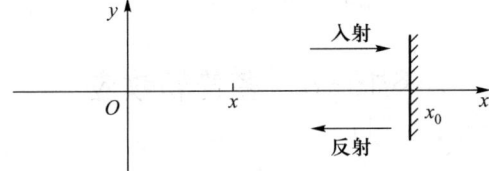

图 15-31　例 15.9 图

（2）入射点振动方程可直接由入射波方程得到

$$y_{1x_0} = A\cos\left(\omega t - 2\pi\frac{x_0}{\lambda} + \varphi\right)$$

（3）反射点为刚性壁，理解为波密介质，因而反射点有相位突变，反射点振动与入射点振动有相位差 π，所以反射点振动为

$$y_{2x_0} = A\cos\left(\omega t - 2\pi\frac{x_0}{\lambda} + \pi + \varphi\right)$$

（4）从反射点到 x 处的波程为 x_0-x，因而反射波在 x 处引起的振动比反射点的相位又要落后 $2\pi\dfrac{x_0-x}{\lambda}$，所以反射波方程为

$$y_2 = A\cos\left(\omega t - 2\pi\frac{x_0}{\lambda} - 2\pi\frac{x_0-x}{\lambda} + \pi + \varphi\right) = A\cos\left(\omega t + 2\pi\frac{x-2x_0}{\lambda} + \pi + \varphi\right)$$

注意反射波是反行波，所以 x 的符号是正号．

反射波方程也可以直接从波源的振动方程从总的相位差得到．现在把入射和反射合并为一个过程来处理，见图 15-31．波从波源出发，先正行到 x_0 处，然后反行到 x 处，波程总共为 $2x_0-x$，考虑到反射点有半波损失（相位突变），波程应修正为 $2x_0-x-\dfrac{\lambda}{2}$，因而反射波在 x 处的振动相位要比波源落后 $2\pi\dfrac{2x_0-x-\lambda/2}{\lambda}$，所以反射波方程应为

$$y_2 = A\cos\left(\omega t + \varphi - 2\pi\frac{2x_0-x-\lambda/2}{\lambda}\right) = A\cos\left(\omega t + 2\pi\frac{x-2x_0}{\lambda} + \pi + \varphi\right)$$

（5）驻波方程可由入射波方程与反射波方程叠加而成

$$y = y_1 + y_2$$
$$= A\cos\left(\omega t - 2\pi\frac{x}{\lambda} + \varphi\right) + A\cos\left(\omega t + 2\pi\frac{x - 2x_0}{\lambda} + \pi + \varphi\right)$$
$$= 2A\cos\left(2\pi\frac{x - x_0}{\lambda} + \frac{\pi}{2}\right)\cos\left(\omega t - 2\pi\frac{x_0}{\lambda} + \frac{\pi}{2} + \varphi\right)$$

(6) 波腹和波节的位置可以从驻波方程的振幅因子求出,但最简单的方法是通过反射点的性质来确定反射点是波腹还是波节,然后按照波腹和波节的排列规律来找出全部腹、节位置.前面已经分析过,由于反射壁是刚性壁,反射有半波损失,所以反射点肯定是波节.既然 $x = x_0$ 处是波节,再根据相邻波节距离为 $\lambda/2$ 的规律,我们得到全部波节的位置是

$$x = x_0 - k\frac{\lambda}{2} \quad (k = 0, 1, 2, 3, \cdots) \text{ 且 } x > 0$$

由于相邻的波腹和波节相距 $\lambda/4$,所以全部波腹的位置是

$$x = x_0 - \frac{\lambda}{4} - k\frac{\lambda}{2} \quad (k = 0, 1, 2, 3, \cdots) \text{ 且 } x > 0$$

§15-8 多普勒效应

一 多普勒效应

在我们前面所讨论的波动中,波源以及观察者相对于介质都是静止的.在日常生活和工程技术中,经常会遇到波源或者观察者相对于介质运动的情况.例如,乘火车时,常有火车鸣着汽笛从旁边经过.你听到的汽笛的音调,在火车接近你时比汽笛本身的频率要高,而远离时要低.这种因波源或观察者相对于介质运动,而使观察者接收到的波的频率与波源的振动频率不同的现象称为**多普勒效应**,是多普勒(J.C.Doppler)在 1842 年首先发现的,下面我们就来分析这一现象.

我们只讨论纵向多普勒效应,即波源和观察者的运动都发生在二者的连线上的情况,而且只讨论波源及观察者相对于介质的速度小于介质中波速的情况.设波在介质中传播的速度为 u,波源相对于介质的运动速度为 v_S,而观察者相对于介质的运动速度为 v_R.记住这些速度都是相对于介质而言,我们仍然把它们简称为波速、波源速度和观察者速度.波源的频率、观察者接收到的频率和波的频率分别用 ν_S、ν_R 和 ν_W 表示.这里,波源的频率(源频率)ν_S 是指波源的振动频率,也即波源在单位时间内发出的完整波的数目;观察者接收到的频率(接收频率)ν_R 是指观察者的接收器(例如人的耳膜、声频测试仪)的振动频率.每通过一个完整波,接收器将进行一次全振动,所以接收频率等于单位时间内通过观察者的完整波的数目;而波的频率 ν_W 是指介质中质点振动的频率,等于单位时间内通过介质中某点的完整波的数目.我们前面几节所讨论的都是波源和观察者相对于介质静止,即 $v_S = v_R = 0$ 的情况.此时波源的频率、波的频率和观察者的接收频率彼此相等即 $\nu_R = \nu_W = \nu_S$.如果波源和观察者相对于介质运动,情况将有所不同.

我们重点讨论接收频率 ν_R 与源频率 ν_S 之间的关系,波的频率 ν_W 与源频率之

间的关系稍后予以说明.如前所述,接收频率等于在单位时间内通过观察者的完整波数,考虑到观察者也在运动,它应该等于波(形)相对于观察者的速度 v_{WR},除以完整波的长度即波长

$$\nu_{\mathrm{R}}=\frac{v_{\mathrm{WR}}}{\lambda} \tag{15-41}$$

下面我们从简单到复杂,从个别到一般,讨论三种不同的情况.

1 波源不动,观察者以速度 v_{R} 运动

由于波源不动,那么波的传播过程与前面几节讨论的情况就没有区别,此时波长仍然是 $\lambda=u/\nu_{\mathrm{S}}$.但由于观察者相对于介质在运动,故接收频率与静止时有区别.先讨论观察者以速度 v_{R} 向着波源运动的情况.在这种情形下,观察者接收的频率比他静止时要大.道理很简单,由于观察者迎着波运动,此时单位时间内通过观察者的完整波的数目要比他不动时要多,接收频率当然要大.一般地,由相对运动的速度叠加法则可知,此时波相对于观察者的速度为 $v_{\mathrm{WR}}=u+v_{\mathrm{R}}$.按式(15-41),接收频率为

$$\nu_{\mathrm{R}}=\frac{v_{\mathrm{WR}}}{\lambda}=\frac{u+v_{\mathrm{R}}}{\lambda}=\frac{u+v_{\mathrm{R}}}{u/\nu_{\mathrm{S}}}=\frac{u+v_{\mathrm{R}}}{u}\nu_{\mathrm{S}}$$

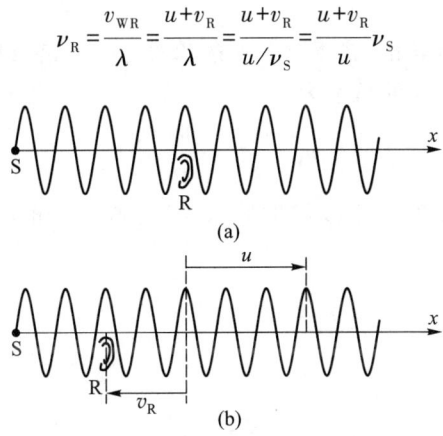

图 15-32 多普勒效应观察者运动而波源不动

这表明观察者向着波源运动时所接收到的频率大于波源的频率,也即大于观察者静止时的接收频率.以图 15-32 所示情况为例,图中 S 表示波源,R 表示观察者的接收器.以便于作图和直观理解,不妨设波源频率 $\nu_{\mathrm{S}}=3$ Hz,波长 $\lambda=1$ m,则波速 $u=\nu\lambda=3$ m/s,设观察者对介质的速度为 $v_{\mathrm{R}}=2$ m/s.图(a)为 $t=0$ 时情况,图(b)为 $t=1$ s 时情况.$t=1$ s 时,波形已向右越过观察者初始位置传播了 3 m,而观察者也向左越过初始位置运动了 2 m.于是,对于观察者而言,在这 1 s 的时间内,波形向右共越过了 5 m,即通过了 5 个完整波,接收频率 ν_{R} 应为 5 Hz.

当观察者背离波源运动时,按类似的分析,可得观察者接收到的频率为

$$\nu_{\mathrm{R}}=\frac{u-v_{\mathrm{R}}}{u}\nu_{\mathrm{S}}$$

即此时接收到的频率低于波源的频率.综合以上两式,只要将 v_{R} 理解为代数值,并

且规定,观察者向着波源运动时 v_R 为正值,背离波源时为负值,则当波源不动而观察者以 v_R 运动时所接收到的频率可统一表示为

$$\nu_R = \frac{u+v_R}{u}\nu_S \tag{15-42}$$

2 观察者不动,波源以速度 v_S 运动

如果波源相对于介质运动,波的波形将发生改变,见图 15-33.设波源以速度 v_S 向右运动,此时波源仍按自己的频率发射波.波源在振动的一个周期 T_S 内,发出一个完整波,我们考虑向右和向左传播的那两列波.两列波的前端向右和向左各传播了 uT_S 的距离,而在这段时间内,波源位置也由 a 移到 b,移过距离为 $v_S T_S$,因而介质中的完整波发生了形变.波源右侧的波变短了,即波长变小了,变为

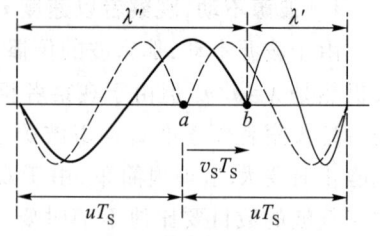

图 15-33 多普勒效应波源运动而观察者不动

$$\lambda' = uT_S - v_S T_S = \frac{u-v_S}{\nu_S}$$

由于观察者相对于介质静止,波相对于观察者的速度就是波速 u,故在右侧即在波源运动方向的观察者接收的频率为

$$\nu_R = \frac{v_{WR}}{\lambda'} = \frac{u}{u-v_S}\nu_S$$

此时观察者接收到的频率大于波源的频率.与波源右侧相反,波源左侧的波变长了,波长变大了,变为

$$\lambda' = uT_S + v_S T_S = \frac{u+v_S}{\nu_S}$$

观察者接收到的频率为

$$\nu_R = \frac{u}{u+v_S}\nu_S$$

在左侧即背离波源运动方向的观察者接收到的频率低于波源的频率.

同样,如果将 v_S 理解为代数值,并规定波源向着观察者运动时为正值,背离时为负值,可以把上面两式统一表示为

$$\nu_R = \frac{u}{u-v_S}\nu_S \tag{15-43}$$

3 观察者以 v_R 运动,同时波源以 v_S 运动

假设波源以 v_S 向着观察者运动,观察者以 v_R 向着波源运动.根据上面的讨论,由于波源的运动,介质中波的波长变为

$$\lambda' = \frac{u-v_S}{\nu_S}$$

由于观察者的运动,波阵面相对于观察者的速度为 $v_{WR} = u+v_R$,观察者接收到的频率为

$$\nu_R = \frac{v_{WR}}{\lambda'} = \frac{u+v_R}{(u-v_S)/\nu_S} = \frac{u+v_R}{u-v_S}\nu_S \tag{15-44}$$

这个结果可以理解为前述两个结论的综合.

容易理解,若波源和观察者不是相向运动时,式(15-44)的结论依然成立.此时,把 v_R 和 v_S 均理解为代数值,如果观察者向着波源运动,v_R 取正值,观察者背离波源运动,v_R 取负值;如果波源向着观察者运动,v_S 取正值,波源背离观察者运动,v_S 取负值.例如,如果是波源追赶观察者,v_S 取正值,v_R 取负值;如果是观察者追赶波源,v_R 取正值,v_S 取负值.

最后我们讨论一下波的频率与波源的频率的关系.波的频率 ν_W 是指介质中质点振动的频率,如果我们假定观察者相对于介质不动,则观察者接收到的频率就是该处介质质点振动的频率即波的频率.由于已假定观察者不动,所以下面只分为两种情况,波源动或者波源不动.如果波源不动,那么波的传播过程与前面几节讨论的情况就没有区别,此时观察者的接收频率即波的频率仍然等于波源的频率 $\nu_W = \nu_S$.若波源以速度 v_S 运动,则相当于前面所述问题(2)所讨论的观察者不动,波源以 v_S 运动的情况.观察者的接收频率即波的频率等于 $\nu_R = \dfrac{u}{u-v_S}\nu_S$.若波源向着观察者运动,$v_S$ 取正值,波源背离观察者运动,v_S 取负值.

例 15.10 一警报器发射频率为 1 000 Hz 的声波,远离观察者向一固定的目的物运动,其速度为 5 m·s^{-1},试问:

(1) 观察者直接听到从警报器传来声音的频率为多少?
(2) 观察者听到从目的物反射回来的声音频率为多少?
(3) 听到的拍频是多少?
(空气中的声速为 330 m·s^{-1}.)

解 已知 $\nu_S = 1\ 000$ Hz,$v_S = 10$ m·s^{-1},$u = 330$ m·s^{-1}.

(1) 由式(15-43)得观察者直接听到从警报器传来声音的频率,注意此时波源远离观察者,v_S 取作负值,即

$$\nu_1 = \dfrac{u}{u-v_S}\nu_S = \dfrac{330}{330-(-5)}\times 1\ 000\ \text{Hz} = 985\ \text{Hz}$$

(2) 目的物接收到的声音频率仍由式(15-43)得到,此时 v_S 取作正值,即

$$\nu_2 = \dfrac{u}{u-v_S}\nu_S = \dfrac{330}{330-5}\times 1\ 000\ \text{Hz} = 1\ 015\ \text{Hz}$$

反射过程是一个连续的过程,不存在滞留现象,目的物在接收一个波的同时必将反射一个波,因而目的物接收的频率 ν_2,也就是它反射的频率.把目的物当做反射波的波源,ν_2 也就是反射波波源的频率.由于目的物是静止的,接收反射波的观察者同样是静止的,所以观察者听到反射声音的频率 ν'_2 应等于目的物反射的频率 ν_2,即

$$\nu'_2 = \nu_2 = 1\ 015\ \text{Hz}$$

(3) 两波合成的拍的频率为

$$\nu_B = \nu_2 - \nu_1 = (1\ 015 - 985)\ \text{Hz} = 30\ \text{Hz}$$

二 冲击波

如果波源运动的速度 v_S 比波的速度 u 还要大,而观察者在波源的前面接收波的频率时,式(15-43)的计算结果为 $\nu_R < 0$ 将失去意义.从波形来分析,这时波源将

超过波前而位于波的前方,如图 15-34 所示,观察者肯定接收不到波.波源在 S_1 位置时发出的波,在其后 t 时刻的波阵面为半径等于 ut 的球面,但此时刻波源已前进了 $v_s t$ 的距离到达 S 位置.在整个 t 时间内,波源发出的波的各波前的切面形成一个圆锥面,这锥形的半顶角满足

$$\sin\alpha = \frac{ut}{v_s t} = \frac{u}{v_s} \tag{15-45}$$

这种以点波源为顶点的圆锥形的波称为**冲击波**,$\dfrac{v_s}{u}$ 通常称为**马赫数**,α 称为**马赫角**.锥面就是受冲击波扰动的介质与未受扰动的介质的分界面,在两侧有着压强、密度和温度的突变.

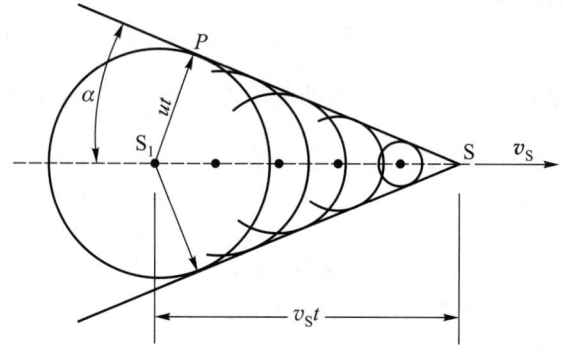

图 15-34 冲击波

当飞机、炮弹等以超音速飞行时,都会在空气中激起冲击波.过强的冲击波掠过时,能使物体遭到损坏(如使玻璃窗震碎等),这种现象称为"声爆".船只的航行速度超过水波的传播速度时,也会产生类似的冲击波.随着船的前进,在水面上出现以船头为顶端的 V 形波,通常称为舷波.

当带电粒子在介质中高速运动,速度超过该介质中的光速时,也会辐射锥形电磁波,这种辐射称为**切连科夫辐射**.利用切连科夫辐射制成的高速粒子探测器,称为切连科夫计数器,已广泛应用于高能物理学.

内 容 提 要

1 简谐波的波速、波长和频率之间的关系 $\quad u = \dfrac{\lambda}{T} = \nu\lambda$

2 波线上两点之间的波程 $\quad l$

两点振动的时间差 $\quad \Delta t = \dfrac{l}{u}$

两点振动的相位差 $\quad \Delta\Phi = \omega\Delta t = 2\pi\dfrac{l}{\lambda}$

3 简谐波的波动方程的一般形式(通式)

$$y(x,t) = A\cos\left[\omega\left(t \mp \frac{x}{u}\right) + \varphi\right]$$

$$y(x,t) = A\cos\left(\omega t \mp 2\pi \frac{x}{\lambda} + \varphi\right)$$

$$y(x,t) = A\cos\left[2\pi\left(\frac{t}{T} \mp \frac{x}{\lambda}\right) + \varphi\right]$$

式中负号对应于正行波,正号对应于反行波.

4 波的平均能量密度 $\bar{w} = \frac{1}{2}\rho A^2 \omega^2$

波强(平均能流密度) $\bar{I} = \bar{w}u$

波的平均能流 $\bar{P} = \int_S \bar{I} \cdot dS$

若波强与曲面垂直且大小不变 $\bar{P} = \bar{I}S$

5 波的干涉

相干条件:同振动方向,同频率,恒相差.

波干涉的合振幅为

$$A = \sqrt{A_1^2 + A_2^2 + 2A_1 A_2 \cos \Delta\Phi}$$

其中:A_1 和 A_2 为两列相干波在干涉点的振幅,$\Delta\Phi$ 为两列相干波在干涉点的相位差.

6 波干涉的极值条件

若 $\Delta\Phi = \varphi_2 - \varphi_1 - 2\pi\frac{r_2 - r_1}{\lambda} = 2k\pi, k = 0, \pm 1, \pm 2, \cdots$ 时,$A = A_1 + A_2$ 为干涉极大点;

若 $\Delta\Phi = \varphi_2 - \varphi_1 - 2\pi\frac{r_2 - r_1}{\lambda} = (2k+1)\pi, k = 0, \pm 1, \pm 2, \cdots$ 时,$A = |A_1 - A_2|$ 为干涉极小点.

其中:φ_1 和 φ_2 为两个波源的初相位,r_1 和 r_2 为两个波源到干涉点的波程.

若两个相干源同相,上述条件简化为

$\delta = r_1 - r_2 = k\lambda, k = 0, \pm 1, \pm 2, \cdots$ 时,$A = A_1 + A_2$ 为干涉极大点;

$\delta = r_1 - r_2 = \left(k + \frac{1}{2}\right)\lambda, k = 0, \pm 1, \pm 2, \cdots$ 时,$A = |A_1 - A_2|$ 为干涉极小点.

其中:$\delta = r_1 - r_2$ 为从两个波源到干涉点的**波程差**.

7 驻波

驻波的产生:两列同振幅、反方向传播的相干波叠加的结果.

驻波的特点:有波腹,即干涉极大点,相邻波腹间距 $\Delta x = \frac{\lambda}{2}$;有波节,即干涉静止点,相邻波节间距 $\Delta x = \frac{\lambda}{2}$.相邻的波腹与波节间距为 $\frac{\lambda}{4}$.同段同相,邻段反相.

8 半波损失

波从波疏介质入射到波密介质，在分界面处反射时，反射点有半波损失，即有相位 π 的突变，出现波节；波从波密介质入射到波疏介质，反射点没有半波损失，出现波腹.

两固定端之间形成稳定驻波的条件，弦长 $L = n\dfrac{\lambda}{2}, n = 1, 2, 3, \cdots$.

9 多普勒效应

波源的频率为 ν_S，以速度 v_S 向着观察者运动，观察者以速度 v_R 向着波源运动，则观察者的接收频率为 $\nu_R = \dfrac{u + v_R}{u - v_S} \nu_S$. 如果波源背离观察者运动，$v_S$ 取负值；如果观察者背离波源运动，v_R 取负值.

习 题

15.1 请判断（打√或×）

试判断下列几种关于波长的说法是否正确.

（1）在波传播方向上相邻两个位移相同点的距离；_____

（2）在波传播方向上相邻两个运动速度相同点的距离；_____

（3）在波传播方向上相邻两个振动相位相同点的距离._____

15.2 A, B 是简谐波波线上距离小于波长的两点.已知 B 点振动的相位比 A 点落后 $\pi/3$，波长为 $\lambda = 3$ m，则 A, B 两点相距 $L =$ _____ m.

15.3（1）试计算在 27 ℃ 时氦和氢中的声速各为多少，并与同温度时在空气中的声速比较（空气的平均摩尔质量为 2.9×10^{-2} kg·mol^{-1}）.

（2）在标准状态下，声音在空气中的速率为 331 m·s^{-1}，空气的比热容比 γ 是多少？

（3）在钢棒中纵波的声速为 5 100 m·s^{-1}，求钢的杨氏模量（钢的密度 $\rho = 7.8 \times 10^3$ kg·m^{-3}）.

15.4 已知在室温下空气中的声速为 340 m·s^{-1}，水中的声速为 1 450 m·s^{-1}，能使人耳听到的声波频率在 20 至 20 000 Hz 之间，求这两极限频率的声波在空气中和水中的波长.

15.5 图 15-35(a)、(b)是在各向同性介质中简谐波的波阵面示意图，图中已标明了各波阵面的相位，请在图中作出波射线的示意图.

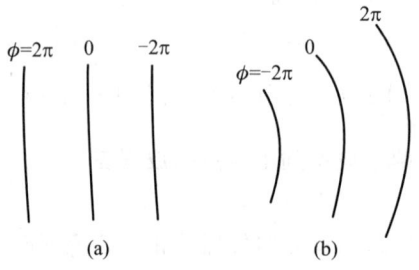

图 15-35 习题 15.5 图

15.6 一平面简谐波在 x 轴上传播，波的周期为 T，波长为 λ，试就下列情况写出原点的初相.

（1）若 $x = 0$ 处质点的振动曲线如图 15-36(a)所示，则原点初相为 _____；

(2) 若波沿着 x 轴正向传播，$t=0$ 时的波形如图 15-36(b)所示，则原点初相为＿＿＿＿;

(3) 若波逆着 x 轴传播，$t=t_0$ 时的波形曲线如图 15-36(c)所示，则原点初相为＿＿＿＿.

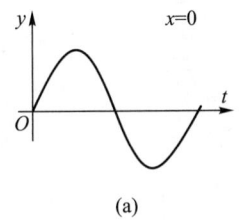
(a)

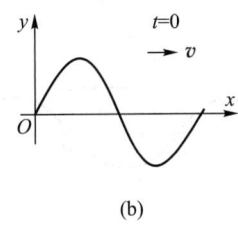
(b)

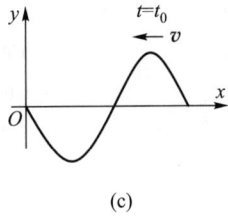
(c)

图 15-36　习题 15.6 图

15.7　一平面简谐波在 $t=0$ 时的波形曲线如图 15-37 所示，求简谐波的波长.

15.8　一平面简谐波沿着 x 轴正向传播，波的周期为 T，波长为 λ.(1) 若 $x=0$ 处质点的振动曲线如图 15-38(a)所示，试在图中画出 $x=\lambda/4$ 处质点的振动曲线；(2) 若 $t=0$ 时的波形如图 15-38(b)所示，试在图中画出 $t=T/4$ 时的波形图.

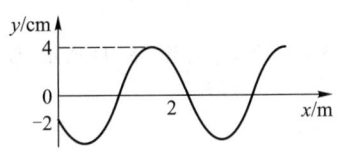

图 15-37　习题 15.7 图

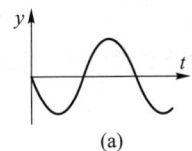
(a)

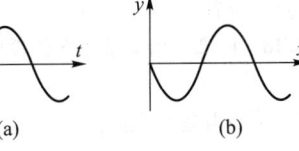
(b)

图 15-38　习题 15.8 图

15.9　已知平面简谐波的表达式为 $y=A\cos(Bt-Cx)$ 式中 A、B、C 为正值常量，此波的波长是＿＿＿＿，波速是＿＿＿＿.在波传播方向上相距为 d 的两点振动相位差是＿＿＿＿.

15.10　一平面简谐波沿着 x 轴正向传播，波长 $\lambda=6.0$ m.在原点 $O(x=0)$ 处质点的振动方程为 $y_0=0.2\cos\left(2\pi t+\dfrac{\pi}{2}\right)$（SI 单位），考察点 P 的位置在 $x=10.5$ m 处.(1) 求波的周期和波速；(2) 波的相位从 O 点传到 P 点需要多少时间？(3) P 点的振动相位比 O 点的相位要落后多少？(4) 试写出 P 点的振动方程；(5) 写出该波的波动方程.

15.11　有一列波长 $\lambda=2$ m 的平面简谐波沿着 x 轴负向传播，若知道 $x=0.5$ m 处的质点的振动方程为 $y=0.1\cos\left(20\pi t+\dfrac{\pi}{4}\right)$（SI 单位），试求：(1) 简谐波的波动方程；(2) 原点处质点的振动方程；(3) 原点处质点振动的速度和加速度.

15.12　一平面简谐纵波沿线圈弹簧传播.设波沿着 x 轴正向传播，弹簧中某圈的最大位移为 3.0 cm，振动频率为 2.5 Hz，弹簧中相邻两疏部中心的距离为 24 cm.当 $t=0$ 时，在 $x=0$ 处质元的位移为零并向 x 轴正向运动.试写出该波的波动方程.

15.13　一平面简谐波逆着 x 轴传播，振幅为 A，角频率为 ω，波速为 u，当 $t=t_0$ 时，$x=0$ 处的质点的位移等于 A.(1) 试写出 $x=0$ 处质点的振动方程；(2) 写出该波的波动方程.

15.14　一平面简谐波逆着 x 轴传播，振幅为 $A=0.01$ m，周期为 $T=0.2$ s，波长为 $\lambda=2$ m，当 $t=0$ 时，$x=-0.5$ m 处质点的位移为零并向负方向运动.求波动方程.

15.15　一平面简谐波沿 x 轴正向传播，振幅 $A=0.2$ m，周期 $T=2.0$ s，波长 $\lambda=6.0$ m，当 $t=1.0$ s 时，$x=1.0$ m 处的质点 a 的位移为 0.1 m 并向负方向运动.求波动方程.

15.16　一平面简谐波在 $t=0$ 时的波形曲线如图 15-39 所示，波速 $u=0.08$ m·s^{-1}.

（1）写出该波的波动方程；

（2）画出 $t=\dfrac{T}{8}$ 时的波形曲线.

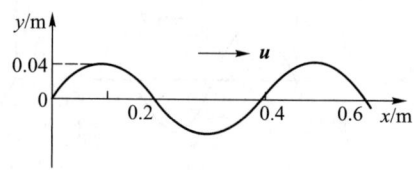

图 15-39　习题 15.16 图

15.17　一平面简谐波以波速 $u=12$ m/s 沿 x 轴正向传播，$t=0.25$ s 时刻的波形曲线如图 15-40 所示. 求：

（1）原点处质点的振动方程；

（2）该波的表达式；

（3）在 $x>0$ 区间，与原点处质点速度大小始终相同，但方向始终相反，且与原点距离最近的那个质点的位置.

15.18　已知一沿 x 轴正向传播的平面简谐波在 $t=0.5$ s 时的波形如图 15-41 所示，且周期 $T=2$ s.

（1）求简谐波的波长；

（2）写出 O 点振动方程；

（3）写出该波的波动方程.

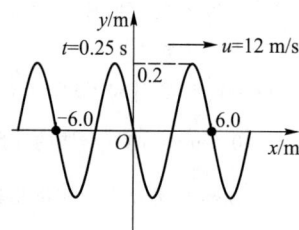

图 15-40　习题 15.17 图

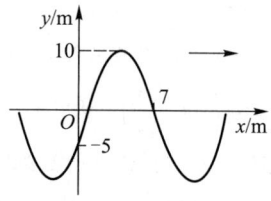

图 15-41　习题 15.18 图

15.19　一横波沿绳子传播时的波动方程为

$$y=0.05\cos(10\pi t-4\pi x)\quad(\text{SI 单位})$$

（1）求此波的振幅、频率、波长和波速；

（2）求绳子上各质点振动的最大速度和最大加速度；

（3）求 $x=0.2$ m 处的质点在 $t=1$ s 时的相位，它是原点处质点在哪一时刻的相位？

（4）分别画出 $t=1$ s、1.25 s、1.50 s 各时刻的波形.

15.20　选择填空（将你认为正确的答案的编号填在空格中）图 15-42 为一沿 x 轴正方向传播的平面简谐波某时刻的波形曲线，此时平衡位置在 P 的_____.

（A）动能增加，势能也增加　　（B）动能增加，势能减少

（C）动能减少，势能增加　　（D）动能减少，势能也减少

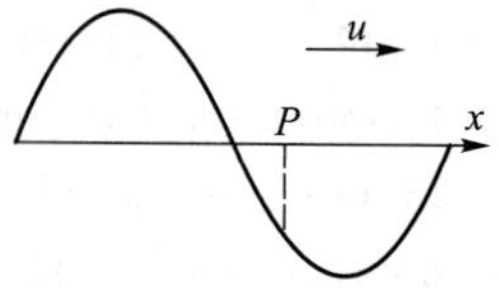

15.21　一平面简谐机械波在介质中传播时，若一介质质元在 t 时刻的振动动能达到极大值，其大小为 0.1 J，则在此时刻该质元的

图 15-42　习题 15.20 图

弹性势能是_____J.

15.22 一简谐声波,沿直径为0.14 m的圆柱形管行进,波的强度为$9.0×10^{-3}$ W·m^{-2},波速为300 m·s^{-1}.求管道中波的平均能流及平均能量密度.

15.23 一平面简谐声波的频率为500 Hz,在空气中以速度$u = 340$ m·s^{-1}传播.到达人耳时,振幅$A = 10^{-4}$ cm,试求人耳接收到声波的平均能量密度和声强(空气的密度$\rho = 1.29$ kg·m^{-3}).

15.24 多项选择:
两个波源发出的简谐波叠加时,下列各种情况中,哪些能发生干涉?_____
(A) 若两个波源的振幅相同,振动方向相同,初相位也相同,但频率不同;
(B) 若两个波源的振幅相同,频率相同,初相位也相同,但振动方向不同;
(C) 若两个波源的振幅相同,频率相同,振动方向也相同,但相位差不恒定;
(D) 若两个波源的频率相同,振动方向相同,相位差恒定,但初相位不同,振幅不同.

15.25 请填空(填"干涉极大点""干涉极小点"或"非极值点").
P、Q为两个相干波源,它们发出的波在P、Q的连线上传播.
(1) 若P、Q的相位相同,PQ连线的中点O是_____;
(2) 若P、Q的相位相反,PQ连线的中点O是_____;
(3) 若P、Q的相位差为$\dfrac{\pi}{2}$,PQ连线的中点O是_____.

15.26 P、Q为两个相干波源,间距5λ(λ为波长),它们发出的波在P、Q的连线上相向传播,O为PQ连线的中点.
(1) 若P、Q的相位相同,PQ连线上离O点最近的一个干涉极大点到O点的距离为_____;
(2) 若P、Q的相位相反,PQ连线上离O点最近的一个干涉极大点到O点的距离为_____.

15.27 设S_1和S_2为两个相干波源,它们相距$\dfrac{1}{4}\lambda$,S_1的相位比S_2的相位超前$\dfrac{\pi}{2}$.若两波在S_1、S_2连线方向上的强度均为I_0,且不随距离变化,问S_1、S_2连线上在S_1外侧各点的合成波的强度如何? 又在S_2外侧各点的强度如何?

15.28 同一介质中的两个波源位于A、B两点,其振幅相等,频率都是100 Hz,相位差为π.若A、B两点相距30 m,波在介质中的传播速度为400 m·s^{-1},试求AB连线上因干涉而静止的各点位置.

15.29 如图15-43所示,S_1、S_2为两简谐波相干波源.S_2的相位比S_1的相位超前$\pi/4$,波长$\lambda = 8.00$ m,$r_1 = 13.0$ m,$r_2 = 12.0$ m,S_1在P点引起的振动振幅为0.30 m,S_2在P点引起的振动振幅为0.40 m,求:
(1) 两列波在P点振动的相位差;
(2) 两列波在P点叠加振动的合振幅.

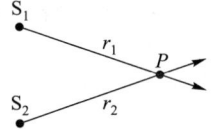

图15-43 习题15.29图

15.30 有一平面波$y = 2\cos 600\pi\left(t - \dfrac{x}{330}\right)$(SI单位),传到隔板上的两个小孔$A$、$B$上,$A$、$B$相距1 m,$CA \perp AB$,如图15-44所示.若从$A$、$B$传出的子波到达$C$点时恰好相消,在$A$和$C$之间没有其他的相消点,求$C$点到$A$点的距离.

15.31 如图15-45所示,三个同频率、振动方向相同(垂直纸面)的简谐波,在传播过程中于O点相遇.若三个简谐波各自单独在S_1、S_2和S_3的振动方程分别为

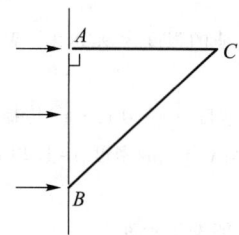

图 15-44　习题 15.30 图

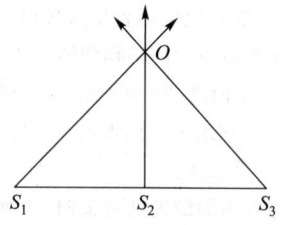

图 15-45　习题 15.31 图

$$y_1 = A\cos\left(\omega t + \frac{\pi}{2}\right)$$

$$y_2 = A\cos\omega t$$

$$y_3 = 2A\cos\left(\omega t - \frac{\pi}{2}\right)$$

如 $S_2O = 4\lambda$, $S_1O = S_3O = 5\lambda$（λ 为波长）.求 O 点的合振动方程（设传播过程中各波的振幅不变）.

15.32　图 15-46 为声音干涉仪,用以演示声波的干涉.S 为扬声器.D 为声音探测器,如耳朵或话筒.路径 SBD 的长度可以变化,但路径 SAD 是固定的.干涉仪内有空气,且知声音强度在 B 的第一位置时为极小值 100 单位.而渐增至 B 距第一位置为 $1.65×10^{-2}$ m 的第二位置时,有极大值 900 单位.求:(1) 声源发出的声波频率;(2) 抵达探测器的两波的相对振幅.(设声波在传播过程中振幅不变,声速 $u = 330$ m·s^{-1}.)

15.33　有两列波长为 λ 的简谐波在 x 轴上形成驻波,$x = x_0$ 处为一个波腹,则所有波腹的位置可表示为 $x_{腹} = $ _____;所有波节的位置可表示为 $x_{节} = $ _____.

15.34　一弦上的驻波表达式为 $y = 2.0×10^{-2}\cos 20\pi x\cos 100\pi t$（SI 单位）.形成该驻波的两个反向传播的行波的波速为 _____ m/s.

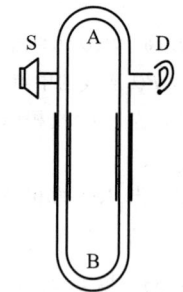

图 15-46　习题 15.32 图

15.35　沿 x 轴传播的波表达式为 $y = A\cos(2\pi t - 0.5\pi x + \pi)$（SI 单位）.若波在 $x = 5$ m 处发生反射,反射点为一固定端,则入射波和反射波合成的驻波的波腹中,距离反射点最近的那个波腹的位置所在处的坐标为 $x = $ _____ m.

15.36　两个波在一很长的弦线上传播.设其波动方程为

$$y_1 = 0.06\cos\frac{\pi}{2}(0.020x - 8.0t) \quad (\text{SI 单位})$$

$$y_2 = 0.06\cos\frac{\pi}{2}(0.020x + 8.0t) \quad (\text{SI 单位})$$

(1) 求各波的频率、波长、波速;

(2) 求驻波方程;

(3) 求所有波腹和波节的位置.

15.37　有一列在 x 轴上传播的简谐波,波动方程为

$$y = A\cos\left(2\pi\frac{t}{T} + 2\pi\frac{x}{\lambda} + \varphi\right)$$

波在 x_0 被一刚性壁全部反射.试写出:

(1) 反射波的波动方程;
(2) x 轴上所有波腹和波节的坐标.

15.38 在弦线上有一列沿 x 轴正方向传播的简谐波,其频率 $\nu=50$ Hz,振幅 $A=0.04$ m,波速 $u=100$ m·s^{-1}.已知弦线上坐标为 $x_1=0.5$ m 处的质点在 $t=0$ 时刻的位移为 $+\dfrac{A}{2}$,且沿 y 轴负方向运动.当波传播到 $x_2=10$ m 处一固定端时,被全部反射.试写出:

(1) 入射波方程;
(2) 反射波方程;
(3) 入射波与反射波叠加的合成波在 $0 \leqslant x \leqslant 10$ 区间内的波腹和波节的坐标.

15.39 一平面简谐波向右传播,在波密介质面上发生完全反射,在某一时刻入射波的波形如图 15-47 所示.试画出同一时刻反射波的波形曲线,再画出经 $\dfrac{T}{4}$ 时间后的入射波和反射波的波形曲线(T 为波的周期).

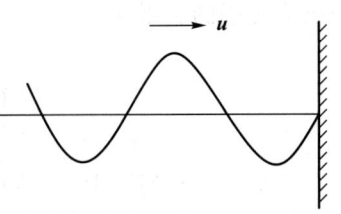

图 15-47 习题 15.39 图

15.40 在图 15-25 所示的驻波演示实验中,电动音叉的频率为 400 Hz,设弦线 AB 上形成 5 个波腹,波在弦线上的速度为 320 m·s^{-1}.求此弦线的长度.

15.41 两辆汽车在高速公路上以相同的速率 v 沿同一方向行驶,后一辆车喇叭的频率为 f,空气中的声速为 u,则前一辆车的司机听到后一辆车的喇叭声的频率为_____.

15.42 两辆汽车在高速公路上沿同一方向向前行驶,前一辆车的速度为 v_1,其喇叭的频率为 ν_1,后一辆车的速度为 v_2,其喇叭的频率为 ν_2,空气中的声速为 u.

(1) 前一辆车的司机听到后一辆车的喇叭声的频率为_____;
(2) 后一辆车的司机听到前一辆车的喇叭声的频率为_____.

15.43 两列火车在两条平行的轨道上沿相反的方向同时经过 P 点,第一列车的速度为 v_1,其汽笛的频率为 ν_1,第二列车的速度为 v_2,其喇叭的频率为 ν_2,空气中的声速为 u.

(1) 在到达 P 点之前,第一列车的司机听到第二列车的汽笛声的频率为_____;
(2) 在到达 P 点之后,第一列车的司机听到第二列车的汽笛声的频率为_____.

15.44 正在报警的警钟,每隔 0.5 s 钟响一声,一声接一声地响着,有一个人在以 60 km·h^{-1} 的速度向警钟行驶的火车中,问这个人在 1 min 内听到几响?

15.45 一声源的频率为 1 080 Hz,相对于地以 30 m·s^{-1} 的速率向右运动.在其右方有一反射面相对于地以 65 m·s^{-1} 的速率向左运动.空气中的声速为 331 m·s^{-1}.求:(1) 反射面接收到的频率;(2) 声源接收到的反射波的频率.

15.46 我方一静止潜艇声呐发出频率为 $1.8×10^4$ Hz 的超声波,超声波在一艘驶近的敌潜艇上反射后回,频率变化了 220 Hz.已知海水中的声速为 $1.54×10^3$ m·s^{-1},求敌潜艇的速率.

第十六章
电磁振荡和电磁波

前面两章我们讨论了机械振动和机械波,本章讨论电磁振荡和电磁波.电磁振荡中振动的物理量是电流 I、电压 U、电场 E 和磁场 B.电磁波中传播的物理量是相互激发的电场 E 和磁场 B,以及电磁场的能量.在现代工程技术中,电磁振荡和电磁波有更强的实用性.

§16-1 电磁振荡

我们来考察如图 16-1 所示的 LC 电路中的电磁振荡.先让电源对电容器 C 充电,使电容器两极板分别带电荷 $\pm Q_0$,然后,用开关 S 连通由电容器 C 和自感线圈 L 组成的闭合回路,回路中就生成电磁振荡.

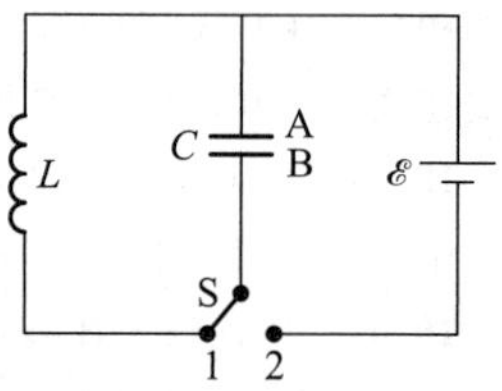

图 16-2 为 LC 振荡电路的工作情况.在回路刚被接通的瞬间,电容器极板上的电荷量 q 最多,$q = \pm Q_0$,极板间的电场 E 最强,回路的能量以电场能量的形式全部集中在电容器的两极板间,见图 16-2(a).随着电容器的放

图 16-1 LC 振荡电路

电,回路中产生电流,由于线圈的自感电动势反抗电流的增长,回路电流 i 是逐渐增大的.放电过程中,电容器极板上的电荷量逐渐减少,极板间的电场能量也越来越少.与之同时,回路中的电流逐渐增加,线圈中的磁场能量也在增加.到电容器放电完毕时,电场能量将全部转化为磁场能量而集中在自感线圈内,这时电流达到最大值 I_0,见图 16-2(b).此后,由于线圈自感的作用,回路中的电流也不会在电场消失后马上减小到零,而是要继续朝原方向流动,对电容器反向充电,直到电流 $i = 0$,极板上的电荷量重新达到最大值 $\mp Q_0$ 为止.这时,线圈中的磁场能量又全部转化为电容器的电场能量,见图 16-2(c).再以后的变化,就是电容器反向放电,电流反向流动,见图 16-2(d),经历一个与(a)→(c)相反的过程,完成一次循环重新回到

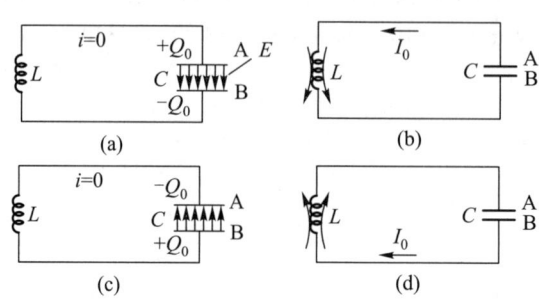

图 16-2 无阻尼自由电磁振荡

图 16-2(a)所示的状态.如果振荡过程中没有能量的损耗,这样的循环就将继续进行下去,形成周期性的电磁振荡,称为无阻尼自由振荡.

下面我们定量地讨论无阻尼自由电磁振荡,寻求振荡电路中电容器极板上电荷量 q 的变化和线圈中电流 i 的变化所遵从的规律.在图 16-3 中,设电容器极板 A 上某时刻 t 的电荷量为 q,并取逆时针方向为回路电流 i 和自感电动势 $\mathscr{E}_L=-L\dfrac{\mathrm{d}i}{\mathrm{d}t}$ 的正方向.在无辐射且回路电阻为零即无阻尼的情况下,由含源闭合电路的欧姆定律,电容器两极板的电势差为

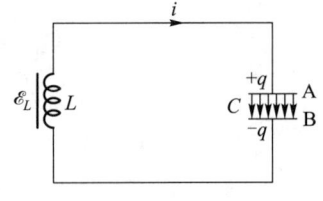

图 16-3　推导电磁振荡规律用图

$$U=V_A-V_B=\mathscr{E}_L$$

由于 $U=\dfrac{q}{C}$,$\mathscr{E}_L=-L\dfrac{\mathrm{d}i}{\mathrm{d}t}$ 且 $i=\dfrac{\mathrm{d}q}{\mathrm{d}t}$,可得

$$\frac{q}{C}=-L\frac{\mathrm{d}i}{\mathrm{d}t}=-L\frac{\mathrm{d}^2q}{\mathrm{d}t^2}$$

或

$$\frac{\mathrm{d}^2q}{\mathrm{d}t^2}+\frac{1}{LC}q=0$$

如令 $\omega^2=\dfrac{1}{LC}$,即得到一个标准的简谐振动微分方程

$$\frac{\mathrm{d}^2q}{\mathrm{d}t^2}+\omega^2q=0$$

可见电容器的极板电荷量 q 的变化是一个简谐振动

$$q=A\cos(\omega t+\varphi) \tag{16-1}$$

固有角频率 ω、频率 ν 和周期 T 分别为

$$\omega=\frac{1}{\sqrt{LC}},\quad \nu=\frac{1}{2\pi\sqrt{LC}},\quad T=2\pi\sqrt{LC} \tag{16-2}$$

振幅 A 和初相 φ 由电荷量 q 和电流 i 的初始条件 q_0、i_0 决定.

由式(16-1)得到振荡电路中的回路电流

$$i=\frac{\mathrm{d}q}{\mathrm{d}t}=-\omega A\sin(\omega t+\varphi)=\omega A\cos\left(\omega t+\varphi+\frac{\pi}{2}\right) \tag{16-3}$$

若分别用

$$Q_0=A,\quad I_0=\omega A=\omega Q_0$$

表示电荷量 q 和电流 i 的振幅,则 q、i 可表示为

$$q=Q_0\cos(\omega t+\varphi) \tag{16-4}$$

$$i=I_0\cos\left(\omega t+\varphi+\frac{\pi}{2}\right) \tag{16-5}$$

上述结果表明,LC 振荡电路的极板电荷量 q 与回路电流 i 随时间的变化,是同

频率的简谐振动,电流的振幅为电荷量振幅的 ω 倍,电流的相位比电荷量的相位超前 $\pi/2$,如图 16-4 所示.这与前面定性讨论的结果一致,并与弹簧振子的位移与速度的关系类似.

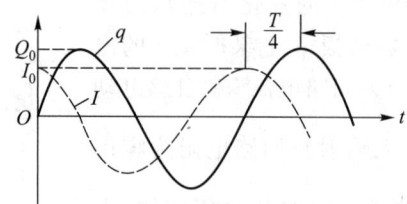

图 16-4 LC 振荡电路的极板电荷量和回路电流

在电磁学中我们知道,电容器中的电场能量为 $W_e = \dfrac{q^2}{2C}$,线圈中的磁场能量为 $W_m = \dfrac{1}{2}Li^2$,所以 LC 电路自由振荡系统的电能、磁能和电磁场总能量分别是

$$W_e = \frac{Q_0^2}{2C}\cos^2(\omega t+\varphi) = \frac{1}{2}LI_0^2\cos^2(\omega t+\varphi) \tag{16-6}$$

$$W_m = \frac{1}{2}LI_0^2\sin^2(\omega t+\varphi) = \frac{Q_0^2}{2C}\sin^2(\omega t+\varphi) \tag{16-7}$$

$$W = W_e + W_m = \frac{Q_0^2}{2C} = \frac{1}{2}LI_0^2 \tag{16-8}$$

上式说明,在 LC 电路的无阻尼自由振荡中,尽管电能和磁能都在变化,但总的电磁能量守恒,且与振幅的平方成正比.无阻尼自由振荡是一种理想情况,实际上任何电路都存在电阻,因而在振荡过程中一部分能量会转化成焦耳热能,导致振荡电流的振幅减小,回路中的总的电磁能量也逐渐减小,这就是阻尼振荡.

§16-2 电磁波的基本性质

一 电磁辐射

如上所述,振荡电路中存在着周期性变化的电场和磁场,因此,根据麦克斯韦电磁场理论,振荡电路能够辐射电磁波.但在普通的振荡电路中(图 16-2),电场和磁场几乎分别局限在电容器和自感线圈内部,无法向外辐射;可以证明电磁波的辐射功率与振荡频率的四次方成正比,一般振荡回路的固有频率很低,不利于电磁波的辐射.因此,要使振荡回路有效地辐射电磁波,一方面需要开放电路,另一方面需要提高振荡频率.如图 16-5(a)—(c)所示,如果把电容器两极板间距离拉开增大,减小极板的正对面积,可以减小电容器的电容 C.同时减少自感线圈的匝数,可以减小自感线圈的自感 L.振荡回路最后形成一条直线,如图 16-5(d)所示,电磁场的开放程度和振荡频率大大提高.在这种直线形的电路中发生电磁振荡时,在电路的两

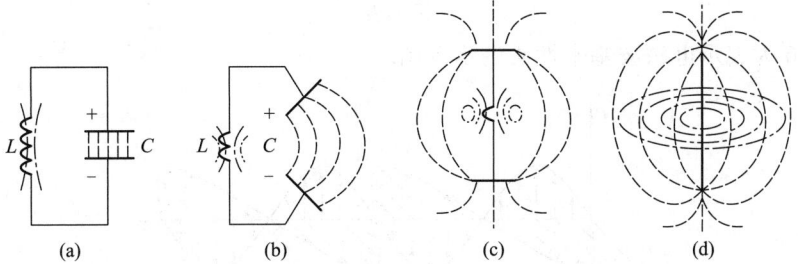

图 16-5　提高振荡电路的频率并开放电磁场的方法

端交替出现等量异号的电荷,故称之为振荡偶极子.可以证明,任何一个振动的电荷或电荷系统都可以发射电磁波,如天线中振荡的电流、原子或分子中电荷的振动都会在其周围产生电磁波,其作用也都等效于振荡偶极子的辐射.一个振荡偶极子产生的电磁场,可以根据麦克斯韦方程组从理论上推算出来,由于计算比较复杂,下面只介绍可以得到的一些结论.

二　电磁波的基本性质

用麦克斯韦电磁场理论可以证明,在离振荡偶极子很远的地方,电磁场是以波动的形式在空间传播的,称为电磁波.**电磁波具有以下的基本性质:**

(1) **电磁波的传播速度**

电磁波的传播速度取决于传播介质的电容率 ε 和磁导率 μ,用 u 表示:

$$u = \frac{1}{\sqrt{\varepsilon\mu}} \tag{16-9}$$

在真空中,电磁波的速度为

$$c = \frac{1}{\sqrt{\varepsilon_0\mu_0}} \tag{16-10}$$

即真空中的光速.

(2) **电磁波是横波**

电磁波是横波,电场强度 E 和磁场强度 H 与波的传播方向垂直,而且它们互相垂直.E、H 和 u 的方向构成右手螺旋关系,即使右手拇指与四指垂直,四指沿 E 的方向转向 H 的方向时,右手拇指的指向即为电磁波的传播方向 u.

(3) **E 和 H 同相振动**

在波线上的任一点,E 和 H 都同时达到最大,也同时减小到零,它们的大小始终满足

$$\sqrt{\varepsilon}E = \sqrt{\mu}H \tag{16-11}$$

的关系.由于磁感应强度 $B=\mu H$,由式(16-11)还可得到电场强度 E 和磁感应强度 B 的定量关系:

$$E = \sqrt{\frac{\mu}{\varepsilon}}H = \frac{B}{\sqrt{\varepsilon\mu}} = uB \tag{16-12}$$

在真空中即为

$$E = cB$$

图 16-6 为表示电磁波基本性质的示意图.

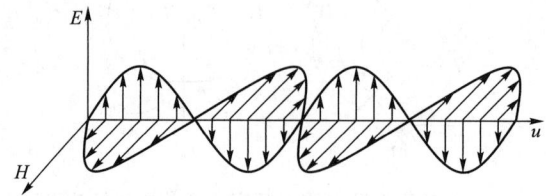

图 16-6 电磁波

三 平面电磁波方程

对于平面简谐电磁波,它所在空间的每一点的电场强度 **E** 和磁场强度 **H** 都按余弦函数规律随时间变化,其波动方程为

$$E = E_0 \cos\left(\omega t - 2\pi \frac{x}{\lambda} + \varphi\right) \tag{16-13}$$

$$H = H_0 \cos\left(\omega t - 2\pi \frac{x}{\lambda} + \varphi\right) \tag{16-14}$$

就电场或磁场各自的变化规律而言,它们与机械波类似,都遵从波动的那些共同规律,此处不再重复.应该注意的是电场和磁场相互之间的关系.按电磁波的性质(2)和(3),电场 **E** 和磁场 **H** 不是相互独立的,它们的大小和方向彼此相关.这意味着,如果 **E** 确定了,则 **H** 也将被完全确定,反之亦然.例如,有一列电磁波沿 x 轴方向传播,如果 **E** 在所设坐标系中是沿 y 轴方向振动,即它只有 y 分量 $E_y = E_0 \cos\left(\omega t + \varphi - 2\pi \frac{x}{\lambda}\right)$,由于 **E**、**H** 和 **u** 之间在方向上服从右手螺旋关系,见图 16-7,因而 **H** 就只能沿 z 轴方向振动,即 **H** 只有 z 分量 $H_z = H_0 \cos\left(\omega t + \varphi - 2\pi \frac{x}{\lambda}\right)$. 又由于 **E** 和 **H** 的大小满足 $\sqrt{\varepsilon} E = \sqrt{\mu} H$,故电磁波的磁场为

$$H_z = \sqrt{\frac{\varepsilon}{\mu}} E_y = \sqrt{\frac{\varepsilon}{\mu}} E_0 \cos\left(\omega t + \varphi - 2\pi \frac{x}{\lambda}\right)$$

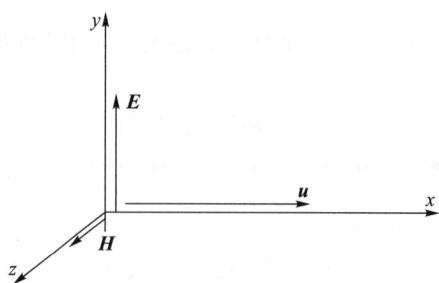

图 16-7 电磁波 **E**、**H** 和 **c** 之间的关系

四 电磁波的能量

电场和磁场具有能量,电磁波的传播必然伴随着电磁能量的传播.这种以波的形式传播出去的电磁能量,称为**辐射能**.

根据电磁学中对于电、磁场能量的讨论,电场能量密度为 $w_e = \frac{1}{2}\varepsilon E^2$,磁场能量密度为 $w_m = \frac{1}{2}\mu H^2$,故电磁场的能量密度为

$$w = w_e + w_m = \frac{1}{2}(\varepsilon E^2 + \mu H^2)$$

对于电磁波,因为 $\sqrt{\varepsilon}E = \sqrt{\mu}H$,所以电磁波的电场能量密度和磁场能量密度相等(机械波中是动能和势能相等),故可将**电磁波能量密度**表示为

$$w = \varepsilon E^2 = \mu H^2 \tag{16-15}$$

由于 $u = \frac{1}{\sqrt{\varepsilon\mu}}$,又可以表示为

$$w = \sqrt{\varepsilon}E \cdot \sqrt{\mu}H = \sqrt{\varepsilon\mu}\,EH = \frac{EH}{u} \tag{16-16}$$

对于简谐电磁波,因为正弦函数的平方在一个周期内的平均值为 1/2,所以简谐电磁波的**平均能量密度**为

$$\bar{w} = \frac{1}{2}\varepsilon E_0^2 = \frac{1}{2}\mu H_0^2 = \frac{E_0 H_0}{2u} \tag{16-17}$$

电磁波的能量密度与振幅的平方成正比.

电磁波的能流密度等于单位时间内通过垂直于传播方向单位面积的辐射能.按上一章的能流密度公式(15-20),波的能流密度为 $I = wu$,在电磁波中,常用 S 表示能流密度,即

$$S = wu \tag{16-18}$$

利用式(16-16),能流密度的大小可表示为

$$S = wu = EH$$

考虑到电磁波能流密度 S 的方向就是波速 u 的方向,而 E、H 和 u 的方向构成右手螺旋关系,连同辐射强度的方向一起,可把上式记作矢量形式

$$\boldsymbol{S} = \boldsymbol{E} \times \boldsymbol{H} \tag{16-19}$$

S 亦称**坡印廷矢量**.可以证明此式对所有的电磁场成立.

对于简谐电磁波,平均辐射强度,也即波的强度为

$$\bar{\boldsymbol{S}} = \bar{w}\boldsymbol{u} \tag{16-20}$$

$\bar{S}$ 也称**辐射强度**.利用式(16-17),辐射强度的大小可表示为

$$\bar{S} = \bar{w}u = \frac{1}{2}\varepsilon E_0^2 u = \frac{1}{2}\mu H_0^2 u = \frac{1}{2}E_0 H_0 \tag{16-21}$$

由上式可知,辐射强度与振幅的平方成正比.

例 16.1 一列电磁波沿 x 轴方向传播,传播过程中振幅保持不变,磁场 H 沿 y 轴方向振动,只有一个分量 $H_y = H_0 \cos\left(\omega t + \varphi - 2\pi \dfrac{x}{\lambda}\right)$,试求电磁波中电场 E 的表达式.

解 根据 E、H 和 u 方向之间的关系,可知 E 应沿 z 轴方向振动,且 E_z 与 H_y 的符号相反,如图 16-8 所示. 再由 $\sqrt{\varepsilon} E = \sqrt{\mu} H$,可知电场的表达式为

$$E_z = -\sqrt{\frac{\mu}{\varepsilon}} H_y = -\sqrt{\frac{\mu}{\varepsilon}} H_0 \cos\left(\omega t + \varphi - 2\pi \frac{x}{\lambda}\right)$$

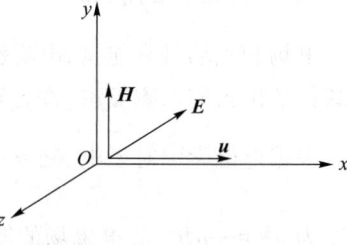

图 16-8 例 16.1 图

例 16.2 一广播电台向外发出球面电磁波,平均辐射功率为 $\overline{P} = 20$ kW,假定辐射的能量均匀分布在以电台为中心的球面上,求离电台 $r = 10$ km 处的平均辐射强度、平均波能密度,以及电场振幅 E_0 和磁场振幅 B_0.

解 通过以电台为中心的任一球面的平均能流,等于电台的平均辐射功率,故离电台 10 km 处的平均辐射强度(平均能流密度)为

$$\overline{S} = \frac{\overline{P}}{4\pi r^2} = \frac{20 \times 10^3}{4\pi \times 10^8} \text{ W} \cdot \text{m}^{-2} = 1.6 \times 10^{-5} \text{ W} \cdot \text{m}^{-2}$$

平均波能密度为

$$\overline{w} = \frac{\overline{S}}{c} = \frac{1.6 \times 10^{-5}}{3 \times 10^8} \text{ J} \cdot \text{m}^{-3} = 5.3 \times 10^{-14} \text{ J} \cdot \text{m}^{-3}$$

电场振幅为

$$E_0 = \sqrt{\frac{2\overline{w}}{\varepsilon_0}} = \sqrt{\frac{2 \times 5.3 \times 10^{-14}}{8.85 \times 10^{-12}}} \text{ V} \cdot \text{m}^{-1} = 0.11 \text{ V} \cdot \text{m}^{-1}$$

磁场振幅为

$$B_0 = \frac{E_0}{c} = \frac{0.11}{3 \times 10^8} \text{ T} = 3.7 \times 10^{-10} \text{ T}$$

内 容 提 要

1 电磁振荡

在 LC 电路的无阻尼振荡中,电容器极板电荷量和回路电流都按简谐振动规律变化,角频率为

$$\omega = \frac{1}{\sqrt{LC}}$$

电流振幅 I_0 为电荷量振幅 Q_0 的 ω 倍,电流的振动相位超前电荷量振动相位 $\pi/2$. 电场 E 和磁场 B 也作同频率的简谐振动,电磁场的总能量为

$$W = \frac{Q_0^2}{2C} = \frac{1}{2} L I_0^2$$

2 电磁波

变化的电磁场在空间以一定的速度传播,称为电磁波.

电磁波的传播速度 $u=\dfrac{1}{\sqrt{\varepsilon\mu}}$ 真空中的电磁波速度 $c=\dfrac{1}{\sqrt{\varepsilon_0\mu_0}}$

电磁波是横波,电矢量 E、磁矢量 H 与波速 u 的方向构成右手螺旋关系.

电矢量 E 和磁矢量 H 同相变化,且 $\sqrt{\varepsilon}E=\sqrt{\mu}H$

电磁波的能量密度 $w=\varepsilon E^2=\mu H^2$

电磁波平均能量密度 $\bar{w}=\dfrac{1}{2}\varepsilon E_0^2=\dfrac{1}{2}\mu H_0^2=\dfrac{E_0 H_0}{2u}$

电磁波的辐射强度即坡印廷矢量 $S=E\times H$

简谐电磁波的平均辐射强度即波强 $\bar{S}=\bar{w}u$

习 题

16.1 什么是电磁波？试从产生、传播、特性等角度讨论它与机械波的相同点和不同点.

16.2 设平面电磁波在真空中沿 z 轴负方向传播,电场只有 x 分量.若空间某点的场强为

$$E_x=300\cos\left(100\pi t+\dfrac{\pi}{2}\right) \quad (\text{SI 单位})$$

求同一点磁场强度 H 的表示式,并作图表示 E、H 和波速 u 的方向关系.

16.3 设平面电磁波在真空中沿 x 轴负向传播,其磁场强度的波的表达式为 $H_y=H_0\cos 2\pi\left(\nu t+\dfrac{x}{\lambda}\right) \text{A}\cdot\text{m}^{-1}$,求该电磁波中电场强度的表达式.

16.4 有一 50 kW 功率的广播电台,发射各向同性的简谐电磁波.试求离天线 100 km 处电场强度的幅值 E_0 和磁感应强度的幅值 B_0.

16.5 一脉冲强激光束,携带总能量 W,持续时间 Δt,光束圆截面半径为 R.求激光束的辐射强度和激光束中的电场振幅 E_0 和磁场振幅 B_0.

第十七章
光的干涉

光属于电磁波,可见光的频率范围大约是从 4.3×10^{14} Hz 到 7.5×10^{14} Hz,在真空中的波长是在 390 nm 到 760 nm 之间.在整个电磁波谱中,这个频段应该说是很窄的.不同频率的可见光给人以不同颜色的感觉,我们所说的红、橙、黄、绿、青、蓝、紫等各种色调,实质上是在对光的频率进行描述.

作为波动,光波遵从波的叠加原理,能产生相干叠加.当满足相干条件的两束光相遇时,在叠加区域能形成稳定的光强分布,称为光的干涉.干涉现象是波动的重要特征之一.

本章主要讨论双缝干涉、薄膜干涉的实验方法及干涉条纹的分布规律,并介绍利用干涉原理制成的光学仪器及其在各种检测中的应用.

§17-1 光的相干性

一 光源

发射光波的物体,也即光波的源称为光源.不同光源的激发能不同.常见的有热辐射,如太阳、白炽灯;电致发光,如日光灯、霓虹灯;还有化学发光,如烛光;生物发光如萤火虫等.

普通光源发出的光来自于原子(或分子)的自发辐射.原子、分子在吸收能量后处于一种不稳定的激发态,即使没有任何外界作用,它们也会自发地回到低激发态或基态,同时向外发出光波.可见光源和我们前面学过的机械波的波源有很大的区别,机械波的源往往是一个振动的物体,而光源却是千千万万个原子此起彼伏地发光.

二 光波

光波是电磁波,实际上是两列波,如上一章所述,是相互激发的电场 E 的波和磁场 H 的波.通常我们用电场 E 作为光的代表,称为**光矢量**.之所以选取电场,一方面是由于电场 E 和磁场 H 是紧密相关的,如上一章所述,如果确定了电场,则磁场也能随即确定;另一方面是在人的视觉以及光化学反应中,电场的作用是主要的.

光波有间断性,不是连续的.一个原子一次发光的时间极短,一般在 $10^{-11}\sim10^{-8}$ s,发出的光波的长度也比较短.把发光时间乘以光速可知,光波的长度大约在毫米到米的范围,我们把这一段光波称为**光波列**,如图 17-1 所示.普通光源发出的光,由于光在发出及传播时会受到各种因素的扰动,其波列更短.光波有独立性,在自发辐射中,每一次发光都是随机进行的,各光波列的传播方向、振动方向、相位和发出

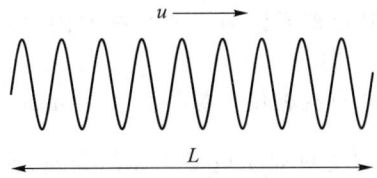

图 17-1 波列示意图

的时间都是不确定的.也即是说,在同一光源发出的光中,不同原子同时发出的光,以及同一个原子不同时发出的光,在叠加的时候都是独立的、不相干的.

三 相干光的获取方法

光波的独立性意味着光的干涉比机械波更困难.不同波列之间的非相干性决定了我们不可能用两个光源发出的光,甚至一个光源不同部位发出的光直接实现光的干涉.实现普通单色光相干的基本方法只有一个,就是把由同一光源发出的光分光后,经不同的路径再会合实现叠加相干,即实现自我相干.具体做法有两种:一种叫**分波面法**,即从同一个光源的波阵面上取出两个子光源作为相干光源,使它们发出的光在空间相干,如杨氏双缝干涉.另一种叫**分振幅法**(或分强度法),把同一光源发出的光射到介质表面后,经反射和折射,强度"一分为二",然后再让其在空间相遇,相互叠加而产生干涉,如薄膜干涉.

§17-2 光程 光程差

在波动光学中,我们将考虑光在不同介质中传播的问题,例如光穿过透镜时的情况.由于光在不同介质中的波速和波长不相同,光干涉的情况比前面在机械波中的讨论要复杂一些.例如,由同一个光源发出的光在干涉的时候,极大条件是否还是波程差 $\delta = r_1 - r_2 = k\lambda$? 在不同的介质中 λ 并不相同,这个问题应该如何处理?我们在下面讲述光程概念,这是光在介质中传播时波长改变的复杂情况下对波程的一个合理修正,是光学中一个非常基本的问题.

一 光程和光程差

先分析光的波长在介质中变化的情况.介质的折射率定义为真空光速与介质中光速的比,故有

$$n = \frac{c}{u} = \frac{\nu\lambda}{\nu\lambda'} = \frac{\lambda}{\lambda'} \quad (17-1)$$

其中 λ 表示光在真空中的波长,λ' 表示介质中的波长.由于 $n \geq 1$,所以 $\lambda' = \lambda/n \leq \lambda$,即光在介质中的波长比真空中的波长要短一些.

下面分析一束光在介质中传播时光振动的相位差.设有一束光在空间传播,沿光线设立 x 轴,A 和 B 为 x 轴上两点,光在 AB 之间的路程(波程)为 x,即 B 点比 A 点距离波源要远 x 这么一段长度,见图 17-2(a).若 AB 之间是真空或空气,则 AB

之间光振动的时间差,即 B 点的光振动比 A 点在时间上要落后 $\Delta t = \dfrac{x}{c}$;AB 之间光振动的相位差,即 B 点比 A 点在相位上要落后 $\Delta\Phi = \omega\Delta t = 2\pi\nu\cdot\dfrac{x}{c} = 2\pi\dfrac{x}{\lambda}$,其中 λ 为光在真空中的波长.若 AB 之间是折射率为 n 的介质,见图 17-2(b),则 AB 之间光振动的时间差 $\Delta t = \dfrac{x}{u} = \dfrac{nx}{c}$,相位差 $\Delta\Phi = 2\pi\dfrac{x}{\lambda'} = 2\pi\dfrac{nx}{\lambda}$,其中 λ' 为介质中的波长,可见相位差不仅和波程 x 相关,还与折射率有关.若 AB 之间有几种不同的介质,其长度分别为 x_1、x_2、x_3、$\cdots$,折射率分别为 n_1、n_2、n_3、$\cdots$,见图 17-2(c),则 AB 之间的时间差为 $\Delta t = \dfrac{\sum_A^B n_i x_i}{c}$,相位差为 $\Delta\Phi = 2\pi\dfrac{\sum_A^B n_i x_i}{\lambda}$,其中 λ 为真空中的波长.

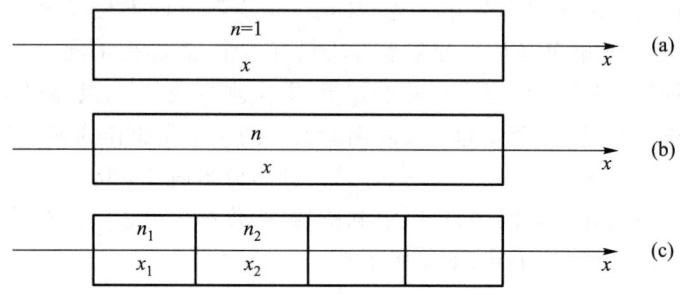

图 17-2 光程的概念

定义 AB 之间的**光程**为

$$l = \sum_A^B n_i x_i \tag{17-2}$$

求和沿光线(光路)$A\to B$ 进行,则 AB 之间光振动的时间差可简洁表示为

$$\Delta t = \dfrac{l}{c} \tag{17-3}$$

相位差为

$$\Delta\Phi = 2\pi\dfrac{l}{\lambda} \tag{17-4}$$

在形式上又回到了"真空"情况.光程显然和波程不同,光程含有波程和折射率两个因数.除非在光路上全是真空或空气,否则光程大于波程.

在物理意义上,光程的概念有等价折算的含义.例如,有 3/4 mm 厚折射率为 4/3 的一层水膜,有 2/3 mm 厚、折射率为 3/2 的一块玻璃片,这两个物体在很多方面性质都不同,如力学性质、热学性质、电学性质,等等.但光垂直通过时的光程相同(1 mm),这意味着光通过它们时所需要的时间,以及由此产生的相位差相同,都相当于 1 mm 的真空.在引起光振动的时间差和相位差方面,它们完全等价.或者通俗地说,是不可分辨的.

下面考虑两束相干光在干涉点的相位差.设有两束相干光,在干涉点 P 相遇.

它们从同一光源出发到达干涉点的光程分别为 l_1 和 l_2，于是它们在 P 点引起的两个光振动的相位分别比光源落后 $\Delta\Phi_1 = 2\pi\dfrac{l_1}{\lambda}$ 和 $\Delta\Phi_2 = 2\pi\dfrac{l_2}{\lambda}$，故它们之间的相位差为 $\Delta\Phi = \Delta\Phi_2 - \Delta\Phi_1 = 2\pi\dfrac{l_2 - l_1}{\lambda}$. 定义两束相干光在干涉点 P 的**光程差**为

$$\delta = l_2 - l_1 \tag{17-5}$$

则该点光振动的**相位差**为

$$\Delta\Phi = 2\pi\dfrac{\delta}{\lambda} \tag{17-6}$$

在上面的定义中，光程 l_1 和 l_2 是从两束相干光共同的光源开始计算的. 显然，如果不从光源而是从两个同相点算起，其结果仍然正确.

二 薄透镜的等光程性

在光的干涉实验中，常常需要用薄透镜将平行光会聚成一点，为了讨论会聚点的干涉情况，需要计算相干光在该点的光程差. 由于透镜各处的厚度不相同，折射率也往往不知道，按光程的定义来计算有困难. 下面我们讨论薄透镜的等光程性，提供一个简便的计算方法.

几何光学告诉我们，平面光波通过透镜会聚在焦平面上时，叠加后总是形成亮点，如图 17-3 所示. 这个光学现象隐含着一个结论：与光束正交的波面上所有的同相点到透镜焦平面上像点的光程相同，即图 17-3(a) 中的 a_1、a_2、a_3 各点到像点 a' 的光程相同；图 17-3(b) 中的 b_1、b_2、b_3 各点到 b' 的光程相同. 正是由于光程相同，所以在波面上相位相同的光传播到像点的相位变化也一样，因而在像点的各个光振动同相，才能干涉增强形成亮点. 这个结果可以通过光程的定义来帮助理解. 从波程来看，从同一波面到像点的光线中，过透镜中心的光线要短一些，过透镜边缘的光线要长一些；但从折射率来看，过透镜中心的光线要更多地经过玻璃，过透镜边缘的光线却很少通过玻璃，从波程和折射率这两个因素来分析，各条光线的光程相等是可以理解的.

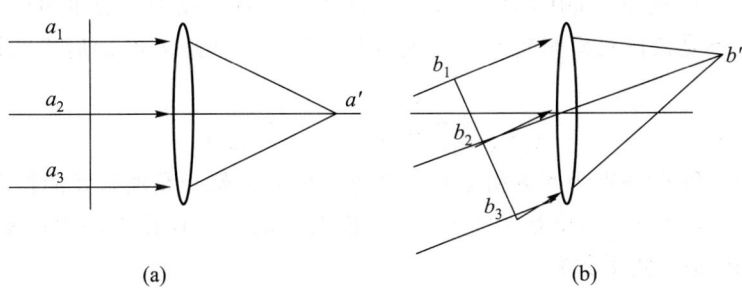

图 17-3 薄透镜的等光程性

上述结论称为**薄透镜的等光程性**，即平行光经薄透镜会聚时各光线的光程相等. 这提示我们，如果要计算两条平行光线在会聚点的光程差，只需要在透镜前面

垂直于光线作一个平面,只要知道两条光线在该平面上的光程差,由于在会聚过程中两条光线的光程相等,这个光程差将保持到会聚点.例如在图 17-3(a) 表示的光路中,有两束平行光到达波面上 a_1 点和 a_2 点后,经过透镜最终在会聚点 a' 相遇,如果它们在 a_1 点和 a_2 点的光程差是 δ,则它们在 a' 点的光程差也是 δ.所以这个结论又称为**平行光经薄透镜会聚不附加光程差**.

三 光的半波损失

在研究驻波时我们知道,若波从波疏介质入射到波密介质表面反射时,反射波将发生相位突变或半波损失.光的反射也同样可能有半波损失现象发生.两种介质相比较,我们把折射率大的介质称为光密介质,折射率小的介质称为光疏介质.光从光疏介质入射到光密介质分界面而反射时,反射光也会产生半波损失.半波损失不是光在介质内传播过程中产生的,而是在反射的瞬间在界面上发生的,常称为**附加光程差**.在光程和光程差的计算中必须考虑附加光程差.一般来说,如果总共发生了偶数个半波损失,亦即发生了偶数次的相位突变,它们相互抵消,可以不必考虑;如果有奇数个半波损失,偶数次的相互抵消后,最终可算作一个半波损失.考虑了附加光程差后,一束光在介质中传播时 AB 两点之间的光程应表示为

$$l = \sum_{A}^{B} n_i x_i + l' \tag{17-7}$$

其中 l' 为附加光程差,有 0 和 $\lambda/2$ 两个可能的取值,依半波损失的情况而定.同样,两束相干光在干涉点 P 的光程差应表示为

$$\delta = l_2 - l_1 = \sum_2 n_i x_i - \sum_1 n_i x_i + \delta' \tag{17-8}$$

其中求和沿两条光路进行,从同相点计算到干涉点,δ' 是附加光程差,同样有 0 和 $\lambda/2$ 两个可能的取值,取决于两束相干光半波损失的总的个数.如果总共发生了偶数个半波损失,取 0;如果有奇数个半波损失,取 $\lambda/2$.

四 光的干涉

第十五章(机械波)中 §15-7 节(波的干涉)中对于波干涉规律的讨论具有普遍的意义,不是仅仅对机械波才成立.两列相干光在干涉点 P 叠加后光的振幅依然可表示为

$$E_0 = \sqrt{E_{10}^2 + E_{20}^2 + 2E_{10}E_{20}\cos\Delta\Phi}$$

其中 E_{10}、E_{20} 和 E_0 分别为两束相干光在 P 点产生的振幅和叠加后光的振幅,$\Delta\Phi$ 为两束相干光在 P 点的相位差.在光学中,我们对光的强弱往往不是用振幅,而是用光强来描述.把上式平方有

$$E_0^2 = E_{10}^2 + E_{20}^2 + 2E_{10}E_{20}\cos\Delta\Phi$$

用 I 表示光强,按上一章式(16-21) $I = \frac{1}{2}\varepsilon u E_0^2$,将上式两边乘以 $\frac{1}{2}\varepsilon u$,得到两束相干光叠加后的光强和原来两束光强度的关系

$$I = I_1 + I_2 + 2\sqrt{I_1 I_2}\cos\Delta\Phi \qquad (17-9)$$

干涉光强随相位差而变化的规律曲线见图 17-4(a). 显然,叠加后的光强不等于原来两束光强度之和 I_1+I_2,$2\sqrt{I_1 I_2}\cos\Delta\Phi$ 这一项通常称为干涉项.干涉项的存在并不意味着能量守恒定律在光的干涉中失效:在干涉存在的空间,干涉项在某些地方可能为正,此时光比原来增强了,在另一些地方可能为负,此时光减弱了,在整体上能量总是守恒的.

由式(17-9)我们还能够立即得到光干涉后强度增强和减弱的极值条件.若相位差 $\Delta\Phi = 2k\pi(k=0,\pm1,\pm2,\cdots)$,按式(17-6)也即光程差 $\delta = k\lambda$ 时,合成光强达到极大 $I_{\max} = I_1 + I_2 + 2\sqrt{I_1 I_2}$,称为**干涉极大**.若 $\Delta\Phi = (2k+1)\pi$ $(k=0,\pm1,\pm2,\cdots)$,即 $\delta = (2k+1)\dfrac{\lambda}{2}$ 时,合成光强为极小 $I_{\min} = I_1 + I_2 - 2\sqrt{I_1 I_2}$,称为**干涉极小**.把上述结论统一记作

$$\delta = \begin{cases} k\lambda & \text{干涉极大} \\ (2k+1)\dfrac{\lambda}{2} & \text{干涉极小} \end{cases} \quad (k=0,\pm1,\pm2,\cdots) \qquad (17-10)$$

称为光干涉的**极值条件**,对所有的双光束干涉都适用,但不同的干涉实验的 δ 并不相同.

在光学实验中两束相干光的强度常常是相同的,即 $I_1 = I_2$,此时干涉光强为

$$I = 2I_1(1+\cos\Delta\Phi) = 4I_1\cos^2\dfrac{\Delta\Phi}{2} \qquad (17-11)$$

当光程差 $\delta = k\lambda$ 时,光强为 $I_{\max} = 4I_1$,为干涉极大或干涉相长;当光程差 $\delta = (2k+1)\dfrac{\lambda}{2}$ 时,光强为 $I_{\min} = 0$,为干涉极小或干涉相消.

$I_1 \neq I_2$ 和 $I_1 = I_2$ 时光强随相位差而变化的规律,即式(17-9)和式(17-11)的曲线见图 17-4.

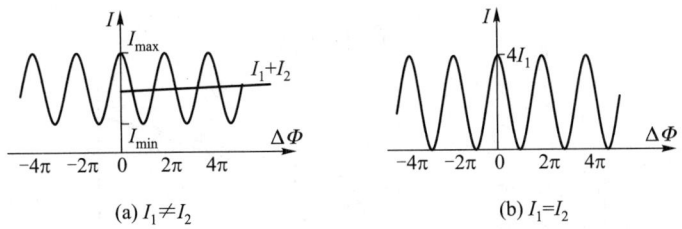

(a) $I_1 \neq I_2$ (b) $I_1 = I_2$

图 17-4 干涉现象的光强分布

§17-3 双缝干涉

托马斯·杨在 1801 年首先用实验方法实现了光的干涉,并由此推算出了光的波长.

一 杨氏双缝干涉

在传统的杨氏双缝实验中,如图 17-5(a)所示,用单色平行光照射一窄缝 S,窄缝相当于一个线光源.S 后放有与 S 平行且对称的两平行的狭缝 S_1 和 S_2,两缝之间的距离很小(0.1 mm 数量级).两窄缝处在 S 发出光波的同一波阵面上,构成一对全同的相干光源.它们发出的相干光在屏后面的空间叠加相干.在双缝的后面放一个观察屏 E,可以在屏幕上观察到明暗相间的对称的干涉条纹,如图 17-5(b)所示.这些条纹都与狭缝平行,条纹间的距离相等.在现在的物理实验中,通常是直接把激光束投射到双缝上,即可在屏上观察到干涉条纹.

文档:托马斯·杨

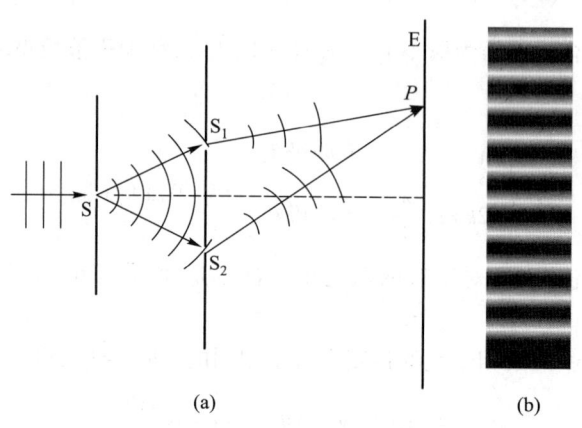

图 17-5 杨氏双缝干涉

下面我们来分析双缝干涉条纹的分布规律.如图 17-6 所示,设双缝 S_1 与 S_2 之间的距离为 d,双缝到屏的距离为 D,在屏上以屏中心为原点,垂直于条纹方向设立 x 轴,用以表示干涉点的位置.设屏上坐标为 x 处的干涉点 P 到两缝的距离分别为 r_1 和 r_2,从 S_1 和 S_2 发出的两列相干光到达 P 点的光程差应为 $\delta = n(r_2 - r_1)$.当装置处在空气中时,$n=1$,故

$$\delta = r_2 - r_1$$

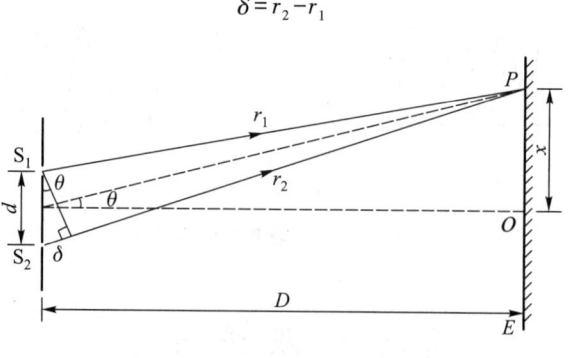

图 17-6 干涉条纹计算用图

如图 17-6 所示.在通常的情况下距离 D 的大小数量级为 m,条纹分布范围 x 的大小数量级为 mm,即 $D \gg d, D \gg x$,故干涉点 P 的角位置 θ 很小,$\sin\theta \approx \tan\theta$.图中 δ 所

在的小三角形可近似为直角三角形,所以

$$\delta = r_2 - r_1 \approx d\sin\theta \approx d\tan\theta = \frac{xd}{D} \tag{17-12}$$

若实验所用的单色光的波长为 λ.根据上一节的讨论,干涉极大的条件是:当光程差 $\delta = \frac{xd}{D} = \pm k\lambda$,即位置

$$x_k = \pm k\frac{D\lambda}{d} \quad (k = 0,1,2,3,\cdots) \tag{17-13}$$

处,干涉极大,出现明条纹中心.式中整数 k 称为干涉级数,用以区别不同的条纹,在图 17-6 中,k 为正整数代表上半平面,为负整数代表下半平面.当光程差 $\delta = \frac{xd}{D} = \pm(2k-1)\frac{\lambda}{2}$,即位置

$$x_k = \pm(2k-1)\frac{D\lambda}{2d} \quad (k = 1,2,3,\cdots) \tag{17-14}$$

处,干涉极小,出现暗条纹中心.以上两式就是**双缝干涉条纹的公式**.

二 双缝干涉条纹的分布特征

由式(17-12)和式(17-13)可得到干涉条纹的分布特征.光强分布曲线如图 17-7 所示.

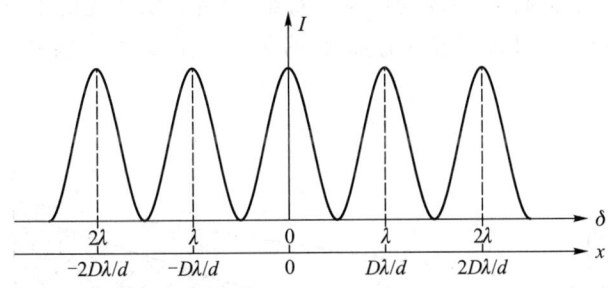

图 17-7 双缝干涉的光强分布

1 条纹排列顺序

在屏中心即 $x=0$ 或 $\theta=0$ 处,出现明纹,称为零级明纹或中央明纹.其他各级明纹和暗纹相间对称地排列在中央明纹的两侧,依次为一级暗纹、一级明纹、二级暗纹……

2 条纹的宽度(或间距)

任意两条相邻明纹(或暗纹)中心之间的距离即条纹间距(或条纹宽度)为

$$\Delta x = \frac{D\lambda}{d} \tag{17-15}$$

表明条纹等距分布.

若实验所用的光为复色光,例如白光时,屏上将出现彩色光谱.由式(17-15)可

知,同级次的明条纹,波长小的光如紫光的位置更靠近屏中心,故同级次的明纹将按波长的大小在屏上展开形成光谱.形成紫、蓝、青、绿、黄、橙、红有序排列的彩色条纹,构成彩色光谱.这时,中央明纹的中心仍为白色条纹,边缘为彩色,其余各级条纹,会由于色彩重叠而分辨不清.

三 劳埃德镜干涉

劳埃德镜(1834年)属于双缝实验,但它只有一个窄缝 S,另一个缝用 S 在反射镜中的虚像 S′来代替.如图 17-8 所示,MN 为一块平玻璃板,用作反射镜.S 是一狭缝作为光源,从 S 发出的光,一部分直接射到屏 E 上,另一部分掠射到玻璃平板上经反射到达屏上.这两部分光也是分波阵面的相干光,它们在屏上产生干涉条纹.若将反射光看成是由虚光源 S′发出的,则 S 和 S′就相当于双缝,因此劳埃德镜在屏上产生的干涉条纹与杨氏双缝干涉的条纹类似.只要知道光的波长、两缝的间距及缝到屏的距离,则各级条纹的位置均可参考双缝条纹的公式计算出来.劳埃德镜与双缝有一点不同,而且很重要:由于入射光在玻璃板上反射时,反射光有 π 相位突变(或半波损失),故它的光程差表达式要比双缝多(或少)一个 $\lambda/2$,故劳埃德镜干涉条纹与杨氏双缝干涉条纹的明暗恰好相反.如果某 x 处按双缝计算光程差是 $k\lambda$,应该是 k 级明纹中心,则对于劳埃德镜则是 $\left(k-\dfrac{1}{2}\right)\lambda$,成了 k 级暗纹中心.特别是,如果观察屏与反射镜相交,见图中虚线 E′N′,交点 N′处将出现零级暗纹中心,其上依次为一级明纹、一级暗纹、二级明纹……相间排列.劳埃德的实验观察,最先证实了光的半波损失的存在.以上的讨论提示我们,在处理光波的叠加时,必须考虑半波损失,否则会得出与实际情况相反的结果.

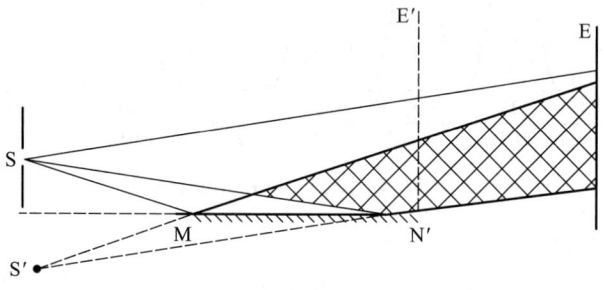

图 17-8 劳埃德镜实验简图

四 菲涅耳干涉

菲涅耳用双棱镜和双镜同样清晰地观察到了干涉现象,如图 17-9 和图 17-10 所示.双棱镜实验用的是用两底角(也就是上、下两棱镜的顶角)很小(约 1°)的双棱镜.狭缝光源 S 发出光波,经双棱镜折射,分为两束相干光波,这两束光可等效地看成由两个虚光源 S_1 和 S_2 所发出.它们产生的干涉也与杨氏双缝完全类似,而且没有半波损失的影响.双镜实验用的是两个交角很小的平面镜.狭缝光源 S 发出的光波,经平面镜 M_1 和 M_2 反射后,分成向不同方向传播的两部分,这两部分的光可看成从两个虚光源 S_1 和 S_2 发出的. M_1 和 M_2 的交角很小, S_1 和 S_2 的距离也很小,干涉的情况与杨氏双缝干涉完全类似.由于两束相干光均有半波损失,抵消后可以不必考虑.

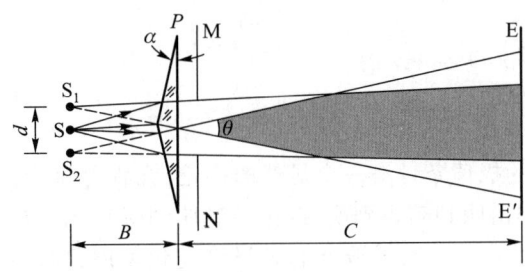

图 17-9　菲涅耳双棱镜实验简图

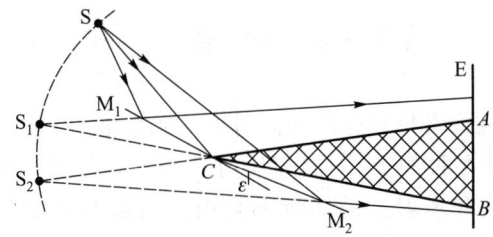

图 17-10　菲涅耳双镜实验简图

例 17.1　以波长为 600 nm 的单色光照射到相距为 0.2 mm 的双缝上,双缝与屏幕的垂直距离为 1 m.

(1) 求相邻明纹的间距及两个 2 级暗纹中心的距离;

(2) 若另一单色入射光双缝,屏上原 5 级明纹处变为 6 级明纹,求此单色光的波长.

解　(1) 相邻明纹的间距为

$$\Delta x = \frac{D\lambda}{d} = \frac{1 \times 600 \times 10^{-9}}{0.2 \times 10^{-3}} \text{ m} = 3 \times 10^{-3} \text{ m} = 3 \text{ mm}$$

两个 2 级暗纹中心的距离为

$$\Delta x_2 = 2 \times \frac{3D\lambda}{2d} = 9 \times 10^{-3} \text{ m} = 9 \text{ mm}$$

(2) 屏上原 5 级明纹位置 $x_5 = 5\frac{D\lambda}{d}$,现在为 6 级明纹位置 $x_6' = 6\frac{D\lambda'}{d}$,对比有

$$5\lambda = 6\lambda'$$

得到

$$\lambda' = 500 \text{ nm}$$

例 17.2　用很薄的云母片($n = 1.58$)插入到杨氏双缝实验装置中的一个缝上的过程中,屏幕中心移过 7 级明纹.如果入射光波长 $\lambda = 550$ nm,试问此云母片的厚度 e 为多少?

解　在一个缝上插入云母片的过程中,这一束光的光程改变了 $ne - e = e(n-1)$,而另一束光的光程没有发生改变,故两束光的光程差的改变为 $e(n-1)$.

屏幕中心移过 7 级明纹,即光强从明到暗再到明共变化了 7 周.按两束光干涉的极值条件,每变一周意味着光程差变化一个 λ,故屏心的光程差共改变了 7λ.

于是,按题意有

$$e(n-1) = 7\lambda$$

得到

$$e = \frac{7\lambda}{n-1}$$

把已知条件 $\lambda = 550$ nm, $n = 1.58$ 代入得

$$e = \frac{7 \times 550}{1.58 - 1} \text{ nm} = 6.64 \ \mu\text{m}$$

按两束光干涉的极值条件有一个显然的推论:光程差每变化一个 λ,干涉点的光强将变化一周(如由明到暗再到明,或由暗到明到暗),例如在这一道例题中所分析的;光程差每变化一个 $\lambda/2$,干涉点的光强将变化半周,即反相(如由明到暗,或由暗到明),如劳埃德镜实验中所发生的.

§17-4 薄膜干涉

在日常生活中,我们常见到在阳光照射下的肥皂泡、水面上的油膜呈现出五颜六色的花纹.这是光波在膜的上、下表面反射后相互叠加所产生的干涉现象,称为**薄膜干涉**.由于反射波和透射波的能量都是由入射波分出来的,所以属于分振幅(或分强度)的干涉.

一 薄膜干涉

图 17-11 表示的是光照射到肥皂水薄膜上反射时干涉的情况.肥皂膜的折射率为 $n_2 = 1.33$、厚度为 e,膜的上、下方的介质是空气,折射率 n_1、n_3 均为 1. 一束波长为 λ 的单色光以入射角 i 照到薄膜上,在入射点 A 分为两束,一束是反射光 a,另一束折射进入膜内,在 C 点反射后到达 B 点,再折射回膜的上方形成光 b,a、b 两束光将在膜的反射方向产生干涉.至于那些在膜内经三次、五次⋯⋯反射再折回膜上方的光线,由于强度迅速下降等原因,可以不必考虑.由于 a、b 两束光线是平行的,所以只能在无穷远处相交而发生干涉,在实验室中可用透镜将它们会聚在焦平面处的屏上进行观察.如果用肉眼直接观察,应该使眼睛放松,将视点调节到无限远处的状态.

下面我们来计算薄膜干涉的光程差 δ,一旦光程差确定了,代入光干涉的极值条件公式(17-10),就可以定量地讨论干涉的光强分布规律了.如图 17-11 所示,a、b 两束光在焦平面上 P 点相遇时的光程差为

$$\delta = n_2(AC+CB) - n_1 AD + \frac{\lambda}{2}$$

式中已取附加光程差 $\delta' = \lambda/2$. δ' 是这样确定的,见图 17-11:a 光只发生了一次反射,是在上表面即由空气入射到水表面的反射,有半波损失;b 光也有一次反射,是在下表面即由水入射到空气表面的反射,没有半波损失;故总共只有一个半波损失,即 $\delta' = \lambda/2$.

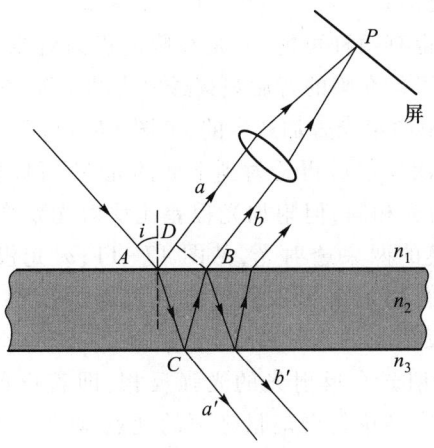

图 17-11 薄膜的干涉

将几何关系 $AC = BC = \dfrac{e}{\cos \gamma}, AD = AB \sin i = 2e\tan \gamma \sin i$ 代入上式,得到

$$\delta = 2n_2 \dfrac{e}{\cos \gamma} - 2n_1 e \tan \gamma \sin i + \dfrac{\lambda}{2}$$

按照折射定律 $n_1 \sin i = n_2 \sin \gamma$,有

$$\delta = \dfrac{2n_2 e}{\cos \gamma}(1 - \sin^2 \gamma) + \dfrac{\lambda}{2} \tag{17-16}$$

$$= 2n_2 e \cos \gamma + \dfrac{\lambda}{2}$$

或

$$\delta = 2e\sqrt{n_2^2 - n_1^2 \sin^2 i} + \dfrac{\lambda}{2} \tag{17-17}$$

可以看出,光程差的公式包括两项:第一项是在介质中产生的光程差,第二项是在表面产生的附加光程差.

上面讨论的是光在空气中的肥皂膜上反射干涉的光程差,下面推广到一般的薄膜干涉情况.

一般的薄膜干涉可能涉及三种不同的介质 n_1、n_2 和 n_3,从介质的折射率大小的排列来看,有两种可能的方式.一种是按 $n_1 > n_2 < n_3$ 或 $n_1 < n_2 > n_3$ 的顺序排列,即薄膜的折射率大于或小于它两面介质的折射率.我们刚才讨论的空气中的肥皂膜就是这样的情况,夹在两块玻璃板之间的空气膜也是属于这种情况.不难验证,它们的两束反射光的光程差都可以用式(17-17)表示.另一种是 $n_1 > n_2 > n_3$ 或 $n_1 < n_2 < n_3$ 的排列顺序,即薄膜折射率的大小,在它两面的介质折射率的大小之间.例如水面上的油膜,镜头上的保护膜都属于这种情况.这时两束反射光在介质中的光程差依然为 $2e\sqrt{n_2^2 - n_1^2 \sin^2 i}$,附加光程差(读者可自行验证)为 $\delta' = 0$,故总的光程差是

$$\delta = 2e\sqrt{n_2^2 - n_1^2 \sin^2 i} \tag{17-18}$$

这个结果比前一种情况即式(17-17)变化了一个 $\lambda/2$.

从观察方向来看,也有两种可能:一是在膜的正面观察反射光的干涉,如前面所讨论的情况;此外还可以在膜的背后观察透射光的干涉,下面我们来分析这种情况.透射光干涉主要是由两束光叠加产生的,见图 17-11,第一条是直接透射到下面的光 a',第二条是经两次反射后再透射到下面的光 b'.可以验证,这两束光在介质中的光程差仍然和反射光相同,但附加光程差比反射光要变化一个 $\lambda/2$. 例如,对于通过空气中的肥皂膜的两束透射光,见图 17-11,a' 光没有反射,没有半波损失;b' 光有两次反射,但都是由水入射到空气表面的反射,也没有半波损失,故 $\delta'=0$. 所以透射光和反射光的光程差比较,要改变一个 $\lambda/2$. 按照上一节最后讲到的推论,这意味着透射光和反射光的光强反相,即若反射光强则透射光弱,反射光弱则透射光强.这个结论符合能量守恒的观点.对于一般的透明薄膜,透射光干涉的强弱反差较小,不如反射光明显,实验中常用的薄膜干涉主要还是反射光的干涉.

从上面对薄膜干涉光程差的分析我们可以看到一个很简单的规律,即无论是介质的排列或是观察的方向发生改变的时候,光程差的改变只表现为附加光程差的变化,而且每改变一次,都只变一个 $\lambda/2$. 而光程差改变 $\lambda/2$ 又意味着干涉的光强反相,若原来最强,将变为最弱;原来最弱,则将变为最强.

在实验中常用垂直入射的平行光,即 $i=\gamma=0$ 的入射光.此时反射光干涉的光程差式(17-17)和式(17-18)分别简化为

$$\delta = 2en + \frac{\lambda}{2} \tag{17-19}$$

和

$$\delta = 2en \tag{17-20}$$

其中 n 表示薄膜的折射率.

例 17.3 一油轮漏出的油(折射率 $n_2=1.20$)污染了某海域,在海水($n_3=1.33$)表面形成一层厚度 $d=460$ nm 的薄薄的油污.

(1) 如果太阳正位于海域上空,一直升机的驾驶员从机上向下观察,他看到的油层呈什么颜色?

(2) 如果一潜水员潜入该区域水下向上观察,又将看到油层呈什么颜色?

解 这是一个薄膜干涉的问题,太阳垂直照射到海面上,驾驶员和潜水员所看到的分别是反射光干涉和透射光干涉的结果.光呈现的颜色应该是那些能实现干涉相长,得到加强的光的颜色.

(1) 由于油层的折射率 n_2 小于海水的折射率 n_3 但大于空气的折射率 n_1,在油层上、下表面反射的光均有半波损失,两反射光之间的光程差为 $\delta_r=2n_2d$.当 $\delta_r=k\lambda$,即

$$2n_2d = k\lambda$$

或

$$\lambda = \frac{2n_2d}{k}, k=1,2,\cdots$$

时,反射光干涉相长.把 $n_2=1.20, d=460$ nm 代入,得干涉加强的光波波长为

$$k=1, \lambda_1 = 2n_2d = 1\ 104 \text{ nm}$$
$$k=2, \lambda_2 = n_2d = 552 \text{ nm}$$
$$k=3, \lambda_3 = \frac{2}{3}n_2d = 368 \text{ nm}$$

其中,波长为 $\lambda_2 = 552$ nm 的绿光在可见范围内,而 λ_1 和 λ_3 则分别在红外线和紫外线的波长范围内,所以,驾驶员将看到油膜呈绿色.

(2) 此题中透射光的光程差较之反射光要改变一个 $\lambda/2$,为
$$\delta_t = 2n_2d + \frac{\lambda}{2}$$

令 $\delta_t = k\lambda$, $k=1,2,\cdots$,得

$$k=1, \lambda_1 = \frac{2n_2d}{1-\frac{1}{2}} = 2\ 208 \text{ nm}$$

$$k=2, \lambda_2 = \frac{2n_2d}{2-\frac{1}{2}} = 736 \text{ nm}$$

$$k=3, \lambda_3 = \frac{2n_2d}{3-\frac{1}{2}} = 441.6 \text{ nm}$$

$$k=4, \lambda_4 = \frac{2n_2d}{4-\frac{1}{2}} = 315.4 \text{ nm}$$

其中波长为 $\lambda_2 = 736$ nm 的红光和 $\lambda_3 = 441.6$ nm 的紫光在可见范围内,而 λ_1 是红外线,λ_4 是紫外线,所以,潜水员看到的油膜呈紫红色.

由式(17-17)和式(17-18)可知,对于厚度均匀的薄膜,光程差取决于入射角 i,如果光以不同角度入射,则不同入射角的光的光程差不同,故叠加后光强不同.光强将按入射倾角 i 分布,产生明暗相间的干涉条纹,故称此类干涉为等倾干涉.对于厚度不均匀的薄膜,如果用平行光入射,在不同厚度的地方有不同的光程差,光强将按膜的厚度 e 分布,产生明暗相间的干涉条纹,称为等厚干涉.

二 劈尖的等厚干涉

用透明的介质作成夹角很小的劈形薄膜,用光照射,就可以观察到劈尖的等厚干涉,如图 17-12 所示.将折射率为 n 的劈尖放在空气中,用波长为 λ 的单色平行光垂直照射到劈尖上,在劈尖上、下表面的反射光将相互干涉,形成干涉条纹.由于劈尖的夹角很小,反射光仍可视为与劈尖垂直.设某一点 A 处薄膜的厚度为 e,由于介质的折射率 n 满足 $n_1 < n > n_3$ 的条件,两束反射光的光程差按式(17-19)为

$$\delta = 2ne + \frac{\lambda}{2}$$

由于 n 和 λ 为常量,光程差仅随厚度 e 而变化,在厚度不同的地方,光程差不同,故光干涉的强弱不同,有的地方会形成干涉极大,有的地方会形成干涉极小;而在厚度相同的地方,光干涉的强弱相同,形成明暗相间的干涉条纹,称为等厚干涉条纹.

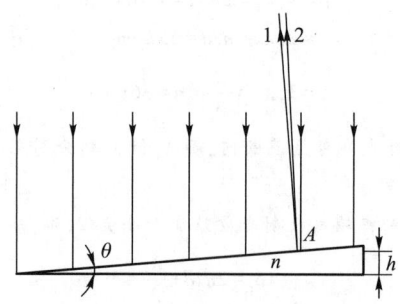

图 17-12 劈尖薄膜干涉

明纹中心满足的条件为

$$\delta = 2ne + \frac{\lambda}{2} = 2k\frac{\lambda}{2} = k\lambda$$

明纹中心处的厚度为

$$e_k = (2k-1)\frac{\lambda}{4n} \quad (k=1,2,3,\cdots) \tag{17-21}$$

暗纹中心满足的条件为

$$\delta = 2ne + \frac{\lambda}{2} = (2k+1)\frac{\lambda}{2}$$

暗纹中心处的厚度为

$$e_k = k\frac{\lambda}{2n} \quad (k=0,1,2,3,\cdots) \tag{17-22}$$

这里 k 是干涉条纹的级次,$k=0$ 的零级条纹这里应为暗纹,出现在 $e=0$ 处即棱边处.

由式(17-21)和式(17-22)可推算出 k 级条纹中心到棱边的距离

$$l_k = \frac{e_k}{\theta} \tag{17-23}$$

其中 θ 是劈尖的夹角.

劈尖的等厚干涉的光强分布有这样一些特点:

(1) 同一级条纹,无论是明纹还是暗纹,都出现在厚度相同的地方,是一条等厚线,故称为**等厚干涉**.这个特点对所有的等厚干涉都相同.

(2) 相邻明(或暗)条纹中心之间的厚度差相等,为

$$\Delta e = e_{k+1} - e_k = \frac{\lambda}{2n} \tag{17-24}$$

此式对所有的等厚干涉都成立.

(3) 相邻明(或暗)条纹中心之间的距离(简称条纹间距)相等,为

$$\Delta l = l_{k+1} - l_k = \frac{\Delta e}{\theta} = \frac{\lambda}{2n\theta} \tag{17-25}$$

在劈尖上方观察干涉图形,劈尖的等厚条纹是一些与棱边平行的、均匀分布、明暗

相间的直条纹,如图 17-13 所示.

对于上面讨论的空气中的劈尖,棱边是零级暗纹的中心.对于别的劈尖,棱边是零级暗纹中心还是零级明纹中心,涉及半波损失分析,与介质折射率排列的情况和观察方向有关,要具体分析.

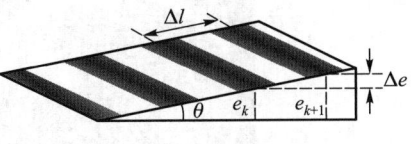

图 17-13 等厚干涉条纹

最常见的劈尖是空气劈尖,把一块平板玻璃放在另一块平板玻璃的上面,使它们构成一个很小的角度,就成为一个空气劈尖.空气劈尖的棱边也是零级暗纹的中心,其他条纹之间的厚度差为

$$\Delta e = \frac{\lambda}{2} \tag{17-26}$$

条纹间距为

$$\Delta l = \frac{\Delta e}{\theta} = \frac{\lambda}{2\theta} \tag{17-27}$$

注意到 $\lambda/2$ 即光波长的一半是一个很小的长度,所以等厚干涉常用作精密测量的原理.例如可用劈尖干涉来测定细丝直径,薄片厚度等微小长度.将细丝夹在两块平板玻璃 a、b 之间,构成一个空气劈尖,用波长为 λ 的单色光垂射劈尖,通过测距显微镜测出细丝和棱边之间出现的条纹数 N,即可得到细丝的直径 $d = N\frac{\lambda}{2}$,测量的精度可达 0.1 μm 量级.通过细丝的直径还可以算出劈尖的夹角,故劈尖也可以作为测量微小角度的工具.如果使下面一块玻璃板 b 固定,而将上面一块玻璃板 a 向上平移,见图 17-14.由于等厚干涉条纹所在处空气膜的厚度要保持不变,故它们相对于玻璃板将整体向左平移,并不断地从右边生成,在左边消失.相对于一个固定的考察点,每移过一个条纹,表明 a 板向上移动了 $\lambda/2$.由此可测出很小的移动量,如零件的热膨胀,材料受力时的形变等.等厚线也可看成劈尖上表面到下表面的等高线,所以看到了等厚干涉条纹,就等于看到了劈尖的"地形图",因而等厚条纹可用来检验工件的平整度.例如磨制平板光学玻璃时,将未磨好的玻璃板放在一块标准玻璃板上面构成一个空气劈尖,用光垂射.若等厚干涉条纹是一组平行的、等间距的直线,则玻璃板就已经磨好了;若干涉条纹出现弯曲,则还有凸凹缺陷,凸凹的形状和程度都可以从等厚条纹的分布分析出来.这种检验方法能检查出不超过 $\frac{\lambda}{4}$ 的不平整度,见图 17-15.

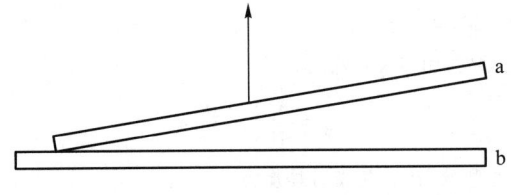

图 17-14 用等厚干涉条纹进行精密测量

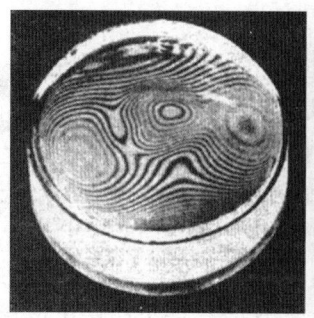

图 17-15 用等厚干涉条纹检查玻璃的平整度

例 17.4 在用劈尖干涉测量二氧化硅薄膜厚度的实验中,已知光的波长为 λ,空气、二氧化硅和硅的折射率满足 $n_1 < n < n_2$ 的关系.问:(1)劈尖棱边处的干涉条纹是明纹还是暗纹?(2)如果劈尖部分共观察到 6 条明纹,且开口端是暗纹,问二氧化硅薄膜的厚度是多少?

解 (1)由于 $n_1 < n < n_2$,光在劈尖上、下两个表面发生反射时都要产生半波损失,没有附加光程差,因而在薄膜厚度为零的劈尖棱边,应该出现等厚干涉的零级明纹.

(2)依题意,条纹分布如图 17-16,劈尖部分共包含 5.5 个条纹间距.因而,薄膜厚度为

$$e = 5.5 \frac{\lambda}{2n} = 2.75 \frac{\lambda}{n}$$

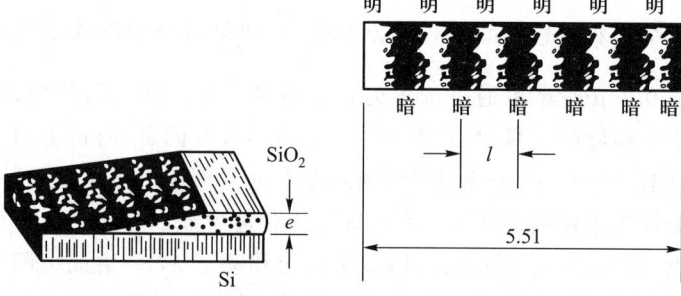

图 17-16 例 17.4 图

例 17.5 用波长为 $\lambda = 600$ nm 的单色光垂直照射到图示空气劈形膜上,从反射光中观察干涉条纹,在厚度为零的地方是 0 级暗纹,距顶点为 $L = 10$ mm 处的 P 点是第 20 级暗条纹.

(1)求相邻暗条纹之间空气膜的厚度差 Δe 和 P 点处空气膜的厚度;

(2)求劈尖角 θ;

(3)使劈尖角 θ 连续减小,直到该点处再次出现暗条纹为止.求劈尖角的改变量 $\Delta \theta$.

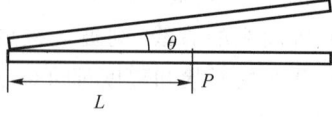

图 17-17 例 17.5 图

解 (1)对于空气劈尖,相邻条纹厚度差为

$$\Delta e = \frac{\lambda}{2} = 300 \text{ nm}$$

按题意,P 点处为 20 级暗条纹,故空气膜的厚度为

$$e_{20} = 20 \Delta e = 6 \text{ μm}$$

（2）劈尖角为

$$\theta = \frac{e_{20}}{L} = 6\times 10^{-4}\,\text{rad}$$

（3）劈尖角 θ 连续减小后，此时 P 点处应为第 19 级暗纹，劈尖角为

$$\theta' = \frac{e_{19}}{L}$$

前后对比，得到劈尖角的改变量为

$$\Delta\theta = \theta' - \theta = \frac{e_{19} - e_{20}}{L} = -\frac{\Delta e}{L} = -3\times 10^{-5}\,\text{rad}$$

三　牛顿环干涉

在一块平的玻璃片 B 上，放一曲率半径为 R 的平凸透镜 A，如图 17-18. 在玻璃片和凸透镜之间形成一厚度不等的空气薄膜，用单色平行光垂直照射薄膜，就可以观察到在透镜表面上的一组以接触点 O 为中心的同心圆环的干涉条纹，称为**牛顿环**. 薄膜的每一个局部，都可以看成一个小的劈尖，但在不同的地方，它们的夹角不等，故条纹的间距不相同，中心要稀疏一些，边上要密集一些. 实验中常在透镜和玻璃片之间注油，形成油膜以保护透镜.

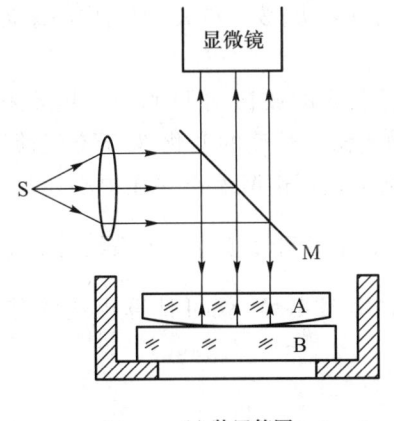
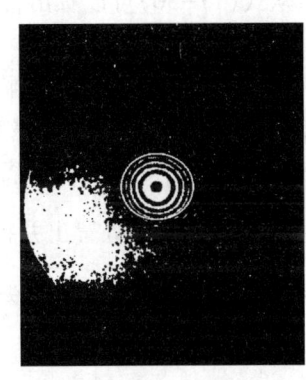

(a) 装置简图　　　　(b) 牛顿环的照片

图 17-18　牛顿环实验

这种干涉仍为等厚干涉，其明、暗纹的厚度仍遵从等厚干涉的一般规律. 介质折射率的排列通常是 $n_1 > n_2 < n_3$ 的顺序，明环中心所在处的厚度仍遵从式（17-21），为 $e_k = (2k-1)\dfrac{\lambda}{4n}$，暗环中心厚度遵从式（17-22），为 $e_k = k\dfrac{\lambda}{2n}$.

下面我们来计算牛顿环的半径. 由图 17-19 中的直角三角形得到

$$r^2 = R^2 - (R-e)^2 = 2Re - e^2$$

其中 r 为牛顿环干涉条纹的半径. 透镜的半径 R 一般为 m 量级，而膜厚 e 一般为 μm 量级，故上式后一项可忽略，近似有

$$r^2 = 2Re$$

或

$$e = \frac{r^2}{2R} \quad (17\text{-}28)$$

将此式代入式(17-21)即得到明环半径公式

$$r_k = \sqrt{\frac{(2k-1)R\lambda}{2n}} \quad (k=1,2,3,\cdots)$$
$$(17\text{-}29)$$

代入式(17-22)得到暗环半径公式

$$r_k = \sqrt{\frac{kR\lambda}{n}} \quad (k=0,1,2,3,\cdots) \quad (17\text{-}30)$$

若当牛顿环 A、B 间的介质是空气时,暗环半径公式简化为

$$r_k = \sqrt{kR\lambda} \quad (17\text{-}31)$$

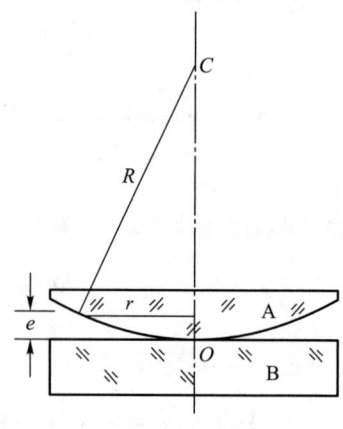

图 17-19　牛顿环的半径的计算用图

牛顿环干涉条纹的分布与劈尖干涉条纹不同.首先它为圆环形条纹,这由薄膜的对称性决定.透镜和玻璃板的接触点,即薄膜厚度 $e=0$ 处,仍为零级暗纹中心.但由于接触不可能为一点,所以一般为一个暗斑,称为 0 级暗斑.其次是干涉圆环的间距不相等.从式(17-30)可以看出,由于 $r \propto \sqrt{k}$,故 k 愈大,即离中心愈远的高级次条纹愈密.

牛顿环常用来测量透镜的曲率半径及光的波长.亦可利用牛顿环来检验工件表面,特别是球面的平整度.也可用来测量微小长度的变化.对于空气薄膜,保持玻璃片不动,使透镜向上平移,则可观察到牛顿环逐渐缩小并在中心处消失;若透镜向下平移,牛顿环将自中心处冒出并扩大.注意到每移过一个条纹对应于厚度 $\frac{\lambda}{2}$ 的变化,只要数出从中心处冒出或消失的条纹数 N,就可计算出透镜移动的距离

$$d = N \cdot \frac{\lambda}{2}$$

例 17.6　在牛顿环的实验中,用波长 $\lambda = 4.0 \times 10^{-7}$ m 的紫光照射,测得某 k 级暗环的半径 $r_k = 4.0 \times 10^{-3}$ m,第 $k+5$ 级暗环半径 $r_{k+5} = 6.0 \times 10^{-3}$ m,已知空气的折射率为 1,求平凸透镜的曲率半径 R 和暗环的级数 k.

解　根据牛顿环暗环公式 $r = \sqrt{kR\lambda/n}$ 可得

$$r_k = \sqrt{kR\lambda}$$
$$r_{k+5} = \sqrt{(k+5)R\lambda}$$

从上两式即得

$$r_{k+5}^2 - r_k^2 = 5R\lambda$$

解得曲率半径

$$R = \frac{r_{k+5}^2 - r_k^2}{5\lambda} = 10 \text{ m}$$

级次

$$k = \frac{r_k^2}{R\lambda} = 4$$

如果使用已知曲率半径的透镜,牛顿环实验也可用来测定光的波长.

四 迈克耳孙干涉仪

迈克耳孙干涉仪是 19 世纪由迈克耳孙按光的等厚干涉原理设计制成的精密仪器,主要用于长度的精密测量,在科学研究和生产技术中应用广泛.仪器的结构如图 17-20 所示,其中(b)为实物图,(a)为示意图.M_1 和 M_2 为两片精密磨光的平面反射镜.其中 M_2 是固定的,称为定臂,M_1 由螺丝杆控制,可在支架上作微小移动,称为动臂.G_1 和 G_2 是两块材料相同、厚度相等的均匀平行玻璃片,与光路的夹角精确地等于 $45°$.G_1 的下表面镀有半透明的薄膜,其作用是使入射光一半反射一半透射,使两束光的强度大致相等,称为分光板.G_2 用作补偿光程,称为补偿板,其作用在下面的讨论中将会看到.

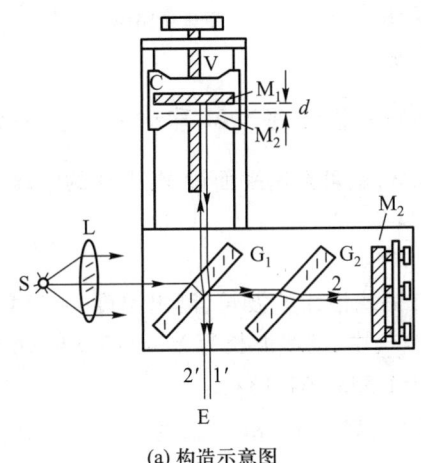

(a) 构造示意图　　　　　　(b) 实物图

图 17-20　迈克耳孙干涉仪

下面分析仪器的光路.来自光源 S 的光线,折射进入 G_1 后,一部分在半透膜上反射,向 M_1 传播,图中为光线 1. 光线 1 经 M_1 反射后,再通过 G_1 向接收器(眼睛)E 处传播,为光线 $1'$.另一部分是经半透膜透射的光线 2,经 G_2 向 M_2 传播,再反射回半透膜反射后也向 E 处传播,图中即光线 $2'$.向 E 处传播的两束相干光将产生干涉.

下面我们来计算这两束光线的光程差.由于光线 1 和光线 2 都是两次通过同样的玻璃片 G_1 和 G_2,在玻璃中的光程相互抵消可以不必计算(故 G_2 称为补偿板).两束光的光程差为

$$\delta = 2(r_1 - r_2) + \delta'$$

其中 r_1 和 r_2 为两束光在空气中通过的距离,乘以 2 是由于存在反射.附加光程差 δ' 取决于发生半波损失的情况,是一个常量,其数值与仪器的使用无关.迈克耳孙干涉仪的简化光路图见图 17-21,两块玻璃片的光程已经抵消,故图中略去未画.

从仪器光程差的表达式来看,其光程差与一个厚度为 $e = r_1 - r_2$ 的空气薄膜的光程差完全相同.这一结论可以这样理解,见图 17-21,如果观察者从 E 处向平面镜 M_1 的方向看去,透过半透膜可以看到平面镜 M_1 和平面镜 M_2 经半透膜反射形成的虚像

M_2'. 观察者会认为,M_1 和 M_2' 构成了一个空气薄膜,光线 1 是在膜的上表面 M_1 上反射,而光线 2 是在膜的下表面 M_2' 反射,两束反射光叠加产生干涉. 如果 M_1 与 M_2 严格地相互垂直,此薄膜为厚度不变的薄膜. 如果 M_1 与 M_2 有一点不垂直,此薄膜为劈形薄膜. 因此迈克耳孙干涉仪既能观察到厚度相同的空气薄膜由不同倾角的入射光产生的等倾干涉条纹,也能观察到劈形空气薄膜产生的等厚干涉条纹.

这两种干涉条纹的位置都取决于两束光的光程差,若转动螺丝杆使动臂 M_1 移动,这相当于空气薄膜的厚度发生变化,于是干涉条纹发生移动. 迈克耳孙干涉仪的精确性表现为,即使动臂的位置有微小的变化,哪怕是

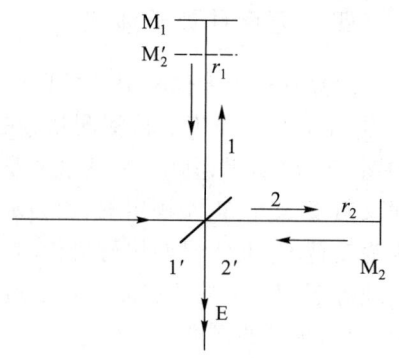

图 17-21 迈克耳孙干涉仪简化光路图

0.1 个波长的变化,干涉条纹都会发生可鉴别的移动. 每当 M_1 移动一个 $\dfrac{\lambda}{2}$,视场中就有一条明纹移过. 只要数出条纹的移动数 N,就可算出平面镜 M_1 平移的距离

$$d = N\frac{\lambda}{2} \tag{17-32}$$

迈克耳孙就曾用他的干涉仪,测定了红镉线谱线的波长,测出温度 $t=15\ ℃$,压强 $p=1\ \text{atm}(1\ \text{atm}=1.013\times10^5\ \text{Pa})$ 的干燥空气中,谱线波长为 $\lambda_1 = 643.846\ 96\ \text{nm}$,并由此定义出标准单位"米"的长度为 $1\ \text{m} = 1\ 553\ 164.13\lambda_1$.

1960 年 10 月第 11 届国际计量大会决定,规定用 ^{86}Kr 发射的橙色线在真空中的波长 λ_1' 作为标准:

$$\lambda_1' = 605.780\ 210\ 5\ \text{nm}$$
$$1\ \text{m} = 1\ 650\ 763.73\lambda_1'$$

1887 年迈克耳孙与莫雷一起曾利用此干涉仪测量真空中的光速,为狭义相对论的成功作出了积极的贡献,为近代物理学的建立奠定了实验基础.

内 容 提 要

1 光程

一束光在光线上 AB 之间的光程 $\qquad l = \sum_{A}^{B} n_i x_i + l'$

求和沿光路(光线)$A \to B$ 进行;l' 为附加光程差,有 0 和 $\lambda/2$ 两个可能的取值,取决于发生半波损失的情况.

AB 之间光振动的时间差 $\qquad \Delta t = \dfrac{l}{c}$

AB 之间光振动的相位差 $\qquad \Delta \Phi = 2\pi \dfrac{l}{\lambda}$

2 光程差

两束相干光在干涉点的光程差 $\delta = l_2 - l_1 = \sum_2 n_i x_i - \sum_1 n_i x_i + \delta'$

求和沿两条光路进行,从同相点计算到干涉点;δ' 是附加光程差,有 0 和 $\lambda/2$ 两个可能的取值,取决于两束相干光半波损失的情况.

两束相干光在干涉点的相位差 $\Delta\Phi = 2\pi\dfrac{\delta}{\lambda}$

薄透镜的等光程性 平行光经薄透镜会聚时各光线的光程相等.

3 光干涉的极值条件

干涉点的光程差 $\delta = \begin{cases} k\lambda & \text{干涉极大} \\ (2k+1)\dfrac{\lambda}{2} & \text{干涉极小} \end{cases}$ 时 $(k = 0, \pm 1, \pm 2, \cdots)$

4 双缝干涉

$\delta = \dfrac{xd}{D} = \pm k\lambda$ 时,即 $x_k = \pm k\dfrac{D\lambda}{d}$ $(k = 0, 1, 2, 3, \cdots)$ 处干涉极大;

$\delta = \dfrac{xd}{D} = \pm(2k-1)\dfrac{\lambda}{2}$ 时,即 $x_k = \pm(2k-1)\dfrac{D\lambda}{2d}$ $(k = 1, 2, 3, \cdots)$ 处干涉极小.

屏中心为零级明纹,条纹间距(宽度) $\Delta x = \dfrac{D\lambda}{d}$

由于半波损失,劳埃德镜干涉条纹与杨氏双缝干涉条纹的明暗相反.

5 薄膜干涉

薄膜干涉的光程差 $\delta = 2e\sqrt{n_2^2 - n_1^2 \sin^2 i} + \delta'$

对于垂直入射的平行光 $\delta = 2en + \delta'$

δ' 是附加光程差,对于反射光的干涉,若 $n_1 > n_2 < n_3$ 或 $n_1 < n_2 > n_3$,$\delta' = \lambda/2$;若 $n_1 > n_2 > n_3$ 或 $n_1 < n_2 < n_3$,$\delta' = 0$.

6 等厚干涉

平行光垂直照射薄膜,若 $n_1 > n_2 < n_3$ 或 $n_1 < n_2 > n_3$,棱边为 0 级暗纹中心;

明纹厚度 $e_k = (2k-1)\dfrac{\lambda}{4n}$ $(k = 1, 2, 3, \cdots)$

暗纹厚度 $e_k = k\dfrac{\lambda}{2n}$ $(k = 0, 1, 2, 3, \cdots)$

对所有的等厚干涉,相邻明(或暗)条纹中心之间的厚度差都相等,为 $\Delta e = \dfrac{\lambda}{2n}$.

7 劈尖的等厚干涉

k 级纹到棱边的距离 $l_k = \dfrac{e_k}{\theta}$

相邻明(或暗)条纹中心之间的距离相等,为 $\Delta l = \dfrac{\Delta e}{\theta} = \dfrac{\lambda}{2n\theta}$.

8 牛顿环的等厚干涉

平行光垂直照射牛顿环,若 $n_1>n_2<n_3$ 或 $n_1<n_2>n_3$,中心为零级暗斑;

明环中心半径 $r_k = \sqrt{\dfrac{(2k-1)R\lambda}{2n}}$ $(k=1,2,3,\cdots)$

暗环中心半径 $r_k = \sqrt{\dfrac{kR\lambda}{n}}$ $(k=0,1,2,3,\cdots)$

9 迈克耳孙干涉仪

相当于薄膜干涉.动臂移动,则干涉条纹移动.若条纹移动数为 N,则动臂移动距离为 $d = N\dfrac{\lambda}{2}$.

习 题

17.1 在双缝干涉实验中,若两缝的间距为所用光波波长的 N 倍,观察屏到双缝的距离为 D,则屏上相邻明纹的间距为 $\Delta x =$ _____.

17.2 在双缝干涉实验中,所用单色光波长为 $\lambda = 500$ nm,双缝与观察屏的距离 $D = 1.0$ m,若测得屏上相邻明条纹间距为 $\Delta x = 1.0$ mm,则双缝的间距 $d =$ _____ mm.

17.3 用含有两种波长 λ_1 和 λ_2 的复色光做双缝干涉实验,若波长为 $\lambda_1 = 450$ nm 的单色光的 4 级明纹中心的位置,与波长为 λ_2 的单色光 3 级明纹中心重合,则 $\lambda_2 =$ _____ nm.

17.4 将杨氏双缝实验装置浸入水中,其他条件不变.设水的折射率 $n = 4/3$,则干涉条纹的宽度为原来的_____倍.

17.5 用单色光做双缝干涉实验,测得屏上 P 点为 3 级明条纹中心.若将整个装置放于某种透明液体中,此时 P 点为 4 级明条纹中心,该液体的折射率 $n =$ _____.

17.6 在双缝干涉实验中,波长 $\lambda = 550$ nm 的单色平行光垂直入射到缝间距 $d = 2 \times 10^{-4}$ m 的双缝上,屏到双缝的距离 $D = 2$ m.求:

(1)中央明纹两侧的两条第 5 级明纹中心的间距;

(2)用一折射率为 $n = 1.5$ 的玻璃片覆盖一缝后,屏中心现在是第 7 级明纹,求玻璃片的厚度.

17.7 如图 17-22 所示,空气中两缝 S_1 和 S_2 之间的距离为 d,它们到考察点 P 的距离分别为 r_1 和 r_2,平行单色光斜入射到双缝上,入射角为 θ,则屏幕上 P 处两相干光的光程差为_____.

17.8 在双缝干涉实验中,单色光源 S_0 到两缝 S_1 和 S_2 的距离分别为 l_1 和 l_2,并且 $l_1 - l_2 = 3\lambda$,λ 为入射光的波长,双缝之间的距离为 d,双缝到屏幕的距离为 D,如图 17-23 所示,求:

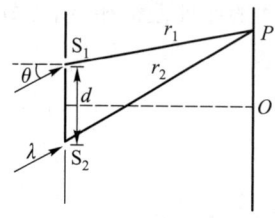

图 17-22 习题 17.7 图

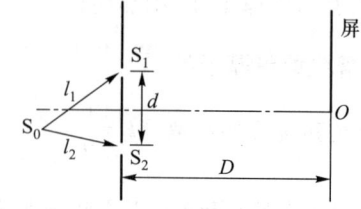

图 17-23 习题 17.8 图

(1) 零级明纹到屏幕中央 O 点的距离；

(2) 相邻明条纹间的距离.

17.9 波长为 0.6 μm 的单色光垂直照射到厚度为 1.2 μm 的玻璃片上，玻璃片的折射率为 $n=1.5$，两束反射光的光程差为 $\delta = $ _____ μm.

17.10 如图 17-24，真空中波长为 λ 的单色光沿 x 轴传播，在 $x=0$ 到 $x=e$ 区间通过一片介质，若介质的折射率是 x 的函数 $n=1+kx$，其中 k 为正常量，则光振动在 $x=0$ 和 $x=e$ 两点的相位差 $\Delta \Phi = $ _____.

17.11 用白光垂直照射置于空气中的厚度为 0.50 μm 的玻璃片. 玻璃片的折射率为 1.50. 在可见光范围内（400~760 nm）哪些波长的反射光有最大限度的增强？

17.12 一平面单色光波垂直照射在厚度均匀的薄油膜上，油膜覆盖在玻璃板上，所用单色光的波长可以连续变化，若只观察到 500 nm 与 700 nm 这两个波长的光在反射中消失，油的折射率为 1.30，玻璃的折射率为 1.50，试求油膜的厚度.

17.13 如图 17-25 所示的实验装置中，平板玻璃片 MN 上放一油滴. 当油滴形成圆形油膜时，把波长为 600 nm 的单色光垂直入射在半透明平面镜 HG 上，从反射光中观察油膜形成的干涉条纹. 已知玻璃的折射率 $n_{玻} = 1.5$，油膜的折射率为 $n_{油} = 1.20$，

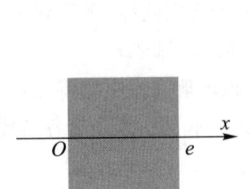

图 17-24 习题 17.10 图

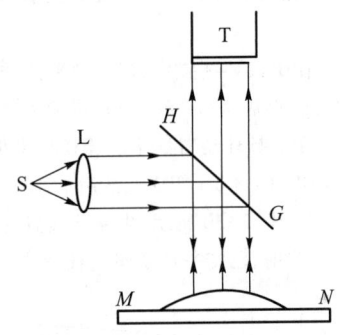

图 17-25 习题 17.13 图

(1) 当油膜中心最高点与玻璃片 MN 上表面相距为 $h=1\,200$ nm 时，看到条纹情况如何？可以看到几条明纹？明纹所在处的油膜的厚度为多少？中心点的明暗程度如何？

(2) 当油膜继续摊开时，所见到的条纹如何变化？

17.14 用波长为 λ 的单色光垂直照射如图 17-26 所示的、折射率为 n_2 的劈形膜（$n_1 > n_2, n_3 > n_2$），观察反射光干涉. 从劈形膜顶开始，第 2 条明条纹中心对应的膜厚度 $e = $ _____.

17.15 利用空气劈尖测钢丝的直径. 如图 17-27 所示，把钢丝夹在两块平面玻璃之间，构成一个空气劈尖，用波长为 $\lambda = 0.6$ μm 的单色光垂直照射，观察劈尖表面反射光形成的干涉条纹. 在厚度为 0 的地方是 0 级暗纹，在钢丝所在处为 4 级暗纹，则钢丝的直径为 _____.

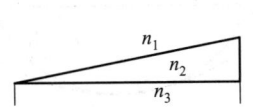

图 17-26 习题 17.14 图

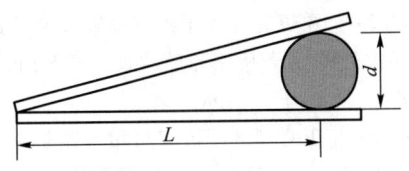

图 17-27 习题 17.15 图

17.16 用波长为 $\lambda = 600$ nm 的光垂直照射由两块平玻璃板构成的空气劈形膜,劈尖角 $\theta = 2 \times 10^{-4}$ rad.改变劈尖角,相邻两明条纹间距缩小了 $\Delta l = 1.0$ mm,求劈尖角的改变量 $\Delta \theta$.

17.17 折射率为 1.60 的两块标准平面玻璃板之间形成一个劈形膜(劈尖角 θ 很小).用波长 $\lambda = 600$ nm 的单色光垂直入射,产生等厚干涉条纹.假如在劈形膜内充满 $n = 1.40$ 的透明液体时的相邻明纹间距比劈形膜内是空气时的间距缩小 $\Delta l = 0.5$ mm,那么劈尖角 θ 应是多少?

17.18 如图 17-28 所示,用波长为 $\lambda = 600$ nm 的单色光垂直照射到由两块玻璃片构成的空气劈尖上,从反射光中观察干涉条纹,测得相邻暗条纹之间的距离为 $\Delta L = 0.4$ mm,

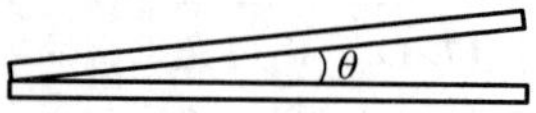

(1) 求相邻暗条纹之间空气膜的厚度差 Δe 及劈尖角 θ;
(2) 若将上面一块玻璃片向上平动,这时发现条纹也平动,若在平动过程中,观察到玻璃片上某定点处移过了 $k = 1\,000$ 条明纹,求玻璃片平动的距离 d.

试问:在上面的玻璃片向上平动的过程中,我们将发现干涉条纹向左还是向右平动?

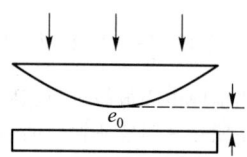

图 17-28 习题 17.18 图

17.19 如图 17-29 所示,在 AB 和 CD 两平面玻璃之间,夹两个小滚珠,a 为标准的,b 是待测的.a 与 b 相距为 l,两者之间形成空气劈尖.设入射光波长为 $\lambda = 500$ nm,a、b 间观察到 10 条明纹,a 与 b 恰在暗纹中心,问 a 与 b 的直径之差是多少?如果改变距离 l,对计算结果有何影响?

17.20 在牛顿环装置中,把玻璃平凸透镜和平面玻璃(设玻璃折射率 $n_1 = 1.50$)之间的空气($n_2 = 1.00$)改换成水($n_2' = 1.33$),求第 k 个暗环半径的相对改变量 $(r_k - r_k')/r_k$.

17.21 在牛顿环装置的平凸透镜和平板玻璃间充以某种透明液体,观测到第 10 个明环的直径由充液前的 14.8 cm 变成充液后的 12.7 cm,求这种液体的折射率 n.

17.22 如图 17-30 所示,牛顿环装置的平凸透镜与平板玻璃有一小缝隙 e_0. 现用波长为 λ 的单色光垂直照射,已知平凸透镜的曲率半径为 R,求反射光形成的牛顿环的各暗环半径.

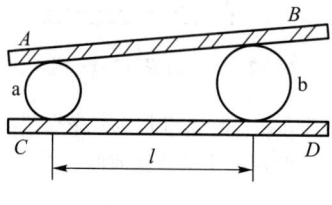

图 17-29 习题 17.19 图

图 17-30 习题 17.22 图

17.23 利用牛顿环的干涉条纹,可以测定凹曲面的曲率半径.方法是:将已知半径的平凸透镜的凸面,放置在待测的凹面上,如图 17-31 所示,于是在两镜面之间形成空气层,可以观察到环状干涉条纹,试证第 k 个暗环半径 r_k,凹面半径 R_2,凸面半径 R_1 及光波波长之间的关系为

$$r_k^2 = k\lambda \frac{R_1 R_2}{R_2 - R_1}$$

这个方法在透镜磨制中经常使用.

17.24 在迈克耳孙干涉仪动臂移动的过程中,观察到 24 个条纹的移动,若所用光的波长为 0.5 μm,则动臂的移动量 $d = $ _____ μm.

17.25 迈克耳孙干涉仪可用来测量单色光的波长,当 M_1 移动距离 $d = 0.322\,0$ mm 时,测得某单色光的干涉条纹移过 $N = 1\,204$ 条,试求该单色光的波长.

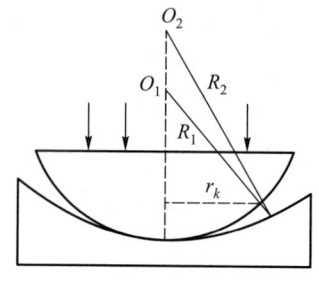

图 17-31 习题 17.23 图

17.26 在迈克耳孙干涉仪的一支光路上,垂直于光路放入折射率为 n、厚度为 e 的透明介质薄膜,若观察所使用的单色光的真空波长为 λ,则条纹将移动_____条.

17.27 图 17-32 为干涉膨胀仪的示意图,平板玻璃 AB 与 $A'B'$ 之间放一热膨胀系数很小的石英环 CC',被测样品 W 放在环内,其上表面与 AB 板形成一楔形空气层,以波长为 λ 的单色光自 AB 板垂直入射到楔形空气层上,产生等厚干涉条纹.设在温度为 t_0 时,测得样品长度为 L_0,温度升高到 t 时,环 CC' 的长度近似不变,通过视场的某刻线的条纹数目为 N,求证被测物体的热膨胀系数为

$$\alpha = \frac{N\lambda}{2L_0(t-t_0)}$$

17.28 常用雅敏干涉仪来测定气体在各种温度和压力下的折射率,干涉仪的光路如图 17-33. S 为光源,L 为聚光透镜,G_1、G_2 为两块等厚而且互相平行的玻璃板,T_1、T_2 为等长的两个玻璃管,长度为 l.进行测量时,先将 T_1、T_2 抽空,然后将待测气体徐徐导入一管中,在 E 处观察干涉条纹的变化,即可求出待测气体的折射率.例如某次测量某种气体时,将气体徐徐导入 T_2 管中,气体达到标准状态时,在 E 处共看到有 98 条干涉条纹移过.所用的黄光波长为 589.3 nm(真空中),$l = 20$ cm,求该气体在标准状态下的折射率.

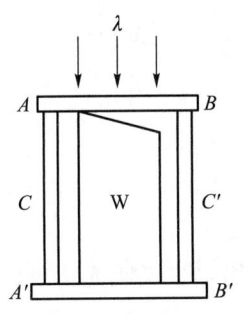

图 17-32　习题 17.27 图

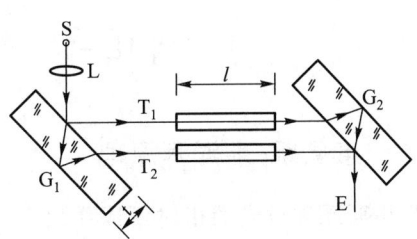

图 17-33　习题 17.28 图

第十八章 光的衍射

衍射是波动的重要特征之一.在波动学中已经指出,波在传播过程中能够绕过障碍物偏离直线方向传播,这种现象称为波的衍射(或绕射).对于声波和无线电波来说,它们的波长较长,绕过山脉和房屋而传播的现象十分明显.但是对光波来说,由于波长较短,只有当障碍物,如孔、缝、针等的大小较之光波波长大得不太多时,才能观察到明显的绕射现象.在光的衍射中,光不仅可以"绕弯"传播,而且还能在观察屏上产生明暗相间的条纹,图 18-1 是光绕过刀片产生的直边衍射的条纹图样.本章根据波的叠加原理说明衍射现象中的光强分布规律,重点介绍单缝、圆孔和光栅衍射,最后介绍 X 射线的衍射及其在晶体分析中的应用.

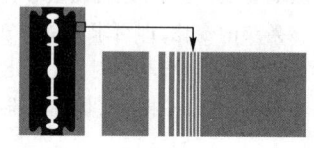

图 18-1

§18-1 单缝衍射

一 惠更斯-菲涅耳原理

文档:菲涅耳

惠更斯原理对光的衍射可以作出定性的解释,但不能定量说明光衍射的光强分布.菲涅耳在研究了光的干涉现象后,考虑到衍射中的光来自同一波阵面,属于相干光,因而假定:从同一波阵面上各点发出的子波,也可以相互叠加产生干涉现象.该假定大大充实和发展了惠更斯理论,称为**惠更斯-菲涅耳原理**,为光的衍射奠定了理论基础.

根据惠更斯-菲涅耳原理,如果已知波动在某时刻的波阵面为 S,则波阵面上每一面元 dS 都将发出子波,这些子波在前方某点 P 所引起的光振动的相干叠加,形成该点衍射光的振动,如图 18-2 所示.菲涅耳认为,一个面元 dS 在 P 点引起的光振动的振幅应该与面元的大小成正比,与面元到 P 点的距离 r 成反比,同时还与面元法向 e_n 和 r 的夹角 θ 有关.若取 $t=0$ 时刻,S 面上各子波的初相为零,则面元 dS 在 P 点产生的光振动可表示为

$$dE = Ck(\theta)\frac{dS}{r}\cos\left(\omega t - \frac{2\pi rn}{\lambda}\right) \quad (18-1)$$

式中 C 为比例系数.$k(\theta)$ 为随 θ 增大而减小的倾斜因子:若当 $\theta = 0$ 时,即沿原来光波传播方向的子波,$k(\theta)=1$ 为最大,当 $\theta \geq \frac{\pi}{2}$ 时,$k(\theta)=0$,表示子波不能向后传播.P 点的合振动为各面元在该点引起振动的叠

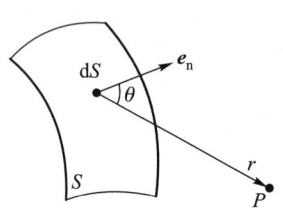

图 18-2 惠更斯-菲涅耳原理说明简图

加即积分

$$E(P) = \int \frac{Ck(\theta)}{r} \cos\left(\omega t - \frac{2\pi r n}{\lambda}\right) dS \qquad (18-2)$$

式(18-2)称为菲涅耳衍射积分公式.这个积分一般说来是十分复杂的,只能对少数简单情况求得解析解.本书中我们将使用较为简便的半波带法来进行计算.

二　单缝夫琅禾费衍射

观察光衍射的装置,通常由三个部分组成:光源、衍射物(缝或孔等障碍物)、观察屏.按三者相对位置的不同,可以把衍射分为两大类.一类是菲涅耳衍射,在菲涅耳衍射中,光源到障碍物,或障碍物到屏的距离为有限远,这类衍射的数学处理比较复杂.另一类是夫琅禾费衍射,此时光源到障碍物,以及障碍物到屏的距离都是无限远.这时入射光和衍射光均可视为平行光,在计算中要容易一些.在实验室中,常需用凸透镜来实现夫琅禾费衍射.

传统的单缝夫琅禾费衍射的实验光路如图 18-3 所示.光源 S 发出的光经凸透镜 L′变成平行光,垂射到单缝上,单缝的宽度 a 通常为 10^{-4} m 量级,单缝发出的衍射光,由凸透镜 L 会聚在置于透镜焦面的观察屏 H 上,透镜的焦距 f 通常为 m 量级,屏上将出现与缝平行的衍射条纹.条纹的宽度 Δx 通常为 10^{-3} m 量级.

按惠更斯-菲涅耳原理,入射光的波阵面到达单缝,单缝中的波阵面上各点成为新的子波源,发射初相相同的子波.这些子波沿不同的方向传播,见图 18-3. 其中沿 θ 方向传播的那些子波将会聚在屏上 P 点.θ 角称为衍射角,它也是考察点 P 对于透镜中心的角位置.沿 θ 角传播的各个子波到 P 点的光程并不相同,它们之间有光程差,这些光程差将最终决定 P 点叠加后的光强.

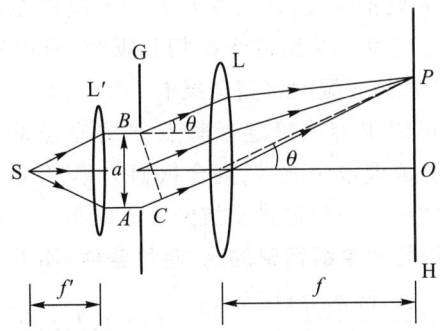

图 18-3　夫琅禾费衍射实验光路图

菲涅耳采用了一个非常直观而简洁的方法来决定屏上光强分布的规律,称为**菲涅耳半波带法**.从图 18-3 容易看出,单缝的两端 A 和 B 点发出的子波到 P 点的光程差最大,在图中为线段 AC 的长度,我们称它为缝端光程差(或最大光程差),等于

$$\delta = AC = a\sin\theta \qquad (18-3)$$

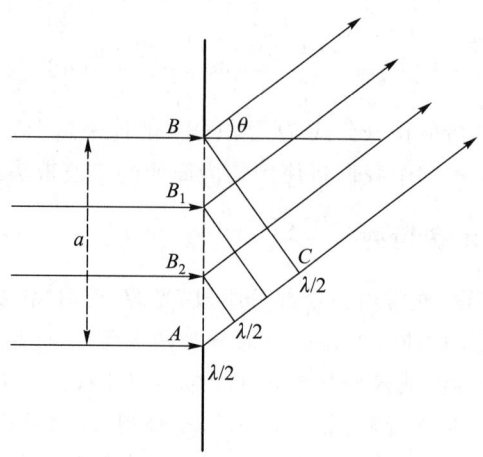

图 18-4 半波带

菲涅耳把缝端光程差按光的半波长 $\lambda/2$ 分成若干份,如图 18-4 所示,图中正好是三份,一般情况下可以是一个相当任意的数值,用 N 来表示.现在把单缝中的波阵面也划分为 N 份.对于如图的单缝,可以这样考虑,从缝端 A 开始,沿着 AC 方向,每过 $\lambda/2$ 作一个垂面,这些垂面就把单缝波阵面分成了 N 份:

$$N = \frac{\delta}{\lambda/2} = \frac{2a\sin\theta}{\lambda} \tag{18-4}$$

每一份是一个狭长的带,由于是按半波长划分的,称为**半波带**(或**波带**),图中有三个波带:BB_1 波带、B_1B_2 和 B_2A 波带.注意到两个相邻的波带的对应点,如 B_1B_2 的 B_2 点处和 B_2A 的 A 点处同样大小的两个面元发出的子波,到屏上会聚点 P 的光程差正好是 $\lambda/2$,将发生干涉相消.又由于两个面元的大小相同,到 P 点的距离可看作相等,对 P 点的倾斜角 θ 也相同,故它们在 P 点的子波的振幅相等,干涉时将完全抵消.由于两个波带对应点面元发出的光都相互抵消,所以我们得到结论:两个相邻波带的子波在考察点 P 的光振动将完全抵消.

按上述结论,我们可以很容易确定考察点 P 的光强是极大还是极小.对于 P 点,如果单缝波阵面被分成偶数个波带,则合振幅为零,P 点为暗纹中心.如果被分成奇数个波带,则剩余的一个完整波带子波的合成应为一个较大的光振动振幅,此时 P 点为明纹.由此我们得到**单缝衍射的明、暗纹条件**:如果半波带数满足

$$N = \frac{2a\sin\theta}{\lambda} = \begin{cases} \pm(2k+1) \\ \pm 2k \end{cases} \quad (k=1,2,3,\cdots) \tag{18-5}$$

或缝端光程差满足

$$a\sin\theta = \begin{cases} \pm(2k+1)\dfrac{\lambda}{2} \\ \pm k\lambda \end{cases} \tag{18-6}$$

则屏上出现 k 级明纹或暗纹中心.可以从上式进一步推算出屏上 k 级明纹或暗纹中心的角位置(或衍射角).

$$\theta_k \approx \sin\theta_k = \begin{cases} \pm(2k+1)\dfrac{\lambda}{2a} \\ \pm k\dfrac{\lambda}{a} \end{cases} \quad (k=1,2,3,\cdots) \tag{18-7}$$

由于屏上能分辨的条纹的角度很小，通常为 10^{-3} rad 量级，此处用了近似条件 $\theta \approx \sin\theta$. 进而可算出 k 级明纹或暗纹中心的线位置（即 P 相对于屏中心的位置）

$$x_k = f\tan\theta_k \approx f\sin\theta_k = \begin{cases} \pm(2k+1)\dfrac{f\lambda}{2a} \\ \pm k\dfrac{f\lambda}{a} \end{cases} \quad (k=1,2,3,\cdots) \tag{18-8}$$

k 称为衍射条纹的级次，k 值为正表示屏的上半平面，为负表示下半平面. 光强按 $\sin\theta$ 的分布曲线如图 18-5 所示. 应该说明，上面几个公式中的暗纹中心位置是准确的，但明纹中心位置只是一个较好的近似，对此感兴趣的读者可以查阅有关参考书.

从图 18-5 可以看到，在两个一级暗纹中心之间为中央明纹（或零级明纹）范围，中央明纹的角位置满足

$$-\lambda \leq a\sin\theta \leq \lambda \tag{18-9}$$

线位置为

$$-\frac{f\lambda}{a} \leq x \leq \frac{f\lambda}{a} \tag{18-10}$$

中央明纹的宽度为次级条纹的两倍. 在屏中心 O 点，$\theta=0$，会聚在此点的所有子波光程相等，振动同相，叠加时相互加强，使 O 点成为衍射条纹中最亮的中央明纹的中心.

从图 18-5 可以看出单缝衍射条纹的特征：

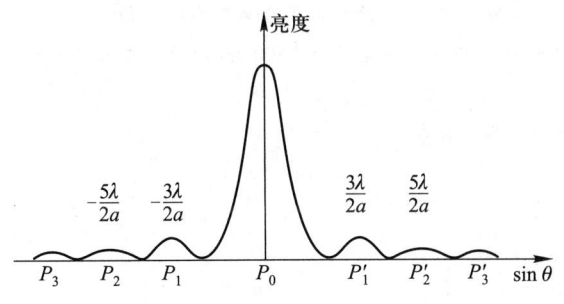

图 18-5 单缝衍射条纹的光强分布

1 条纹分布

观察屏中心为 0 级明纹，两边依次为 ±1 级暗纹、±1 级明纹……

2 条纹宽度

通常把相邻暗纹中心间的距离定义为明纹宽度. 则由式(18-8)可知，各次级明条纹的线宽度为

$$\Delta x = x_k - x_{k-1} = \frac{f}{a}\lambda \tag{18-11}$$

而中央明纹线宽度为 $2\Delta x$.

3 亮度分布

中央明纹集中了衍射光能的 95%，显得最亮，各级明纹的亮度随着级数的增大而减弱．这是因为衍射角 θ 越大，分成的波带数就越大，每个波带提供光能的面积就越小，再加上产生明纹的那个未被抵消的波带上，各子波到达 P 点时的相位也不相同，其合成振幅会大大低于中央明纹．由于明条纹的亮度随级数 k 的增大而降低，使得条纹也越来越模糊，以至于实际上只能看清中央明纹附近的几级明条纹．

4 条纹宽度与缝宽的关系

由式(18-11)可知，单缝衍射的条纹宽度与缝宽成反比，即缝愈窄，条纹愈宽，条纹排列愈疏，观察和测量愈清楚准确，这称为衍射好．相反，缝愈宽衍射愈差．当缝宽大到一定的程度，较高级次的条纹因亮度很小，明暗模糊不清，形成很暗的背景，其他级次较低的条纹完全并入衍射角很小的中央明纹附近，形成单一的明纹，这就是几何光学中所说的单缝的像．这时衍射现象消失，问题归结为直线传播的几何光学，这表明几何光学是波动光学的极限情况.

若用不同波长的复色光入射，例如用白光入射，由于各色衍射明纹按波长逐级分开，除中央明纹中心仍为白色外，其他各级明纹按由紫到红的顺序向两侧对称排列成彩色条纹，称为单缝衍射光谱．对于白光，很容易出现前一级光谱区与后一级光谱区的重叠现象而难以分辨．

例 18.1 波长 $\lambda_1 = 600$ nm 的单色光垂直入射到一单缝上，单缝后的凸透镜的焦距为 0.5 m，屏上中央明纹的宽度为 2 mm.

(1) 单缝的宽度等于多少？

(2) 屏上两个 3 级暗纹中心之间的距离为多少？

(3) 对应于屏上 3 级暗纹中心，单缝波面被分为几个半波带？

(4) 若同时用波长 $\lambda_1 = 600$ nm 和波长 $\lambda_2 = 500$ nm 的单色光垂射单缝，它们的 3 级暗纹中心的距离等于多少？

解 (1) 按单缝衍射暗纹公式

$$a\sin\varphi_k = \pm k\lambda$$

屏上中央明纹的宽度为

$$2\Delta x = \frac{2f\lambda_1}{a}$$

故单缝的宽度为

$$a = \frac{2f\lambda_1}{2\Delta x} = 3\times 10^{-4} \text{ m} = 0.3 \text{ mm}$$

(2) 两个 3 级暗纹中心之间的距离为

$$6\Delta x = 6 \text{ mm}$$

(3) 对应于屏上 3 级暗纹中心，单缝波面被分为 6 个半波带．

(4) 同时用 λ_1 和 λ_2 垂直入射，它们 3 级暗纹中心距离为

$$d = 3\Delta x_1 - 3\Delta x_2 = 3\left(\frac{f\lambda_1}{a} - \frac{f\lambda_2}{a}\right) = 0.5 \text{ mm}$$

§18-2 圆孔衍射 光学仪器的分辨本领

光通过圆孔也能产生衍射现象,称为圆孔衍射.一般光学仪器都是由若干透镜组成的,透镜相当于一个圆孔,光通过光学系统的光阑或圆孔时,也会产生衍射,因而圆孔衍射有很重要的实际意义.

一 圆孔的夫琅禾费衍射

如果在观察单缝夫琅禾费衍射的实验装置中,用小圆孔代替狭缝,当单色平行光垂直照射到圆孔 S 时,在位于透镜 L 焦平面所在的屏幕 H 上,将出现环形衍射斑,中央是一个较亮的圆斑,它集中了全部衍射光能的 84%,称为**中央亮斑**或**艾里斑**.外围是一组同心的暗环和明环,且强度随级次增大而迅速下降,如图 18-6 所示.

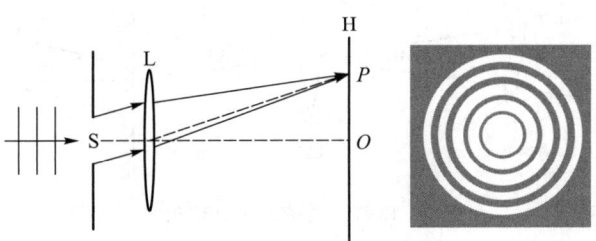

图 18-6 圆孔衍射和艾里斑

根据惠更斯-菲涅耳原理,同样可以用半波带法计算出各级衍射条纹的分布.由于几何形状不同,圆孔衍射条纹分布的讨论与单缝衍射有差异.通过计算可以得到(证明从略)第一级暗环(中心)的衍射角 θ_1 满足

$$\sin\theta_1 = 1.22\frac{\lambda}{D}$$

式中 D 为圆孔的直径.

衍射角 θ_1 即为**艾里斑的角半径**,在透镜焦距 f 较大时,此角很小,故

$$\theta_1 \approx \sin\theta_1 = 1.22\frac{\lambda}{D} \tag{18-12}$$

由此可知,中央艾里斑的半径 r 为

$$r = f\tan\theta_1 = 1.22\frac{\lambda}{D}f$$

由上式看出,衍射孔 D 愈大,艾里斑愈小;光波波长 λ 愈短,艾里斑也愈小.

二 光学仪器的分辨本领

光学仪器观察细小物体时,不仅需要有一定的放大能力,还要有足够的分辨本领,才能把微小物体放大到清晰可见的程度.根据几何光学的成像原理,物点和像点一一对应,适当选择透镜的焦距和物距,总可以得到足够大的放大倍数.然而,由于光的衍射作用,物点的像并不是一个几何点,而是有一定大小的艾里斑,周围还有一些模糊斑纹.如果两个物点距离太近,它们的斑会相互重叠以至于不能分辨出究竟是一个物点还是两个物点.可见,光的衍射限制了光学仪器的分辨本领.

重要的问题是,在什么条件下能从两个艾里斑判断出两个物点?瑞利对此提出一个标准:如图18-7所示,如果一个斑光强最大的地方正好是另一个斑光强最小的地方,也即一个斑的中心正好是另一个斑的边缘,此时两个斑之间的最小光强约为中央最大光强的80%,对于大多数人来说,恰好能辨别出是两个光点,这个标准称为**瑞利准则**.如图18-7所示,两物点恰能分辨时,两艾里斑中心的距离正好是艾里斑的半径.因此,两个相邻物点的**最小分辨角**应等于艾里斑的角半径

$$\delta\theta = \theta_1 = 1.22\frac{\lambda}{D} \tag{18-13}$$

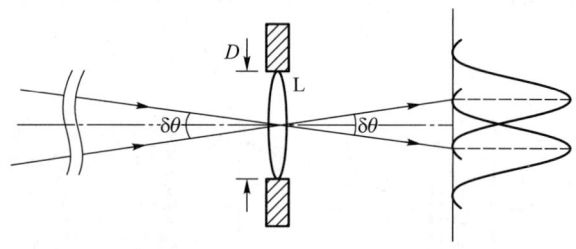

图 18-7 透镜最小分辨角

对于光学仪器来说,最小分辨角越小越好.定义**光学仪器的分辨率**为

$$R = \frac{1}{\delta\theta} = \frac{D}{1.22\lambda} \tag{18-14}$$

显然,光学仪器的分辨率越大越好.式(18-14)表明,分辨率的大小与仪器的孔径 D 成正比,与入射光波波长成反比.瑞利准则为设计光学仪器提出了理论指导,如天文望远镜可用大口径的物镜来提高分辨率,目前我国参与建设的全球最大的天文望远镜的直径达 30 m.对于显微镜则用波长短的射线来提高分辨率,目前用几十万伏高压产生的电子波,波长约为 10^{-3} nm,做成的电子显微镜可以对分子、原子的结构进行观察.

例 18.2 通常人眼瞳孔直径约为 3 mm,对于人最敏感的波长为 550 nm 的黄绿光,人眼的最小分辨角多大?在上述条件下,若有一个等号,两条线的间距为 1 mm,则等号距离人多远处,人眼恰能分辨出该符号不是减号?

解 人眼的最小分辨角

$$\delta\theta = \theta_1 = 1.22\frac{\lambda}{D} = 1.22 \times \frac{550\times10^{-9}}{3\times10^{-3}} \text{ rad} = 2.24\times10^{-4} \text{ rad} \approx 1'$$

设等号间距为 d,距离人为 x,等号对人眼的张角为 $\theta = \frac{d}{x}$,恰能分辨时有

$$\theta = \frac{d}{x} = \delta\theta$$

于是，恰能分辨时的距离为

$$x = \frac{d}{\delta\theta} = \frac{1.0 \times 10^{-3}}{2.24 \times 10^{-4}} \text{ m} = 4.5 \text{ m}$$

此结果为物理理论计算的理想结果，受其他因素，例如人的视觉系统结构的影响，实际的最小可分辨距离要短得多．

§18-3 光栅衍射

双缝干涉和单缝衍射都不能用于高精度的测量．因为条纹间距太小，亮度很暗，不易观测．如果做成许多等宽的狭缝等距离地排列起来形成一种栅栏式的光学元件——透射光栅，就能获得间距较大的、极细极亮的衍射条纹，便于进行精密测量．

一 光栅方程

图 18-8 所示为透射光栅的示意图．a 为透光部分的宽度，即光栅缝宽，b 为不透光部分的宽度，两缝中心距离 $d = a + b$ 称为光栅常量．实用光栅每毫米内有几十条甚至于上千条刻痕，d 可达 μm 数量级．

图 18-9 所示为光栅衍射的示意图．当一束平行光垂直入射到光栅上时，各缝将发出各自的单缝衍射光，沿 θ 方向的衍射光通过透镜会聚到在焦平面的观察屏上的同一点 P．θ 称为衍射角，也是 P 点对透镜中心的角位置．这些衍射光在 P 点实现多光束干涉，所以光栅衍射的结果应该是单缝衍射和多缝干涉的总效果．下面我们先讨论多缝干涉效果，单缝衍射的效果在稍后再讨论．

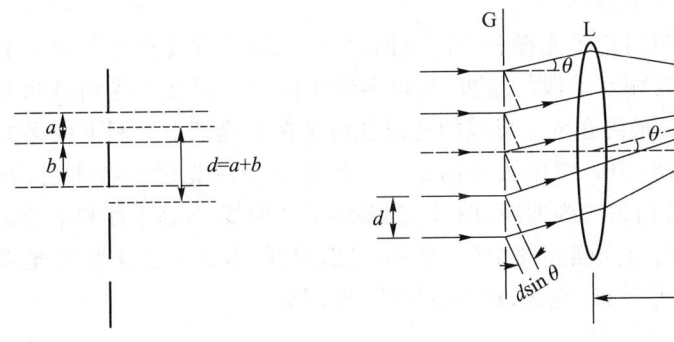

图 18-8 透射光栅和光栅常量　　图 18-9 光栅的多光束干涉

我们先考虑两个相邻的缝发出的衍射光之间的关系．从图 18-9 中容易看出，相邻两缝的衍射光在 P 点的光程差为 $\delta = (a+b)\sin\theta$．显然，当**邻缝光程差**

$$\delta = (a+b)\sin\theta = \pm k\lambda \quad (k = 0, 1, 2, \cdots) \tag{18-15}$$

时，相邻两缝发出的衍射光在 P 点同相，干涉相长．由于所有的缝都彼此平行等间距排列,类推可知,此时所有缝的衍射光在 P 点也都彼此同相,实现干涉相长,屏上出现明纹,称为光栅衍射主极大.式(18-15)为计算光栅主极大的公式,称为**光栅方程**.

二 光栅衍射光强的分布特点

(1) 从光栅方程可知,k 级主极大的角位置满足

$$\sin\theta_k = \pm k\frac{\lambda}{a+b} \tag{18-16}$$

光栅常量 $a+b$ 通常很小,例如稍微好一些的光栅,光栅常量可达到 μm 数量级,由于波长也是 μm 数量级,所以主极大的衍射角不一定很小,有时可达到 30°、60° 甚至更大的角度,这说明光栅可实现大角度衍射.由于衍射角较大,光栅衍射条纹的间距大,易于实现精密测量,这是光栅衍射的一个特点.同样,由于衍射角较大,光栅衍射条纹的级次往往有限.从式(18-16)可知,由于正弦函数的值域所限,$|\sin\theta_k| = \left|k\dfrac{\lambda}{a+b}\right| \leq 1$,所以光栅衍射主极大的最高级次

$$k \leq \frac{a+b}{\lambda} \tag{18-17}$$

例如,某光栅每毫米有 1 000 条缝,则 $a+b=1$ μm,若光波长 $\lambda=600$ nm,则屏上只能出现 0 和 ±1 级共三条明纹.此外应注意,由于衍射角较大,计算时不能如同双缝和单缝那样,总认为有 $\theta\approx\sin\theta\approx\tan\theta$,条纹之间也不一定是等间距分布,要具体问题具体分析.

(2) 可以证明,在光栅的两个主极大明纹之间,还有 $N-2$ 个次级明纹,每个次级明纹的宽度为主极大明纹的一半(就像单缝衍射的次级明纹那样).通常光栅的缝数 N 很大,次级明纹很多,主极大就非常窄.光栅衍射的光强主要集中在主极大,次级明纹的光强很弱,它们实际上形成一个暗区,衬托着极细、极亮的主极大条纹,这是光栅衍射的又一个特点.

(3) 上面我们只讨论了光栅各个缝之间的干涉,注意到光栅衍射实际上是每个缝的单缝衍射光再相互干涉的结果,所以多缝干涉的效果必然受到单缝衍射效果的影响.可以证明,最终在屏上形成的光强分布是在单缝衍射调制下的多缝干涉分布,示意图见图 18-10. 图中表现的是一个四缝光栅的光强分布曲线,其中图(a)为缝宽 a 的单缝衍射光强曲线,图(b)为多缝干涉曲线.多缝干涉和单缝衍射共同决定的光栅衍射的总光强如图中(c)所示.我们看到,多缝干涉条纹的光强分布(实线)受到单缝衍射分布(虚线,称为包络线)的调制.

三 缺级现象

从图 18-10 可以看到,在单缝衍射调制下的多缝干涉光强分布使得光栅的各个主极大的强度不同,特别是当多光束干涉的主极大位置恰好为单缝衍射的暗纹中心时,将产生抑制性的调制,这些主极大将在屏上消失,称为**缺级现象**.下面考虑缺级的条件,设在衍射角 θ 处出现缺级现象,由

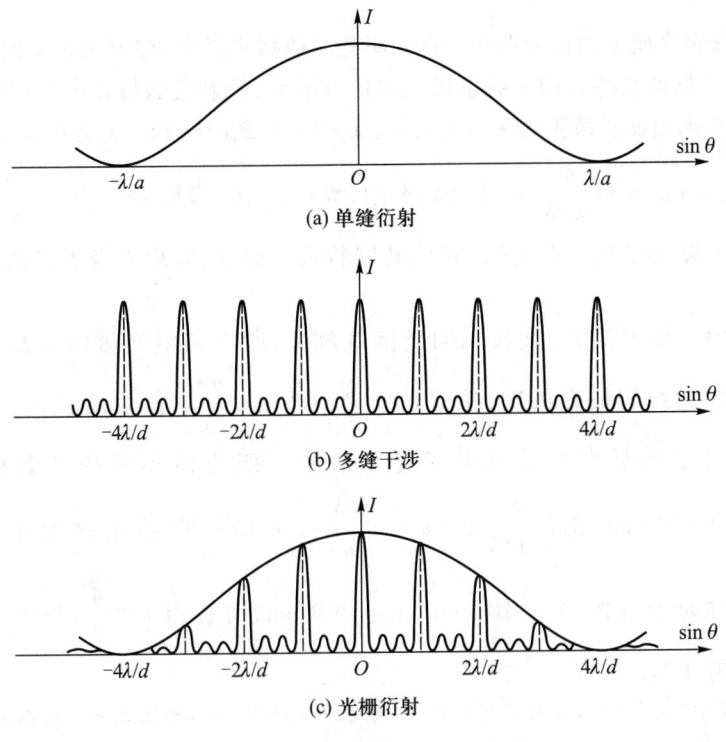

图 18-10 光栅衍射的光强分布

单缝衍射的极小条件:

$$a\sin\theta = k'\lambda$$

多缝干涉的主极大条件:

$$(a+b)\sin\theta = k\lambda$$

两式相除得缺级条件:

$$\frac{a+b}{a} = \frac{k}{k'} \tag{18-18}$$

即若 $\dfrac{a+b}{a}$ 为整数比 $\dfrac{k}{k'}$ 时,光栅多缝干涉 k 级主极大的位置恰为单缝衍射 k' 级暗纹的位置,k 级主极大将不再出现,发生缺级. 容易理解,如果 $\dfrac{a+b}{a} = \dfrac{k}{k'}$,则必有 $\dfrac{a+b}{a} = \dfrac{2k}{2k'} = \dfrac{3k}{3k'} = \cdots$,即此时 $k, 2k, 3k, \cdots$ 这些级次的主极大都将缺级. 例如 $\dfrac{a+b}{a} = \dfrac{2}{1}$ 时,$2, 4, 6, 8, \cdots$ 级次的主极大不再出现,发生缺级. $\dfrac{a+b}{a} = \dfrac{3}{1}$ 或 $\dfrac{3}{2}$ 时,$3, 6, 9, 12, \cdots$ 级次的主极大出现缺级.

四 光栅光谱

单色光在光栅上的衍射形成一系列明亮的线状主极大,称为线状光谱.若入射光为复色光,不同波长的光同一级主极大的位置不同,衍射光强将在屏上按波长展开,形成光栅光谱.设波长范围为 $\lambda_1 \sim \lambda_2$,并设 $\lambda_1 < \lambda_2$,按式(18-16), λ_1 光的 k 级主极大在 θ_{1k}, θ_{1k} 满足 $\sin\theta_{1k} = \pm k\dfrac{\lambda_1}{a+b}$, λ_2 光的 k 级主极大在 θ_{2k}, θ_{2k} 满足 $\sin\theta_{2k} = \pm k\dfrac{\lambda_2}{a+b}$,其他波长的 k 级主极大在此二者之间,它们共同构成 k 级光谱.故 k 级光谱的角范围在 $\theta_{1k} \sim \theta_{2k}$.

对于同一级主极大,波长长的光衍射角大,所以完整光谱的最高级次取决于波长长的谱线的最高级次,按式(18-17)为 $k \leq \dfrac{a+b}{\lambda_2}$.如果波长范围较大,相邻的两级光谱容易发生重叠而显得不清晰. k 级光谱不重叠的条件是 $\theta_{2k} \leq \theta_{1(k+1)}$,按式(18-16)即 $k\dfrac{\lambda_2}{a+b} \leq (k+1)\dfrac{\lambda_1}{a+b}$,可得不重叠光谱的条件为 $k \leq \dfrac{\lambda_1}{\lambda_2 - \lambda_1}$.例如对于白光, $\lambda_1 = 400$ nm, $\lambda_2 = 700$ nm,可算得 $k \leq \dfrac{4}{3}$,即不重叠光谱的级次只有 1 级.

例 18.3 波长为 630 nm 的单色光垂直入射在一光栅上,第二级主极大出现在 $\sin\theta_2 = 0.20$ 处,第三级缺级.试问:

(1)光栅上相邻两缝的间距有多大?

(2)光栅上狭缝可能的最小宽度有多大?

(3)按上述选定的 a、b 值,试算出光屏上实际呈现的明纹的角位置(可用正弦值表示),一共有几个条纹?

解 (1)由光栅方程

$$(a+b)\sin\varphi_k = k\lambda$$

得

$$a + b = \dfrac{2\lambda}{\sin\theta_2} = \dfrac{2 \times 630}{0.20} \text{ nm} = 6.3 \times 10^3 \text{ nm} = 6.3 \times 10^{-6} \text{ m}$$

(2)由缺级公式 $k = k'\dfrac{a+b}{a}$,按题意 3 级缺级,令 $k = 3, k' = 1$ 得狭缝可能的最小宽度为

$$a = \dfrac{a+b}{3} = 2.1 \times 10^{-6} \text{ m}$$

(3)最高级次为

$$k_{\max} = \dfrac{(a+b)\sin 90°}{\lambda} = \dfrac{6.3 \times 10^{-6}}{630 \times 10^{-9}} = 10$$

可知实际呈现的谱线的最高级次为 ± 9 级;根据缺级 $k = \pm 3k', k' = 1, 2, 3, \cdots$,且 $k = \pm 3, \pm 6, \pm 9$ 缺级,故实际呈现的全部级数为 $k = 0, \pm 1, \pm 2, \pm 4, \pm 5, \pm 7, \pm 8$,共 13 条.

§18-4　X射线衍射

X射线是伦琴于1895年发现的(由于发现X射线,伦琴获1901年诺贝尔物理学奖),故又称伦琴射线.它是由高压加速的电子撞击金属阳极(靶)时辐射出的一种射线,如图18-11所示.这种射线人眼看不见,具有很强的穿透力.最初发现时,由于不知道是一种什么射线,故称为X射线.现在我们知道这是一种波长很短的电磁波,其波长约在0.01 nm到10 nm之间.尽管当时人们已猜测到了X射线可能就是电磁波,但当时使用的检测手段落后,即使精度相对较高的衍射光栅的光栅常量也远远大于X射线的波长,不可能观察到波动所特有的衍射现象,无法验证这一设想.

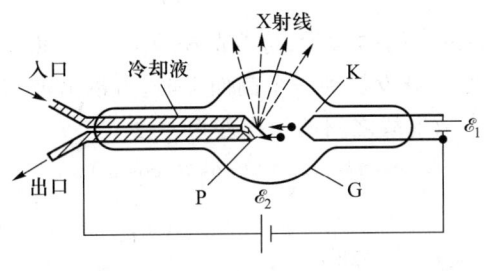

图 18-11　X射线管

1912年,德国物理学家劳厄想到,晶体中的原子、分子或离子有着规则的、周期性的空间排列,这种排列称为空间点阵,恰似空间的三维光栅.我们前面讲到的由平行的窄缝组合形成的光栅可称作一维光栅.如果透光部分不是平行的缝,而是若干有规律排列的孔,则称为二维光栅.如果将二维光栅重叠排列,则形成三维光栅.劳厄想到,X射线照射到晶体上时,组成晶体点阵中的带电粒子产生受迫振动,成为发射同频率子波的中心,向各方向发出散射波.这些次级X射线,会在空间相干叠加,在某些方向产生干涉极大.这种散射波的干涉物理图像,与三维光栅的干涉图像完全相同.由晶体点阵构成的天然光栅,粒子间距极小,约为0.1 nm数量级,或许能实现X射线的衍射.按照劳厄提供的思想,实验物理学家利用晶体作为光栅,成功地进行了X射线的衍射实验.在图18-12中,一束穿过铅板小孔的X射线投射到晶体薄片上,晶体后面放一张照相底片,经过较长时间的曝光,在照相底片上显现出了许多规则排列的斑点,这正是劳厄期待的三维光栅衍射图形,称为劳厄斑点.如同光栅衍射条纹的分布与光栅常量有关一样,劳厄斑点的位置和晶体的结构有关,从而可以从劳厄斑点反推出晶体点阵排列的规律.由于发现X射线通过晶体时的衍射,劳厄获得了1914年诺贝尔物理学奖.

三维光栅的理论过于复杂,通常人们计算X射线衍射极大的位置,是用与三维光栅理论等效的布拉格公式.我们可以把晶体看成是一系列相互平行的原子(或分子、离子等)层重叠而成,这些原子层称为晶面,相互平行的晶面构成一个晶面组.如图18-13所示,同一晶面上相邻原子之间的距离用h表示,晶面之间的距离用d

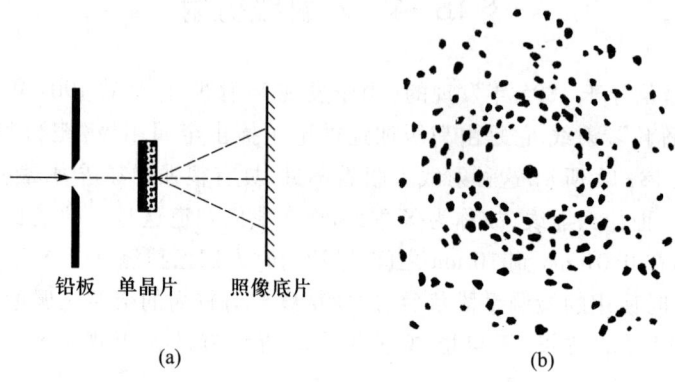

图 18-12 X 射线的衍射与劳厄斑点

表示,它们都是表示晶体结构的参量,称为晶格常量.当一束平行的 X 射线以掠射角(入射线与晶面的夹角)θ 投射到一个晶面上时,若散射波与晶面夹角为 φ,见图 18-13(a),则相邻两点散射线之间的光程差为

$$\delta = AD - BC = h(\cos\theta - \cos\varphi)$$

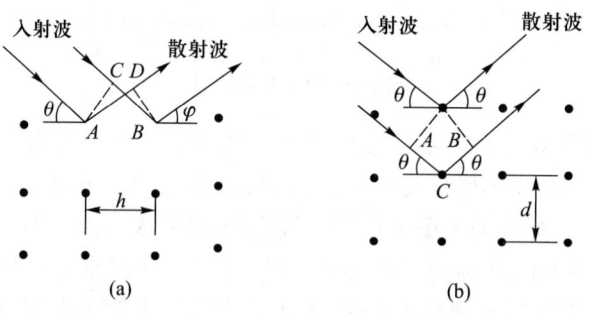

图 18-13 布拉格公式推导用图

根据干涉理论,当 $\varphi = \theta, k = 0$ 时,光程差为零,这时所有波长的 X 射线都满足干涉加强条件.因此,在晶面反射的方向上,将形成强度最大的 0 级衍射光,其他级次的衍射光都很弱而可忽略.这样,一个晶面上各原子对 X 射线的散射,就可以简化为晶面对射线的"反射"问题.

X 射线的穿透力很强,它可以进入晶体在各个晶面上进行反射,而且各晶面的反射光也要相互干涉.对于同一个晶面组,相邻两个晶面上的反射光的光程差如图 18-13(b)所示为 $\delta = AC + CB = 2d\sin\theta$,考虑到 X 射线在介质中几乎不发生偏转,已将折射率取作 $n = 1$.对于不同的晶面,发生半波损失的情况也相同,故不必考虑附加光程差.如果光程差满足干涉加强的条件

$$\delta = 2d\sin\theta = k\lambda \quad (k = 1, 2, 3, \cdots) \quad (18\text{-}19)$$

则相邻两个晶面上的反射光将实现干涉相长.由于一个晶面组中所有晶面都相互平行等间距排列,故可推知所有晶面上的反射光都会彼此干涉相长,在反射方向将

出现亮点.此式为确定 X 射线衍射极大方向的公式,为英国物理学家布拉格父子发现,称为**布拉格公式**.

从布拉格公式可以看出,如果 X 射线的波长 λ 为已知,则测出衍射极大的掠射角 θ 即可得到晶面距 d,因而我们可以用 X 射线衍射对晶体的结构进行分析.由于发现用 X 射线分析晶体结构的方法,布拉格父子获得 1915 年诺贝尔物理学奖.X 射线晶体结构分析广泛地用于化学、矿物学、生物学和分子物理学中.

用布拉格公式可以圆满解释劳厄实验,见图 18-14. 在晶体中存在着许多不同方向的晶面组,如 11′、22′……各晶面组的晶面间距 d 是不同的.当 X 射线入射晶体时,波长 λ 有一个范围,对于不同的晶面,掠射角 θ 也不相同.从不同晶面组散射出去的 X 射线,只有 d、θ 和 λ 的关系满足布拉格公式时才能在对应的照相底片上产生斑点,即劳厄斑点.

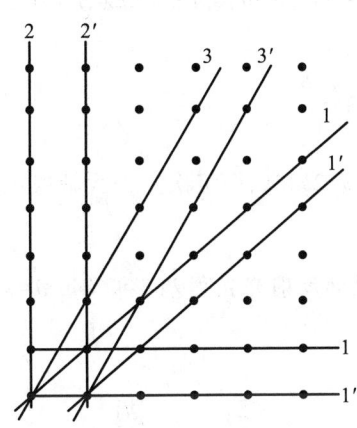

图 18-14　晶体中不同方向的晶面组

内 容 提 要

1　单缝衍射

暗纹条件:

半波带数　$N = \dfrac{2a\sin\theta}{\lambda} = \pm 2k$　$(k=1,2,3,\cdots)$

缝端光程差　$a\sin\theta = \pm k\lambda$

衍射角　$\theta_k \approx \sin\theta_k = \pm k\dfrac{\lambda}{a}$

线位置　$x_k = \pm k\dfrac{f\lambda}{a}$

明纹条件:暗纹条件中的 k 在明纹条件中为 $k+\dfrac{\lambda}{2}$.

中央明纹的角位置满足 $-\lambda \leqslant a\sin\theta \leqslant \lambda$，线位置为 $-\dfrac{f\lambda}{a} \leqslant x \leqslant \dfrac{f\lambda}{a}$.

次级条纹宽度 $\Delta x = \dfrac{f}{a}\lambda$，中央明纹宽度 $2\Delta x$.

2　圆孔衍射

艾里斑(中央亮斑)角半径　　　$\theta_1 \approx 1.22\dfrac{\lambda}{D}$

光学仪器最小分辨角　　　$\delta\theta = \theta_1 = 1.22\dfrac{\lambda}{D}$

光学仪器分辨率　　　$R = \dfrac{1}{\delta\theta} = \dfrac{D}{1.22\lambda}$

3　光栅衍射

光栅方程：邻缝光程差 $\delta = (a+b)\sin\theta = \pm k\lambda$，$k = 0,1,2,\cdots$ 时，θ 方向出现 k 级极大.

主极大的最高级次 $k \leqslant \dfrac{a+b}{\lambda}$

缺级条件：$\dfrac{a+b}{a} = \dfrac{k}{k'}$ 时，$k,2k,3k,\cdots$ 级次主极大缺级.

4　X 射线衍射

布拉格公式：当相邻晶面反射光光程差 $\delta = 2d\sin\theta = k\lambda$，$k = 1,2,3,\cdots$ 时，反射方向将出现 k 级极大.

习　题

18.1　将波长为 λ 的平行单色光垂直投射于一狭缝上，若对应于衍射图样的第一级暗纹位置的衍射角的绝对值为 θ，则缝的宽度等于_____.

18.2　将单色光垂直入射到一单缝上，测得观察屏上中央明纹的宽度为 2 mm，屏上 2 级暗纹中心到屏中心的距离为_____ mm.

18.3　在复色光照射下的单缝衍射图样中，其中某一波长的光第 4 级暗纹位置恰与波长 $\lambda = 600$ nm 的光的第 3 级暗纹位置重合，则这光波的波长 $\lambda' =$ _____ nm.

18.4　在缝宽 $a = 0.60$ mm 的狭缝后离透镜 $d = 40$ cm 处有一个与狭缝平行的屏，如果以单色平行光垂直照射狭缝，在屏上形成衍射条纹，设离屏中心为 $x = 1.4$ mm 的 P 点看到明纹，求入射光的波长及在 P 点处条纹的级次.

18.5　在夫琅禾费单缝衍射实验中，用波长 $\lambda_1 = 500$ nm 的单色光垂直入射缝面，在焦距 $f = 2.0$ m 的透镜的焦平面上观察衍射条纹，测得中央明纹的宽度为 4 mm.

(1) 求所用单缝的宽度；

(2) 若用 $\lambda_2 = 400$ nm 的单色光垂直入射缝面，求 10 级暗纹到屏中心的距离；

(3) 对应于 10 级暗纹，单缝波面被分为几个半波带？

18.6　波长 $\lambda = 600$ nm 的单色光垂直入射到一单缝上，单缝后凸透镜的焦距为 0.5 m，屏上中央明纹的宽度为 2 mm.

(1) 单缝的宽度等于多少?

(2) 屏上两个 3 级暗纹中心之间的距离为多少?

(3) 如果将此装置浸入水中(水的折射率 $n=4/3$),中央明纹的宽度变为多少(设透镜焦距不变)?

18.7 利用单缝衍射的原理可以测量位移以及与位移联系的物理量,如热膨胀、形变等,把需要测量位移的对象和一标准直边相连,同另一固定的标准直边形成一单缝,这个单缝宽度变化能反映位移的大小,如果中央明纹两侧的正、负第 k 级暗纹之间距离的变化为 $\mathrm{d}x_k$,证明

$$\mathrm{d}x_k = -\frac{2k\lambda f}{a^2}\mathrm{d}a$$

式中 f 为透镜的焦距,$\mathrm{d}a$ 为单缝宽度的变化($\mathrm{d}a \ll a$).

18.8 某天文台的天文望远镜的通光孔径为 2.5 m,试求能分辨双星的最小夹角.设有效波长为 550 nm.与人眼相比(人眼瞳孔直径为 3.0 mm),分辨本领提高多少倍?

18.9 试估计在火星上两物体的距离为多大时恰好能被地球上的观察者所分辨?

(1) 用人眼(瞳孔直径为 3.0 mm);

(2) 用孔径为 5.08 m 的天文望远镜.

已知地球至火星的距离为 8.0×10^7 km,光波波长为 550 nm.

18.10 在迎面驶来的汽车上,两盏前灯相距 1.2 m,试问汽车在离人多远的地方,眼睛才可能分辨这两盏前灯? 假设夜间人眼瞳孔直径为 5.0 mm,而入射光波波长 $\lambda = 550.0$ nm.

18.11 已知天空中两颗星相对于一望远镜的角距离为 4.84×10^{-6} rad,由它们发出的光波波长 $\lambda = 550$ nm,望远镜物镜的口径至少要多大,才能分辨出这两颗星?

18.12 用单色平行光垂直入射在光栅上,测得观察屏上第 2 级主极大的衍射角 $\theta_2 = 30°$,则第 3 级主极大的衍射角 θ_3 的正弦值 $\sin\theta_3 = $ _____.

18.13 用平行的白光垂直入射在光栅上时,波长为 $\lambda_1 = 440$ nm 的第 3 级光谱线将与波长为 $\lambda_2 = $ _____ nm 的第 2 级光谱线重叠.

18.14 波长为 $\lambda = 550$ nm(1 nm = 10^{-9} m)的单色光垂直入射于光栅常量 $d = 2 \times 10^{-4}$ cm 的光栅上,可能观察到衍射极大的最高级次为第 _____ 级.

18.15 一光栅宽 2 cm,共有 8 000 条缝,用钠黄光(589.3 nm)垂直入射,试求出可能出现的各个主极大对应的衍射角.

18.16 一束具有两种波长 λ_1 和 λ_2 的平行光垂直照射到一光栅上,测得波长 λ_1 的第三级主极大衍射角和 λ_2 的第四级主极大衍射角均为 30°.已知 $\lambda_1 = 560$ nm,试求:

(1) 光栅常量 $a+b$;(2) 波长 λ_2.

18.17 如图 18-15 所示,一束平行的单色光以入射角 i 射到光栅上,若入射光波长为 λ,光栅常量为 $a+b$,写出光栅衍射主极大所满足的光栅方程.

18.18 用钠光($\lambda = 589.3$ nm)垂直照射到某光栅上,测得第三级光谱的衍射角为 60°.

(1) 求光栅常量;

(2) 若换用另一光源测得其第二级光谱的衍射角为 30°,求后一光源发光的波长;

(3) 若以白光(400~760 nm)照射在该光栅上,求其第二级光谱的张角.

18.19 一光栅的光栅常量为 $a+b = 3$ μm,缝宽为 $a = 1$ μm,用波长为 λ 的单色平行光垂直入射在光栅上,测得观察屏上第一级主极大的衍射角 θ_1 的正弦值为 $\sin\theta_1 = 0.14$,求:

(1) 单色光的波长 λ;

(2) 能观察到的主极大的最高级次;

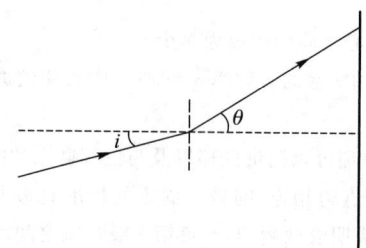

图 18-15 习题 18.17 图

(3) 列出能观察到的主极大的全部级次;

(4) 在单缝衍射的中央明区范围内共有几条主极大谱线.

18.20 波长 $\lambda=600$ nm 的单色光垂直入射到一光栅上,测得第二级主极大的衍射角为 $30°$,且第三级是缺级.

(1) 光栅常量 $(a+b)$ 等于多少?

(2) 透光缝可能的最小宽度 a 等于多少?

(3) 在选定了上述 $(a+b)$ 和 a 之后,求衍射角在 $-\frac{1}{2}\pi<\varphi<\frac{1}{2}\pi$ 范围内可能观察到的全部主极大的级次.

18.21 用平行的白光(波长范围为 $400\sim760$ nm)垂直入射在光栅上,已知光栅常量 $d=3$ μm,缝宽 $a=1.5$ μm.在光栅后放一透镜,在透镜焦平面上置一观察屏,观察光栅光谱.

(1) 求 1 级光谱的角宽度(可用反三角函数表示);

(2) 求屏上能出现的完整光谱的最高级次;

(3) 屏上共出现几条完整光谱?

18.22 超声波在液体中形成驻波时产生周期性的疏密分布,可等效地将其看作一个平面光栅,如图 18-16 所示.(1) 试用超声波的频率 ν,超声波在液体中的传播速度 u 来表示光栅常量 d;(2) 当入射光的波长为 λ 时,在焦距为 f 的透镜 L_2 焦平面处的屏上,测得相邻两级衍射主极大间的距离为 Δx,试证明,超声波在液体中的传播速度为

$$u=\frac{2\lambda f}{\Delta x}\nu$$

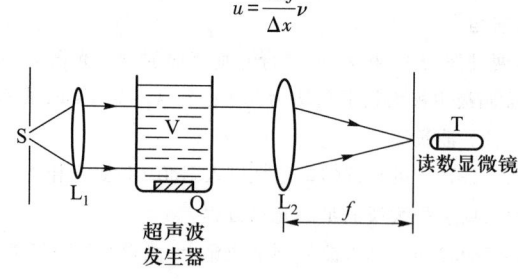

图 18-16 习题 18.22 图

18.23 用波长 $\lambda=0.17$ nm 的 X 射线,以 $30°$ 掠射角投射到某一晶体表面时,出现第 2 级反射极大,则晶面之间的距离 $d=$_____ nm.

18.24 已知波长 $\lambda_1=0.0977$ nm 的 X 射线,以 $60°$ 掠射角投射到某一晶体表面时,出现第三级反射极大,而当一未知 X 射线以 $30°$ 掠射角投射同一晶体表面时,出现第一级反射极大.求该未知 X 射线的波长.

18.25 若图 18-17 中以 $i=45°$ 掠射的 X 射线不是单色 X 射线,而是含有波长由 0.095 nm 到 0.130 nm 这一频段中的各种波长.图中所示晶面距 $d=0.275$ nm.问哪些波长的 X 射线会在这些晶面的反射中成为极大?

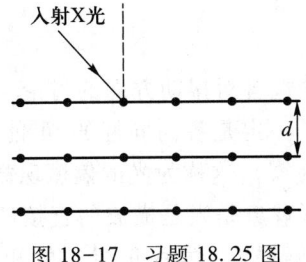

图 18-17　习题 18.25 图

第十九章
光的偏振

光是横波,对横波的讨论包含对振动方向的讨论.在一个垂直于光传播方向的平面内考察,光振动的方向不一定是各向同性的,可能在某一个方向光振动强,在另一个方向光振动弱(甚至为零),这称为光的**偏振现象**.偏振是横波区别于纵波的一个最明显的特点,光的偏振现象是光是横波的直接证明.本章先介绍光的各种偏振态,以及如何获得和检验偏振光,然后介绍反射和折射时光的偏振及双折射现象.

§19-1 自然光和偏振光

普通光源的发光机理是大量原子(或分子)的自发辐射.由于自发辐射的随机性,每一个光波列的振幅、相位和振动方向都不是确定的.普通光源发出的光,是大量的不同振动方向的光波列的集合.在一个与光传播方向垂直的平面内考察,光矢量沿各方向的平均值相等,没有哪一个方向的光振动较其他方向占优势,这种光称为**自然光**,这种光的光矢量分布各向均匀,各方向的光振动的振幅相同,因此又称为非偏振光.自然光中的每一波列的光矢量,都可以在任意给定的两个互相垂直的方向上进行分解,其结果是将自然光分成两束光强相等、振动方向互相垂直的、没有确定相位差的光振动,如图 19-1 所示.

如果一束光的光矢量 E 只沿一个固定的方向振动,我们把这样的光称为**线偏振光**(或面偏振光),光矢量与光传播方向所组成的平面称为振动面.由原子(或分子)跃迁发出的每一个光波列,都有其自身的振动方向,故都是线偏振光.不过我们通常所说的**线偏振光**(简称**偏振光**),不是指某个波列,而是指一束光是偏振光,意即光束中所有的波列都有相同的振动方向.

部分偏振光是介于偏振光与自然光之间的一种光,自然界中我们看到的光,大多是部分偏振光.在垂直于光传播方向的平面内,光矢量的振动方向沿各个方向分布,但沿某一方向的振动最强,沿它的垂向振动最弱.例如把一束偏振光与一束自然光混合,得到的光就属于部分偏振光.相对于部分偏振光,线偏振光又叫**完全偏振光**.

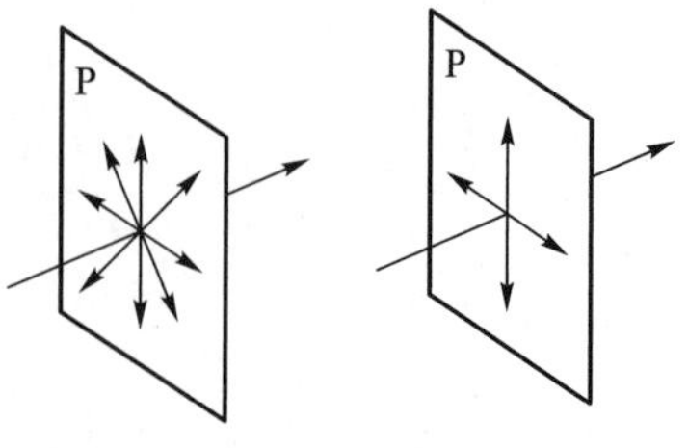

常用一些简单的图形来表示自然光、偏振光和部分偏振光,见图 19-2.用短线 ↕(或)| 表示平行于纸面的光振动,圆点 · 表示垂直于纸面的光振动.在图 19-2 中,(a)为自然光,它的两个互相垂直的光振动的强度相等;(b)、(c)为偏振光,它们的光矢量都只沿一个方向振动;

图 19-1 自然光分解成两个独立的振动方向互相垂直的偏振光

(d)、(e)为部分偏振光,(d)中↕较多,表示平行纸面的光振动较强,(e)中·较多,表示垂直纸面的光振动较强.

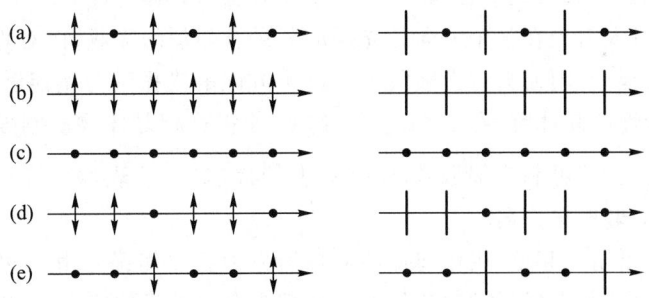

图 19-2 自然光、偏振光和部分偏振光的图示

除了线偏振光,完全偏振光还包括椭圆偏振光和圆偏振光.二者的光矢量 E 在沿着光传播方向前进的同时,振动方向还绕着传播方向匀速旋转.如果一束光的光矢量瞬时值大小保持不变,其端点在垂直于传播方向的平面上描绘的轨迹为圆形,称为**圆偏振光**.如果光矢量的大小不断变化,使其端点描绘出椭圆,这种光就称为**椭圆偏振光**.根据光矢量旋转方向的不同,将迎着光线看时光矢量顺时针旋转的光称为**右旋光**,反之为**左旋光**.图 19-3 为右旋椭圆偏振光的示意图.

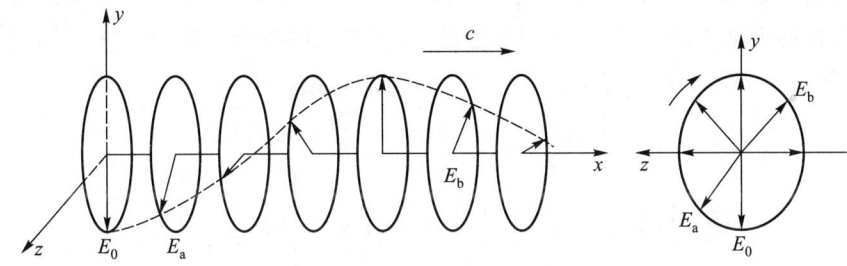

图 19-3 右旋椭圆偏振光

根据相互垂直的振动合成的规律,椭圆偏振光可以看成是两个互相垂直且有恒定相位差的线偏振光的合成.当两个方向上的光振动振幅相等时可得到圆偏振光.

一般来说,完全偏振光都需要通过特殊的手段获得,以下只讨论其中的线偏振光.

§19-2 起偏和检偏 偏振片

可以从自然光中获取偏振光.设法把自然光分解为两束振动方向互相垂直的偏振光,将它们分开或消除其中一个分振动,即可获得偏振光.如果只部分地去掉其中的一个分振动,则获得部分偏振光.由自然光获得偏振光称为**起偏**.

一 偏振片的起偏和检偏

某些晶体物质具有光的各向异性,如硫酸碘奎宁、电气石等,这些晶体具有选择吸收性能,对入射光在某个方向的光振动分量有强烈的吸收,而对垂直于该方向的分量却吸收很少,因而只有沿吸收少的这个方向的光振动分量能够通过晶体.具有这种光学特性的晶体称为"二向色性"物质.若将这种晶体物质制成涂料定向涂敷于透明材料上,就可制成偏振片.偏振片上的标志"↕"表示允许通过的光振动方向,称为它的**偏振化方向**.

偏振片可以用来起偏,用作起偏器从自然光中获取偏振光.用自然光垂直入射偏振片,由于自然光在任意方向分量的强度都为全部光强的一半,所以不管偏振片的偏振化方向如何,都会有一半的光能够通过它,因而我们能在偏振片后面得到光强为入射自然光光强 I_0 一半的偏振光,即

$$I = \frac{1}{2} I_0 \qquad (19-1)$$

透过的偏振光的振动方向即是偏振片的偏振化方向.

偏振片也可以用来检验偏振光,作检偏器使用.图 19-4 是利用偏振片检偏的示意图.图中 A 为起偏器,用自然光垂直入射,如上所述,出射光为偏振光,光强是自然光的一半.图中 B 为检偏器,由 A 出来的偏振光射到 B 时,若 B 的偏振化方向与偏振光的振动方向平行,光将完全通过,得到最大的透射光强[图 19-4(a)],而

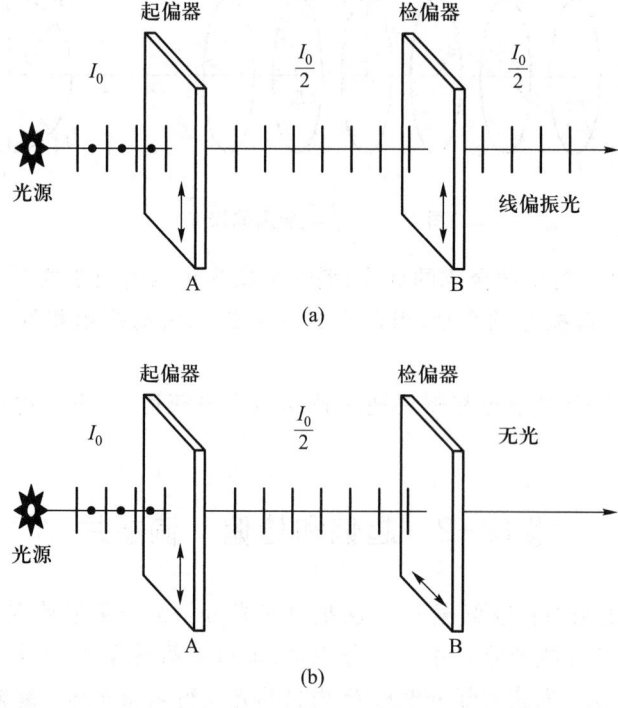

图 19-4 起偏和检偏

当 B 的偏振化方向与偏振光的振动方向垂直时,光完全不能通过,透射光强度为零,称为消光[图 19-4(b)].如果以入射光线为轴,连续转动检偏器,光强会呈现强弱交替的周期性变化且有消光现象,由此能判断入射光为偏振光,并且可以根据透射光强为零时的偏振化方向,确定入射光的振动方向与之垂直.偏振片也可以用来检验部分偏振光,与偏振光不同之处在于旋转检偏器时,透射光的最弱光强不为零.实验上常常利用偏振片来区分自然光、部分偏振光及线偏振光.

二 马吕斯定律

前面讲到,偏振光入射到转动的检偏器时,透射光强会呈现强弱变化,下述的马吕斯定律给出这种变化的规律.偏振光入射检偏器时,只有平行于偏振化方向的光振动分量能够通过.若用 E_0 表示入射偏振光的光矢量的振幅,用 E 表示透过检偏器的偏振光的振幅,由图 19-5 可知,当入射光的振动方向与检偏器的偏振化方向 OP 成 α 角时,有

$$E = E_0 \cos \alpha$$

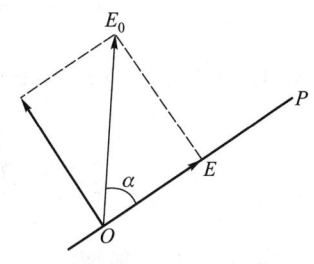

图 19-5 马吕斯定律的证明

因光强与振幅的平方成正比,透射的偏振光和入射偏振光光强之比为

$$\frac{I}{I_0} = \frac{E^2}{E_0^2} = \cos^2 \alpha$$

记作

$$I = I_0 \cos^2 \alpha \qquad (19-2)$$

这就是**马吕斯定律**.当 $\alpha = 0, \pi$ 即二者平行时,$I = I_0$,透射光最强;当 $\alpha = \dfrac{\pi}{2}$ 即垂直时,$I = 0$,出现消光现象.

偏振片在我们生活中应用很广.比如用偏振片做成的太阳镜可以削弱进入人眼的光强;用偏振化方向不同的偏振片制作的眼镜可以用来观看立体电影;用偏振片制作的照相机滤光片可以滤掉大部分反射光,呈现更清晰的效果等.

例 19.1 如图 19-6 所示,在两块正交偏振片(偏振化方向相互垂直)P_1,P_3 之间插入另一块偏振片 P_2,光强为 I_0 的自然光垂直入射于偏振片 P_1,求转动 P_2 时,透过 P_3 的光强 I 与转角的关系.

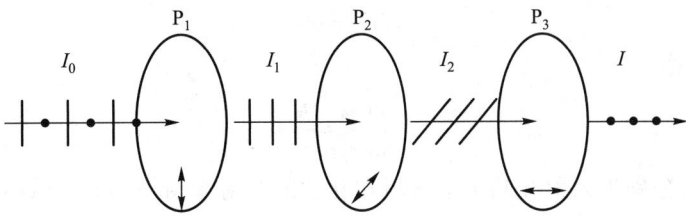

图 19-6 例 19.1 图

解 设入射自然光的光强为 I_0,当它透过 P_1 后,将成为光强 $I_1 = \frac{1}{2}I_0$ 的偏振光,振动方向平行于 P_1 的偏振化方向. 若用 α 表示 P_1、P_2 偏振化方向之间的夹角,由马吕斯定律,透过 P_2 的偏振光的光强为

$$I_2 = I_1\cos^2\alpha = \frac{1}{2}I_0\cos^2\alpha$$

由于 P_2、P_3 偏振化方向之间的夹角为 $90°-\alpha$,也即入射 P_3 的偏振光的振动方向与它的偏振化方向的夹角为 $90°-\alpha$,再次应用马吕斯定律,即得透过 P_3 的偏振光的光强为

$$I_3 = I_2\cos^2(90°-\alpha) = \frac{1}{2}I_0\sin^2\alpha\cos^2\alpha$$

$$= \frac{1}{8}I_0\sin^2 2\alpha$$

当 $\alpha = 45°$ 时,$I_3 = \frac{1}{8}I_0$ 为最大的透射光强.

§19-3 反射和折射时光的偏振

实验表明,一般情况下,自然光入射到两种介质的分界面上时,产生的反射光和折射光都是部分偏振光,反射光中垂直于入射面的光振动较强,折射光中平行于入射面的光振动较强,如图 19-7(a) 所示. 实验还指出,反射光和折射光的强度以及偏振化的程度都与入射角的大小有关. 特别是,当入射角 i 等于某一特定值时,反射光是线偏振光,振动方向垂直于入射面,见图 19-7(b). 这个特定的入射角称为**起偏振角**,用 i_0 表示,它的大小取决于两种介质的相对折射率.

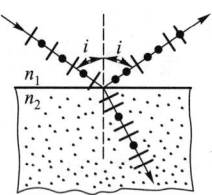
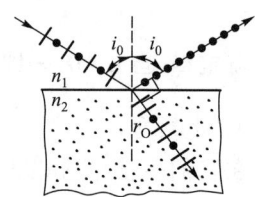

(a) 自然光经反射和折射后,产生部分偏振光　　(b) 入射角为布儒斯特角时,反射光为偏振光

图 19-7

实验进一步告诉我们,当光以起偏振角入射到两种介质的界面上时,反射光线和折射光线相互垂直,如图 19-7(b) 所示. 于是有

$$i_0 + r_0 = 90°$$

根据折射定律

$$\frac{\sin i_0}{\sin r_0} = \frac{n_2}{n_1}$$

式中 n_1 和 n_2 分别为入射光和折射光所在介质的折射率. 由于 $\sin r_0 = \cos i_0$,得到

$$\tan i_0 = \frac{n_2}{n_1} \tag{19-3}$$

此式称为**布儒斯特定律**,表示起偏振角与介质折射率的关系,故 i_0 又称为**布儒斯特角**.

当 $i=i_0$ 时,反射光为完全偏振光,而折射光一般仍然是部分偏振光,而且偏振化程度不高.因为对于多数透明介质,折射光的强度要比反射光的强度大很多.例如,当自然光由 $n_1=1$ 的空气射向 $n_2=1.50$ 的玻璃时,$i_0=\arctan(n_2/n_1)=56.3°$,入射光中平行于入射面的光振动全部被折射,垂直于入射面的光振动也有 85% 被折射,反射光只占垂直入射面光振动的 15%.

由于一次反射得到的偏振光的强度很小,折射光的偏振化程度又不高,为了能够增强反射光的强度和提高折射光的偏振化程度,可以把许多相互平行的玻璃片叠在一起,构成一玻璃片堆,见图 19-8(a).自然光以布儒斯特角入射时,容易证明[见图 19-8(b)],光在各层玻璃面上的反射和折射都满足布儒斯特定律,这样就可以在多次的反射和折射中使反射光的强度增强,使折射光的偏振化程度提高.当玻璃片足够多时,就可以在反射和透射方向分别得到光振动方向互相垂直的两束偏振光.

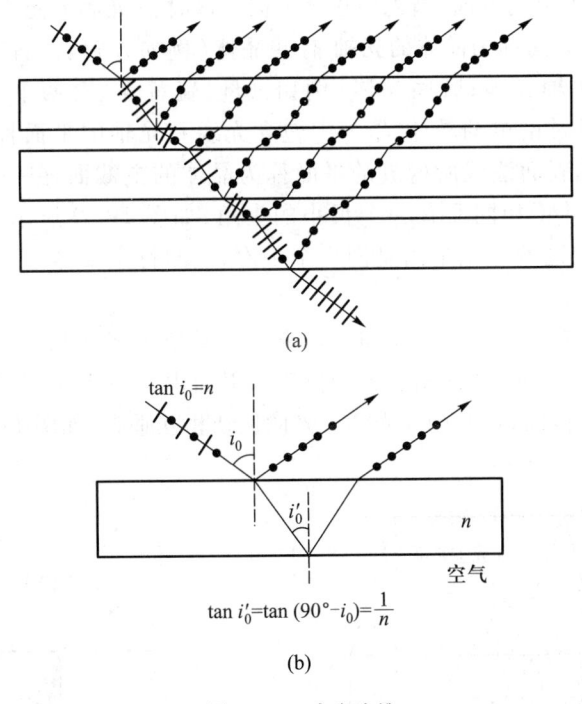

图 19-8 玻璃片堆

布儒斯特定律有很多实际的用途.例如,可用布儒斯特定律测量非透明介质的折射率.将自然光由空气中射向这种介质表面,测出起偏振角 i_0 的大小,即可由 $\tan i_0=n$ 计算出该物质的折射率.又如,在外腔式激光器中,把激光管的封口做成倾斜的,使激光以布儒斯特角入射,可以使光振动平行入射面的线偏振光不反射而完全通过,从而将激光的能量损耗减低到最低程度.

§19-4 光的双折射

一 双折射现象

一束光进入某些介质,例如方解石晶体(碳酸钙 $CaCO_3$ 天然晶体)时,会产生两束折射光,这一现象称为**光的双折射**.

实验发现,在改变入射角 i 时,双折射产生的两束折射光中,有一束始终遵守折射定律,折射线在入射面内,入射角的正弦与折射角的正弦之比 $\sin i / \sin r$ 为一常量,这一束光称为**寻常光**,也称为 **o 光**;另一束光不遵守折射定律,不仅 $\sin i / \sin r$ 随入射方向而变,折射光一般也不在入射面内,这一束光称为**非常光**,也称为 **e 光**.由于光的双折射,把一块透明的方解石晶片放在有字的纸上,可以看到字呈现双像.

改变入射光的方向时,o 光和 e 光的方向也会发生改变.可以发现,在方解石这类晶体中有一个确定的方向,当光沿这个方向传播时,o 光和 e 光不再分开,不发生双折射现象.这个方向称为晶体的**光轴**.有些晶体(例如方解石、石英等)仅有一个光轴方向,称为单轴晶体;有些晶体(例如云母、硫黄等)有两个光轴方向,称为双轴晶体.本节只讨论单轴晶体.晶体中包含光线和光轴的平面称为该光线的**主平面**.光轴与晶体表面法线所构成的平面称为晶体的**主截面**.在一般情况下,o 光和 e 光的主平面并不相同而有一个很小的夹角,如图 19-9 所示,但若入射光线位于主截面内时,这两个主平面是同一个平面,我们将主要考虑这种较为简单而常见的情况.

实验指出,双折射产生的 o 光和 e 光都是偏振光,o 光的振动垂直于它的主平面,e 光的振动平行于其主平面.若光轴位于入射面内,o 光和 e 光的主平面为同一平面,即晶体的主截面,这时的 o 光和 e 光的振动相互垂直,如图 19-10 所示.

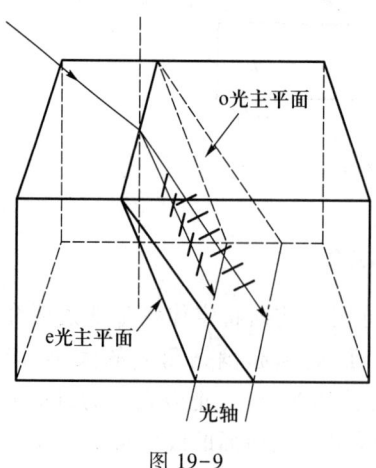

图 19-9

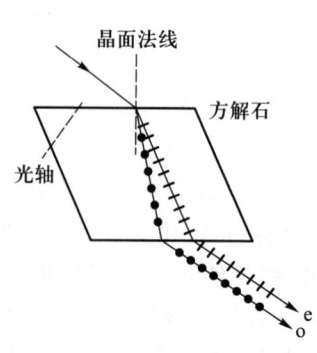

图 19-10 光轴在入射面时的寻常光与非常光

二 惠更斯原理对双折射现象的解释

光双折射的原因在于晶体性质的各向异性.常见的空气、水等物质属于各向同性物质,其微观结构及其物理性质都具有各向同性,即沿不同的方向,物质的物理性质如力学性质、热学性质、光学性质等相同.光在这种物质中传播时,沿不同方向传播的光遵从同样的规律,例如沿不同方向传播的光的速率相同,吸收率相同等.能够产生双折射的物质,是一些光学各向异性的晶体,在这些晶体中沿不同方向传播的光所遵从的规律有差异,例如光的传播速率不同.

根据晶体的各向异性,我们可以用惠更斯原理对双折射现象给予定性的说明.在单轴晶体中,o 光遵从折射定律,即与光在各向同性物质中传播时的规律相同,这表明从晶体中任一点发出的 o 光子波,沿各方向传播的速率相同,波阵面是球面.e 光不遵从折射定律,这表明 e 光沿各方向传播速率不同,子波波面不是球面.通过分析可以确定,e 光子波的波面是旋转椭球面.由于沿光轴方向传播时 o 光和 e 光并不分开,所以两束光沿光轴方向的传播速率应该相等,故晶体中任一点发出的子波,o 光和 e 光的子波波面应在光轴上相切,见图 19-11. 而在垂直于光轴的方向上 o 光和 e 光的光速相差最大.用 v_o 表示 o 光在晶体中的传播速率,v_e 表示 e 光垂直于光轴的速率,定义 $n_o=\dfrac{c}{v_o}$ 为 o 光折射率,$n_e=\dfrac{c}{v_e}$ 为 e 光的主折射率,这是取决于晶体结构的两个重要的光学参量.有些晶体,例如石英,它的 $v_o>v_e$,$n_o<n_e$,称为正晶体;另一些晶体,例如方解石,它的 $v_o<v_e$,$n_o>n_e$,称为负晶体,见图 19-11.

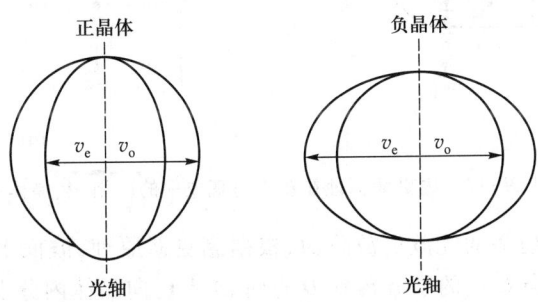

图 19-11　正晶体和负晶体的子波波面

表 19.1 列出了几种单轴晶体 n_o 和 n_e 的数据.

表 19.1　几种单轴晶体 o 光和 e 光的折射率(对 589.3 nm 波长的光)

晶 体	n_e	n_o	n_e-n_o
方解石	1.486 4	1.658 4	-0.172 0
电气石	1.638	1.669	-0.031
白云石	1.500	1.681 1	-0.181
菱铁矿	1.635	1.875	-0.240
石 英	1.553 4	1.544 3	+0.008 9
冰	1.313	1.309	+0.004

应该注意,即使我们定义了 e 光的主折射率,也并不意味着 e 光会遵从折射定律.

根据上述 o 光和 e 光子波波面的概念,我们能够很方便地用惠更斯原理确定 o 光和 e 光在晶体内的传播方向.

(1) 平行光斜入射,光轴在入射面内与晶面斜交,见图 19-12(a)

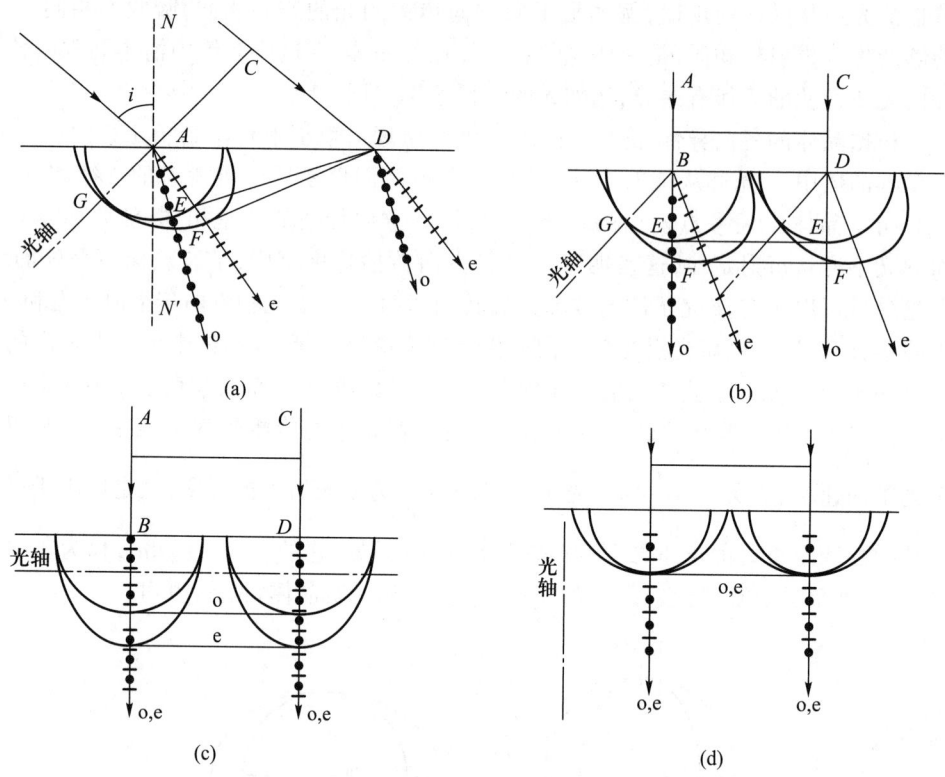

图 19-12 惠更斯原理在双折射现象中的应用(负晶体)

图中 AC 是入射平面光波的波阵面,根据惠更斯原理,波面上的每一个点都是发射子波的波源,当 C 点的子波传到 D 点时,A 点已向晶体内分别发出了 o 光的球面子波和 e 光的旋转椭球面子波,它们沿光轴方向相切于 G 点. 晶面上 AD 之间的各点也先后发出一系列这样的球面和旋转椭球面子波,这些球面子波的包迹 DE 平面就是 o 光在晶体内的新波阵面,而旋转椭球面子波的包迹 DF 平面就是 e 光在晶体内的新波阵面. 其中 E 点是 DE 平面与 A 点发出的球面子波的切点,而 F 点是 DF 平面与 A 点发出的旋转椭球面子波的切点,AE 和 AF 连线分别是代表 o 光和 e 光在晶体内传播方向的波线. 由图中可见,o 光和 e 光传播方向不同,产生了双折射,而且还可看到,e 光的传播方向与波前并不垂直.

根据同样的讨论方法,可以得出:
(2) 平行光垂直入射,光轴与晶面斜交

在晶体中 o 光、e 光分开,产生双折射,e 光的传播方向与波前不垂直,如图 19-12(b)所示.

（3）平行光垂直入射，光轴与晶面平行

o 光、e 光在晶体中都沿入射方向传播，但传播速度不同，到达同一点的两束光有一定的相位差，仍然存在双折射，如图 19-12(c)所示.

（4）平行光垂直入射，光轴与晶面垂直

o 光、e 光在晶体中仍沿入射方向传播（即沿光轴方向传播），传播速度也相同，不产生双折射，如图 19-12(d)所示.

综上所述，光在晶体中是否产生双折射以及双折射的具体情况，既决定于光对晶面的入射方向，也决定于晶体中光轴的方向.

内 容 提 要

1 偏振光

光是横波，有自然光、线偏振光、部分偏振光等不同的偏振态.

2 偏振片

自然光 I_0 入射偏振片时，透射光光强为 $I=\dfrac{I_0}{2}$ 的偏振光.

偏振光 I_0 入射偏振片时，透射光光强遵从马吕斯定律 $I=I_0\cos^2\alpha$，其中 α 为偏振光振动方向与偏振片偏振化方向之间的夹角.

偏振片、玻璃片堆和利用光的双折射制成的各种偏振器，都可以用于起偏和检偏.

3 反射和折射时的偏振现象

自然光入射到两种介质的界面上时，反射光和折射光一般是部分偏振光.

布儒斯特定律：当光以起偏振角 i_0 入射时，反射光为光振动垂直于入射面的偏振光

$$\tan i_0 = \frac{n_2}{n_1}$$

此时折射光与反射光互相垂直，$i_0+r_0=90°$.

4 双折射现象

自然光入射双折射晶体时，由双折射产生的 o 光和 e 光都是偏振光，o 光的振动方向垂直于主平面，e 光的振动方向平行于主平面.

习 题

19.1 自然光中的光振动矢量呈各向同性分布，合成矢量的平均值为 0，为什么光的强度却不为 0？

19.2 通常偏振片的偏振化方向是没有标明的，如何快速地确定其偏振化方向？

19.3 若要使线偏振光的光振动方向旋转 90°，最少需要几块偏振片？这些偏振片怎样放置才能使透射光的光强最大？

19.4 一束光垂直射到偏振片上，转动偏振片，看到下列现象时，请判断入射光的偏振状态。

(1) 光强无变化,则入射光为_____;
(2) 光强有极大极小变化,但无消光现象,则入射光为_____;
(3) 光强有极大和消光现象,则入射光为_____.

19.5 一束光是自然光和线偏振光的混合,当它通过偏振片时发现透射光的强度取决于偏振片的取向,其强度可以变化 5 倍,求入射光中自然光的强度占总入射光强度的比例.

19.6 自然光入射到两个互相重叠的偏振片上,如果透射光强为(1) 透射最大强度的三分之一;(2) 入射光强度的三分之一.则这两个偏振片的偏振化方向间的夹角是多少?

19.7 使自然光通过两个偏振化方向成 60° 角的偏振片,透射光强为 I_1,今在这两个偏振片之间再插入另一偏振片,它的偏振化方向与前两个偏振片均成 30° 角,则透射光强为多少?

19.8 在双缝干涉实验装置的两个缝后,各置一片偏振片,
(1) 两偏振片的偏振化方向平行,屏上是否会出现干涉条纹?其光强和条纹的分布是否改变?
(2) 两偏振片的偏振化方向互相垂直,屏上是否会出现干涉条纹?其光强和条纹的分布是否改变?

19.9 自然光以入射角 $i = 30°$ 射到两种介质的交界面 MN 上时发生反射和折射,如图 19-13 所示.已知反射光是完全偏振光.
(1) 在图上作出反射线和折射线,并用点和短线标出其偏振状态;
(2) 对这两种介质而言,折射率为_____的介质为光密介质;
(3) 折射线与反射线的夹角为_____;
(4) 当折射率 $n_2 = 1.38$ 时,折射率 $n_1 = $_____.

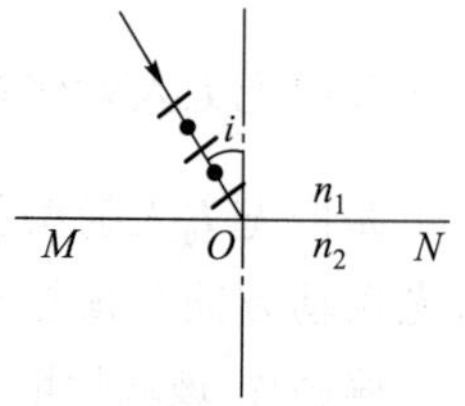

图 19-13 习题 19.9 图

19.10 一束平行的自然光,以 58° 角入射到平面玻璃上,反射光束是线偏振光.问:
(1) 透射光束的折射角是多少?
(2) 玻璃的折射率是多少?

19.11 在如图 19-14 所示的五种情况下,以自然光或线偏振光从空气中入射到两种介质的表面上时,问反射光和折射光各属于什么性质的光?并在图上所示的反射光线和折射线上用点和短线把振动方向表示出来.图中 $i_0 = \arctan n, i \neq i_0$.

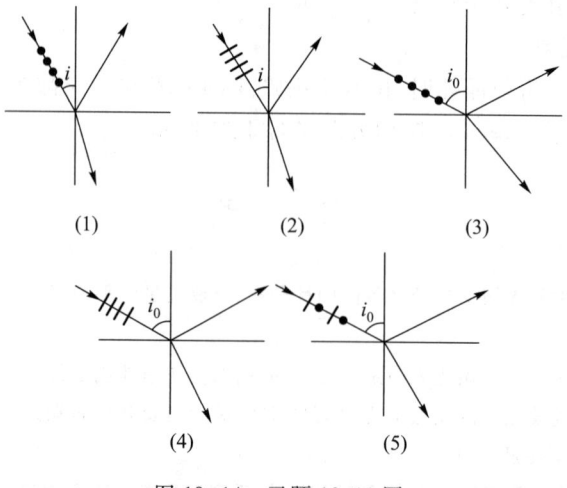

图 19-14 习题 19.11 图

19.12 当一束光射到两种透明介质的分界面上,会发生只有透射没有反射的情况吗?会发生只有反射没有透射的情况吗?请举例说明.

19.13 在夏天,炙热的阳光照射在柏油马路上,马路发出刺眼的反光,汽车司机需要戴上一副墨镜来遮挡,是否可用偏振片做眼镜?偏振片眼镜比普通墨镜有什么优点?

19.14 水的折射率为 1.33,玻璃的折射率为 1.50,当光由水中射向玻璃而反射时,起偏振角为多少? 当光由玻璃射向水而反射时,起偏振角又为多少?

19.15 怎样测定不透明电介质(例如珐琅)的折射率?

19.16 一束自然光自空气射向一块平板玻璃(如图 19-15),设入射角等于布儒斯特角 i_0,则在界面 2 的反射光_____.

(A) 是自然光;
(B) 是完全偏振光且光矢量的振动方向垂直于入射面;
(C) 是完全偏振光且光矢量的振动方向平行于入射角;
(D) 是部分偏振光.

19.17 用方解石切割成一个 60° 的正三角形棱镜,光轴垂直于棱镜的三角形截面.设自然光的入射角为 i,而 e 光在棱镜内的折射线与镜底边平行,如图 19-16 所示,求入射角 i,并在图中画出 o 光的光路,已知 $n_e = 1.49, n_o = 1.66$.

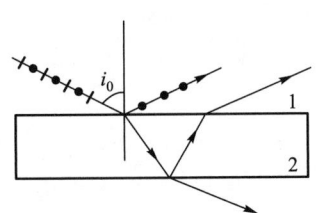

图 19-15　习题 19.16 图

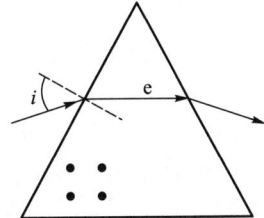

图 19-16　习题 19.17 图

第5篇 近代物理

经典物理学在19世纪末发展到它的鼎盛时代.它建立了完整而严密的三大理论体系:机械运动(包括机械波)服从牛顿力学;热运动服从热力学和经典统计物理;电磁运动(包括光)服从麦克斯韦电动力学.运用经典理论,物理学家们已经能用原子、分子的概念去解释物质的宏观性质,也能运用力学规律去讨论天体的运动和演化.因而,当时不少的物理学家认为,经典物理已经成就为"最终的理论",是"科学的终结".1900年,英国著名物理学家开尔文在他一篇展望20世纪物理学的文章中写道:"在已经基本建成的科学大厦中,后辈的物理学家只要做一些零碎的修补工作就行了",也就是说,理论已经完成,道路已经铺平,以后的工作只是要把实验做得更精确一些,在数据的后面多加几位有效数字而已.

然而,经典物理的大厦也不是天衣无缝的,在同一篇文章中,开尔文还写道:"但是,在物理学晴朗天空的远处,还有两朵小小的令人不安的乌云",这是指当时经典理论还不能解释的迈克耳孙-莫雷实验和黑体辐射实验.开尔文的担心是有远见的,随着研究的进一步深入,那两朵乌云迅速扩散,终于引发了物理学史上的一场暴风骤雨,诞生了近代物理的两个基本理论:相对论和量子论.

迈克耳孙-莫雷实验是测量光速的一个实验,是相对论的一个重要的实验基础.按照经典力学的相对性原理,在不同的惯性系中力学规律相同,即不可能通过力学实验来区分不同的惯性系.然而,按经典力学的结论,经典电磁学中的光速对于不同的惯性系应该是不相同的,这意味着经典电磁学没有相对性:我们可以通过光速的不同来区分不同的惯性系.在本质上,两个经典理论在相对性上的对立,是两种时空观的对立:经典力学相对性的基础是绝对时空观,而经典电磁学相对性则要求相对时空观.爱因斯坦以超人的胆识,在他的狭义相对论中将力学和电磁学融于同一个相对性原理,并将光速不变确认为第二个原理,建立起一个逻辑严密的、完整和谐的理论体系.在科学技术引导我们走向高速和高能领域的时候,爱因斯坦的相对论成为我们最有力的科学武器.

如果说相对论是在对经典物理的反思中诞生的,是集19世纪物理学大成的登峰造极之作,那么量子论则是在物理学走向未知世界时跨出的崭新的一步.黑体辐射实验是一个关于热辐射的实验,它所得到的实验规律是经典理论无法解释的.普朗克在试图解释黑体实验的时候,作了一个当时看来是不可思议的假设:能量是量子化即不连续的.这种新思想在以后的几十年中发展为一种全新的理论——量子论,它描述微观世界的那些最基本的粒子的运动规律,成为我们洞察物质世界的最有力的工具.量子的思想深入到几乎所有的自然科学之中,它将物理学、化学、天文学和生物学密切相连,并发展出许多极具发展前途的边缘科学.现在最先进的技术如核技术、激光技术、半导体技术、计算机技术等无一不与量子论的成功相关.

第二十章
狭义相对论

爱因斯坦的狭义相对论是一个博大精深的理论.它第一次阐明了时间和空间的相互联系及其与物质运动的相互关系;它将力学和电磁学的相对性统一为同一个原理,将高速运动和低速运动规律纳入同一个理论框架;它使质量和运动、质量和能量的概念水乳交融.狭义相对论的这些理论结果往往超越人们的传统而显得奇怪,但近代物理实验却总是支持相对论而无一例外.爱因斯坦狭义相对论的建立,厘清了科学界长期以来在时空观、以太、绝对惯性系等一系列问题上的争论,促进了科学技术的飞速发展.当今的核能利用、太空开发等最尖端的技术都与相对论密切相关.

相对论起源于对相对运动的讨论由来已久.为了容易理解,本章先讨论经典力学的相对性原理,它来自于人们长期以来习以为常的绝对时空观.然后我们过渡到对电磁学相对性的讨论,这时会暴露一个矛盾,涉及真空中的光速是否也有相对性的问题.在更深的层面上,这危及绝对时空观.随后我们讨论爱因斯坦是如何通过相对论的两个基本原理来统一处理这些问题的.最终我们将发现,从相对运动出发展开的讨论,随着研究的深入,早已远远超出了它原有的范围,发展成为集相对论时空观、相对论运动学、相对论动力学为一体的狭义相对论理论.

狭义相对论源于对经典理论的审视和思考,但它得出的结论却是经典理论无法想象的.狭义相对论的建立过程,充满了与传统决裂的勇气和开拓未知领域的大无畏精神.

文档:爱因斯坦

§20-1 经典力学与经典时空观

一 伽利略变换与经典时空观

在本书第一章质点运动学中,我们曾处理过相对运动问题.得到了两个参考系之间的位置矢量、速度矢量和加速度矢量的关系.在这里我们对其作进一步的讨论.

首先,我们假设这两个参考系都是**惯性系**,即一个参考系相对另一个参考系作匀速直线运动.其次,在不失一般性的情况下可以假设 S′参考系的 x′坐标轴与 S 参考系的 x 坐标轴重合,它们 y 轴和 z 轴的指向平行,S′参考系相对于 S 参考系以速度 v 沿 x 轴的正方向运动,如图 20-1 所示.取两个参考系的坐标原点重合时作为计时零点.设若有一个事件 P 发生(比如一次闪光、一次爆炸等),在 S 系中测量到 P 的位置为 r,时间为 t,在 S′系中测量位置为 r′,时间为 t′.按照经典力学关于相对运动的讨论,P 的位置矢量在两个参考系的变换关系为

$$r = r' + OO'$$

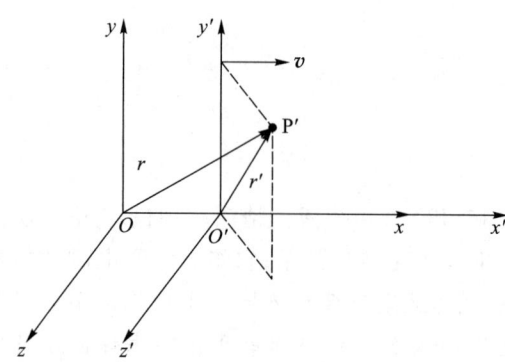

图 20-1 坐标变换图

表示成坐标分量形式,则有

$$\begin{cases} x = x' + vt' \\ y = y' \\ z = z' \end{cases}$$

考虑到经典物理学中,两个参考系的时间是相同的,则上式可进一步扩充为

$$\begin{cases} x = x' + vt' \\ y = y' \\ z = z' \\ t = t' \end{cases} \quad (20\text{-}1)$$

上述含有空间和时间坐标的变换,称为伽利略时空变换,简称伽利略变换.伽利略变换还可以写成:

$$\begin{cases} x' = x - vt \\ y' = y \\ z' = z \\ t' = t \end{cases} \quad (20\text{-}2)$$

习惯上将式(20-2)称为伽利略正变换,而式(20-1)称为伽利略逆变换.

　　经典物理学认为,时间和空间都是绝对的,与参考系的选择无关.例如,一细棒相对于图 20-1 中的 S′系静止,在 S′系中测得其长度为 l'.在 S 系看来,细棒是运动的,但它的长度 l 与 l' 应该完全相等,这是空间的绝对性.又如,在 S′系中先后发生了两个事件 A、B,测得其时间间隔为 $\Delta t'$.在 S 系测量它们的时间间隔 Δt,Δt 也应该与 $\Delta t'$ 相等,这是时间的绝对性.在经典物理学看来,空间只是物质运动的"场所",它与物质本身完全无关而独立存在;时间也同样与物质运动无关,它独立地、永恒地、均匀地流逝着;时间与空间之间也互不影响、相互独立.经典物理学对时空的这种看法叫**绝对时空观**或**经典时空观**.

　　伽利略变换是与绝对时空观相联系的.在上述例子中,S′系中测得细棒的长度 l' 可以用它两个端点的坐标 (x_1', y_1', z_1') 和 (x_2', y_2', z_2') 表示为

$$l' = \sqrt{(x_2' - x_1')^2 + (y_2' - y_1')^2 + (z_2' - z_1')^2} \quad (20\text{-}3)$$

若在 S 系测量,则必须同时测量两个端点的坐标.设在 t 时刻测得两端坐标为 (x_1, y_1, z_1) 和 (x_2, y_2, z_2),则 S 系中测得细棒的长度表示为

$$l = \sqrt{(x_2-x_1)^2 + (y_2-y_1)^2 + (z_2-z_1)^2} \tag{20-4}$$

可以通过伽利略变换式将 S′系中的测量值变换到 S 系中.按式(20-2),并注意到是同时测量,即 $t_1 = t_2 = t$,故有

$$\begin{cases} x'_1 = x_1 + vt \\ y'_1 = y_1 \\ z'_1 = z_1 \end{cases} \quad \begin{cases} x'_2 = x_2 + vt \\ y'_2 = y_2 \\ z'_2 = z_2 \end{cases}$$

将此式带入式(20-3)即得

$$l' = \sqrt{(x'_2-x'_1)^2 + (y'_2-y'_1)^2 + (z'_2-z'_1)^2}$$
$$= \sqrt{(x_2-x_1)^2 + (y_2-y_1)^2 + (z_2-z_1)^2}$$

将此结果与式(20-4)对比即得 $l = l'$,即在两个参考系中测得细棒的长度相等.由此可知,伽利略变换不改变物体的长度,即伽利略变换满足空间的绝对性.相似地,我们还可以证明伽利略变换也不改变时间的绝对性.所以我们可以说,伽利略变换是绝对时空观的数学表现形式.

二 经典力学的伽利略不变性与伽利略相对性原理

对式(20-2)和式(20-3)求导可得到在伽利略变换下质点速度的变换关系:

$$\begin{cases} u_x = u'_x + v \\ u_y = u'_y \\ u_z = u'_z \end{cases} \quad \text{或} \quad \begin{cases} u'_x = u_x - v \\ u'_y = u_y \\ u'_z = u_z \end{cases} \tag{20-5}$$

式中 (u'_x, u'_y, u'_z) 是质点 P 相对于 S′系的速度分量,(u_x, u_y, u_z) 是 P 相对于 S 系的速度分量.式(20-5)就是两个参考系的速度变换关系,也叫伽利略速度变换.其矢量形式为

$$\boldsymbol{u} = \boldsymbol{u}' + \boldsymbol{v}$$

由于 S′参考系相对 S 参考系作匀速直线运动,$\boldsymbol{v}$ 是一个常量.所以,质点 P 在两个参考系之间的加速度变换为

$$\begin{cases} a'_x = a_x \\ a'_y = a_y \\ a'_z = a_z \end{cases} \tag{20-6}$$

其矢量形式为

$$\boldsymbol{a} = \boldsymbol{a}'$$

可见,在两个**惯性系**之间的伽利略变换不改变物体运动的加速度,即加速度在伽利略变换下是一个不变量.

由于经典力学认为质点的质量与运动状态无关、质点受力也与参考系无关.所以牛顿运动定律的形式在 S′和 S 两个参考系中完全相同,即有

$$F = ma \quad \text{和} \quad F' = ma' \tag{20-7}$$

由于力学中各个重要的定律(如动量守恒定律、角动量守恒定律和机械能守恒定律)都可以看作牛顿运动定律的推论,所以它们在两个参考系中也应该完全相同,即力学定律在伽利略变换下数学表达式保持不变.由于 S' 和 S 是两个任意的惯性参考系,由此推广可知,**在一切惯性系中力学规律都相同(即在一切惯性系中力学定律的数学表达式相同)**.这个结论叫牛顿力学的**相对性原理**.按照这个原理,在一个惯性系中作任何力学实验,(由于力学规律相同)都无从区别该系相对于其他惯性系是静止或是作匀速直线运动.这意味着**所有的惯性系在力学上等价,即不存在任何一个惯性系比其他惯性系更为特别(或更为优越)**.

早在 1632 年,伽利略就曾根据在匀速行驶的密封船舱中观察到的力学现象,得到了力学规律对所有惯性系等价的结论,故牛顿力学的相对性原理也叫**伽利略相对性原理**.应该指出,绝对时空观和伽利略相对性原理并非来自于人为的、纯主观的臆造,它同样来自于人类千百年来的实践.但长期以来,人的实践只是低速运动的实践,此时绝对时空观与实验是一致的.对于高速运动,绝对时空观和伽利略相对性原理是否还与实验一致呢?这正是我们下面要讨论的问题.

文档:伽利略

§20-2 狭义相对论原理

一 电磁理论的相对性讨论

在牛顿力学和麦克斯韦电磁学并立的年代,力学的相对性使人们自然会联想到电磁学的相对性.如上节所述,牛顿力学具有相对性,即在任何惯性系中力学规律等价,或在一切惯性系中力学规律的数学表达式相同,我们不可能通过在一个惯性系中的力学实验来确定它相对于另一个惯性系的运动状态.那么,对电磁学而言,它是否也具有相对性?即在任何惯性系中电磁规律是否等价,或在一切惯性系中电磁规律的数学表达式是否相同呢?是否可以通过在一个惯性系中的电磁学实验来确定它相对于其他惯性系的运动呢?这是下面我们将要讨论的问题.

计算表明,麦克斯韦方程在伽利略变换下是改变的.也就是说,如果伽利略变换是普遍适用的,则电磁学对不同的惯性系不同,即不具备相对性.可以更简化地说明这个问题:麦克斯韦方程在只有电磁场存在的时候可以简化为电磁波方程,电磁波在真空中的速度大小(光速)为 $c = 1/\sqrt{\varepsilon_0 \mu_0}$.按照伽利略变换,速度应该是一个与参考系有关的物理量,即对于不同的参考系光速不同(故电磁波方程不同,麦克斯韦方程也不同).所以我们可以通过对光速的测量来区别不同的惯性系,这意味着电磁学不具备相对性.

两门最成熟的,而且紧密相关的经典理论,力学有相对性,而电磁学没有相对性,这使当时的科学家大感不解.问题最终需通过实验来解决,实验集中于光速的测量,实验的意图十分清楚:如果光速对所有的惯性系相同(为不变量),则电磁学有相对性;若光速是改变的,则电磁学没有相对性.

二 关于"以太"模型

"以太"是一个历史上提出的概念.由于牛顿力学的深远影响,当时的科学家(包括麦克斯韦本人)认定,光波的传播也像机械波一样需要一种弹性介质.所谓光速,就是光振动的相位对这种介质的传播速度.根据光波的特点,科学家分析出了这种弹性介质所具有的一些奇特性质.例如,光可以进入透明物质中,因此透明物质中该存在这种介质;光可以在真空中传播,真空中也该有这种弹性介质;光没有纵波而只有横波且速度很大,因此该介质具有很大的切变弹性而没有任何长变弹性.它的这些性质确实非常奇特甚至非常荒谬,但由于受到当时经典力学巨大成功的震慑,科学家们仍然对它的存在深信不疑并将这种介质取名为以太(ether——神秘物质).

如果以太存在,在以太中建立一个静止参考系,c 将是光相对于这个以太参考系的速度.对于其他的惯性系,光速将是改变量,因而以太系是一个特殊的、优越的参考系.如果以太存在,地球将在浩瀚的以太中运动,地球上的观察者会感受到"以太风".光对于我们的速度 c' 就不会是 c,还与我们相对于以太的运动有关.若地球相对于以太的速度是 v(则以太对我们的风速为 $-v$),既然光对以太的速度是 c,对我们的速度就应该是 $c'=c-v$.一个合理的设想是,如果我们能测出 c',就能从 c 和 c' 推算出"以太风"的速度,从而确定地球在以太中的运动速度.这个设想导致了著名的迈克耳孙-莫雷实验.

文档:迈克耳孙

三 迈克耳孙-莫雷实验

为了证明以太的存在,历史上有许多物理学家做过很多实验,但都得到了否定的结果.其中最著名的是迈克耳孙(A. A. Michelson, 1852—1931)和莫雷(E. W. Morley, 1838—1923)所做的通过光的干涉来测量地球在以太中的运动速度的实验.

迈克耳孙-莫雷实验的原理如图 20-2 所示.其主要装置是一个迈克耳孙干涉仪.为了简化分析,实验中迈克耳孙干涉仪被调整成具有相同的臂长(均为 l).由光源 S 发出波长为 λ 的光,入射到分光板 G 后,一部分反射到平面镜 M_2 上,由 M_2 反

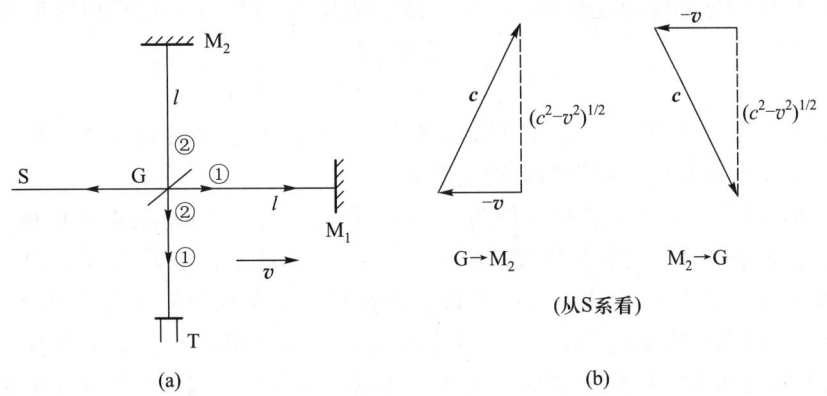

图 20-2 迈克耳孙-莫雷实验原理图,其中 v 是地球相对于以太的速度

射回来透过 G 到达望远镜 T;另一部分则透过 G 到达 M_1,再由 M_1 反射通过 G 也到达 T.两束光在望远镜 T 中实现干涉.

现在把固定在地面上的仪器装置作为一个运动参考系(亦叫实验室参考系),基于以太存在的思想,假设仪器相对于以太参考系以速度 v 向右运动,则有以太风以 v 的速度自右面吹来.调节迈克耳孙干涉仪使其一个臂与风速平行,由于光相对于以太的速度为 c,所以相对于迈克耳孙干涉仪的两个臂的速度分别是:光从 G 到 M_1,速度为 $c-v$;从 M_1 返回 G,光速为 $c+v$;从 G 到 M_2 和从 M_2 到 G,光速为 $(c^2-v^2)^{1/2}$.由此可算出两束光在 G 分开后,又返回到 G 的时间分别为

$$t_1 = \frac{l}{c-v} + \frac{l}{c+v} = \frac{2l}{c\left(1-\frac{v^2}{c^2}\right)}$$

$$t_2 = \frac{2l}{(c^2-v^2)^{1/2}} = \frac{2l}{c\left(1-\frac{v^2}{c^2}\right)^{1/2}}$$

所以,两束光再次相遇发生干涉的时间差为

$$\Delta t = \frac{2l}{c\left(1-\frac{v^2}{c^2}\right)} - \frac{2l}{c\left(1-\frac{v^2}{c^2}\right)^{1/2}}$$

$$= \frac{2l}{c}\left[\left(1+\frac{v^2}{c^2}+\cdots\right) - \left(1+\frac{v^2}{2c^2}+\cdots\right)\right]$$

考虑到 $v \ll c$,上式可以写成

$$\Delta t \approx \frac{l}{c}\frac{v^2}{c^2}$$

于是,两束光的光程差为

$$\Delta L = c\Delta t \approx l\frac{v^2}{c^2}$$

在实验中,若将迈克耳孙干涉仪整体旋转 $90°$,则光程差的改变量为 $2\Delta L$.因此,在迈克耳孙干涉仪旋转的过程中,我们将看到干涉条纹的移动.条纹移动的条数为

$$\Delta N = \frac{2\Delta L}{\lambda} = \frac{2lv^2}{\lambda c^2}$$

在 λ、c 和 l 均为已知的情况下,如果能测量出干涉条纹移动的数目 ΔN,就可以由上式计算出地面相对于以太的运动速度 v.

在迈克耳孙-莫雷实验中,l 约为 10 m,光的波长为 0.5 μm.若取地球相对以太的速度为地球绕太阳的公转速度($3 \times 10^4 \text{ m} \cdot \text{s}^{-1}$),则可由式(20-7)估算出干涉条纹移动数目为 0.4 条,而迈克耳孙干涉仪能观察到的条纹移动精度为 0.01 条.但是,迈克耳孙和莫雷在他们的实验中并没有观察到这个预期的条纹移动.通过不同地点、不同时期的反复多次实验测量,仍然没有观察到条纹移动.物理学史称之为迈克耳孙-莫雷实验的**零结果**.

迈克耳孙-莫雷实验的零结果导致两个可能的解释,或者是根本没有以太,所以没有以太风;或者以太是和地球,即与迈克耳孙干涉仪一起运动的,所以也没有风.按照当时的历史条件,人们宁可承认以太跟随物质运动的结论.人们解释说,以太会黏附于各种有质量的物体,被物体拖着一起运动,所以我们测量到的光速都为 c,条纹当然不会移动.但这种解释与早已肯定的光行差效应矛盾,下面我们介绍光行差实验.

四 光行差实验

光行差观察实验是一个测量光相对于参考系运动的著名实验.设有一束光竖直向下传播,观察者在水平方向以速度 v 运动,如果以太存在并跟随观察者一起运动,观察者测量到的光束方向仍然应该竖直向下;如果以太不随观察者运动,观察者测量到的光束方向就应与竖直方向有一个夹角 α,如图 20-3(a)所示,图中虚线表示观察者观察到的光束方向.根据速度合成法则,夹角 α 为

$$\alpha = \arctan \frac{v}{c} \tag{20-8}$$

这个现象称为光行差.光行差的实验测量通常是在速度为 $+v$ 和 $-v$ 的情况下进行两次,在两次测量中观察者测得的光束方向的夹角正好是 2α.在 v 远小于 c 的情况下,α 很小,设备精度无法达到观察这个角度的要求.我们选择来自太空某恒星的光束(星光),在地球上观察它的方向,并相隔 6 个月后再观察一次,如图 20-3(b)所示.由于地球绕太阳公转的轨迹近似为圆周,在相隔 6 个月的这两次观察位置,地球的速度正好反向.实际观察到的星光方向如图 20-3(b)中的虚线表示.地球绕太阳公转速率约为 $3 \times 10^4 \text{ m} \cdot \text{s}^{-1}$,由式(20-8)可以计算出 2α 为

$$2\alpha = 41'' \tag{20-9}$$

上述角度在设备精度范围内是完全可以测量的.其实,式(20-9)表示的恒星光行差早在 1728 年就由英国天文学家布拉得莱(J. Bradley, 1693—1762)发现,他长期从事恒星视差的观测.在长期的观测中,他发现,用望远镜对准同一颗恒星,镜筒的指向在春季和秋季各不相同,两者相差约 40″.后来,天文学家反复进行过光行差的天文观察,得到的结果都与式(20-9)的结论一致.从以太论者的观点看来,光行差观察实验的结果表明以太没有被地球拖动,以太是绝对静止的,地球相对于以太的速度就是地球的公转速度.显然光行差观察实验和迈克耳孙-莫雷实验的结果对以太模型的存在是一个难以解释的问题.为了挽救"以太",物理学家们又提出了若干的假设,做了大量的实验,但均与愿违.一切实验都表明,一束光,无论它是从哪里发出的,无论是在哪个惯性系中测

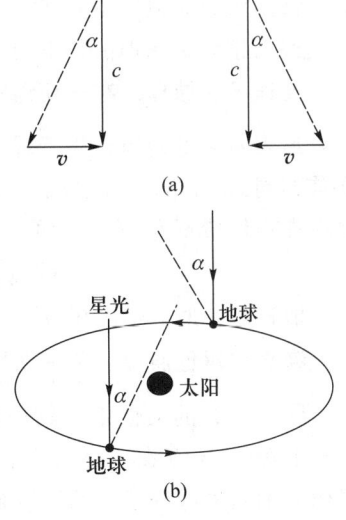

图 20-3 光行差分析

量,它的速度均为 c.这个结果显然违背伽利略变换,这让当时的物理学家非常困惑.

五 爱因斯坦狭义相对论原理

如上所述,以太模型与实验事实发生了矛盾.最终科学家们发现,解决这些矛盾的唯一出路就是彻底放弃以太学说,承认以太这种无处不在、渗透一切而弥漫于整个宇宙的神秘物质是人们从头脑里杜撰出来的,是根本不存在的.事实上,以太是人们将机械波的特点不合理地外推到电磁波而得到的.电磁理论认为电磁波的形成和传播是因为电场与磁场的相互激发,并没有任何的实验证明一定需要以太的存在.如果以太不存在,会给我们带来一些什么结果呢?

如果以太不存在,也就没有占有绝对优越地位的以太参考系.也就是说,电磁规律对所有惯性系等价,我们不可能通过任何电磁学实验来确定一个惯性系相对于另一个惯性系的运动.即电磁学也像牛顿力学一样满足相对性原理.

放弃以太学说,还必须承认光速的特殊地位:真空光速对任何参考系都是一个相同的常量 c.承认光速的特殊地位会直接与经典时空观发生矛盾,即光速不满足伽利略速度变换法则.然而,经典时空观和伽利略变换是人们在低速运动的范围内总结出来的,虽然在低速范围内与实验一致并屡试不爽,但它们能否直接推广到高速范围呢?物理学是一门实验科学,应该承认,没有实验证明经典时空观可以推广到高速运动领域.在高速领域完全可能有新的时空观和新的理论来描写物质世界的运动规律.

1905 年,爱因斯坦在全面审视前人结论,深思熟虑后,大胆地抛弃了伽利略变换和绝对时空观,在光速不变原理的基础上提出了相对论的时空观,并将相对性原理从力学规律满足的一个原理推广到所有物理规律都应该满足的基本原理,建立了**狭义相对论**的理论.所谓"狭义"是指所讨论的参考系都是惯性系.后来,爱因斯坦将其推广到非惯性系并建立了广义相对论,这将在本章的最后一节作简单介绍.

狭义相对论原理由如下两个基本原理组成,它们是:

光速不变原理 在一切惯性系中,真空中光速都具有相同的值 c.

这表明无论光源相对于观察者以多大的速度运动,观察者测量到的真空光速都是相同的.当然,光在透明介质中传播的速度与参考系的选择有关,并不像在真空中那样保持不变(在后面的表述中,光速通常是指真空中的光速).真空光速为

$$c = 1/(\varepsilon_0 \mu_0)^{1/2} = 299\ 792\ 458\ \mathrm{m \cdot s^{-1}}$$

在一般计算中取 $c = 3 \times 10^8\ \mathrm{m \cdot s^{-1}}$.

狭义相对性原理 在一切惯性系中,物理规律都是相同的.

即在所有的惯性系中物理规律的数学表达式相同.这意味着所有的惯性系在物理上等价,不存在一个惯性系会比其他惯性系更为特别,所以也不可能通过物理规律的不同来区分不同的惯性系.狭义相对性原理是力学相对性原理的推广.它告诉我们,不仅不能通过力学实验,也无法通过任何其他物理实验(含电磁学实验)来

确定观察者所在的惯性系是静止的或是在作匀速直线运动,它否定了任何形式的特殊参考系的存在.

狭义相对论的两个原理,文字非常简明,意思非常清楚,具有极其深刻的科学内涵和非常重要的科学意义.通过这两个原理,爱因斯坦给我们展示了一个全新的时空观和一个全新的物理世界.在物理学历史上,它被视为经典物理学和现代物理学的分水岭.

§20-3 相对论时空观

速度是单位时间内物体发生的位移与发生位移所用时间的比值,因而速度这个物理量与时间和空间都有关系.如果光速不变原理成立,即如果在不同惯性参考系中光速是一个常量,就必然意味着不同参考系中测量的时间和空间,是和经典的绝对时空观相矛盾的,这就是相对论时空观.本节将讨论由光速不变原理所导致的相对论时空观的几个主要结论及其物理含义,完整的相对论时空观的数学表述将在下一节洛伦兹变换中介绍.

在关于相对论的时间、空间的讨论中,有一些概念应该十分清晰.第一,我们通常所说的"事件"是指客观发生的事件,可以在一个坐标系中用时空坐标来刻画它发生的地点和时间.事件也可以用不同的参考系来描述.不过,参考系不同将导致事件的时空坐标值的不同,即同一事件在不同参考系下的"印迹"位置是不同的.事件不能被认为是"属于"某个参考系的.其次,我们常用"测量"这个词,有时也用"看来""认为""判断"这些具有相似意义的术语,通常也是指测量的结果而言."测量"代表着直接从客观中获取信息,而没有其他人为的中间环节,可使很多问题的阐述和结论的表达更加科学和严谨.

在相对论的讨论中,测量一般是指即时测量.在低速世界中,光速被当作无穷大,我们可以通过"看"一个地方的时钟来记录另一个地方发生的事件的时间,而不带来明显的误差.但是在高速运动领域,光的传播速度就不能当作无穷大,我们就不能用异地时钟来记录发生事件的时间,而必须采用"当地"的时钟.按爱因斯坦的说法,在记录一个事件发生的位置和时间时,除了设立一个参考系以测量事件的空间坐标外,还应该在参考系中每一点都设置一个时钟以测量事件发生的时间.在高速情况下,信息传递的一点点延迟都可能带来很大的误差.

既然参考系中每一点处都有时钟,那么怎样才能将这些时钟校准(同步)呢?设参考系中各处的时钟都是理想的——走时准确、规格一致,为了将它们校准可以在其中一个时钟为零时让它向其他时钟发送一个编码的电磁波(使用光的特殊性——光速不变),其他时钟在接收到这个编码时将它自己的时间调整为 l/c (l 为该时钟与发射编码时钟的间距),则参考系中的时钟就都被校准了.比如,一个时钟与发射编码时钟的距离为 3×10^8 m,当它接收到编码时就将其自己的时间调整为 1 s,这样两个时钟就校准了.这样的一个每点都有时钟并进行了校准的参考系叫时空坐标系.

下面讨论相对论时空观的三个主要结论:同时性的相对性、时间延缓和长度收缩.

一 同时性的相对性

同时性对于我们全面掌握时间的概念是很重要的,爱因斯坦在研究相对论时一开始就注意到了这个问题.1905 年,他在著名论文《论动体的电动力学》中写道:"如果我们要描述一个质点的运动,我们就以时间的函数来给出它的坐标值.现在我们必须记住,这样的数学描述,只有在我们十分清楚懂得'时间'在这里指的是什么之后才有物理意义.我们应该考虑到:凡是时间在里面起作用的我们的一切判断,总是关于同时的事件的判断.比如我们说,'那列火车 7 点到达这里',这大概是说,'我的表的短针指到 7 同火车到达是同时事件'."因此,对于时间的表述是与两个事件同时性联系在一起的.怎样判断两个事件是同时的呢?

判断发生在同一地点两个事件是否同时是很简单的,可以使用一个时钟来记录并作出判断.然而在一个时空坐标系中,要判断(或测量)发生在不同地点的两个事件是否同时则要复杂一些,也有多种判断方法.比如爱因斯坦常常使用的中点判断法.设在某一个参考系中不同地方 A、B 处各发生了一个事件,并且都在事件发生时向中点发出一个光信号,若在 A、B 的中点(O 点)处同时接收到来自 A、B 的光信号,则可判断两个事件是同时发生的,否则就是不同时发生的.在相对论中,常常利用光信号传递来进行时间和空间上的测量和判断,是因为光速不变原理所蕴含的光的特殊性,即一切惯性系中真空光速都等于 c.

由经典时空观可知,在一个惯性系测量两个异地同时事件,在另一个惯性系测量也将是同时发生的,即同时性是绝对的、与参考系无关的.然而,如果光速不变原理是正确的,这个结论还正确吗?例如,有一列火车以速度 v 在平直轨道上匀速行驶.在火车的中点 O 处固定有一个闪光灯随火车运动,它发出的光可以被固定在车头 A 处和车尾 B 处的光接收器接收,如图 20-4 所示.在列车参考系中测量,向前和向后的光子速率都是相同的 c,而 O 点又是 A、B 的中点,所以闪光灯的某一次发光经过一定时间的传播后会同时到达车头和车尾处的接收器.若将车头 A 处的接收器接收到光叫事件 A,将车尾 B 处的接收器接收到光叫事件 B,显然在列车参考系中测量,事件 A 和事件 B 是同时发生的.

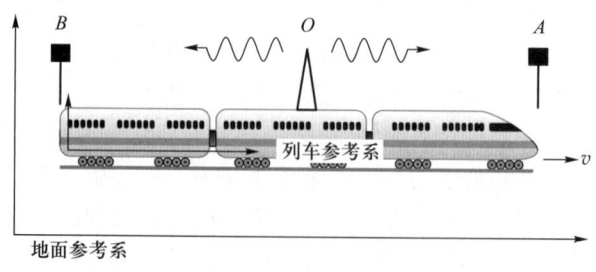

图 20-4 同时性的相对性

然而,在地面参考系中测量上述事件是否同时呢?可以分为两种情形予以讨论.第一,按照经典时空观,地面参考系测量传向车头的光速应为 $c+v$,传向车尾的光速应为 $c-v$,考虑火车对地面的速度是 v,可以得到的结论是:事件 A 和事件 B 也是同时发生的.这就是经典时空观同时性的绝对性.第二,按照光速不变原理,地面参考系测量传向车头和车尾的光速都应是 c,考虑火车对地的速度是 v,显然车尾 B 处的接收器与传向车尾的光是相向运动,会先接收到光信号,即事件 B 先发生;传向车头的光是在追赶接收器 A,接收器 A 会后接收到光信号,即事件 A 后发生.因此,按照光速不变原理,在列车参考系中测量是异地同时的事件,在地面参考系中测量就不同时了.这就是相对论时空观同时性的相对性.在上述讨论中应该注意到:两个事件的位置连线是在参考系相对运动的方向上.若两个事件的位置连线与参考系相对运动方向垂直(即两个接收器不是分别在车头和车尾,而是在 O 点的正上方和正下方相同距离处),即使应用光速不变原理也可得到"地面参考系中测量两个事件是同时发生"的结论.

在相对论情况下,光速不变原理所必然导致同时性的相对性可以总结为:在一个参考系中的异地同时事件在另一个参考系来测量就不一定是同时.下一节我们还将对此进行详细讨论.

二 时间延缓效应

一个惯性系中同一地点先后发生的两个事件的时间间隔,在狭义相对论中称为**本征时间**或**固有时间**,而在另一个惯性系中测到的这两个事件的时间间隔叫**运动时间**.设在 S' 参考系中这两个事件是发生在同一地点,它们的时间间隔 $\Delta t'$ 就是本征时间.在这里我们要讨论的是,在 S' 参考系中测到的本征时间 $\Delta t'$ 与在另一个惯性系(比如 S 参考系)测量到的运动时间间隔 Δt 是否相同?它们的差别与两个惯性系的相对运动有什么关系?

如图 20-5 所示,设有一列以速度 v 匀速运动的火车,在车厢内 A 点处有一个光源竖直向上发出一束光,光束经 F 处的反射镜反射回 A 处的接收器.设运动的火车是 S' 参考系,地面是 S 参考系.对 S' 参考系来说,见图 20-5(a),光从 A 点发出到回到 A 点的接收器是发生在同一地点的两个事件,其时间间隔 $\Delta t'$ 就是本征时间.由于在 S' 系看来光的速度是 c(利用光速不变原理),故有

$$\Delta t' = \frac{2h}{c} \tag{20-10}$$

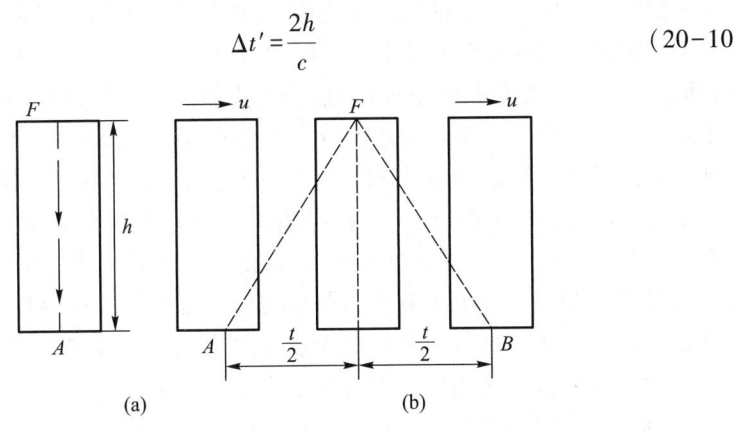

图 20-5 时间延缓讨论用图

其中，h 是 A、F 两点竖直方向的直线距离.

当我们在地面参考系（S 系）进行测量时，见图 20-5（b），设光发出后经 Δt 时间返回到接收器，此时接收器已随车厢运动前进了 $l = v\Delta t$ 的距离到达 S 系中的 B 点，Δt 是运动时间.在光反射的过程中，反射镜已前进了 $l/2$ 的距离到达 S 系中的 F 点，因而在 S 系看来，光是沿着 AFB 这个路径传播的，传播的总距离为

$$L = 2\sqrt{h^2 + (l/2)^2} = 2\sqrt{h^2 + (v\Delta t/2)^2}$$

由光速不变原理，S 系中的光速仍为 c，故 Δt 应满足

$$\Delta t = \frac{L}{c} = \frac{2}{c}\sqrt{h^2 + (v\Delta t/2)^2}$$

解之可得

$$\Delta t = \frac{2h}{c}\frac{1}{\sqrt{1-\frac{v^2}{c^2}}} = \frac{\Delta t'}{\sqrt{1-\frac{v^2}{c^2}}} \tag{20-11}$$

为了书写简洁，我们常用如下符号简写：

$$\begin{cases} \gamma = \dfrac{1}{\sqrt{1-\dfrac{v^2}{c^2}}} = \dfrac{1}{\sqrt{1-\beta^2}} \\ \beta = \dfrac{v}{c} \end{cases} \tag{20-12}$$

故式（20-11）可简单地记作

$$\Delta t = \gamma \Delta t' \tag{20-13}$$

上式表明，光源发光到接收器接收到光束这两个事件的时间间隔在 S 系中测量的结果与 S′ 系不同，由于 $\gamma > 1$，$\Delta t > \Delta t'$，如前所述，此处 $\Delta t'$ 为本征时间，Δt 是运动时间.所以，在不同惯性系测量两个事件的时间间隔时，以本征时间为最短，运动时间是本征时间的 γ 倍.运动时间比本征时间长这一结论也称为狭义相对论的时间延缓效应.

上面的讨论中有一个细节需要说明.我们在计算 S 系中光传播的距离时，认为在 S 系中测量车厢内光源与反射镜之间的垂直高度与在 S′ 系中测量的结果是相同的，都等于 h.从怀疑经典时空观的角度看，我们的这个假设正确吗？也即是说，垂直于相对运动方向的长度测量是否与参考系的运动状态有关呢？下面我们通过一个例子来说明这个问题.设在山洞外停有一列火车，车厢高度与洞顶高度恰好相等.现在使火车匀速地向山洞开去，这时它的高度是否还和洞顶高度相等呢？先假设高度会由于运动而变小，这样在地面观察，由于运动车厢高度减小，它当然能顺利通过山洞.但如果是在车厢上观察，则山洞是运动的，洞顶的高度应该减小，这样火车势必被阻挡在山洞外.这显然自相矛盾.如果假设高度由于运动而变大，也可以导出类似的矛盾.但火车能否穿过山洞是一个确定的物理事实，应该和参考系的选择无关，因而上述矛盾不应该发生.这说明假设车厢和洞顶的高度随运动变化是错误的，也就是说，垂直于相对运动方向的长度测量与运动无关.

三 长度收缩效应

如上所述,垂直于相对运动方向的长度测量与运动(或参考系)无关.那么,沿运动方向的长度测量又如何呢?

首先应该明确的是,长度测量是和同时性概念紧密相关的.在某一个参考系中测量一个棒的长度,就是要在同一时刻测量它的两个端点的位置坐标差.在相对于棒静止的参考系中这一点并不重要,因为它两端的位置不变,无论是否同时测量,结果总是一样的.但在测量运动棒的长度时,同时性的考虑就有决定性的意义了.为此我们定义:在相对静止的参考系中测量的物体长度称为物体的**固有长度**或**本征长度**,而在相对运动参考系测量的物体长度叫**运动长度**.

设有一列火车以速度 v 通过车站的月台,如图 20-6 所示,我们分别以火车(S′系)和月台(S 系)为参考系来测量月台的长度(此长度是沿运动方向的).在月台参考系(S 系)上看,火车司机驾驶火车经过月台 A 端点的时间为 t_1,经过 B 端点的时间为 t_2,则月台长度为

$$L = v(t_2 - t_1) = v\Delta t \tag{20-14}$$

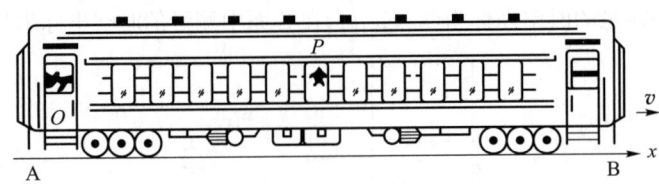

图 20-6 长度收缩讨论用图

这个长度就是月台的本征长度.但我们可以明显看到,火车司机经过月台 A 端点和经过 B 端点这两个事件在月台参考系中是发生在不同地方的,所以 Δt 不是这两个事件的本征时间.

在火车参考系(S′系)上看,月台相对于火车以速度 v 运动.当火车司机驾驶火车经过月台 A 端点时,火车司机可以记录下时间设为 t_1',经过 B 端点的时间为 t_2',则火车参考系测量的月台长度为

$$L' = v(t_2' - t_1') = v\Delta t' \tag{20-15}$$

这个长度就是月台的运动长度.我们注意到,火车司机经过月台 A 端点和经过 B 端点这两个事件在火车参考系中是发生在同一地方的(火车司机所在位置),所以 $\Delta t'$ 就是这两个事件的本征时间间隔.由式(20-13)$\Delta t = \gamma \Delta t'$,我们有

$$L' = L/\gamma = L\sqrt{1 - \frac{v^2}{c^2}} \tag{20-16}$$

上式表明,火车上的观察者测量到的"运动月台"的长度,即运动长度要比地面上的观察者测量到的"静止月台"的长度,即本征长度要短,是本征长度的 $1/\gamma$,这种相对论现象称为长度收缩效应.按照这个结论,如果有两个相同的米尺(即相对于观察者静止时,长度均为 1 m)在长度方向上发生相对运动,则相对于 A 尺静止

的观察者测量的 B 尺(在运动)的长度将比 A 尺短,而相对于 B 尺静止的观察者测量的 A 尺(在运动)的长度将比 B 尺短.因此,长度收缩效应也叫尺缩效应.

文档:洛伦兹

§20-4 洛伦兹变换

在前面的讨论中我们知道,与绝对时空观相应的坐标变换是伽利略变换.在由光速不变原理导出了相对论时空观后,紧随而来的问题是,与相对论时空观相应的坐标变换应该是一个什么样的坐标变换呢?下面我们就由上述的相对论时空观导出一个与之相应的新的坐标变换,称为**洛伦兹变换**.

一 洛伦兹坐标变换与洛伦兹坐标差变换

为了讨论方便和公式简洁,我们仍假设 S′参考系的 x' 坐标轴与 S 参考系的 x 坐标轴重合,S′参考系相对于 S 参考系的速度为 v,方向沿 x 轴正方向,其他两个坐标轴相互平行,并且在两个参考系的坐标原点重合时取为时间的零点,如图 20-7 所示.现在我们来讨论这两个惯性系描写同一个事件的时空坐标之间的关系.设有一个事件 P 发生,在 S 系中测量的时空坐标为 (x,y,z,t),在 S′系中测量的时空坐标为 (x',y',z',t').

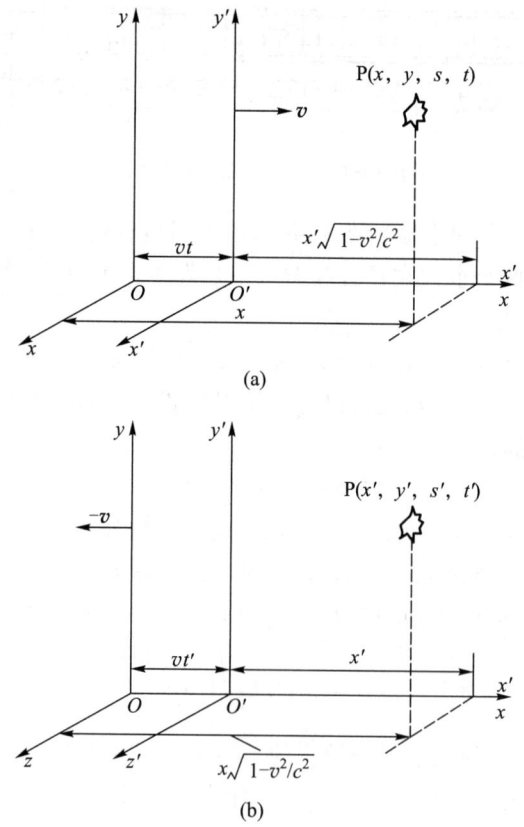

图 20-7 洛伦兹变换推导用图

我们先讨论事件 P 在两个惯性系的位置坐标中的 x 和 x' 分量之间的关系。在 S 系中测量我们显然有如下关系：

$$x = vt + O'x'$$

注意这里的 $O'x'$ 是在 S 系中测量到的事件对于 S′系的 x' 坐标，即位置矢量 $\boldsymbol{r}'$ 在 x' 方向投影的长度。由于这段长度对于 S′系是静止的，所以 S′系的测量值 x' 是本征长度，对于 S 系是运动的，所以 S 系的测量值 $O'x'$ 要比 x' 短。由长度收缩公式我们有：$O'x' = \dfrac{x'}{\gamma}$，故

$$x = vt + \dfrac{x'}{\gamma} \tag{20-17}$$

同理，当我们在 S′系中进行测量时则有

$$x' = Ox - vt' = \dfrac{x}{\gamma} - vt' \tag{20-18}$$

上式中我们同样注意到了 x 经过长度收缩后才等于 Ox。

由式(20-17)和式(20-18)容易解出

$$\begin{cases} x' = \gamma(x - vt) \\ t' = \gamma\left(t - \dfrac{v}{c^2}x\right) \end{cases} \tag{20-19}$$

考虑到 S 系和 S′系只在 x(或 x')轴方向有相对运动，在与之垂直的方向上没有长度收缩效应，所以 $y' = y, z' = z$。故式(20-19)可以扩充为

$$\begin{cases} x' = \gamma(x - vt) \\ y' = y \\ z' = z \\ t' = \gamma\left(t - \dfrac{v}{c^2}x\right) \end{cases} \tag{20-20}$$

式(20-20)称为洛伦兹变换式。式(20-20)也可改写为另一种形式：

$$\begin{cases} x = \gamma(x' + vt') \\ y = y' \\ z = z' \\ t = \gamma\left(t' + \dfrac{v}{c^2}x'\right) \end{cases} \tag{20-21}$$

这也是洛伦兹变换的一种常用的形式，习惯上称为洛伦兹逆变换。

如果发生了 P_1 和 P_2 两个事件，由洛伦兹变换可以得到这两个事件的时间间隔和空间间隔在两个惯性系之间的变换公式

$$\begin{cases} \Delta x' = \gamma(\Delta x - v\Delta t) \\ \Delta y' = \Delta y \\ \Delta z' = \Delta z \\ \Delta t' = \gamma\left(\Delta t - \dfrac{v}{c^2}\Delta x\right) \end{cases} \text{和} \begin{cases} \Delta x = \gamma(\Delta x' + v\Delta t') \\ \Delta y = \Delta y' \\ \Delta z = \Delta z' \\ \Delta t = \gamma\left(\Delta t' + \dfrac{v}{c^2}\Delta x'\right) \end{cases} \tag{20-22}$$

我们称之为洛伦兹坐标差变换.式中$(\Delta x,\Delta y,\Delta z,\Delta t)$和$(\Delta x',\Delta y',\Delta z',\Delta t')$分别是这两个事件在 S 系和 S′系中的时空坐标差,例如 $\Delta x=x_2-x_1,\Delta x'=x_2'-x_1'$.

由于$\gamma=\dfrac{1}{\sqrt{1-\dfrac{v^2}{c^2}}}$,所以相对速度 v 不能达到光速,否则 $\gamma\to\infty$ 将使洛伦兹变换式(20-20)和式(20-21)失去物理意义,这再次向我们提示光速在相对论中的特殊地位.从式(20-20)和式(20-21)我们还可以看出,当运动速度 v 远小于光速时,$\gamma\to 1$,而$\dfrac{v}{c^2}\to 0$.这时洛伦兹变换将还原为伽利略变换,所以我们说,伽利略变换是洛伦兹变换的低速极限.

例 20.1 一固有长度为 100 m 的火箭以速度 $v=0.8c$ 相对于地面飞行,发现一流星从火箭的头部飞向尾部,掠过火箭的时间在火箭上测得为 1.0×10^{-6} s.试问地上的观察者测量时,

(1) 流星掠过火箭的时间是多少?

(2) 该时间内流星飞过的距离是多少?

(3) 流星运动的速度和方向如何?

解 设火箭为 S′系,地面为 S 系,并以火箭的运动方向为 x 轴的正方向.令流星到达火箭首、尾端的事件分别为事件 1 和事件 2,依照题意,已知条件为 $v=0.8c$, $\Delta x'=x_2'-x_1'=-100$ m,$\Delta t'=1.0\times 10^{-6}$ s,且

$$\gamma=\dfrac{1}{\sqrt{1-\dfrac{v^2}{c^2}}}=\dfrac{1}{\sqrt{1-0.8^2}}=\dfrac{5}{3}$$

(1) 由时间间隔变换公式

$$\Delta t=\gamma\left(\Delta t'+\dfrac{v}{c^2}\Delta x'\right)$$

得地上测得流星掠过火箭的时间

$$\Delta t=\dfrac{5}{3}\left(10^{-6}-\dfrac{0.8c}{c^2}\times 100\right)\text{ s}=1.2\times 10^{-6}\text{ s}$$

(2) 由空间间隔变换公式

$$\Delta x=\gamma(\Delta x'+v\Delta t')$$

得地上测得 Δt 时间内流星飞过的距离

$$\Delta x=\dfrac{5}{3}(-100+0.8c\times 10^{-6})\text{ m}=2.3\times 10^2\text{ m}$$

(3) 流星飞过的距离 Δx 和时间 Δt,是同一 S 系中的测量值,故 S 系测得飞行速度为

$$u=\dfrac{\Delta x}{\Delta t}=\dfrac{2.3\times 10^2}{1.2\times 10^{-6}}\text{ m}\cdot\text{s}^{-1}=1.9\times 10^8\text{ m}\cdot\text{s}^{-1}$$

$u>0$,表示流星与 S′系也即与火箭的运动同方向.由于 $u<v$,实际上是火箭在追赶流星,造成流星由火箭头部飞向尾端.

二 洛伦兹变换与相对论时空观

上面我们是用长度收缩效应推导出了洛伦兹变换.实际上,由于相对论时空观的所有效应是彼此相关的,所以在洛伦兹变换中已包含着所有的相对论时空观的

特点和效应.为了加强对相对论时空观的理解,我们在这里用洛伦兹变换导出的差值变换重新讨论同时性的相对性、时间延缓、长度收缩这三个相对论效应.这种讨论更为定量,更为简洁,也更为常用.

(1)同时性的相对性.设在 S′系中测量某两个事件是异地同时事件.即:$\Delta x' \neq 0$,而 $\Delta t'=0$.则由式(20-22)洛伦兹坐标差变换式中的

$$\Delta t = \gamma\left(\Delta t' + \frac{v}{c^2}\Delta x'\right)$$

可得在 S 系中测量这两个事件的时间间隔为

$$\Delta t = \frac{\gamma v}{c^2}\Delta x' \qquad (20\text{-}23)$$

也即是说,只要在运动方向上 $\Delta x' \neq 0$,Δt 就不为零,这表明同时性确实是相对的.上式还表明,若 $\Delta x'>0$,则 $\Delta t>0$,即若 $x_2'>x_1'$,则 $t_2>t_1$.这给出在 S 系中测量到的两个事件的时间顺序,即沿 S′系相对运动方向前方的事件发生得晚,或沿 S 系相对运动方向前方的事件发生得早.上述结论可一般性地表述为,对一个参考系的同时不同地事件,在另一个参考系测得不同时,沿该参考系(指后一个参考系)相对运动方向前方的那个事件发生得早.读者可以验证,这个结论与我们在前面定性讨论的结果是一致的.

在理解同时性的相对性时,有几个问题应该引起注意.

第一,同时性的相对性本身也是相对的,即对 S′系的同时不同地事件,对 S 系来说不同时,沿 S 系相对运动方向前方的那个事件要先发生;反之也可以证明,对 S 系的同时不同地事件,对 S′系也不同时,是沿 S′系相对运动方向前方的事件先发生.这一点读者可用洛伦兹差值变换公式(20-22)自行讨论.

第二,只有异地的事件才有同时的相对性,发生在同一地点的事件是没有同时相对性的.按式(20-22),若 $\Delta x'=0$,$\Delta t'=0$,则必有 $\Delta x=0$,$\Delta t=0$.即在一个参考系同时同地发生的两个事件,在任何惯性系看来都是同时同地发生的.

第三,同时性的相对性只发生在相对运动方向上.容易证明在垂直于运动方向上的两个地方同时发生的事件(即 $\Delta t'=0$,$\Delta x'=0$,而 $\Delta y' \neq 0$ 或 $\Delta z' \neq 0$),在 S′系看来还是同时的(即 $\Delta t = 0$).

第四,对于低速问题,即 $v \ll c$ 时,由式(20-23)可以看出,c^2 是一个很大的值,故 $\Delta t \to 0$.即若在 S′系测得两个事件是同时的,则 S 系测量也是同时的.可见对于低速情况,同时性问题的结论回复到经典时空观,经典时空观表现为相对论时空观在低速条件下的极限近似.

同时性的相对性还有另一种说法,即所谓**时钟不同步**,在一个参考系中已校准(同步)的时钟在另一个参考系看来是没有校准(不同步)的.例如,在站台(S 系)上有很多不同地点的校准了的时钟,它们在 S 系看来都在同一时刻指向 12 点钟(同时事件),然而在列车上(S′系)看来,列车运动前方站台上的时钟将先到达 12 点,后方的时钟后到达 12 点.即在列车看来,运动前方的时钟快了,后方的时钟慢了.

(2)时间延缓效应.设在 S′系中测量某两个事件,结果为 $\Delta x'=0$,而 $\Delta t' \neq 0$(即

$\Delta t'$ 是这两个事件的本征时间间隔).则根据式(20-22)可得在 S 系中测量这两个事件的时间间隔即运动时间为

$$\Delta t = \gamma\left(\Delta t' + \frac{v}{c^2}\Delta x'\right) = \gamma \Delta t'$$

即运动时间是本征时间的 γ 倍,出现了时间延缓效应.同理,假设在 S 系中测量这两个事件,结果为 $\Delta x = 0$,而 $\Delta t \neq 0$(这时 Δt 是这两个事件的本征时间间隔),则根据式(20-22)可得在 S′系中测得的这两个事件的运动时间为

$$\Delta t' = \gamma\left(\Delta t - \frac{v}{c^2}\Delta x\right) = \gamma \Delta t$$

一样出现了时间延缓效应.上面的讨论还表明时间延缓本身也是相对的,即若 S′系的本征时间,例如 1 s,在 S 系测得为 2 s($\gamma = 2$),则 S 系的本征时间 1 s 在 S′系中测得也为 2 s.

对于时间延缓公式的理解有如下几点值得注意的问题.

第一,在时间延缓公式中,γ 一侧的时间间隔必是本征时间,另一侧是延缓后的时间.并不是两个事件在任意两个惯性系中的时间间隔都满足上述关系.比如,有两个事件在两个惯性系中测量都是在不同地点发生的,这时 Δt 与 $\Delta t'$ 的关系就不是 $\Delta t = \gamma \Delta t'$ 或 $\Delta t' = \gamma \Delta t$ 式,而是洛伦兹差值变换式中的一般的时间差变换公式.

第二,时间延缓效应常用于讨论物体在一个过程中所经历的时间,例如一个粒子的寿命,一艘火箭的行程等.一个过程可用发生和结束这两个事件来标志,两个事件的时间差即为过程经历的时间.如果过程进行始终是在同一地点,测到的过程时间为本征时间,否则为运动时间.一个过程的本征时间只有一个,而运动时间却有很多,与物体相对于参考系的速度有关.例如测量一个粒子的寿命,只有相对于粒子静止的惯性系中测得的粒子生存时间才是本征时间,即粒子的本征寿命,它只取决于粒子本身的物理性质.而在其他相对于粒子运动的惯性系中测到的是运动时间,即粒子运动时的寿命,粒子相对于这个系的速度越大,寿命越长.

第三,在时间延缓效应中,无论是对于 $\Delta t = \gamma \Delta t'$ 还是 $\Delta t' = \gamma \Delta t$,由于 γ 是一个正的物理量,所以运动时间和本征时间的符号都相同,即时间会延缓,但却不会颠倒.也即是说,若在 S′系中测得具有因果关系的 A、B 两个事件发生,且 A 事件先发生,那么在另一相对于 S′运动的 S 系中也必将测得 A 事件先发生.即在任何一个惯性系中测量,都不可能出现先中靶后开枪这一类的怪现象,这意味着相对论支持因果律.

第四,时间延缓效应只有当相对运动速度很大时才很明显.从 γ 的表达式我们可以看到,当 v 远小于 c 时,$\gamma \approx 1$.此时,$\Delta t \approx \Delta t'$,即在低速运动时这两个惯性系中测量的时间间隔是相同的,与经典时空观的结论一致.这个结论再次表明,经典时空观是相对论时空观的低速极限.

时间延缓效应即运动的时钟要比静止的时钟走得慢.设想有两个完全相同的时钟(可以抽象成一个点),一个相对于我们是静止的,另一个相对于我们在运动.设运动时钟的秒针一次跳动了 1 s(相对于运动时钟,其秒针的跳动是发生在同一

地点,因此是本征时间 $\Delta t'$),当我们来测量这个时钟秒针的跳动时,由于时间延缓,其时间间隔 Δt 将大于 1 s.即我们观察到运动时钟跳动 1 s,静止时钟将跳动 1 s 多,运动钟比静止钟要慢.

时间延缓效应反映了时间与运动的联系,这是相对论时空观的特点之一.众所周知,任何形式的物质运动和变化过程(如机械运动、化学变化、生物演化等)都可以用来量度时间.时间延缓效应表明不同惯性系测量的物质运动和变化过程的快慢是不相同的.比如,一个人乘坐飞船去太空旅行,他的双胞胎弟弟留在地面.按相对论的预言,留在地面的弟弟将测到哥哥在飞船上长一岁,自己要长一岁多;而飞船上的哥哥亦可测到地面上的弟弟长一岁,他自己也要长一岁多.这就是相对论!当然如果读者要问:当哥哥乘坐飞船旅行回到地面时,兄弟俩谁更老呢?这问题的严格讨论涉及广义相对论,有兴趣的读者可以去查阅关于"双生子佯谬"的相关资料.

(3) **长度收缩效应**.当使用洛伦兹变换讨论长度收缩效应时,应该再次注意到测量运动的棒的长度必须要同时测量两个端点的坐标.设有一细棒相对于 S' 系静止并平行于 x 轴放置,则在 S' 系测量其长度时可以由它两个端点的坐标差表示为 $L' = \Delta x'$.由于棒是静止的,这个结果与测量两个端点的时间没有关系,L' 就是本征长度.当我们在 S 系中测量棒的长度时,由于棒是运动的,只有同时测量两个端点的坐标差才是棒的长度,即要求 $\Delta t = 0$.根据式(20-22)

$$\Delta x' = \gamma(\Delta x - v\Delta t)$$

由于 $\Delta t = 0$,我们有 $\Delta x' = \gamma \Delta x$,即 $L' = \gamma L$,或记作

$$L = L'/\gamma$$

这表明运动细棒长度 L 为本征长度的 $1/\gamma$,是收缩的.同理,如果假设细棒相对于 S 系是静止的,则 $L = \Delta x$ 就是本征长度.在 S' 系中棒就是运动的,这时测量棒的长度也是要求同时测量它的两个端点的坐标差,即要求 $\Delta t' = 0$.同样由式(20-22),我们有

$$\Delta x = \gamma(\Delta x' + v\Delta t')$$

由于 $\Delta t' = 0$ 所以 $\Delta x = \gamma \Delta x'$ 即

$$L' = L/\gamma$$

运动细棒长度也是收缩的.显然,长度收缩效应本身也是相对的.如果 S 系测得 S' 系的米尺只有半米,则 S' 系测 S 系的米尺也只有半米.

对于长度收缩的概念,有如下几点值得注意的问题.

第一,在长度收缩效应 $\Delta x' = \gamma \Delta x$ 或 $\Delta x = \gamma \Delta x'$ 中,由于 γ 是正值,所以 Δx 和 $\Delta x'$ 的大小不同但符号相同,即长度会缩短,但却不会反转.也即是说,若在 S' 系中测得一支箭的长度为 1 m,箭头指向 x 轴正方向,在 S 系中可能测得箭长只有半米,但箭头却一定也指向 x 轴正方向.

第二,一个米尺的本征长度只有一个(即 1 m),这取决于尺的结构,但尺的运动长度却有很多,与观察者相对于尺的速度有关.

第三,长度收缩只发生在运动方向,在运动的垂向不会发生.在上一节我们讨论过这个问题,在洛伦兹差值变换式中的中间两个公式则定量地给出了这一结论.

第四,若 $v \ll c, \gamma \approx 1$,此时 $L=L'$ 没有长度收缩,问题回复到经典时空观.

从上面三个方面的讨论我们知道,洛伦兹变换确实包含了全部相对论时空观的特性,洛伦兹变换就是相对论时空观的数学表达.

三 时空的运动相关性与对应原理

从以上的讨论我们发现,相对论时空观的基本特点是:时间和空间都是与运动相关的,因而离开运动来谈论时间和空间都将是没有意义的.另一方面,时间和空间也是相互联系的,这一点在洛伦兹变换中表现得十分明显:x 和 x' 之间的关系与 t 和 t' 相关,t 和 t' 之间的关系与 x 和 x' 相关,时间和空间存在关联,这对于经典时空观者而言是难以理解的.

在前面的讨论中我们还可以看到,在低速极限下所有的相对论效应都可以忽略并还原到经典时空观的情况.因此,牛顿(经典、绝对)时空观可以认为是相对论时空观的一种特殊情况,而相对论时空观是高速运动情况下经典时空观的合理推广.从这一点上看,相对论是一个完美的理论,因为它事实上已将经典时空观及其理论作为一种特殊情况包含在其中,即当条件与经典理论相同时,完全回复到经典情况.相对论的这一特征后来被上升为一个原理,并作为检验新理论正确性的标准之一.即如果一个新理论是由一个旧理论发展而来的,则它首先应该在应用条件与旧理论相同时能回复成旧理论,这叫**对应原理**.在后面我们将会看到,所有相对论的结论在低速非相对论极限下都可以回复到经典力学情况,即相对论是满足对应原理的.

例 20.2 运动员在地球上参加百米赛跑,10 s 跑了 100 m.有一火箭,其飞行方向与运动员跑的方向相同,速度 $v=0.6c$,在火箭上测得(1)跑道长度为多少?(2)运动员在赛跑过程中跑了多远?

解 (1)火箭测得跑道长度为运动长度,按长度收缩效应,火箭测量值为 $l=l_0/\gamma$,其中 $l_0=100$ m 为跑道的本征长度,而 $\gamma=\dfrac{1}{\sqrt{1-v^2/c^2}}=\dfrac{5}{4}$,代入可算得 $l=80$ m.

(2)设地球为 S 系,火箭为 S' 系,x 和 x' 轴指向沿运动员和火箭的运动方向.在赛跑过程中,地球上测得 $\Delta x=100$ m,$\Delta t=10$ s,按洛伦兹坐标差变换,火箭上测得运动员的位移为

$$\Delta x' = \gamma(\Delta x - v\Delta t) = \frac{5}{4}(100 - 0.6c \times 10 \text{ s})$$

$$\approx -\frac{5}{4} \times 0.6c \times 10 \text{ s} = -2.25 \times 10^9 \text{ m}$$

应注意长度缩短是针对本征长度而言,跑道有本征长度概念,可以用缩短进行运算.而位移没有本征位移概念,应该用洛伦兹坐标差变换来进行计算.由于火箭比运动员快得多,所以在火箭上测得运动员几乎是在用火箭般的速度在向后跑,这一情况在经典运动学中也是常见的.

例 20.3 已知 π 介子静止情况下的平均寿命 $\tau_0 = 2.6 \times 10^{-8}$ s,现在一个实验室中产生出来的 π 介子的速度为 $v=0.75c$,试求在实验室中测得 π 介子衰变前飞行的平均距离为多少?

解 设实验室参考系为 S 系,π 介子参考系为 S' 系.在 S' 系中 π 介子诞生地和衰变地在同一地点,其平均寿命是本征时间.而在 S 系中,其平均寿命根据时间延缓公式将变为

$$\tau = \gamma \tau_0 = \frac{1}{\sqrt{1-\frac{v^2}{c^2}}} \tau_0 = \frac{1}{\sqrt{1-(0.75)^2}} \times 2.6 \times 10^{-8} \text{ s} = 3.93 \times 10^{-8} \text{ s}$$

所以,在 S 系中测量时,π 介子从产生地到衰变地要平均飞行的距离为

$$l = v\tau = 0.75 \times 3 \times 10^8 \times 3.93 \times 10^{-8} \text{ m} = 8.84 \text{ m}$$

此处的运算的思路必须清晰,求实验室测得的平均距离必须用实验室测得的速度即 v 去乘实验室测得的平均寿命即 $\gamma\tau_0$,而不能用实验室测得的速度 v 去乘 π 介子"自己"测得的平均寿命 τ_0,这会得出一个不合题意的结果.

例 20.4 μ 子衰变实验是证明时间延缓效应著名的实验.μ 子是一个不稳定的粒子,衰变过程放出一个电子和两个中微子,衰变规律为

$$N = N_0 e^{-\frac{t}{\tau}}$$

N 和 N_0 分别为 t 时刻和 $t=0$ 时刻的粒子数,τ 称为 μ 子的平均寿命,实验测得静止的 μ 子的平均寿命为 $\tau_0 = 2.21 \times 10^{-6}$ s.

在 1963 年的一次实验中,在海拔 1 910 m 高处,测得由宇宙线产生的速度在 0.995 0c ~ 0.995 4c 之间竖直向下运动的 μ 子数为平均每小时 563±10 个,而在离海平面 3 m 处,测得同样速度的 μ 子数为平均每小时 408±9 个(其他 μ 子已经发生了衰变).试求:

(1) 运动 μ 子的平均寿命;

(2) 验证时间延缓公式.

解 (1) 实验测得 μ 子由高空到海平面附近的平均时间为

$$t = \frac{h}{v} = \frac{1\,910-3}{0.995\,2 \times 3 \times 10^8} \text{ s} = 6.4 \times 10^{-6} \text{ s}$$

以一个小时内的 μ 子来计算,即 $N_0 = 563$,$N = 408$ 和 $t = 6.4 \times 10^{-6}$ s 代入由衰变公式得到的 $-\frac{t}{\tau} = \ln\frac{N}{N_0}$,可得运动 μ 子平均寿命的实验值为

$$\tau = \frac{t}{\ln\frac{N_0}{N}} = \frac{6.4 \times 10^{-6}}{\ln\frac{563}{408}} \text{ s} = 19.9 \times 10^{-6} \text{ s} = 9.0\tau_0$$

(2) 静止 μ 子的平均寿命为本征时间,按相对论的时间延缓公式 $\Delta t = \gamma \Delta t_0$,应有

$$\frac{\tau}{\tau_0} = \gamma \tau_0 = \frac{\tau_0}{\sqrt{1-\frac{v^2}{c^2}}} = \frac{\tau_0}{\sqrt{1-(0.995\,2)^2}} = 10.2\tau_0$$

考虑到各种实验的误差,理论值与实测值相比,还是符合得较好的.

四 相对论速度变换与光速不变

下面我们讨论在相对论情形下两个惯性系之间的速度变换.相对论中由于时空的相对性,速度这个与时间和空间都有关的物理量在两个惯性系之间的变换是较为复杂的.但我们根据洛伦兹变换和速度的定义还是很容易推导出相对论速度变换公式.根据速度定义,我们有两个惯性系中速度分量的表达式:

在 S 系中: $u_x = \dfrac{dx}{dt}$, $u_y = \dfrac{dy}{dt}$, $u_z = \dfrac{dz}{dt}$;

在 S′ 系中: $u'_x = \dfrac{dx'}{dt'}$, $u'_y = \dfrac{dy'}{dt'}$, $u'_z = \dfrac{dz'}{dt'}$.

设质点运动过程中发生一段无限小的位移,以位移的起始和终结为两个事件,则这两个事件的时空坐标差在两个惯性系之间的变换关系由式(20-22)给出,可得

$$\frac{\Delta x'}{\Delta t'} = \frac{\gamma(\Delta x - v\Delta t)}{\gamma\left(\Delta t - \frac{v}{c^2}\Delta x\right)} = \frac{\Delta x/\Delta t - v}{1 - \frac{v}{c^2}\frac{\Delta x}{\Delta t}}$$

上式的两端取极限并利用上述速度分量的定义,则有

$$u'_x = \frac{u_x - v}{1 - \frac{v}{c^2}u_x}$$

类似推导可得另外两个速度分量.它们可以合并记为

$$\left.\begin{array}{l} u'_x = \dfrac{u_x - v}{1 - \dfrac{v}{c^2}u_x} \\[2mm] u'_y = \dfrac{u_y}{\gamma\left(1 - \dfrac{v}{c^2}u_x\right)} \\[2mm] u'_z = \dfrac{u_z}{\gamma\left(1 - \dfrac{v}{c^2}u_x\right)} \end{array}\right\} \quad (20\text{-}24)$$

这就是相对论速度变换公式.显然,在非相对论极限下($v \ll c$ 和 $u \ll c$),上述速度变换公式将还原为伽利略速度变换公式.由洛伦兹变换的逆变换式,我们可以得到

$$\left.\begin{array}{l} u_x = \dfrac{u'_x + v}{1 + \dfrac{v}{c^2}u'_x} \\[2mm] u_y = \dfrac{u'_y}{\gamma\left(1 + \dfrac{v}{c^2}u'_x\right)} \\[2mm] u_z = \dfrac{u'_z}{\gamma\left(1 + \dfrac{v}{c^2}u'_x\right)} \end{array}\right\} \quad (20\text{-}25)$$

有时也把上式称为相对论速度变换的逆变换式.

下面我们以两个特殊情况为例,说明上述相对论速度变换式是满足光速不变原理的.设在 S' 系中一光束沿 x' 轴传播,即 $u'_x = c, u'_y = 0, u'_z = 0$.则由相对论速度变换式(20-25)可得

$$u_x = \frac{u'_x + v}{1 + \frac{v}{c^2}u'_x} = \frac{c + v}{1 + \frac{v}{c^2}c} = c, \quad u_y = 0, \quad u_z = 0$$

即在 S 系中此光束的速度仍为 c,而无论 S' 系相对于 S 系的速度有多大(但必须小于光速).又设在 S' 系中一光束沿 y' 轴传播,即 $u'_x = 0, u'_y = c, u'_z = 0$.则由相对论速度变换式(20-25)可得

$$u_x = \frac{u'_x+v}{1+\frac{v}{c^2}u'_x} = v, \quad u_y = \frac{u'_y}{\gamma\left(1+\frac{v}{c^2}u'_x\right)} = \frac{c}{\gamma} = c\sqrt{1-v^2/c^2}, \quad u_z = 0$$

故

$$u = \sqrt{u_x^2+u_y^2+u_z^2} = \sqrt{v^2+c^2(1-v^2/c^2)} = c$$

由此可知,虽然在 S 系中此光束并不沿 y 轴传播,但光速仍然为 c.所以,相对论速度变换式合乎光速不变原理.

根据加速度定义,由式(20-22)和式(20-24),我们还能继续推出加速度的变换公式(推导过程从略):

$$\left. \begin{array}{l} a'_x = \dfrac{\left(1-\dfrac{v^2}{c^2}\right)^{3/2}}{\left(1-\dfrac{v}{c^2}u_x\right)^3} a_x \\[2ex] a'_y = \dfrac{\left(1-\dfrac{v^2}{c^2}\right)}{\left(1-\dfrac{v}{c^2}u_x\right)^2}\left[a_y + \dfrac{vu_y}{c^2\left(1-\dfrac{v}{c^2}u_x\right)}a_x\right] \\[2ex] a'_z = \dfrac{\left(1-\dfrac{v^2}{c^2}\right)}{\left(1-\dfrac{v}{c^2}u_x\right)^2}\left[a_z + \dfrac{vu_z}{c^2\left(1-\dfrac{v}{c^2}u_x\right)}a_x\right] \end{array} \right\} \quad (20-26)$$

与伽利略变换不同,在洛伦兹变换中,加速度是一个改变量.

§20-5 光的多普勒效应

光波和机械波一样,也会产生多普勒效应.但是,在讨论光的多普勒效应时,应该注意到光速不变原理以及相对论时空观所带来的与经典机械波多普勒效应的区别.由于光速对所有观察者都是相同的.引起光的多普勒效应的只有光源相对观察者运动所造成的波长改变.

本节只考虑纵向多普勒效应,即光源和观察者的运动都发生在二者连线上的情况.设光源相对于观察者的运动速度为 v,方向在观察者与光源的连线上,并规定光源向着观察者运动时 v 为正,背离观察者运动时 v 为负,光源振动的本征频率——相对于光源静止时测量的频率为 ν_0(在相对于光源静止的惯性系中,光源的振动频率就是光波的频率).由于相对论的时间延缓效应,在观察者所在的惯性系中测量光源的振动周期应该增加,振动频率应该减小.所以,观察者测量的光源振动频率为

$$\nu = \frac{\nu_0}{\gamma} = \nu_0\sqrt{1-\frac{v^2}{c^2}}$$

与此同时,由于光源在运动,它每秒钟发出的 ν 个波将分布在长为 $c-v$ 的范围内,所以观察者测量的波长应为

$$\lambda = \frac{c-v}{\nu} = \frac{c-v}{\nu_0 \sqrt{1-\frac{v^2}{c^2}}}$$

大爆炸

由于光波以不变的光速 c 相对观察者运动,单位时间通过观察者的波数,也即是光波的观察频率(光接收器接收到的频率)为

$$\nu_R = \frac{c}{\lambda} = \frac{c\nu_0 \sqrt{1-\frac{v^2}{c^2}}}{c-v} = \nu_0 \sqrt{\frac{c+v}{c-v}} \tag{20-27}$$

光的多普勒效应告诉我们运动光源的振动频率和接收器接收到的光波频率是不同的.在一个固体光源中,由于原子、分子的热运动,即使是原子或分子相同能级间跃迁而辐射出来到达接收器的光波也会因为多普勒效应而包含不同的频率成分,具有不可忽视的谱线宽度(称为多普勒展宽).根据多普勒效应公式,当光源的运动方向是向观察者靠近时,测出的光波频率会增加(对可见光而言,光的颜色向紫色方向变化);而当光源远离观察者时,光波频率会减小(对可见光而言,光的颜色向红色方向变化).这种现象称为多普勒紫移(或红移).天文观察结果表明,除个别例外,宇宙中绝大多数星系的光谱都发生了红移,由此可以推断,所有的星系都在远离我们,宇宙正处于普遍的膨胀之中.这一观察结果为宇宙学的"大爆炸理论"提供了有力的证据.光的多普勒效应还有许多实际应用,例如,根据观察人造地球卫星发射的电磁波频率的变化,可以推断出卫星的运行情况;测量发射到物体表面后反射光的频率,可以探测物体的速度,例如检测汽车超速违章等.

§20-6　相对论动力学基础

爱因斯坦狭义相对性原理要求,在一切惯性系中物理定律等价.即在一切惯性系中物理规律的数学表达式应该具有完全相同的形式.在相对论情形下,不同惯性系之间的时空坐标由洛伦兹变换联系,这就要求各种物理规律的数学表达式在洛伦兹变换下保持不变.然而,容易证明经典的牛顿力学在洛伦兹变换下其数学表达式不可能保持不变(它在伽利略变换下保持不变).这表明从相对论的角度看,牛顿力学的规律不满足相对性原理.是牛顿力学错了,还是相对论错了呢？经过严谨的思索和分析,爱因斯坦认为牛顿力学只是在低速运动领域经过检验的物质运动的基本规律,而在高速领域它并没有经过实验的检验.因此,完全有可能存在一个新理论来描写高速运动的规律,更完美的情况是这个新理论能包含所有情形并将牛顿力学规律作为它的一个特例.在这个思想的指导下,经过严密的数学分析和推导,爱因斯坦建立了相对论动力学,其正确性也完全被近代物理实验所证实.我们将发现,相对论动力学是一个非常完美的理论,牛顿力学只是它在低速非相对论极限下的一个近似.

一 相对论动力学方程 质速关系

现代高能物理实验表明,在高速运动领域动量守恒定律仍然成立.爱因斯坦在导出相对论动力学方程时也是将满足动量守恒定律作为新理论的一个基本假设.在牛顿力学中,质点的动量为

$$p = mv \tag{20-28}$$

并且质点质量 m 是与其运动速率无关的常量.然而,要使动量守恒定律与惯性系选择无关(即满足相对性原理的要求),则必须认为物体质量和自身的速率有关.我们通过下面的这个理想实验来讨论这个问题.

如图 20-8 所示,设在 S′ 系中有一粒子,原来静止于原点 O' 点处,在某一时刻此粒子分裂为完全相同的两半 A 和 B,分别沿 x' 轴的正向和负向运动.根据动量守恒定律,这两半的速率应该相等,我们都以 u 表示.

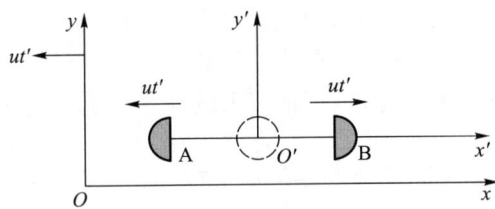

图 20-8 质速关系推导用图

设有另一个参考系 S,以速率 u 沿 x' 轴负向运动.在此参考系中,A 是静止的,而 B 是运动的.我们以 m_A 和 m_B 分别表示二者在 S 系测量的质量.根据相对论速度变换,相对于 S′ 系速度为 u 的 B,在 S 系中的速度大小为

$$v_B = \frac{2u}{1+u^2/c^2} \tag{20-29}$$

方向在 x 轴正向.在 S 系观察,粒子在分裂前的速度大小为 u,方向也在 x 轴正向.根据动量守恒,有

$$mu = m_B v_B \tag{20-30}$$

其中 m 是 S 系测量粒子在分裂前的质量.考虑到质量应该守恒,即 $m = m_A + m_B$,上式可以改写成

$$(m_A + m_B)u = \frac{2m_B u}{1+u^2/c^2} \tag{20-31}$$

如果我们认为质量与运动速率无关,则有 $m_A = m_B$,上面的等式显然不成立.这表明在 S′ 系中动量守恒的过程在 S 系中是不守恒的.为了使动量守恒在任何惯性系中都成立,并保持式(20-28)的动量表达式不变和式(20-29)成立(以满足相对论速度变换的要求),物体质量就不能被认为与运动无关.实际上,由式(20-31)可以解得

$$m_B = m_A \frac{1+u^2/c^2}{1-u^2/c^2}$$

又由式(20-29)得到

$$u = \frac{c^2}{v_B}\left[1-\sqrt{1-v_B^2/c^2}\,\right]$$

代入上式消去 u 可得

$$m_B = \frac{m_A}{\sqrt{1-v_B^2/c^2}} \qquad (20\text{-}32)$$

这一公式表明,在 S 系观察,静止粒子 A 的质量 m_A 和运动粒子 B 的质量 m_B 是有差别的.如果 A 和 B 都相对于 S 系静止,那么它们的质量应该相等,设为 m_0,称为它们的**静止质量**(或**本征质量**).在式(20-32)中,A 是静止的,它的质量就是静止质量,即 $m_A = m_0$.把此式代入式(20-32)有

$$m_B = \frac{m_0}{\sqrt{1-v_B^2/c^2}}$$

注意到 m_0 也是粒子 B 的静止质量,故此式也表示 B 的质量与它的静止质量和速度的关系.理论和实验都表明,此式具有普遍的意义,对任何粒子或系统都成立.用 m 表示粒子质量,用 v 表示粒子速度,可把粒子质量与速度的关系一般地记为

$$m = \frac{m_0}{\sqrt{1-v^2/c^2}} = \gamma m_0 \qquad (20\text{-}33)$$

式中的 m 称为物体的**相对论质量**(或**动质量**),上式称为相对论质(量)速(度)关系式.值得注意的是,上式中的速度 v 是粒子相对于某个参考系的速度(也常用符号 u 表示),而不是某两个参考系的相对速度(当然,如果其中一个参考系是固定在粒子上的,也可以这样理解).一个粒子只有一个**静止质量**(或**本征质量**),但由于粒子相对于不同的参考系一般具有不同的速度,各个参考系测量该粒子的(相对论)质量是各自不同的.

在低速领域,所有粒子运动速度都很小(远小于光速),则显然有 $m \approx m_0$.此时,完全可以认为物体质量与运动速度无关,都等于其静止质量.这就是为什么牛顿力学会认为质量与运动无关的原因(有时人们又把 m_0 称为**经典质量**).这一个特点再次让我们看到了,相对论动力学在低速非相对论极限下也将回复到经典力学的情况.

实际上,一般宏观物体在所能达到的速度范围内,质量随速度的变化非常小,因而其变化可以忽略不计.例如,当 $v = 10^4$ m·s^{-1} 时,物体的相对论质量与静止质量的相对变化为

$$\frac{m-m_0}{m_0} = \frac{1}{\sqrt{1-v^2/c^2}} - 1 \approx 5.6\times 10^{-10}$$

这样的质量变化在宏观世界是完全可以忽略的.但在微观世界中,粒子的速度常常会达到接近光速的程度,这时质量随速率的改变就非常明显了.例如,当电子的速率达到 $v = 0.98c$ 时,按照式(20-33)可以算出此时电子的动质量为 $m = 5.03m_0$.质量的变化非常明显.

由式(20-33)我们还可以看到,若 m_0 不为零,当 v 等于 c 时,m 将是无穷大;当 v 大于 c 时,m 将是一个虚数.在这两种情况下,m 都没有物理意义.这也说明,真空光速 c 是一切物体运动速度的极限.若某种物质在真空中运动速度恒为 c,则该物质的静止质量 m_0 必然恒为零.

在相对论中,动量的定义形式与经典理论没有区别,仍然为 $\boldsymbol{p}=m\boldsymbol{v}$,但其中的质量不是静质量而是相对论质量.由质速关系 $m=\gamma m_0$ 我们得到相对论动量的公式 $\boldsymbol{p}=m\boldsymbol{v}=\gamma m_0\boldsymbol{v}$.注意其中的 γ 因子也取决于速度 $\boldsymbol{v}$.在低速条件下 $\gamma\sim 1$,$m\sim m_0$,故 $\boldsymbol{p}\sim m_0\boldsymbol{v}=\boldsymbol{p}_0$,表示此时相对论动量回复为经典动量 $\boldsymbol{p}_0$.在理论上可以更严格地证明,由相对论质量 $m=\gamma m_0$ 定义的相对论动量 $\boldsymbol{p}=m\boldsymbol{v}$ 表述的守恒定律,满足对洛伦兹变换的不变性.近代物理实验也证明,在高速运动情况下,相对论动量仍然遵从守恒定律,而经典动量却并不守恒.

爱因斯坦进一步的研究表明,质点所受合力满足

$$\boldsymbol{F}=\frac{d\boldsymbol{p}}{dt}=\frac{d}{dt}(m\boldsymbol{v})=m\frac{d\boldsymbol{v}}{dt}+\boldsymbol{v}\frac{dm}{dt} \quad (20\text{-}34)$$

此式称为**相对论动力学方程**.它与牛顿定律的动量形式完全一样,不同的是公式中的动量是相对论动量,其中的质量是动质量.若将方程中的力 $\boldsymbol{F}$ 代换为电磁力 $q\boldsymbol{E}+q\boldsymbol{v}\times\boldsymbol{B}$,可以证明方程对洛伦兹变换保持不变.在高速领域中,该方程与牛顿定律的计算结果差别很大,近代物理实验的结果完全支持相对论动力学方程.容易看出,当物体运动速度小到满足非相对论极限时,相对论动力学方程就完全回复为牛顿运动方程.这表明牛顿力学也只是相对论力学的一个极限.

二 相对论能量

上面我们讨论了高速运动物体满足的动力学方程,下面我们来讨论高速运动领域中的功和能的问题.

设有一个质点静质量为 m_0,在合力 $\boldsymbol{F}$ 作用下速率由 0 增大到 v,则合力做功与速率 v 的关系为

$$A=\int_0^v \boldsymbol{F}\cdot d\boldsymbol{r}=\int_0^v \frac{d}{dt}(m\boldsymbol{v})\cdot d\boldsymbol{r}=\int_0^v d(m\boldsymbol{v})\cdot \boldsymbol{v}$$
$$=\int_0^v (\boldsymbol{v}dm+md\boldsymbol{v})\cdot \boldsymbol{v}=\int_0^v (v^2 dm+mvdv)$$

由质速关系 $m=\dfrac{m_0}{\sqrt{1-v^2/c^2}}$ 求微分可得

$$dm=\frac{m_0}{(1-v^2/c^2)^{3/2}}\frac{vdv}{c^2}=\frac{mvdv}{c^2-v^2}$$

即

$$(c^2-v^2)dm=mvdv$$

代入功的表达式,我们有

$$A=\int_{m_0}^m c^2 dm=mc^2-m_0 c^2 \quad (20\text{-}35)$$

式中 m_0 为质点静止时的本征质量，m 为质点速度为 v 时的动质量.由于上式中的 A 是合力做的总功，根据动能定理我们可以得到，质点速度为 v 时所具有的动能为

$$E_k = mc^2 - m_0 c^2 = m_0 c^2 \left(\frac{1}{\sqrt{1-v^2/c^2}} - 1 \right) \quad (20\text{-}36)$$

这就是**相对论动能公式**.这个公式显然与牛顿力学中的动能表达式不同.但是，我们可以发现当 $v \ll c$ 时有

$$\frac{1}{\sqrt{1-v^2/c^2}} = 1 + \frac{1}{2}\frac{v^2}{c^2} + \cdots \approx 1 + \frac{1}{2}\frac{v^2}{c^2}$$

则由式(20-36)可得

$$E_k \approx m_0 c^2 \left(1 + \frac{v^2}{2c^2} - 1\right) = \frac{1}{2} m_0 v^2$$

即在非相对论极限下，相对论动能公式将回到牛顿力学中的形式.

分析相对论动能公式，我们可以发现等号右端两项都具有能量的量纲.对此，爱因斯坦提出了一个独特的解释.他把与物体静止状态相对应的 $m_0 c^2$ 称为物体的**静止能量**(即物体的总内能)，用 E_0 表示，简称为**静能**(或**固有能量**、**本征能量**)

$$E_0 = m_0 c^2 \quad (20\text{-}37)$$

将此式代入式(20-36)得到 $mc^2 = E_k + E_0$，即物理量 mc^2 等于静能和动能之和，爱因斯坦把它称为物体的**能量**(即**总能量**或**运动能量**)，用 E 表示：

$$E = mc^2 \quad (20\text{-}38)$$

于是式(20-36)可记作

$$E = E_k + E_0$$

即总能量等于动能和静能(内能)之和.式(20-38)就是著名的**爱因斯坦质能关系式**.质能关系阐明了能量和质量的普遍关系，揭示了质量与能量不可分割的内在联系和对应关系，它是爱因斯坦最重大的发现之一，是当代核能利用的理论基础.在相对论中，我们通常所说的能量都是指这个能量.

由式(20-38)可知，物体的能量 E 和质量 m 这两个不同的物理量成正比，比例常量为常量 c^2，我们把这个关系简称为质-能相当(即相应).它意味着，如果一个物体的质量确定了，则它的能量也就确定了；如果能量确定了，质量也确定了.在数学上，这表示一个粒子的质量和能量只能代表一个变量.与之相应，我们说，静质量 m_0 和静能 E_0 相当，质量和静质量的差额 $m-m_0$ 和动能 E_k 相当，比例常量也均为 c^2.

理论和实验表明，相对论能量 E(总能量)满足守恒定律.由质-能相当我们容易看出，相对论质量 m 也满足守恒定律(把能量守恒定律的两边同时除以 c^2 就是质量守恒定律)，在数学上，这两个守恒定律所给出的方程实际上只相当于一个方程.附带要提起注意的是，质-能相当不等于质-能相同，常提到的质-能转化也不是说质量和能量可以相互转化.在核反应中，粒子系统的静质量减少，由质-能相当可知系统的静能也将减少，再由能量守恒定律即可判断：系统的动能将增加，最终通

过动能实现输出.显然这里发生的是静能向动能的转化,与之相当的是静质量向质量差额的转化,而不是质量向能量的转化.

三 相对论能量动量关系

将质速关系 $m = \dfrac{m_0}{\sqrt{1-v^2/c^2}}$ 平方后整理为

$$m^2 c^4 = m^2 v^2 c^2 + m_0^2 c^4$$

并利用质能关系和动量的定义式,则有

$$E^2 = p^2 c^2 + m_0^2 c^4 = p^2 c^2 + E_0^2 \qquad (20\text{-}39)$$

这就是相对论能量动量关系.如果以 E、pc 和 $m_0 c^2 (=E_0)$ 分别表示一个三角形的三边长度,则它们正好构成一个直角三角形(图 20-9).

对动能为 E_k 的粒子,用 $E = E_k + m_0 c^2$ 代入式(20-39)可得

$$p^2 c^2 = E_k^2 + 2 E_k m_0 c^2$$

当 $v \ll c$ 时,粒子的动能要比其静能小得多,因而上式中第一项和第二项相比,可以忽略,于是

$$E_k = \dfrac{p^2}{2 m_0}$$

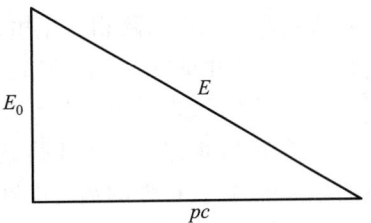

图 20-9 能量动量关系

此时又回到了牛顿力学的动能与动量的关系.

四 结合能与质量亏损

实验发现,当一个动能近似为零的自由电子和一个动能近似为零的质子结合成一个氢原子时就会以发光的形式释放出 13.6 eV 的能量.这个能量称为氢原子的**结合能**.同样,当一个动能近似为零的中子和一个动能近似为零的质子结合成一个氘原子核时也会以发光的形式释放出 2.224 MeV 的能量.这个能量称为氘原子核的**结合能**.结合能是一个应用广泛的概念.它可以定义为:任何两个或多个粒子结合成一种新物质时释放的能量.结合能为正表明"合成"反应是放能反应,生成的新物质稳定性好.若结合能是负的,表明"合成"反应为吸能反应,生成的新物质是不稳定的,容易分解还原成原来的粒子.

根据相对论质能关系,能量和质量是相联系的,即 $E = mc^2$.如果能量发生变化,质量也要跟着发生变化,即

$$\Delta E = \Delta m \cdot c^2 \qquad (20\text{-}40)$$

两个或多个粒子结合成一种新物质时释放能量,意味着在结合成新物质的过程中系统总质量减少.这种形式的质量减少也称为"质量亏损".结合能就是通过质能关系与质量亏损一一对应的,即

$$E_B = \Delta E = \Delta m \cdot c^2 \qquad (20\text{-}41)$$

例如,实验测量可得质子、中子和氘核各自的静质量分别为:1.007 825 u,1.008 665 u,2.014 102 u.显然,结合成氘核前质子和中子的质量总和比结合成的

氘核质量大,即发生了"质量亏损".计算可得上述核反应中的质量亏损为

$$\Delta m = 0.002\ 388\ u$$

由式(20-48)可得结合能

$$E_B = \Delta m \cdot c^2 = 2.224\ \text{MeV}$$

这个结果与实验完全一致.在原子核物理中,质量单位用 u,能量单位常用 eV、keV 和 MeV.其相互关系如下:

$$1\ \text{eV} = 1.602 \times 10^{-19}\ \text{J}$$

$$1\ \text{MeV} = 10^3\ \text{keV} = 10^6\ \text{eV}$$

由质能关系,u 可以表示为

$$1\ u = 931.5\ \text{MeV}/c^2$$

从前文可以看到,氢原子的结合能远小于氘核的结合能,这是因为电子与质子结合成氢原子是靠电磁相互作用,这种结合不够紧密,而质子与中子结合成氘核是依靠强相互作用的核力,这种结合十分紧密.因此,结合能的大小不仅反映了粒子结合的紧密程度,也反映了相互作用的强弱.

人类在 20 世纪二三十年代就从理论上知道一些质量较轻的原子核结合成较重的原子核时,有很大的结合能释放(即**聚变核能**);当一些较重的原子核分裂成较轻的原子核时也有很大的结合能释放(即**裂变核能**).这些核能的理论基础就是爱因斯坦质能关系以及由此导出的结合能与质量亏损的关系.实验发现:不论是核聚变前后还是核裂变前后都是在发生质量亏损的情况下才有核能的输出.有关核能的讨论详见本书的第二十四章.

§20-7 广义相对论简介

在前面我们学习了狭义相对论,知道任何正确的物理规律必须满足相对性原理.然而,进一步的讨论发现,牛顿的引力理论不满足相对性原理,这说明它不是相对论的引力理论.另一方面,狭义相对论只讨论了惯性系范围内的问题,没有涉及非惯性系.上述这些问题表明,狭义相对论是有局限性的.爱因斯坦在创立狭义相对论后,并没有在巨大成功的喜悦中停滞不前,而是投入了更大的精力对上述问题进行了进一步深入细致的研究,历时 8 年,成功地创立了广义相对论.

广义相对论基于两个基本原理:等效原理和广义相对性原理,其中等效原理是整个广义相对论的基础和出发点.等效原理所基于的实验事实是物质惯性质量与引力质量的等价性.

一 引力质量与惯性质量

我们知道,两个物体之间的万有引力是与它们的质量的乘积成正比的.这里所说的质量从理论上讲是和反映惯性大小的物体质量不同的.通常前者叫**引力质量**,后者叫**惯性质量**.引力质量反映的是物体间引力相互作用的强弱,而惯性质量反映物体惯性的大小.在牛顿力学诞生后不久,科学家就注意到这两种质量似乎有什么

本质的联系.例如,伽利略在其著名的自由落体实验中发现,不同质量的物体从相同高度同时下落,到达地面的时间是相同的(即加速度相同).由物体所受的重力为 mg(其中的 m 是引力质量),并根据牛顿运动定律,它应该等于 ma(这里的 m 是惯性质量).伽利略的实验表明物体的引力质量和惯性质量之间最多相差一个与物体无关的比例因子.近几百年的多次反复测量,包括精度达 10^{-12} 的精确测量都证实物体的引力质量和惯性质量是成正比的固定关系.通过对质量标准单位的标定,我们可以将这一比例系数确定为 1,即引力质量和惯性质量相等.很多时候我们也对它们不作区分.

二　等效原理

引力质量与惯性质量相等早为人知,但其中所蕴含的自然界的"秘密"尚未被揭开.首先,若引力质量与惯性质量相等是由于它们等效(本质上没有区别),则由爱因斯坦质能关系(质能关系中的质量是惯性质量)可知能量也会参与万有引力相互作用.另一方面,我们在地球表面测量物体的重力是 mg,但如果我们在宇宙中选一个没有引力的地方让一部电梯以加速度 g 前进,我们在电梯上也可以测量出物体受到一个大小为 mg 的"重力".前者是真实重力——即万有引力,而后者是我们在牛顿力学中所学过的惯性力.大家知道,以电梯为参考系我们并不能确定物体的受力是惯性力还是真的受到引力作用,即至少在力学的范围内我们不能区分这两种"力".那么,这两种"力"不能区分是技术上不能呢?或是它们有内在的等效关系本来就不该有区分呢?(这里所说的不能区分是指在加速运动的电梯为参考系来说的,在电梯以外的参考系是可以区分的).在牛顿力学范围内可以证明,引力质量与惯性质量的等效性就会导致惯性力与引力的等效性.显然,在上面的例子中所谓的"重力"——惯性力正比于惯性质量,而真实重力(万有引力)正比于引力质量.若引力质量与惯性质量是等效的话,惯性力就等效于引力.基于上述分析,我们自然会问:引力质量与惯性质量是否等效呢?是否在物理上我们确实不能从实验上区分引力质量和惯性质量呢?爱因斯坦大胆假设:引力质量与惯性质量是等效的并且惯性力等效于引力.这就是所谓的**等效原理**.等效原理是爱因斯坦广义相对论的基本假设之一.有时为了更细致的区分,还将"引力质量与惯性质量是等效的"叫**弱等效原理**;而将"惯性力等效于引力"叫**强等效原理**.

关于等效原理,有几点值得注意.第一,弱等效原理在爱因斯坦之前都已经被人们提出来过,它直接来自力学实验事实.但在弱等效原理的基础上不能构建新的引力理论.爱因斯坦的贡献是将弱等效原理推广为强等效原理并在此基础上导出了全新的引力几何化解决途径.第二,等效原理是局域性的.即惯性力与引力的任何物理效应在一个局部区域内等效.例如,选一个附着在引力场中自由下落的质点作为参考系,则在此参考系中就可以等效成没有引力,但在引力场的其他地方引力仍然存在.第三,引力与惯性力在局域内等效并不意味着引力与惯性力等同.引力与惯性力有本质的区分.引力场由物质产生,充满整个宇宙,而惯性力是由于选择非惯性系引起的,换成惯性系就没有惯性力,或者说消除了惯性力.

三 广义相对性原理

狭义相对性原理指出,物理规律在一切惯性系都具有相同的形式,即对物理规律来说一切惯性系都是平等的.爱因斯坦在提出等效原理的同时,决定把相对性扩展到加速参考系中,从而提出了广义相对论的另一个基本假设或基本原理——**广义相对性原理**:物理规律在一切参考系中都具有相同的形式,或物理规律在一切参考系中都是等价的.这样对物理规律而言一切参考系都是平等的,彻底消除了惯性系的特殊地位.不过当参考系是非惯性系时,其惯性力根据等效原理将等效成一个引力来表达.

四 广义相对论的实验检验

(1) 引力场中光线的弯曲

根据质能关系,光的能量可以折算成一定的质量(惯性质量).而按照广义相对论的等效原理,此质量与引力质量等效.因此,当一束光从某个星球掠过时会受到星体对它的吸引力作用,从而使光线发生弯曲.这好像在地球表面抛射一个物体,物体会沿着抛物线运动一样.然而,由于光速太快,要在地球表面的重力场中观察光线的弯曲是非常困难的.可是在宇宙中有很多引力非常强大的星体,光线经过它们时的弯曲非常明显,观察就容易得多.比如,当某一个星体发出的光线掠过太阳射向地球时,太阳的引力作用就可以使光线发生可以观察的弯曲(图 20-10).1919 年 5 月 29 日科学家在日全食过程中首次观察到光线经过太阳附近时的弯曲现象.此后,科学家又分别于 1929 年 5 月 9 日、1952 年 5 月 25 日、1973 年的日全食中观察到光线经过太阳附近时的弯曲现象并做了精确的测量,其结果与广义相对论的预言完全吻合.这不仅证实了广义相对论的正确性,也使人们进一步认识到爱因斯坦广义相对论的重要意义.

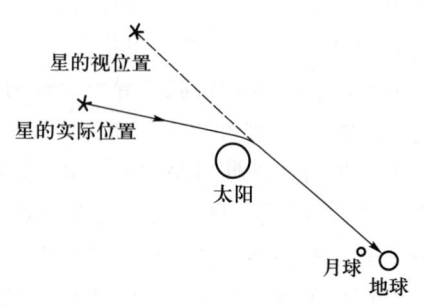

图 20-10 引力场中光线弯曲

(2) 引力红移

在后面我们将学习光子理论,该理论认为光具有波粒二象性.因此,光在一些场合会表现出粒子特性.当我们将光看成是光子时,其能量是与频率成正比的.根据狭义相对论,光子的能量折算成质量后将参与引力作用.设想一束光由地面竖直射向高空,光子能量的一部分将转化为引力势能,自身能量就减少了,频率降低.由于频率降低,原来蓝色的光线就可能变成了黄色甚至红色,原来紫色的光线就可能变成了蓝色.总之,随着光线射向高空,光线的颜色都向红色方向变化,这种现象称为**引力红移**.当然,如果光线是从高空射向地面,其颜色会朝紫色方向变化,因此这种情况称为**引力紫移**.20 世纪 50 年代,科学家首次测量了地球表面附近的引力红移现象,证实了引力红移确实存在,数值测量结果与广义相对论的预言也是一致的.

(3) 黑洞

广义相对论的另一个有趣的预言是宇宙中存在黑洞.1939年美国科学家奥本海默和斯奈德尔从广义相对论出发提出了这样一个观点,如果一个星体的密度非常巨大,它的引力也非常巨大,以至在某一个半径(通常叫临界半径)之内,任何物体甚至电磁波都不能从它的引力作用下逃逸出来.这个临界半径之内的区域就叫黑洞.

我们用牛顿定律来估计一下黑洞的临界半径.在力学中我们学过,一个质点从质量为 m,半径为 R 的行星或其他星体表面逃逸引力束缚的速度为

$$v_2 = \sqrt{\frac{2Gm}{R}}$$

黑洞

显然,如果星体质量 m 足够大,或星体半径 R 足够小,使得 v_2 的值达到甚至超过了真空光速.那么,任何物体甚至电磁波都不能逃脱该星体的引力束缚,从而形成黑洞.假设 v_2 正好等于光速,即得星体临界半径的计算公式:

$$R_S = \frac{2Gm}{c^2}$$

这里 R_S 又叫施瓦西半径.正因为黑洞束缚了所有进入其中的电磁波,故它是很难被探测出来的.直到1964年,天文学家发现宇宙中有一颗星的光谱线出现周期性的变红和变紫,经计算在这颗星的附近应有一颗质量很大,而半径很小的伴星;但这颗伴星的谱线又观察不到,因此天文学家猜测这颗伴星实际上就是一个黑洞.这也可以称人类首次发现黑洞.此后,天文学家又陆续发现了一些黑洞,并认为黑洞是由恒星在其引力坍缩下形成的.

值得注意的是,广义相对论的数学表述需要使用弯曲时空坐标,对广义相对论有兴趣的同学可以参考广义相对论的相关书籍.广义相对论对引力的处理也不在这里讨论.

内 容 提 要

1 经典时空观与伽利略变换

2 爱因斯坦狭义相对论原理

(1) 光速不变原理;

(2) 狭义相对性原理;

3 洛伦兹变换与相对论时空观

(1) 同时性的相对性:在一个参考系中的异地同时事件在另一个参考系来测量就不一定是同时.

(2) 时间延缓效应 $\Delta t = \gamma \Delta t' = \dfrac{\Delta t'}{\sqrt{1-\dfrac{v^2}{c^2}}}$,其中 Δt 是延缓后的时间,$\Delta t'$ 是本征

（固有）时间.

（3）长度收缩效应 $L = L'/\gamma = L'\sqrt{1-\dfrac{v^2}{c^2}}$，其中 L 是收缩后的长度，L' 是本征（固有）长度，收缩只发生在相对运动方向.

（4）洛伦兹变换公式

$$\begin{cases} x' = \gamma(x-vt) \\ y' = y \\ z' = z \\ t' = \gamma\left(t - \dfrac{v}{c^2}x\right) \end{cases} \text{和} \begin{cases} x = \gamma(x'+vt') \\ y = y' \\ z = z' \\ t = \gamma\left(t' + \dfrac{v}{c^2}x'\right) \end{cases}$$

（5）洛伦兹坐标差变换公式

$$\begin{cases} \Delta x' = \gamma(\Delta x - v\Delta t) \\ \Delta y' = \Delta y \\ \Delta z' = \Delta z \\ \Delta t' = \gamma\left(\Delta t - \dfrac{v}{c^2}\Delta x\right) \end{cases} \text{和} \begin{cases} \Delta x = \gamma(\Delta x' + v\Delta t') \\ \Delta y = \Delta y' \\ \Delta z = \Delta z' \\ \Delta t = \gamma\left(\Delta t' + \dfrac{v}{c^2}\Delta x'\right) \end{cases}$$

（6）洛伦兹速度变换公式

$$\begin{cases} u_x' = \dfrac{u_x - v}{1 - \dfrac{v}{c^2}u_x} \\[2ex] u_y' = \dfrac{u_y}{\gamma\left(1 - \dfrac{v}{c^2}u_x\right)} \\[2ex] u_z' = \dfrac{u_z}{\gamma\left(1 - \dfrac{v}{c^2}u_x\right)} \end{cases} \text{和} \begin{cases} u_x = \dfrac{u_x' + v}{1 + \dfrac{v}{c^2}u_x'} \\[2ex] u_y = \dfrac{u_y'}{\gamma\left(1 + \dfrac{v}{c^2}u_x'\right)} \\[2ex] u_z = \dfrac{u_z'}{\gamma\left(1 + \dfrac{v}{c^2}u_x'\right)} \end{cases}$$

4 光的多普勒效应

$$\nu_R = \nu_0 \sqrt{\dfrac{c+v}{c-v}}$$

5 相对论动力学

（1）质速关系 $\quad m = \gamma m_0 = \dfrac{m_0}{\sqrt{1-v^2/c^2}}$

（2）相对论动量 $\quad \boldsymbol{p} = m\boldsymbol{v} = \gamma m_0 \boldsymbol{v}$

相对论动力学方程 $\quad \boldsymbol{F} = \dfrac{\mathrm{d}\boldsymbol{p}}{\mathrm{d}t}$

（3）相对论能量

静能 $\quad E_0 = m_0 c^2$

相对论能量　　　$E=mc^2=\gamma m_0c^2=\gamma E_0$, $\Delta E=(\Delta m)c^2$

动能　　　　　　$E_k=mc^2-m_0c^2=m_0c^2(\gamma-1)=E_0(\gamma-1)$

(4) 相对论能量动量关系　　$E^2=p^2c^2+E_0^2$

6　广义相对论简介

等效原理:引力质量与惯性质量是等效的且惯性力等效于引力.

习　题

20.1 填空

(1) 长度收缩公式 $L'=\dfrac{L}{\sqrt{1-v^2/c^2}}$ 成立的条件是 ＿＿＿＿＿＿＿＿＿＿＿＿ ；

(2) 时间延缓公式 $\Delta t=\dfrac{\Delta t'}{\sqrt{1-v^2/c^2}}$ 成立的条件是 ＿＿＿＿＿＿＿＿＿＿＿＿ ；

(3) 实验测得某粒子静止时的平均寿命是 τ,它以很低的速度 v 运动时的平均飞行距离为 $v\tau$.但若 v 接近光速,实验测得,绝大多数粒子的飞行距离远大于 $v\tau$,这个实验结果说明 ＿＿＿＿＿＿＿＿＿＿＿＿＿＿＿＿＿＿ ；

(4) 对某观察者来说,发生在同一地点、同一时刻的两个事件,对其他一切观察者来说,它们是 ＿＿＿＿ 发生的(回答"同时"或"不同时").有两事件,在 S 惯性系发生于同一时刻、不同的地点,它们在其他惯性系 S′中 ＿＿＿＿ 发生(回答"同时""不一定同时"或"不同时").

(5) 从 S′系的坐标原点 O′沿 x′正向发射一光波,已知 S′系相对于 S 系以 $0.8c$ 沿 x 负方向运动,则 S 系中测得此光波的速度为 ＿＿＿＿ ；

(6) 在速度 $v=$ ＿＿＿＿ 情况下粒子的动量等于非相对论动量的两倍；

(7) 在速度 $v=$ ＿＿＿＿ 情况下粒子的动能等于它的静能.

20.2 选择正确答案　　　　　　　　　　　　　　　　　　　　　　[　　]

(1) 迈克耳孙和莫雷在 1887 年做的实验是很著名的,这个实验:

(A) 证明了以太不存在；

(B) 观察不到地球相对于以太运动；

(C) 表明了以太过于稀薄,以致观察不出来；

(D) 证明了狭义相对论是正确的.

(2) 根据相对论力学,动能 0.25 MeV 的电子(电子静能为 0.51 MeV),其运动速度约等于

(A) $0.1c$；　　(B) $0.5c$；　　(C) $0.75c$；　　(D) $0.85c$.

(3) 一电子的运动速度 $v=0.99c$,它的能量是

(A) 3.5 MeV；　　(B) 4.0 MeV；　　(C) 3.1 MeV；　　(D) 2.5 MeV.

20.3 判断下列叙述是否正确.正确的,在后面的括号画"√",错误的画"×".

(1) 若子弹飞出枪口的事件为 A,子弹打中靶为事件 B,则在任何运动着的参考系中测量

a. 子弹飞行的距离都小于地面观察者测出的距离.　　　　　　　　　　　[　　]

b. 事件 A 总是早于事件 B.　　　　　　　　　　　　　　　　　　　　[　　]

(2) $E=mc^2$ 这个公式说明物体的质量和能量可以相互转换.　　　　　　　[　　]

(3) 某一星体作远离地球的相对运动,其光谱线比它相对地球静止时的光谱线要向紫端移动.　　　　　　　　　　　　　　　　　　　　　　　　　　　　　　[　　]

20.4 观察者甲和乙分别静止在两个惯性系 S 和 S′中,甲测得在同一地点发生的两个事件

的时间间隔为 4 s,而乙测得这两个事件的时间间隔为 5 s.求:

(1) S'相对于 S 的运动速度;

(2) 乙测得这两个事件发生地之间在相对运动方向上的距离.

20.5 在 S 惯性系中观测到相距 $\Delta x = 9\times 10^8$ m 的两地点相隔 $\Delta t = 5$ s 发生两事件,而在相对于 S 系沿 x 方向以匀速运动的 S'系中发现该两事件发生在同一地点.试求 S'系中该两事件的时间间隔.

20.6 火箭相对地面以 $v = 0.6c$ 匀速向上飞离地球.在火箭上记录发射 $\Delta t' = 10$ s 后,该火箭向地面发射一导弹,其速度相对于地面为 $v_1 = 0.3c$,问地上记录火箭发射后多长时间导弹到达地球?

20.7 π 介子静止时的半衰期为 $\tau = 1.77\times 10^{-8}$ s,当它们以速度 $v = 0.99c$ 从加速器中射出时,问经过多远的距离其强度减少一半?

20.8 μ 子的平均寿命是 2.197×10^{-6} s.如果这种粒子具有速度 $0.8c$,那么在实验室测量它的平均寿命为多少? 衰变前将飞行多远?

20.9 一米尺相对于观察者以 $v = 0.6c$ 的速度平行于尺长方向运动,观察者测得该米尺为多长? 米尺通过观察者需要多少时间?

20.10 一列车以 $0.6c$ 的速度通过站台,在站台上两个相距 1 m 的机械手同时在列车车厢上刻上划痕.试求(1) 列车上的观察者测量这个机械手的距离是多少? (2) 列车上的观察者测量这两个划痕的距离是多少? (3) 列车上的观察者测量这两个机械手是否同时在车厢上刻画? 为什么?

20.11 惯性系中的观察者 A 测得与他相对静止的 Oxy 平面上一个圆的面积是 12 cm^2,另一观察者 B 以 $u = 0.6c$ 相对于 A 平行 Oxy 平面作匀速直线运动,问 B 测得该图形的面积是多少?

20.12 设 S'系相对于惯性系 S 以匀速 u 沿 x 轴运动,一静止在 S 系中的米尺与 x 轴成 θ 角放置.求 S'系中观察者测得的米尺长度.

20.13 假设宇宙飞船从地球发射,沿直线到达月球,距离是 3.84×10^8 m,它的速率在地球上测量是 $0.3c$.根据地球上的时钟,这次旅行要花多长时间? 以宇宙飞船为参考系测量,地球和月球的距离是多少? 抵达月球所花时间又是多少?

20.14 两只固有长度均为 100 m 的宇宙飞船 A、B 沿相反方向擦过,位于 A 前端的宇航员测得 B 经过他的时间为 2.50×10^{-6} s,试问:

(1) A、B 间的相对速度是多少?

(2) 在 A 上测量时,B 上一定点从 A 的前端飞到后端的时间是多少?

20.15 一发射台向东西两侧距离均为 L_0 的两个接收站 E 和 W 发射信号,今有一飞机以匀速 v 沿发射台与两接收站的连线由西向东飞行,试问在飞机上测得两接收站接收到发射台同一信号的时间间隔是多少? 哪一个站先收到?

20.16 在 S 惯性系中,相距 $\Delta x = 5\times 10^6$ m 的两个地方各发生一个事件,时间间隔 $\Delta t = 10^{-2}$ s,而在相对于 S 系沿 x 轴正方向匀速运动的 S'系中观测到这两个事件却是同时发生的.试求在 S'系中测量这两事件的距离 $\Delta x'$ 是多少?

20.17 原静止于实验室的原子核发生 β 衰变后,发现其电子和原子核沿相反方向运动.它们相对于实验室的速度大小分别为 $0.8c$ 和 $0.2c$.试求其电子相对于原子核的速度大小.

20.18 已知光在折射率为 n 的水中传播时,相对于水的光速为 c/n,设水管中水的流速为 v,问光相对于水管的传播速度是多少?

20.19 一观察者看到两导弹同向飞行,速度分别为 $0.9c$ 和 $0.7c$,求两导弹的相对速度.若两导弹反向飞行,相对速度又是多少?

20.20 一粒子以速度 $0.9c$ 沿 K″ 系的正 $x″$ 方向运动. K″ 相对于 K′ 系以 $0.9c$ 沿正 $x′$ 方向运动. K′ 相对于 K 系以 $0.9c$ 沿正 x 方向运动. (1) 求出该粒子相对于 K′ 系之速度；(2) 求出该粒子相对于 K 系的速度.

20.21 一原子核在以 $0.5c$ 的速度向前运动的过程中向正前方发射一个电子,相对于原子核的速度是 $0.8c$;同时它又向后发射一个光子. 假设发射前后原子核速度不变,则地面观察者测量：(1) 电子速度大小为多少？(2) 光子速度大小为多少？

20.22 两艘宇宙飞船相互靠近：
(1) 若每艘飞船相对于地球的速度为 $0.6c$,那么一艘飞船相对于另一艘的速度各为多少？
(2) 若每艘飞船相对于地球的速度为 3×10^4 m·s^{-1}（约为声速的 100 倍）,那么,一艘飞船相对于另一艘的速度为多少？

20.23 一光源相对于观察者静止时发出的是波长为 650 nm 的红光,要使光源看起来是发出波长为 525 nm 绿光,观察者相对于光源的速度大小为多少？方向如何？

20.24 一遥远星系背离地球运动着,以至于使每种波长的辐射都按 z 的比例发生频移,即有 $\lambda' = z\lambda$. 那么,该星系相对于地球的速度大小是多少？

20.25 一长方体静止时的边长分别为 x、y 和 z,质量为 m_0. 一观察者沿平行其 x 边的方向运动,运动速度为 v,求观察者测得的长方体的
(1) 体积；
(2) 密度.

20.26 一细棒静止时的线质量密度为 λ_0（即单位长度上的质量）. 当细棒以速率 v 相对于观察者运动时,在下述两种情况下其线质量密度分别为多少？（1）速度方向在细棒的长度方向；(2) 速度方向与细棒垂直.

20.27 把质量为 m_0 的粒子从静止加速到
(1) $0.5c$；
(2) $0.9c$；
(3) $0.99c$ 各需多少能量？（把答案表示为静能的倍数.）

20.28 证明 $E = m_0 c^2 (1 + p^2/m_0^2 c^2)^{\frac{1}{2}}$. 并证明,当 $pc \ll m_0 c^2$, $E = m_0 c^2 + p^2/2m_0$.

20.29 一个电子从静止开始加速到 $0.1c$ 的速度,需要对它做多少功？如果将电子从 $0.9c$ 加速到 $0.99c$ 又要做多少功？

20.30 一个电子和一个质子都通过 10^6 V 的电压而加速,求出每个粒子的 γ 因子的值、动量、速率.

20.31 太阳在不断地向四周辐射能量. 实验测量得知太阳每秒钟损失的质量约为 4×10^9 kg,则太阳的辐射功率是多少？

20.32 试证：一粒子的相对论动量可以写为
$$p = \frac{(2E_0 E_k + E_k^2)^{\frac{1}{2}}}{c}$$
式中 $E_0 (= m_0 c^2)$ 和 E_k 各为粒子的静能和动能.

20.33 试计算铀(U)核裂变
$$^{1}_{0}\text{n}(慢中子) + ^{235}_{92}\text{U} \longrightarrow ^{141}_{56}\text{Ba} + ^{92}_{36}\text{Kr} + 3\,^{1}_{0}\text{n}$$
时释放的能量. 已知各核的静止质量为 $^{1}_{0}$n：1.008 7 u, $^{235}_{92}$U：235.043 9 u, $^{141}_{56}$Ba：140.913 9 u, $^{92}_{36}$Kr：91.897 0 u. (1 u = 931.5 MeV/c^2.)

20.34 计算下列核聚变释放的能量：

$$_1^1H + {}_3^7Li \longrightarrow 2\,{}_2^4He$$

已知它们的静止质量，$_1^1H$：1.007 8 u，$_3^7Li$：7.016 01 u，$_2^4He$：4.002 60 u．

20.35 碳^{12}C 的原子核由 6 个质子（^{1}H）和 6 个中子（n）以很强的核力结合在一起，它们的静质量分别为^{12}C = 12.000 000 u，^{1}H = 1.007 825 u，n = 1.008 665 u，问需要多大的能量才能把核^{12}C 分离成 6 个自由质子和 6 个自由中子？这个能量称为核^{12}C 的结合能．

20.36 在核反应$_1^2H + {}_1^3H \longrightarrow {}_2^4He + {}_0^1n$ 中，各粒子的静质量分别是氘核（$_1^2H$）m_D = 3.343 7×10^{-27} kg，氚核（$_1^3H$）m_T = 5.004 9 × 10^{-27} kg，氦核（$_2^4He$）m_{He} = 6.642 5 × 10^{-27} kg，中子（n）m_n = 1.675 0×10^{-27} kg．问该反应是放能反应还是吸能反应？放出或吸收的能量是多少？

第二十一章　电磁辐射的量子理论

电磁辐射的量子理论建立起始于普朗克的能量子假设.19世纪末20世纪初,随着人类对自然界的探索进入微观世界,物理学面临着一系列亟待解决而经典物理学又难以解决的问题,其中的黑体辐射、光电效应、原子光谱以及原子的稳定性等问题,都涉及电磁辐射的理论问题.

1900年,德国物理学家普朗克首次提出了能量子的假设,成功地解释了黑体辐射实验规律.1905年,爱因斯坦提出了光子理论,对光电效应给予了正确的说明.1913年,玻尔又提出了定态、能级、量子化跃迁等重要概念,解决了原子的稳定性问题,并建立了玻尔氢原子理论,解释了氢原子光谱实验规律.

这些新的理论揭示了电磁辐射的量子性规律,开创了量子理论的新纪元.

§21-1　黑体辐射　普朗克能量子假设

一　热辐射

燃烧的火炉使人感到灼热,通电的灯丝发出亮光,说明物体在高温下会向外辐射能量,这是人们习以为常的现象.不过许多人不熟悉的是,火炉不生火,灯丝不通电的时候,它们也会向外辐射能量,只是人们不能明显地感觉到而已.事实上,物体在任何温度下都会向外辐射电磁能量,这是构成物体的分子原子作热运动而产生的,这种辐射称为**热辐射**.热辐射最明显的特征是与温度有关.温度越高,辐射的总功率就越大;随着温度的增加,辐射强度的分布由长波向短波方向移动.在常温下,物体热辐射的能量主要分布在红外波长范围,人的眼睛无法观察到,只能通过仪器测量.在较高温度下,热辐射能量的分布从红外波长区间逐渐移向可见光区,才能为人们所看到.

一般物体除了具有辐射电磁能量的功能外,还同时具有吸收和反射电磁能量的本领.当辐射能量和吸收能量达到平衡的时候,物体处于平衡辐射状态,具有确定的温度 T.平衡辐射状态下,物体的热辐射、吸收以及反射的规律可以通过下列物理量和定律作定量的描述.

1　单色辐出度　辐出度

辐射体单位表面积上单位波长区间内的辐射功率,称为辐射体的单色辐出度,用 $M_\lambda(T)$ 表示.单色辐出度 $M_\lambda(T)$ 是在一定温度下辐射功率(也代表辐射强度)随波长分布的函数.

辐射体单位面积上各种波长辐射功率的总和,称为辐射体的辐出度,用 $M(T)$ 表示.辐出度就是单色辐出度对各种波长的求和,即

$$M(T) = \int_0^\infty M_\lambda(T) \, d\lambda$$

2 单色吸收比 单色反射比

当有外界的辐射入射到物体上时,被物体吸收的能量与入射能量的比值称为吸收比,被物体反射的能量与入射能量的比值称为反射比.吸收比和反射比都与温度 T 和波长 λ 有关.单位波长范围内的吸收比和反射比分别称为单色吸收比和单色反射比,分别用 $\alpha_\lambda(T)$ 和 $\rho_\lambda(T)$ 表示.

对不透明的物体,应该有

$$\alpha_\lambda(T)+\rho_\lambda(T)=1$$

3 基尔霍夫定律

不同物体的单色辐出度 $M_\lambda(T)$ 存在着明显的差异,不同物体的单色吸收比 $\alpha_\lambda(T)$ 也存在明显的差异.但是基尔霍夫发现,各种物体的单色辐出度 $M_\lambda(T)$ 与单色吸收比 $\alpha_\lambda(T)$ 的比值却是一个与物体性质无关的常量,它仅仅取决于辐射体的温度和辐射的波长,即

$$\frac{M_{1\lambda}(T)}{\alpha_{1\lambda}(T)}=\frac{M_{2\lambda}(T)}{\alpha_{2\lambda}(T)}=\cdots=M_{0\lambda}(T)$$

这就是有关热辐射的基尔霍夫定律.定律中的 $M_{0\lambda}(T)$ 是一个对任何物体都相同的普适函数.该定律表明:(1) 一个物体,如果对某一种波长是一个很好的吸收体,则相对于该波长,它必定是一个很好的辐射体;(2) 如果一个物体能够百分之百地吸收外界辐射到其上的能量而不反射,$\alpha_\lambda(T)=1$,这个物体称为**黑体**.黑体是完全的吸收体,也是最理想的辐射体.基尔霍夫定律中的普适函数 $M_{0\lambda}(T)$ 正是黑体的单色辐出度,它对于各种物体的热辐射成为一个参照标准.因此,对黑体的单色辐出度 $M_{0\lambda}(T)$ 的研究成为热辐射研究的中心问题.

二 黑体辐射的规律

在常温下,人们看到物体的各种颜色源自于物体的反射光.黑体百分之百地吸收光线而不反射,因而黑体就是最黑的物体.自然界中并不存在真正意义上的黑体,最好的吸收体如黑色的煤烟,单色吸收比也小于1,约为99%,黑体只是一个理想模型.在实验室中获得黑体可以采用一个带有小孔的空腔,如图 21-1 所示.当电磁辐射通过小孔射入空腔之后,在空腔内多次反射和吸收,不断损失能量,极少有可能再从小孔射出来,因此可以认为小孔近乎百分之百地吸收了入射的能量,从而可将小孔视为黑体.进行黑体辐射实验测量的时候,加热带有小孔的空腔,就有电磁能量从小孔辐射出来,这样,小孔的辐射实现了黑体辐射.

图 21-2 是在几种不同温度下黑体辐射的实验曲线,反映了黑体的单色辐出度 $M_{0\lambda}(T)$ 随波长分布的规律.曲线下的面积应该是单色辐出度 $M_{0\lambda}(T)$ 对各种波长的积分:

$$M_0(T)=\int_0^\infty M_{0\lambda}(T)\,\mathrm{d}\lambda$$

这正是黑体的辐出度,为黑体单位面积上的辐射总功率.实验结果表明,温度越高,辐射总功率越大,斯特藩将其总结为

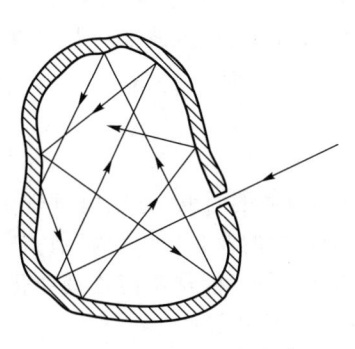

图 21-1 空腔上的小孔可以视为黑体

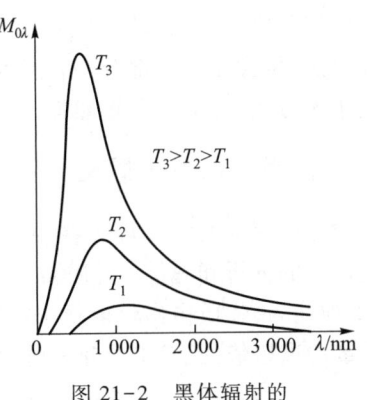

图 21-2 黑体辐射的实验曲线

$$M_0(T) = \sigma T^4 \tag{21-1}$$

即黑体的辐出度与黑体温度的四次方成正比。此式称为**斯特藩-玻耳兹曼定律**，式中的常量 $\sigma = 5.67 \times 10^{-8}$ W·m^{-2}·K^{-4} 为斯特藩常量。

黑体辐射实验曲线还反映出另一明显的规律：随着温度 T 的增高，辐射强度的分布由长波向短波方向移动。维恩对此进行了研究，确定了辐射谱中辐射最强的波长 λ_m 与黑体温度 T 的乘积应为一常量，即

$$\lambda_m T = b \tag{21-2}$$

此式称为**维恩位移定律**，维恩常量 $b = 2.897 \times 10^{-3}$ m·K。

斯特藩-玻耳兹曼定律和维恩位移定律反映了黑体辐射的基本规律，与本节一开始就指出的一般物体热辐射的特征是一致的。在实际的生产和科学研究中，某些待测物体的单色吸收比 $\alpha_\lambda(T)$ 比较接近于 1，称为灰体。对灰体的热辐射现象的研究和测量，可以近似地采用黑体的有关公式。例如将太阳近似为黑体，实验测得太阳的 $\lambda_m = 480$ nm，利用维恩位移定律可得到太阳表面温度约为 6 000 K。现代的高温测量、遥感技术、红外跟踪等实用技术正是以热辐射理论为基础而得到了快速发展。

三 经典理论的困难

从理论上对黑体辐射实验规律作出解释，是 19 世纪末物理学家研究的重要课题之一。按照经典物理的观点，由于普遍的热运动，物体中的原子分子都要在其平衡位置附近振动。构成原子分子的带电粒子的振动可以视为带电谐振子，其运动遵从热力学、经典电动力学以及统计物理学的规律。谐振子的能量可以连续分布，因而可以连续地向外辐射电磁波。但是，在经典物理理论的框架内导出的结果都与实验事实不符，其中最具代表性的一个是维恩公式，如图 21-3 中的虚线（1）所示。维恩认为谐振子的能量分布类似于麦克斯韦分布律，由此得到的结果在短波部分与实验规律相符合，但在长波部分却出现

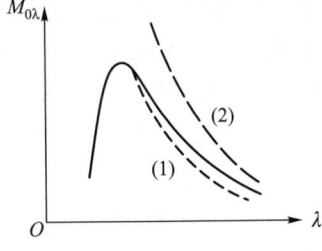

图 21-3 维恩公式和瑞利-金斯公式与实验结果的比较

（1）为维恩曲线，（2）为瑞利-金斯曲线

了系统的偏差.另一个是图中虚线(2)所示的瑞利-金斯公式,根据能量按自由度均分定理得到,尽管在长波部分与实验事实符合得较好,但在短波部分却呈现发散,逐渐趋于无穷大,与事实严重相悖,以至被称为"紫外灾难".

文档:普朗克

四 普朗克能量子假设

正当黑体辐射的实验规律在理论解释上处于困境的时候,德国物理学家普朗克经过认真的分析和总结,于 1900 年提出了一个崭新的概念(他称为"有点奇怪的假设").他认为,**物质中由带电粒子振动所形成的谐振子,能量不能连续变化,只能是不连续的离散值,且只能是某一最小能量 $\varepsilon = h\nu$ 的整数倍:**

$$E = n\varepsilon = nh\nu \quad (n = 1, 2, 3, \cdots) \tag{21-3}$$

ν 为谐振子的频率,$\varepsilon = h\nu$ 为谐振子可能具有的最小能量,即基元能量,称为**能量子**.式中的 h 称为**普朗克常量**,它的现代精确值为

$$h = 6.626\ 070\ 040 \times 10^{-34}\ \text{J} \cdot \text{s}$$

能量只能具有不连续离散值的情形称为**能量量子化**.式(21-3)中的 n 只能取离散的正整数,用以表征能量的量子化,称为**量子数**.与各离散的能量值对应的,也即与不同量子数 n 对应的状态称为**量子态**.按照普朗克的新观点,任何谐振子在任一时刻都只能处在它的某一个量子态上,当它与外界相互作用向外辐射或者吸收能量时,也只能从它的某一个量子态跃迁到另一个量子态.由于各量子态的能量不连续,谐振子向外辐射或者吸收的能量也必然是不连续的.例如,当谐振子从能量较高的量子态 $E_k = n_k h\nu$ 跃迁到能量较低的量子态 $E_i = n_i h\nu (n_i < n_k)$ 时,将向外辐射能量 $\Delta E = E_k - E_i = (n_k - n_i) h\nu$.由于 n_i、n_k 都是量子数,辐射的能量必然是 $h\nu$ 的整数倍.反之,当谐振子吸收能量从能量较低的量子态跃迁到能量较高的量子态时,吸收的能量也一定是 $h\nu$ 的整数倍.总之,谐振子与外界交换能量,总是以 $h\nu$ 的整数倍按一份一份的方式进行,而不是连续变化的.

这样,在能量子假设的基础上,普朗克终于从理论上导出了黑体辐射公式

$$M_{0\lambda}(T) = \frac{2\pi hc^2}{\lambda^5} \frac{1}{(e^{hc/\lambda kT} - 1)}$$

此式在全部波长范围内与实验结果完全符合,非常成功.

应当特别指出,普朗克假说中的能量量子化概念与经典物理理论中能量可以连续变化的观点有着本质的区别.量子概念的提出,揭示了微观领域存在着与宏观领域不相同的运动规律,人们应该用一种全新的观念去认识未知的微观世界.由于量子假说对近代物理学,特别是对量子理论的发展作出了奠基性的重大贡献,普朗克获得了 1918 年的诺贝尔物理学奖.

§21-2 爱因斯坦光子理论

一 爱因斯坦光子理论

普朗克量子论的提出,为 20 世纪初的物理学打开了一扇观察微观世界的窗

户,一批具有远见卓识的物理学家相继接受了普朗克的量子观点,特别是爱因斯坦,他将普朗克的量子概念加以深化,提出了涉及光(电磁辐射)的本性的光子假设.

爱因斯坦认为,光不仅仅是在发射和吸收时具有粒子性,光在空间传播以及光与物质相互作用时也具有粒子性,一束以光速 c 传播的光,就是一束以光速 c 运动的粒子流,这些粒子称为光量子,简称为**光子**.频率为 ν 的光束中,每个光子的能量只取决于光的频率,即

$$E = h\nu \tag{21-4}$$

h 就是式(21-3)中的普朗克常量.因此,光子的能量与光的频率成正比.不同颜色的光频率不相同,光子的能量也不同.

光子具有质量,其质量可以由爱因斯坦质能关系给出:

$$m = \frac{E}{c^2} = \frac{h\nu}{c^2} = \frac{h}{c\lambda} \tag{21-5}$$

由于光子是以光速 c 运动的粒子,根据相对论的质速关系 $m = \dfrac{m_0}{\sqrt{1-v^2/c^2}}$,光子的静止质量 m_0 只可能等于零,否则光子的质量将为无穷大.光子动量的大小

$$p = mc = \frac{E}{c} = \frac{h\nu}{c} = \frac{h}{\lambda} \tag{21-6}$$

动量与波长成反比,动量的方向就是光子运动的方向.在光子理论中,确定光子能量和动量的式(21-4)及式(21-6)称为**爱因斯坦关系式**.

光的传播过程也是电磁场能量传播的过程,单位时间通过单位垂直截面的光能称为光的强度(即电磁波理论中的能流密度 S).按照光子理论,光子携带着能量传播,如果单位时间通过单位垂直截面的光子数称为光子流密度,用 N 表示,那么光的强度就应当为

$$S = NE = Nh\nu \tag{21-7}$$

二 光的波粒二象性

在本册书的前面几章我们已经讨论过光的波动性,光在传播的过程中会产生干涉、衍射、偏振等现象,这些现象都具有波动的特征.而普朗克在解释黑体辐射时提出光的发射和吸收是以能量子的形式不连续进行的,爱因斯坦则更进一步地认为光是光子构成的粒子流.那么,光到底是波还是粒子?关于光的本性的正确理论应该是:光既具有波动性,又具有粒子性.光在某些情况下突出地显示出波的特性,例如干涉、衍射、偏振等现象,而在另一些情况下,例如黑体辐射以及下一节将要讨论的光电效应、康普顿散射等过程中,又突出地显示出粒子性.光具有集波动性与粒子性于一体的性质称为光的**波粒二象性**.

通常,我们用频率 ν、波长 λ 等物理量来描述光的波动性,用能量 E、动量 p、质量 m 等物理量来描述光的粒子性.在光子理论中,光子的能量与光的频率、光子的动量与光的波长通过普朗克常量联系在一起.可以认为,以式(21-4)以及式

(21-6)表述的爱因斯坦关系式正是光具有波粒二象性的定量表述.

对量子论的发展作出过巨大贡献的物理学家玻尔,曾经对光的波粒二象性给予了重要的说明.他认为,光的波动性和粒子性看起来是互为排斥的,实质上是互为补充的.玻尔有一句著名的名言:"互斥即互补",被公认为是对波粒二象性最深刻的哲学解释.玻尔指出,波动性和粒子性都是光自身所具有的特性,只有当人们对光的波动性和粒子性两个方面都已经了解,才能说人们关于光的认识是完全的.但是,在具体描述一个有关光的辐射或者吸收、描述一个有关光的传播或者与物质相互作用的过程的时候,只能选择其中一种描述——粒子或者是波,而同时排除另一种描述.例如,在光的干涉现象中,光突出地表现出波动性,我们就只能用光的波动理论进行解释和计算,而不是用粒子理论进行解释和计算;另一方面,在讨论黑体辐射的时候,光表现出的是粒子性,我们就只能采用普朗克的光量子理论来描述光的行为,这时就自动地排除了波动理论的解释.这在物理学上称为"互补原理".

在光的波动理论中,电磁波谱是以频率或者波长为单位进行量度的.根据光子理论,电磁波谱也可以用光子的能量(或动量)来量度,称为电磁辐射能谱(或动量谱).图 21-4 就是光的电磁辐射能谱.光子的能量与光的波长的关系为

$$E = h\nu = \frac{hc}{\lambda} = \frac{6.626 \times 10^{-34} \times 3 \times 10^8}{\lambda \cdot 10^{-9} \cdot 1.6 \times 10^{-19}} \text{ keV} \cdot \text{nm}$$

$$= \frac{1.24}{\lambda} \text{ keV} \cdot \text{nm} \tag{21-8}$$

式中波长 λ 的单位为 nm,keV 读作千电子伏,$1 \text{ keV} = 10^3 \text{ eV}$,这是微观粒子能量的常用单位.最后,值得特别指出的是,在 20 世纪 60 年代,粒子物理的标准模型理论诞生,更是将光子确认为粒子世界最基本的成员,属于传递电磁相互作用的规范粒子,光的波粒二象性在更深层次的含义上得到了确认.

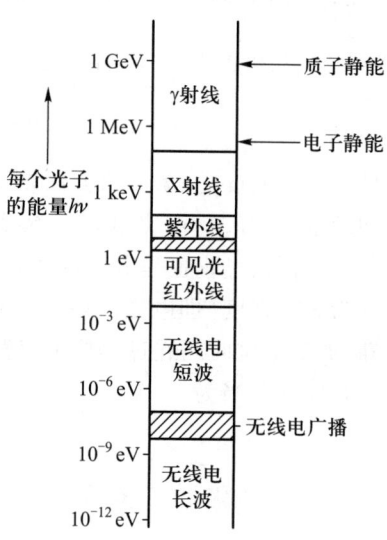

图 21-4 电磁辐射能谱

例 21.1 计算波长在 400~700 nm 的可见光谱内光子的能量范围及动量范围.

解 根据式(21-4),光子的能量

$$E = h\nu = \frac{hc}{\lambda} = \frac{6.626 \times 10^{-34} \times 3 \times 10^8}{\lambda} \text{ J} \cdot \text{nm} = \frac{1.99 \times 10^{-16}}{\lambda} \text{ J} \cdot \text{nm}$$

或者由式(21-8)得

$$E = \frac{1.24}{\lambda} \text{ keV} \cdot \text{nm}$$

所以

$$\lambda = 400 \text{ nm}, \quad E = 5.0 \times 10^{-19} \text{ J} = 3.1 \times 10^{-3} \text{ keV} = 3.1 \text{ eV}$$

$$\lambda = 700 \text{ nm}, \quad E = 2.8 \times 10^{-19} \text{ J} = 1.8 \times 10^{-3} \text{ keV} = 1.8 \text{ eV}$$

可见光的光子能量范围为 1.8~3.1 eV.

光子的动量由式(21-6) $p = \dfrac{h}{\lambda}$ 或者 $p = \dfrac{E}{c}$ 计算

$$\lambda = 400 \text{ nm}, \quad p = \dfrac{6.626 \times 10^{-34}}{400 \times 10^{-9}} \text{ kg} \cdot \text{m} \cdot \text{s}^{-1} = 1.7 \times 10^{-27} \text{ kg} \cdot \text{m} \cdot \text{s}^{-1}$$

$$\lambda = 700 \text{ nm}, \quad p = \dfrac{6.626 \times 10^{-34}}{700 \times 10^{-9}} \text{ kg} \cdot \text{m} \cdot \text{s}^{-1} = 0.9 \times 10^{-27} \text{ kg} \cdot \text{m} \cdot \text{s}^{-1}$$

动量范围为 $0.9 \times 10^{-27} \sim 1.7 \times 10^{-27}$ kg·m·s^{-1}.

§21-3 电磁辐射与物质相互作用时的量子效应

光具有波粒二象性,光的粒子性突出地反映在光与物质的相互作用过程中.光与物质相互作用最主要的三种基本方式是光电效应、康普顿散射(效应)和电子对效应.在这三种过程中,光以光子的形式与物质中的电子或其他粒子相互作用,表现出了光的粒子特性.

一 光电效应

当适当频率的光照射到物质材料上时,光子消失,材料中有电子逸出,这种现象称为**光电效应**.光电效应是德国物理学家赫兹于 1887 年在实验中发现的,但是光电效应无法用光的波动理论给予说明.直到 1905 年,爱因斯坦引入了光子的概念,才正确揭示了光电效应的机理,圆满解释了光电效应的实验规律.

1 光电效应的实验规律

较早发现的光电效应是光照射到金属表面上产生的,图 21-5 就是金属受光照射产生光电效应的实验简图.GD 为光电管,管内抽成真空,管的两端分别为阴极 K 和阳极 A.频率为 ν 的单色光通过石英窗口照射到金属材料制成的阴极 K 上,就有电子从阴极表面逸出,这种电子称为光电子.在阴极 K 和阳极 A 之间加上电压,光电子在加速电场作用下飞向阳极,在回路中形成光电流.

对于不同频率不同强度的照射光,分别研究光电流随两极间电压的变化,可以归纳出几条实验规律:

(1)入射光频率一定时,光电流 I 随加速电压 U 增大而增大,逐渐趋于饱和,如图 21-6 所示.光电流的大小反映了单位时间到达阳极的电子的数目,光电流呈现饱和表示阴极发射的光电子全部都到达了阳极,故饱和光电流代表着单位时间内阴极发射出来的光电子数目.图 21-6 中的两条曲线是在入射光频率不变,入射光光强分别为 S_1 和 S_2($S_2 > S_1$)情况下的测量结果.实验指出:饱和光电流 I_m 与入射光光强 S 成正比,也就是单位时间内阴极发射的光电子数与入射光强成正比.

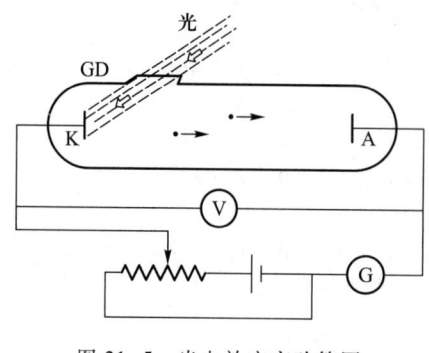
图 21-5 光电效应实验简图

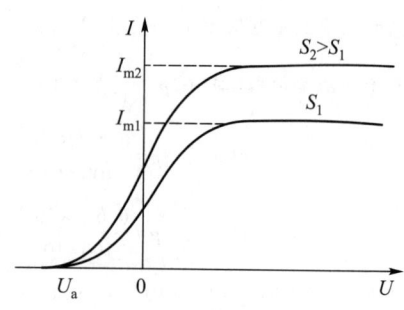
图 21-6 光电效应的 I-U 曲线

（2）KA 间电压 U 减小的时候，光电流随之减小.当电压减小至零时，光电流并不为零,说明从阴极 K 逸出的光电子具有一定的初动能.在 KA 间加上反向电压至 U_a,光电流降为零.此时,具有最大初动能的电子由于受反向电场的阻碍也不能到达阳极了.故光电子的最大初动能为

$$\frac{1}{2}m_e v_m^2 = e|U_a| \tag{21-9}$$

U_a 称为遏止电压,典型的金属遏止电压为几个伏特.实验表明,遏止电压 U_a 与入射光光强 S 无关,而随入射光的频率 ν 线性增长,可以表示为

$$U_a = k\nu - U_0 \tag{21-10}$$

图 21-7 是用几种不同金属阴极材料测得的 U_a-ν 曲线,为一族互相平行的直线.式（21-10）中的 k 为其公共斜率,是一个与阴极材料无关的普适常量,U_0 为纵轴截距,反映了不同金属材料的性质.由此可将式（21-9）改写成

$$\frac{1}{2}m_e v_m^2 = ek\nu - eU_0 \tag{21-11}$$

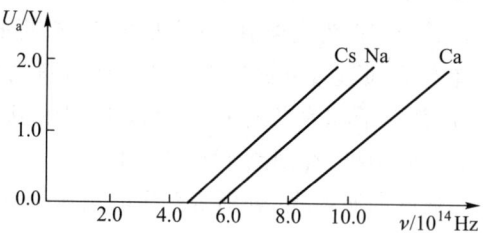
图 21-7 遏止电压与入射光频率的线性关系

即光电子的最大初动能随入射光频率线性增加,而与入射光强度无关.

（3）对于任何一种金属材料的阴极,都存在一个能够产生光电效应的入射光的最低频率 ν_0,只有 $\nu>\nu_0$ 才能产生光电效应.而且只要 $\nu>\nu_0$,不管入射光光强多么微弱,都能产生光电效应.ν_0 称为红限频率,其对应的波长 $\lambda_0 = \dfrac{c}{\nu_0}$ 称红限波长.不同金属材料的红限频率可由式（21-11）得出,由于从金属中逸出的光电子初动能至

少应等于零,令式(21-11)的电子初动能 $\frac{1}{2}m_e v^2 = 0$,就得红限频率

$$\nu_0 = \frac{U_0}{k} \tag{21-12}$$

绝大多数金属的红限频率位于紫外区域.

(4) 只要入射光的频率大于红限频率,从光照射到金属表面到光电子逸出,其时间间隔不超过 10^{-9} s,几乎是在瞬间完成的,与入射光的强度无关.

2 光子理论对光电效应的解释

在一般的光电效应中,从金属表面逸出的光电子是金属原子的外层电子,它们可以在金属内部"自由运动",即通常所说的自由电子.但是这些电子运动到金属表面的时候,要受到一个指向金属内部的电场力的作用,作用的效果是阻碍电子脱离金属.从这个意义上讲,电子是被金属"束缚"的电子.电子要逸出金属表面成为光电子,就必须克服金属对它的束缚而做功,也就是克服电场阻力而做功,这个功称为逸出功.

爱因斯坦为解释光电效应提出了光子理论,并建立了光电效应作用模型.他认为,频率为 ν 的光束照射到金属表面上,意味着一束能量为 $h\nu$ 的光子投射到金属表面上.单个的光子即与金属中的单个电子发生相互作用,经历一个电子与光子的吸收合并过程.当一个光子被一个电子吸收时,静质量为零的光子随即消失,而将能量 $h\nu$ 全部转移给电子.电子获得 $h\nu$ 的能量,一部分用于克服金属表面对其的束缚做功,剩余的能量则作为电子的初动能逸出金属表面.在整个作用过程中,光子与电子-金属束缚系统遵从能量守恒定律.

金属中处于不同运动状态的电子逸出金属表面时,所需的功也各不相同,通常把它的最小值称为逸出功,并用 A 表示.这样,根据光子理论的光电效应模型,当电子吸收一个能量为 $h\nu$ 的光子后,逸出金属表面时的最大初动能应为

$$\frac{1}{2}m_e v_m^2 = h\nu - A \tag{21-13}$$

式中的 m_e 为电子质量,v_m 为逸出光电子的最大速率.从能量守恒的角度,式(21-13)更常见的表现形式是

$$h\nu = \frac{1}{2}m_e v_m^2 + A \tag{21-14}$$

式(21-13)和式(21-14)均称为**爱因斯坦光电效应方程**.由于这里的入射光是可见光和紫外光,光子能量较低,电子吸收光子后具有的动能也较低,式(21-13)和式(21-14)中的动能采用了非相对论的形式.

现在用光子理论来解释光电效应实验规律:

(1) 根据光强 S 与光子流密度 N 的关系 $S = Nh\nu$,在入射光频率不变的情况下,光强越强,单位时间到达金属表面的光子数越多,吸收光子逸出金属表面的光电子数也越多,从而饱和光电流 I_m 就越大,因此饱和光电流与入射光强度成正比.

(2) 爱因斯坦光电效应方程式(21-13)直接给出了光电子最大初动能随入射

光频率线性增长的关系,即

$$\frac{1}{2}m_e v_m^2 = h\nu - A$$

由于光电效应中,单个光子与单个电子相互作用,不论光强如何,每个电子只吸收一个光子,所以电子获得的能量与光强无关.与式(21-11)

$$\frac{1}{2}m_e v_m^2 = ek\nu - eU_0$$

对照,还可以得出

$$h = ek, \quad A = eU_0$$

从而,通过测量遏止电压 U_a 与入射光频率 ν 的关系,由图(21-7)中 U_a-ν 曲线的斜率 k 和纵轴截距 U_0 值,即可计算出普朗克常量 h 和不同金属材料的逸出功 A.这是实验测定普朗克常量的方法之一.

(3)由于逸出光电子的初动能至少要等于零,根据爱因斯坦光电效应方程,入射光子的最小能量 $h\nu_0 = A$,可得红限频率

$$\nu_0 = \frac{A}{h} = \frac{U_0}{k}$$

ν_0 的意义在于,光电子吸收光子获得的能量 $h\nu$ 至少要能使光电子克服金属表面的束缚,即至少要等于逸出功 A.

(4)若光子频率大于红限频率,电子一次性地吸收一个光子即能获得足够的能量而逸出金属表面.该过程不需要积累能量的时间,几乎是在瞬间完成,与光的强度即光子数的多少无关.

3 光电效应是电磁辐射与物质相互作用的基本方式

以上对光电效应的讨论,只涉及可见光和紫外光照射金属表面出现的效应.实际上,金属以外的材料也能产生光电效应.当具有足够能量的光子撞击束缚电子时,就可能出现光电效应.例如 X 射线光子或 γ 射线光子撞击物质原子中的电子,只要光子的能量 $h\nu$ 大于原子中电子的束缚能 E_b,电子就能够在吸收光子后获得足够的能量而脱离原子,这就是由于光电效应产生的光致电离.若以 E_k 表示光电子的动能,E_b 表示原子对电子的束缚能,爱因斯坦光电效应方程可表示为更具普遍意义的

$$h\nu = E_k + E_b \tag{21-15}$$

20世纪60年代激光出现后,实验上又发现了多光子吸收产生光电效应的过程.由于激光功率高,短时间内可以有大量光子到达物质材料,即使入射光频率低于红限频率,电子也有可能在极短的时间内连续吸收多个(n个)光子而产生光电发射,此时式(21-15)应表示为

$$nh\nu = E_k + E_b$$

光电效应是电磁辐射与物质相互作用最主要的方式之一,被广泛地应用于光子的测量、光信号与电信号的转换等技术中.光电效应也是光子理论最有说服力的实验证明,它揭示了光子能量与频率之间的关系 $\varepsilon = h\nu$,同时证实了能量守恒定律

在微观世界中的正确性.

例 21.2 从金属铝中移出一个电子需要 4.2 eV 的能量,若用波长为 200 nm 的光照射铝的表面,问:

(1) 光电子的最大初动能是多少?

(2) 遏止电压等于多少?

(3) 铝的红限波长是多少?

解 (1) 从铝中移出电子需要的能量即为铝的逸出功,故 $A = 4.2$ eV. 由光电效应方程(21-13),可得光电子的最大初动能

$$E_k = \frac{1}{2}m_e v_m^2 = h\nu - A = \frac{hc}{\lambda} - A$$

$$= \left(\frac{6.626 \times 10^{-34} \times 3 \times 10^8}{200 \times 10^{-9}} - 4.2 \times 1.6 \times 10^{-19}\right) \text{ J}$$

$$= 3.23 \times 10^{-19} \text{ J} = 2.0 \text{ eV}$$

(2) 由 $E_k = eU_a$,铝的遏止电压

$$U_a = \frac{E_k}{e} = 2.0 \text{ V}$$

(3) 由 $h\nu_0 = h\dfrac{c}{\lambda_0} = A$,铝的红限波长

$$\lambda_0 = \frac{hc}{A} = \frac{6.626 \times 10^{-34} \times 3 \times 10^8}{4.2 \times 1.6 \times 10^{-19}} \text{ m} = 296 \text{ nm}$$

二 康普顿散射

康普顿散射也是电磁辐射与物质相互作用的基本方式之一.1922—1923 年间,康普顿研究了 X 射线经过物质后发生散射的现象.他发现散射的 X 射线中,除了有波长不变的成分外,还有波长变长的成分.这种波长发生了变化的散射,称为康普顿散射,或称为康普顿效应.

文档:康普顿

图 21-8 是观察康普顿散射的实验装置示意图.图中的 C 为散射物,X 射线经过散射物后向不同的方向散射,φ 为散射角.T 是 X 射线探测器,用以测量 X 射线的波长和强度.探测器可以在圆弧轨道上移动,测量沿不同散射角方向散射的 X 射线.

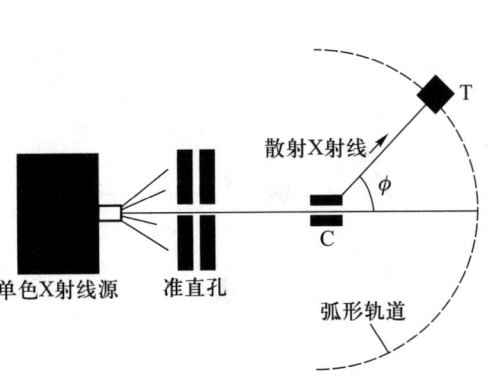

图 21-8 康普顿散射实验装置示意图

图 21-9 是以石墨为散射物质测得的几条实验曲线,分别给出了沿不同散射角方向散射的 X 射线的波长和强度.

实验结果表明,散射 X 射线中有波长变长的成分,波长的改变量 $\Delta\lambda = \lambda - \lambda_0$ 与散射物质无关,只随散射角 ϕ 变化,其关系为

$$\Delta\lambda = 2 \times 2.41 \times 10^{-3} \sin^2\frac{\phi}{2} \text{ nm}$$

康普顿用光子理论非常圆满地解释了他所观察到的实验现象.他认为,X 射线经过物质发生散射,这个过程可以看成是 X 射线光子与散射物质中的电子发生了类似完全弹性碰撞的相互作用.严格地说,这个过程应当是电子先吸收了入射光子,然后再释放出散射光子.由于 X 射线波长很短,约 0.1 nm,光子的能量很高,为 $10^4 \sim 10^5$ eV,远大于散射物质中的自由电子或原子外层束缚较弱的电子的束缚能,因而这些电子均可以近似看成自由电子.

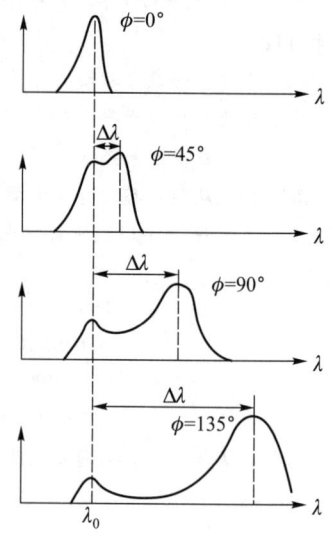

图 21-9 石墨的康普顿散射

当 X 射线光子与这些"自由"电子发生"弹性碰撞"后,光子的运动方向改变,产生了散射,同时光子将一部分能量转移给电子,光子能量减少.根据光子的能量关系 $\varepsilon = h\nu = \dfrac{hc}{\lambda}$,故散射后 X 射线的波长变长.在整个作用过程中,光子与电子构成的系统应当遵从能量守恒定律和动量守恒定律.

设入射 X 射线的波长为 λ_0,X 射线光子的能量 $\varepsilon_0 = h\nu_0 = \dfrac{hc}{\lambda_0}$,动量 $\boldsymbol{p}_0 = \dfrac{h}{\lambda_0}\boldsymbol{e}_{n0}$,$\boldsymbol{e}_{n0}$ 为入射方向的单位矢量.对于自由电子,因其平均热运动能量仅为 10^{-2} eV 左右,远远小于 X 射线光子的能量,可以认为碰撞前电子静止不动.电子碰撞前的动量为零,能量为静能量 $E_0 = m_e c^2$,m_e 是电子的静质量.碰撞后,X 射线光子沿散射角 ϕ 出射,波长变化为 λ,如图 21-10 所示.光子的能量 $\varepsilon = h\nu = \dfrac{hc}{\lambda}$,动量 $\boldsymbol{p} = \dfrac{h}{\lambda}\boldsymbol{e}_n$,$\boldsymbol{e}_n$ 是指向

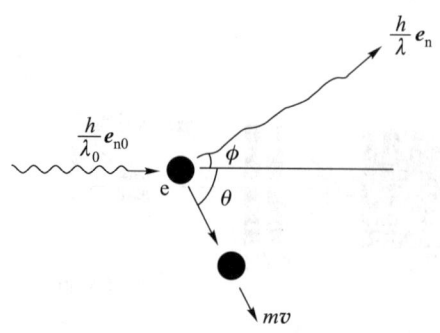

图 21-10 X 射线光子与电子碰撞示意图

ϕ 方向的单位矢量. 电子则以速度 v 沿 θ 角方向飞出,能量 $E_e = mc^2 = \dfrac{m_e c^2}{\sqrt{1-v^2/c^2}}$, 动量 $\boldsymbol{p}_e = m\boldsymbol{v} = m_e \boldsymbol{v}/\sqrt{1-v^2/c^2}$. 于是,根据能量守恒定律,有

$$h\frac{c}{\lambda_0} + m_e c^2 = h\frac{c}{\lambda} + \frac{m_e c^2}{\sqrt{1-v^2/c^2}} \tag{21-16}$$

根据动量守恒定律,有

$$\frac{h}{\lambda_0}\boldsymbol{e}_{n0} = \frac{h}{\lambda}\boldsymbol{e}_n + \frac{m_e \boldsymbol{v}}{\sqrt{1-v^2/c^2}}$$

或者由图 21-10 改写为

$$\left(\frac{h}{\lambda_0}\right)^2 + \left(\frac{h}{\lambda}\right)^2 - 2\frac{h}{\lambda_0}\cdot\frac{h}{\lambda}\cos\phi = \frac{m_e^2 v^2}{1-v^2/c^2} \tag{21-17}$$

联立式(21-16)和式(21-17)组成的方程组,可以解出散射 X 射线的波长 λ,进而求得波长的改变量

$$\Delta\lambda = \lambda - \lambda_0 = \frac{h}{m_e c}(1-\cos\phi) \tag{21-18}$$

或者

$$\Delta\lambda = \lambda - \lambda_0 = 2\frac{h}{m_e c}\sin^2\frac{\phi}{2} \tag{21-19}$$

两式中都有常量因子 $\dfrac{h}{m_e c}$,且具有波长的量纲,称为电子的**康普顿波长**,用 λ_C 表示,代入相关的数据:

$$\lambda_C = \frac{h}{m_e c} = 2.426\times 10^{-3}\ \text{nm} = 2.426\ \text{pm} \tag{21-20}$$

这样,**康普顿散射公式**又可以表示为

$$\Delta\lambda = \lambda - \lambda_0 = \lambda_C(1-\cos\phi) = 2\lambda_C\sin^2\frac{\phi}{2} \tag{21-21}$$

将光子理论得出的结论式(21-21)与前述的实验规律相比较,符合得非常好.

光子理论还可以解释康普顿散射实验中的一些其他现象:散射 X 射线中还有波长不变的成分,它们与入射 X 射线的波长相同,即图 21-9 中 λ_0 对应的成分. 这是 X 射线光子与原子中束缚得较紧的芯电子碰撞所致. 光子与这些电子相碰撞,实际上相当于与整个原子碰撞,由于原子质量远大于光子质量,碰撞中光子能量几乎没有损失,散射光子的能量仍然为 $h\nu_0$,波长仍然为 λ_0,只是改变了运动方向.

在康普顿散射实验中,散射体的原子序数小(轻原子)康普顿效应要更为明显,这是因为轻原子对核外电子束缚较弱,散射体中"自由"电子相对较多. 而重原子对芯电子束缚较强,只对外层电子束缚较弱,散射体中"自由"电子相对较少,所以波

长变长的成分其强度随原子序数的增大将相对减弱.

康普顿散射是继光电效应之后,对爱因斯坦光子理论最有力的实验支持.可以说光电效应揭示了光子的能量与频率之间的关系,康普顿效应则定量地验证了光子的动量与波长之间的关系,并第一次从实验上证明了动量守恒定律在微观世界中的正确性.

例 21.3 波长为 $\lambda_0 = 0.020\ 0$ nm 的 X 射线与自由电子发生碰撞.在与入射方向成 $90°$ 角的方向上观察康普顿散射,求:

(1) 散射 X 射线的波长;

(2) 反冲电子获得的能量;

(3) 反冲电子的动量.

解 (1) 由康普顿散射公式 $\Delta\lambda = \lambda - \lambda_0 = \lambda_C (1-\cos\varphi)$,在 $\varphi = 90°$ 时,散射 X 射线的波长

$$\lambda = \lambda_0 + \Delta\lambda$$
$$= [0.020\ 0 + 0.002\ 46(1-\cos 90°)]\ \text{nm}$$
$$= 0.022\ 4\ \text{nm}$$

(2) 根据能量守恒,反冲电子获得的能量为光子损失的能量,等于入射光子能量与散射光子能量的差值,应为

$$\Delta E = h\frac{c}{\lambda_0} - h\frac{c}{\lambda} = hc\frac{\lambda - \lambda_0}{\lambda_0 \lambda}$$
$$= 6.626 \times 10^{-34} \times 3 \times 10^8 \times \frac{(2.24-2.00) \times 10^{-11}}{2.00 \times 10^{-11} \times 2.24 \times 10^{-11}}\ \text{J}$$
$$= 1.06 \times 10^{-15}\ \text{J}$$

(3) 根据动量守恒定律,作动量的矢量图示,如图 21-11 所示,可得碰撞后电子的动量

$$p_e = \sqrt{\left(\frac{h}{\lambda_0}\right)^2 + \left(\frac{h}{\lambda}\right)^2} = \frac{h}{\lambda_0 \lambda}\sqrt{\lambda_0^2 + \lambda^2}$$
$$= \frac{6.626 \times 10^{-34}}{2.00 \times 2.24 \times 10^{-22}}\sqrt{[(2.00)^2+(2.24)^2] \times 10^{-22}}\ \text{kg}\cdot\text{m}\cdot\text{s}^{-1}$$
$$= 4.4 \times 10^{-23}\ \text{kg}\cdot\text{m}\cdot\text{s}^{-1}$$

反冲电子的运动方向与入射光子运动方向的夹角

$$\theta = \arctan\frac{h/\lambda}{h/\lambda_0} = \arctan\frac{\lambda_0}{\lambda}$$
$$= \arctan\frac{2.00}{2.24} = 41.76°$$

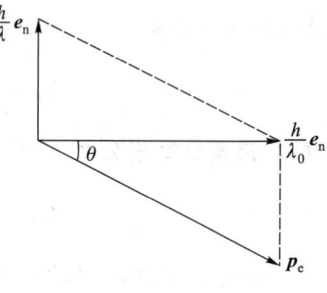

图 21-11 例 21.3 图

三 电子对效应

1 电子对的产生

当具有足够能量的光子,经过某种粒子(例如很重的原子核)附近时,有可能光子消失,而产生出一对正、负电子,这种现象称作**电子对的产生**.其产生的正电子和负电子互为反粒子,除所带电荷的正负恰恰相反,分别为 $+e$ 和 $-e$ 以外,其余各种特性都相同.这一作用过程通常可以表示为

$$\gamma \rightarrow e^+ + e^-$$

或图示为图 21-12.

电子对的产生过程必须遵从电荷守恒定律,这就排除了单个光子产生单个电子的可能性,因此只能同时产生一对正、负电子.这也是粒子与它的反粒子产生过程中普遍遵循的规律.根据能量守恒定律,产生一对正、负电子所需要的最低能量,也即入射光子的最低能量

$$E_{\min} = m_e c^2 + m_e c^2 = 2m_e c^2 = 1.02 \text{ MeV}$$

上式中正电子和负电子的静质量是相同的,均为 $m_e = 9.1 \times 10^{-31}$ kg,静能量均为 $m_e c^2 = 0.51$ MeV,所以入射光子的最低能量为 1.02 MeV,这个能量范围的光子一般为 γ 射线光子,其波长小于 0.001 2 nm.如果光子的能量超过 1.02 MeV,其超出部分就以电子的动能出现.

$$h\nu = 2m_e c^2 + E_k^+ + E_k^-$$

式中 E_k^+ 和 E_k^- 是正、负电子的动能.

2 电子对的湮没

一对正、负电子湮没,随之产生出两个或两个以上(两个以上的概率很小)的光子,这个过程称为**电子对的湮没**,它是电子对产生的逆过程,一般可表示为

$$e^+ + e^- \rightarrow \gamma + \gamma$$

或图示为图 21-13.

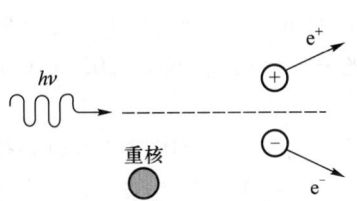
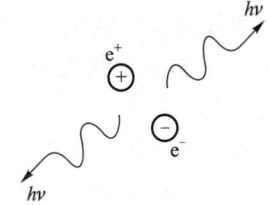

图 21-12 电子对的产生　　　　图 21-13 电子对的湮没

电子对湮没过程在两个相互靠近的正、负电子基本上处于静止状态时概率最大.由于湮没前电子对的总动量近似为零,因此湮没后必然产生一对动量值相等而方向相反的光子.不可能产生单个光子,否则就违反了动量守恒定律,即有

$$0 = \frac{h\nu_1}{c} - \frac{h\nu_2}{c}$$

再根据能量守恒定律

$$2m_e c^2 = h\nu_1 + h\nu_2$$

由此可知两个新产生的光子的频率相等,能量相等,即

$$h\nu_1 = h\nu_2 = m_e c^2 = 0.51 \text{ MeV}$$

波长均为

$$\lambda = \frac{c}{\nu} = \frac{h}{m_e c} = \lambda_C (电子的康普顿波长)$$

实验中正是以观察到这样一对能量相等而动量反向的光子为电子对湮没(亦称正电子湮没)的特征现象.

湮没是正电子的最终命运.正电子在现实世界中不可能长期稳定存在,遇到(负)电子就将湮没.由于正电子总是在有负电子的地方湮没,因此可以折射出材料内部有关电子结构、电子密度等信息,并由此形成了一门专门的技术——正电子湮没技术.

电子对效应是微观世界中物质运动遵循电荷守恒定律、动量守恒定律、能量守恒定律以及爱因斯坦质能关系的最好验证.

四 光子的吸收

光经过物质时,可能产生光电效应、康普顿散射或者电子对效应,这是光与物质相互作用最主要的三种基本方式.对一般的物质材料,逸出功或者电子束缚能约为几个电子伏,采用可见光或者紫外线照射就能产生光电效应,但是要产生可以明显观察到的康普顿散射,则需要光子的波长可以和电子的康普顿波长[见式(21-20)]相比拟.例如,在 $\varphi=\pi$ 的方向上观察康普顿散射,若入射光为可见光,波长 $\lambda_0=480$ nm,波长偏移 $\Delta\lambda=0.0048$ nm,$\frac{\Delta\lambda}{\lambda_0}=10^{-5}$,实验上很难观察出康普顿散射的效应;若入射光为 X 射线,波长 $\lambda_0=0.048$ nm,则波长偏移 $\Delta\lambda=0.0048$ nm,$\frac{\Delta\lambda}{\lambda_0}=10^{-1}=10\%$,就可以较明显地观察到康普顿散射的效应了.因此,康普顿散射多采用 X 射线或者能量更高、波长更短的 γ 射线.而电子对的产生,由于能量守恒定律的要求,只能是能量大于 1.02 MeV 的高能光子才能产生,低于 1.02 MeV 的光子不可能产生电子对.

光电效应和电子对产生这两个过程,都使得光子消失,而康普顿散射则使得光子偏离了入射方向,再考虑到光与物质的其他一些作用方式,因此,光经过物质之后,沿着原来的入射方向的光子数将减少,光的强度将减弱,这种现象称作物质对光的吸收.在图 21-14(a)中,考虑一束强度为 S 的光,其光子流密度 N 由式(21-7)$S=Nh\nu$ 决定,在经过一块厚度为 $\mathrm{d}x$ 的材料之后,光子流密度变为 $N+\mathrm{d}N$,光强度变为 $S+\mathrm{d}S$.由于吸收材料对光子的吸收,光子数应当减少,光强也应当减小,因此 $\mathrm{d}N$、$\mathrm{d}S$ 均为负值.可以预见,入射到吸收体上的光子数越多,经过吸收材料而发生相互作用损失的光子数就越多;吸收材料越厚,损失的光子数也就越多,即

$$|\mathrm{d}N|\propto N\mathrm{d}x$$

或

$$\mathrm{d}N=-\mu N\mathrm{d}x \qquad (21-22)$$

式中的比例系数 μ 称作吸收系数,与光子的能量以及吸收材料的性能有关.式中的负号表示光子的数量经

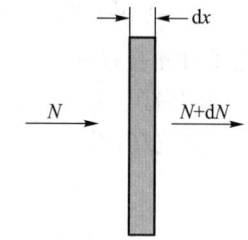

(a) 光穿过厚度为 $\mathrm{d}x$ 的吸收材料

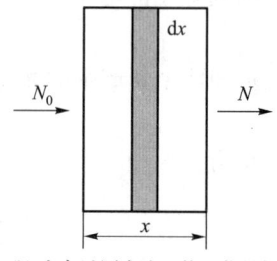

(b) 光穿过厚度为 x 的吸收材料

图 21-14 光子的吸收示意图

过吸收体后减少了(负增量).

图 21-14(b)中,强度为 S_0、光子流密度为 N_0 的光经过厚度为 x 的吸收材料后,强度变为 S,光子流密度变为 N,这时可以对式(21-22)积分:

$$\int_{N_0}^{N} \frac{\mathrm{d}N}{N} = -\mu \int_0^x \mathrm{d}x$$

$$\ln \frac{N}{N_0} = -\mu x$$

$$N = N_0 \mathrm{e}^{-\mu x} \tag{21-23}$$

进而得到

$$S = S_0 \mathrm{e}^{-\mu x} \tag{21-24}$$

式(21-23)和式(21-24)表明,光经过吸收材料之后,光子流密度以及光强将随着吸收体厚度的增加指数式地衰减,吸收系数越大,衰减速度越快.吸收系数反映了吸收体对光的吸收的本领.

光经过物质时的衰减规律可以应用于电磁辐射的防护(例 21.4),也可以应用于测量吸收物质的吸收系数,通过对吸收系数的分析进而对物质的内部结构进行分析和鉴别。医用 X 射线计算机断层扫描技术(XCT)以及工业计算机断层扫描技术(ICT)均是基于这一原理.

例 21.4 波长为 0.050 nm 的 X 射线,投射到三种不同的吸收体(水、铝和铅)上.在这种波长下,水的吸收系数为 0.491 cm^{-1},铝为 5.02 cm^{-1},铅为 667 cm^{-1}.要使出射的 X 射线的强度减少到入射强度的 $\frac{1}{100}$,每种吸收体应该多厚?

解 根据吸收公式(21-24),以及题意的要求 $S = \frac{1}{100} S_0$,有

$$\frac{1}{100} S_0 = S_0 \mathrm{e}^{-\mu x}$$

$$x = \ln 100 / \mu = 4.61 / \mu$$

水 $x = 4.61 / 0.491 \text{ cm} = 9.39 \text{ cm}$
铝 $x = 4.61 / 5.02 \text{ cm} = 0.918 \text{ cm}$
铅 $x = 4.61 / 667 \text{ cm} = 0.006\ 91 \text{ cm}$

可见,铅对辐射粒子的吸收很强,故常用铅作为 X 射线及 γ 射线等的屏蔽材料,并根据对不同能量的辐射粒子的吸收系数以及屏蔽安全的需要,选择适当屏蔽层厚度.

§21-4 玻尔的氢原子理论

在量子理论发展的进程中,丹麦物理学家尼尔斯·玻尔发挥了承上启下的作用.为了解决原子的稳定性问题,玻尔以氢原子的光谱实验规律为突破口,建立了著名的玻尔氢原子理论,开创性地提出了定态、能级、量子化跃迁等一系列概念,这些概念至今仍是量子力学中最重要的概念.

文档:玻尔

一 氢原子光谱的实验规律

不同发光体发出的光按其波长的大小依次排列形成不同的光谱.原子发光形成的光谱称为原子光谱.不同原子的光谱各不相同,反映出原子的内部结构不一样.通过光谱仪的测量去研究原子光谱,是获取原子内部结构信息的重要手段之一.

一般光谱按波长排列的情况不同分为三类,即线光谱、带光谱和连续谱.由若干离散谱线构成的光谱称为线光谱,线光谱中每一条谱线对应一波长确定的单色光,独立的原子发射的光谱就是线光谱.若光谱分段密集,形成一系列密度不等波长范围不同的光带,称为带光谱,由分子发射的光谱即为带光谱.在整个波长范围内波长连续分布的光谱则是连续谱,例如白光光谱以及炽热的固体、液体或高压气体发射的光谱.

氢原子是最简单的原子,原子核外只有一个电子.人们很早就开始了氢原子光谱的研究.图 21-15 是氢原子在可见光区的光谱,在波长 364.56~656.28 nm 之间为典型的线状光谱,每一条谱线对应一波长确定的单色光.1885 年,巴耳末将各谱线波长的分布归纳为一个公式

$$\sigma = \frac{1}{\lambda} = R\left(\frac{1}{2^2} - \frac{1}{n^2}\right) \quad (n = 3,4,5,\cdots) \tag{21-25}$$

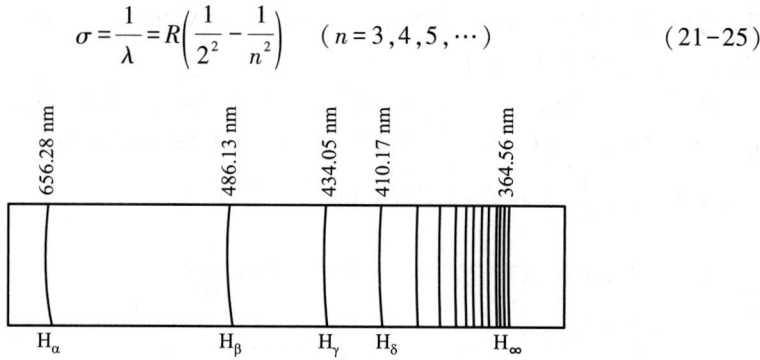

图 21-15 氢原子可见光区的发射谱

式中 $\sigma = \frac{1}{\lambda}$ 为波数,即单位长度内完整波的数目.R 是氢原子的里德伯常量,实验测量值为 $R = 1.096\,775\,8 \times 10^7$ m^{-1}.式(21-25)称为巴耳末公式.氢原子可见光区的光谱则称为氢原子光谱的巴耳末系.根据式(21-25),$n = 3$ 给出巴耳末系的第一条谱线,即图 21-15 中的 H_α 线,$n = 4$ 给出巴耳末系的第二条谱线 H_β 线……依此类推,$n \to \infty$ 则给出巴耳末系的线系限 H_∞.

随着实验技术的提高,人们又在紫外区域和红外区域先后发现了氢原子光谱的其他几个谱线系,这些谱线系的分布规律与巴耳末系类似,可以统一地由一个公式给出来:

$$\left.\begin{aligned}\sigma &= \frac{1}{\lambda} = R\left(\frac{1}{m^2} - \frac{1}{n^2}\right) \\ m &= 1,2,3,\cdots \\ n &= m+1, m+2, \cdots\end{aligned}\right\} \tag{21-26}$$

式(21-26)称为**广义巴耳末公式**(亦称为**巴耳末公式**).对于不同的谱线系,m 的取值不同,而 n 的取值从 $m+1$ 开始,因此不同谱线系 n 的初始取值不同.表 21.1 列出了氢原子光谱中各谱线系的名称、波长范围和波数公式.

表 21.1 氢原子光谱的谱线系

名称	波长范围	m	n	波数公式
莱曼系	紫外	1	2,3,4,…	$\sigma = R\left(\dfrac{1}{1^2} - \dfrac{1}{n^2}\right)$
巴耳末系	可见光	2	3,4,5,…	$\sigma = R\left(\dfrac{1}{2^2} - \dfrac{1}{n^2}\right)$
帕邢系	红外	3	4,5,6,…	$\sigma = R\left(\dfrac{1}{3^2} - \dfrac{1}{n^2}\right)$
布拉开系	红外	4	5,6,7,…	$\sigma = R\left(\dfrac{1}{4^2} - \dfrac{1}{n^2}\right)$
普丰德系	远红外	5	6,7,8,…	$\sigma = R\left(\dfrac{1}{5^2} - \dfrac{1}{n^2}\right)$

巴耳末公式是简洁而又极富规律性的,它有一个显著的特点,就是它恰为两项 $\dfrac{R}{m^2}$ 和 $\dfrac{R}{n^2}$ 的差值,这个特点可能反映出原子内部结构及运动的规律,它被年轻的物理学家玻尔注意到了.

二 玻尔假设

1912—1913 年间,玻尔着力解决的问题之一是原子的稳定性问题.按照经典的电动力学理论,原子中的电子绕原子核运动是一种具有加速度的运动,加速运动的电子将向外辐射电磁波并损失能量,使电子自己螺旋式地"下坠",直至"坠落"在原子核上,产生原子塌陷.经典电动力学的结论表明,原子将是一个不稳定的系统,并且在电子螺旋式下坠的过程中,将连续地向外辐射电磁能量,形成连续光谱.

但是,真实的原子是稳定的系统,否则就没有万物的存在.而且氢原子的光谱实验规律表明,原子光谱是线状光谱,不是连续谱.经过认真的思考,玻尔意识到,在原子领域里,经典的电磁辐射理论已经不再适用,必须以普朗克和爱因斯坦的辐射量子论重新认识原子领域的现象.玻尔分析:既然 $h\nu$ 代表着原子辐射或者吸收一个光子,而巴耳末公式又恰好是两项之差,并且是不随时间变化的两项之差,那么,这两项是否代表着原子在辐射或者吸收前后的两个稳定状态?而原子在不同的稳定状态之间变化(跃迁)时就向外辐射或者吸收频率(波长)单一的光子.因此,玻尔在 1913 年提出了三条基本假设.

玻尔的三条基本假设是：

（1）**量子化定态假设**. 原子系统只能存在于一系列不连续的稳定状态，简称定态. 定态的能量只能取一系列不连续的离散值 E_1、E_2、E_3、…. 处于定态的原子，其电子只能在特定的轨道上绕核作圆周运动，但不辐射电磁波. 原子的能量只能在原子从一个定态跃迁到另一个定态的时候才发生变化.

（2）**量子化跃迁的频率法则**. 当原子在不同定态之间跃迁时，就发射或者吸收一定频率的光子，光子的频率遵守

$$h\nu = E_n - E_m \quad (E_n > E_m)$$

若从 E_n 跃迁至 E_m，发射一个光子；若从 E_m 跃迁至 E_n，吸收一个光子.

（3）**角动量量子化假设**. 原子中的电子绕核作圆周运动，电子对核的轨道角动量必须是普朗克常量的整数倍

$$L = mrv = n\hbar \quad (n = 1, 2, 3, \cdots)$$

式中 $\hbar = \dfrac{h}{2\pi} = 1.054\,571\,800 \times 10^{-34}$ J·s，称为约化普朗克常量，n 称为量子数.

在第一条假设中，玻尔首先解决了原子的稳定性问题，提出了定态以及定态的能量量子化的概念，继而在量子化跃迁的频率法则中预示了原子光谱是线状谱的规律，最后玻尔给出了定态满足的条件.

三 玻尔的氢原子理论

玻尔的三条基本假设，既有量子论的思想和规则，又有经典力学轨道运动的图像，在此基础上形成的玻尔氢原子理论，可以成功地解释氢原子光谱实验规律.

1 轨道量子化

在氢原子中，带负电荷（$-e$）的电子绕带正电荷（$+e$）的原子核作匀速圆周运动. 设电子的质量为 m_e，轨道半径为 r，运动速率为 v，电子作匀速圆周运动的向心力由库仑力提供，根据牛顿第二定律

$$F = \frac{e^2}{4\pi\varepsilon_0 r^2} = m_e \frac{v^2}{r} \tag{21-27}$$

和角动量量子化假设

$$L = m_e rv = n\hbar \quad (n = 1, 2, 3, \cdots)$$

可以解出电子定态轨道半径：

$$r_n = n^2 \frac{\varepsilon_0 h^2}{\pi m_e e^2} \quad (n = 1, 2, 3, \cdots)$$

由于 n 是量子数，故电子绕核运动的轨道半径不是连续的，而是量子化的.

当 $n = 1$ 时，可得氢原子中电子最小轨道半径：

$$r_1 = a_0 = \frac{\varepsilon_0 h^2}{\pi m_e e^2} = 0.529 \times 10^{-10} \text{ m}$$

从而

$$r_n = n^2 a_0 \quad (n = 1, 2, 3, \cdots) \tag{21-28}$$

a_0 称为玻尔半径,它代表着原子大小的数量级.

电子的运动速率也是量子化的:

$$v_n = \frac{1}{n}\frac{e^2}{2\varepsilon_0 h} = \frac{v_1}{n} \quad \left(v_1 = \frac{e^2}{2\varepsilon_0 h} = 2.2\times 10^6 \text{ m}\cdot\text{s}^{-1}, n=1,2,3,\cdots\right)$$

2 能量量子化　能级

氢原子的能量由电子的动能(原子核近似处理为静止不动)和氢原子系统静电势能两部分组成.电子的动能可由式(21-27)得到

$$E_k = \frac{1}{2}m_e v^2 = \frac{e^2}{8\pi\varepsilon_0 r}$$

氢原子系统的静电势能:

$$E_p = -\frac{e^2}{4\pi\varepsilon_0 r}$$

氢原子能量:

$$E = E_k + E_p = -\frac{e^2}{8\pi\varepsilon_0 r}$$

将式(21-28)代入上式即得到量子化能量公式:

$$E_n = -\frac{1}{n^2}\frac{m_e e^4}{8\varepsilon_0^2 h^2} \quad (n=1,2,3,\cdots)$$

能量随量子数 n 变化,呈现离散的不连续的特点,因此氢原子能量是量子化的.当 $n=1$ 时,得到氢原子的最低能量:

$$E_1 = -\frac{m_e e^4}{8\varepsilon_0^2 h^2} = -13.6 \text{ eV}$$

原子能量最低的状态称为原子的基态,故 E_1 为氢原子基态能量. $n>1$ 的状态称为原子的激发态,氢原子各激发态能量又可以表示为

$$E_n = E_1 \frac{1}{n^2} \quad (n=1,2,3,\cdots) \tag{21-29}$$

由于 E_1 为负值,氢原子各能态的能量都为负值,能量小于零表示氢原子系统处于束缚状态.

原子内部量子化的能量值称为**能级**.能级可以用能级图形象地表示出来.图 21-16 是氢原子能级图, $E_1 = -13.6$ eV 为氢原子基态能量, $E_2 = -3.4$ eV 为第一激发态能量……能级间距随 n 的增大而减小,当 n 很大时,能级间距非常小,以至于可以看成是准连续变化的.当 $n\to\infty$ 时, $E_n = 0$,此时由式(21-28)有 $r_n\to\infty$,表明电子已经脱离原子核而电离.使电子脱离原子核需要外界提供的最小能量值称电离能 E_b ,显然 $E_b = E_{n\to\infty} - E_n = 0 - E_n = |E_n|$,例如氢原子基态电离能为 13.6 eV,第一激发态电离能为 3.4 eV……

3 巴耳末公式的理论推导

根据量子化跃迁的频率法则,当氢原子从能量较高的定态跃迁到能量较低的定态时,就向外发射一个频率为 ν 的光子(反之则吸收一个光子),光子的能量为

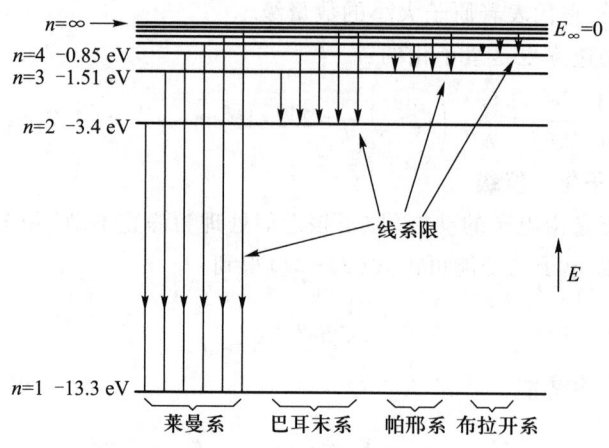

图 21-16 氢原子能级图

$$h\nu = E_n - E_m \qquad (E_n > E_m)$$
$$= E_1 \frac{1}{n^2} - E_1 \frac{1}{m^2}$$
$$= |E_1|\left(\frac{1}{m^2} - \frac{1}{n^2}\right)$$

其波数为

$$\sigma = \frac{1}{\lambda} = \frac{\nu}{c} = \frac{|E_1|}{hc}\left(\frac{1}{m^2} - \frac{1}{n^2}\right)$$

令

$$R = \frac{|E_1|}{hc} = \frac{m_e e^4}{8\varepsilon_0^2 h^3 c} = 1.097\,373\times 10^7 \text{ m}^{-1}$$

可得

$$\sigma = R\cdot\left(\frac{1}{m^2} - \frac{1}{n^2}\right)$$

这正是巴耳末公式的形式.由玻尔理论得到的波数公式与实验规律巴耳末公式一致,且里德伯常量的理论值与实验值惊人地相符,证明玻尔氢原子理论是成功的.

4 氢原子光谱

氢原子在不同能级之间跃迁时发射或者吸收光子,形成氢原子光谱.由于能级是分立的,所发射或吸收的光子的能量 $h\nu = E_n - E_m$ 必然也是分立的,其对应的光一定是波长和频率确定的单色光,因此氢原子光谱为线状谱.图21-16同时标出氢原子各谱线系对应的原子跃迁情况,从 $n \geq 2$ 的激发态跃迁到基态,发射的光谱属于莱曼系;从 $n \geq 3$ 的能级向 $n=2$ 的能级跃迁,发射的光谱属于巴耳末系;从 $n \geq 4$ 的能级向 $n=3$ 能级跃迁,发射的光谱属于帕邢系……在每一谱线系中,由 $n=m+1$ 能级向 $n=m$ 能级跃迁发射的光子能量最小,频率最低,波长最长,为该谱线系的第一条谱线.例如巴耳末系波长最长的第一条谱线 H_α,即为 $n=3$ 的能级向 $n=2$ 的能级跃迁形成.而由 $n\to\infty$ 即 $E_n=0$ 的能级向 $n=m$ 能级的跃迁,发射的光子能量最大,频率最高,波长最短,构成该谱线系的线系限.例如巴耳末系的线系限 H_∞ 就是由 $n\to\infty$ 的能级向 $n=2$ 的能级跃迁形成的.

玻尔氢原子理论也可以用于类氢离子,如一次电离的氦离子 He^+,两次电离的锂离子 Li^{++},三次电离的铍离子 Be^{+++}……这些类氢离子核外只有一个电子,其余的电子都已经被电离,它们的 $Z>1$,如果用 Ze^2 替换氢原子公式中的 e^2 就可得到类氢离子的能级、电离能、各谱线系波长等公式(与实验值略有差别).

玻尔由于在原子结构和辐射方面的成就获得了 1922 年诺贝尔物理学奖.

例 21.5 在氢原子光谱的巴耳末系中,有一条光谱线的波长为 434 nm,试求:

(1) 与该谱线相应的光子能量;

(2) 该谱线是氢原子由能级 E_n 跃迁到 E_k 产生的,n 和 k 各为多少?

(3) 最高能级为 E_5 的大量氢原子,最多可以发射几个谱线系,共几条谱线? 波长最短的是哪一条谱线?

解 (1) 由 $\varepsilon = h\nu = \dfrac{hc}{\lambda}$,光子能量

$$\varepsilon = h\frac{c}{\lambda} = 6.626\times 10^{-34}\times \frac{3\times 10^8}{434\times 10^{-9}} \text{ J} = 2.86 \text{ eV}$$

(2) 巴耳末系,$k=2$,$E_k = E_1/2^2 = -3.4$ eV,由 $\varepsilon = E_n - E_k$ 得

$$E_n = E_1/n^2 = E_k + \varepsilon$$

$$n = \sqrt{\frac{E_1}{E_k+\varepsilon}} = \sqrt{\frac{-13.6}{-3.4+2.86}} = 5$$

也可以根据巴耳末公式

$$\sigma = \frac{1}{\lambda} = R\left(\frac{1}{m^2} - \frac{1}{n^2}\right)$$

$$n = \sqrt{\frac{m^2 R\lambda}{R\lambda - m^2}}$$

巴耳末系 $m = k = 2$,计算得 $n = 5$.

(3) 从 E_5 能级可以向 $m = 1,2,3,4$ 的 4 个能级发射 4 个谱线系,依次为莱曼系、巴耳末系、帕邢系和布拉开系.各谱线系的谱线数依次为 4,3,2,1,共有 10 条谱线.其中,莱曼系中 $E_5\to E_1$ 能级跃迁的谱线光子能量最高,波长最短.

内 容 提 要

1 黑体辐射

普朗克能量子假设

  能量子 $\qquad\qquad \varepsilon = h\nu$

  谐振子能量 $\quad E = n\varepsilon = nh\nu \quad (n = 1,2,\cdots)$

普朗克热辐射公式

  黑体单色辐出度 $\quad M_{0\lambda}(T) = \dfrac{2\pi hc^2}{\lambda^5}\cdot\dfrac{1}{(e^{hc/\lambda kT}-1)}$

斯特藩-玻耳兹曼公式

黑体的辐出度 $M_0(T) = \sigma T^4$，$\sigma = 5.67 \times 10^{-8}$ W·m^{-2}·K^{-4}

维恩位移定律

辐射最强波长与温度的关系为 $\lambda_m T = b$，$b = 2.897 \times 10^{-3}$ m·K

2 光子理论

光由光子组成

光子的能量 $E = h\nu$

光子的动量 $p = \dfrac{h}{\lambda}$

光子的质量 $m = \dfrac{E}{c^2} = \dfrac{h\nu}{c^2}$

光的强度 $S = Nh\nu$，N 为光子流密度

光具有波粒二象性.

3 光电效应

光子与"束缚"电子的吸收合并过程，光子与电子-金属系统能量守恒.

爱因斯坦光电效应方程 $h\nu = \dfrac{1}{2}m_e v_m^2 + A$

电子的动能 $\dfrac{1}{2}m_e v_m^2 = eU_a = h\nu - A = ek\nu - eU_0$

遏止电压 $U_a = \dfrac{h}{e}\nu - \dfrac{A}{e} = k\nu - U_0$

红限 $\nu_0 = \dfrac{A}{h} = \dfrac{U_0}{k}$，$\lambda_0 = \dfrac{hc}{A} = \dfrac{hk}{U_0}$

一般形式的光电效应方程 $h\nu = E_k + E_b$

4 康普顿散射

光子与静止的自由电子的"弹性碰撞"过程，光子与电子系统动量守恒，能量守恒.

$$\Delta\lambda = \lambda - \lambda_0 = \lambda_C(1 - \cos\varphi) = 2\lambda_C \sin^2\dfrac{\varphi}{2}$$

$$\lambda_C = 2.426 \times 10^{-3} \text{ nm} = 2.426 \text{ pm}$$

5 电子对效应

电子对产生 $h\nu = 2m_e c^2 + E_k^+ + E_k^-$

$h\nu_{\min} = 2m_e c^2 = 1.02$ MeV

电子对湮没 $h\nu_1 = h\nu_2 = m_e c^2 = 0.51$ MeV

6 玻尔氢原子理论

玻尔假设：

（1）量子化定态假设

（2）量子化跃迁频率法则 $h\nu = E_n - E_m$

（3）角动量量子化 $L = m_e r v = n\hbar$ （$n = 1, 2, \cdots$）

电子的轨道半径 $r_n = n^2 a_0$, $n = 1, 2, \cdots$, $a_0 = 0.529 \times 10^{-10}$ m

氢原子能量 $E_n = \dfrac{E_1}{n^2}$, $n = 1, 2, \cdots$, $E_1 = -13.6$ eV

巴耳末公式 $\sigma = \dfrac{1}{\lambda} = R\left(\dfrac{1}{m^2} - \dfrac{1}{n^2}\right)$, $m = 1, 2, 3, \cdots$, $n = m+1, m+2, \cdots$

$R = 1.097\ 373 \times 10^7$ m^{-1}

氢原子光谱线系分布　　表 21.1.

习　题

21.1　实验测得太阳辐射谱中峰值波长 $\lambda_m = 490$ nm,若把太阳视为黑体,试计算:(1) 太阳表面的温度 T;(2) 太阳每单位表面积上的辐射功率(辐出度).

21.2　降低黑体温度,使其辐射的峰值波长 λ_m 为原来的 2 倍,则其辐出度 M_0 为原来的＿＿＿.
(A) 2 倍；　(B) 0.5 倍；　(C) 0.25 倍；　(D) 0.062 5 倍.

21.3　若光子的能量等于电子的静能,求光子的频率、波长和动量.

21.4　估算下列情况中光子携带的总能量：
(1) 植物的一次光合反应大约需要 10 个可见光光子(可见光平均波长 $\lambda = 500$ nm);
(2) 人的眼睛对光的反应的下限是每秒钟大约 10 000 个光子(观察十字路口的红灯,波长以 700 nm 计).

21.5　银河系间宇宙空间内的星光的能量密度为 10^{-15} J·m^{-3},相应的光子密度多大？假定光子的平均波长为 500 nm.

21.6　(1) 简述光电效应的 4 条实验规律；
(2) 用光子理论解释光电效应的实验规律.

21.7　图 21-17 表示光电效应中光电子动能 E_k 随入射光频率 ν 的变化关系.下面 4 个量中,哪一个表示普朗克常量、红限和逸出功?
(A) OQ；　(B) OP；　(C) OP/OQ；　(D) OS/RS.

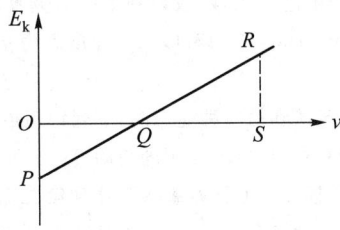

图 21-17　习题 21.7 图

21.8　已知铯的红限波长为 652 nm,试求用波长 $\lambda = 400$ nm 的光照射在铯的感光层上时,铯所放出的光电子的速度.

21.9　当钠光灯的黄光($\lambda = 589.3$ nm)照射某一光电池时,为了遏制所有电子到达阳极,需要 0.3 V 的负电压.如果用波长 $\lambda' = 400$ nm 的光照射这个光电池,要遏制电子需加多大的负电压?

21.10　以波长为 $\lambda = 0.200$ μm 的单色光照射一铜球,铜球能放出电子.现将此铜球充电,试求:铜球的电势多高时不再放出电子？已知铜的逸出功 $A = 4.10$ eV.

21.11　以一定频率的单色光照射在某种金属上.测出其光电流的曲线如图 21-18 所示.如

果:(1) 在光强不变的条件下增大照射光的频率;(2) 保持光的频率不变增大照射光的强度,则在上、下两组曲线中用虚线表示的光电流,符合题意的分别是_____.

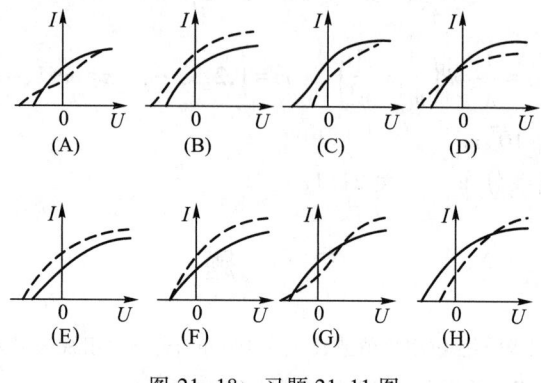

图 21-18 习题 21.11 图

21.12 用光子理论解释光电效应和康普顿散射实验规律时,分别提出了不同的"光子-电子作用模型",这两种模型的不同之处在哪里? 为什么?

21.13 在康普顿实验中,若要使散射角为 $\varphi=90°$ 时测得的 $\Delta\lambda$ 与入射波长 λ_0 之比为 1%,入射波长 λ_0 应为多少?

21.14 已知 X 射线光子的能量为 0.6 MeV,在康普顿散射之后波长变化了 20%,求反冲电子的能量.

21.15 在康普顿散射中,入射光子波长为 0.002 nm,测得反冲电子的速率为 0.7c,求:(1) 反冲电子的动能;(2) 散射光子的波长;(3) 散射角;(4) 反冲电子的运动方向.

21.16 π^0 粒子是不稳定的,可以衰变为两个(或两个以上)的光子,π^0 粒子的静能为 135 MeV.如果 π^0 粒子初始时是静止的,问所产生的光子的最大能量多大?

21.17 2.0 MeV 的电子与 2.0 MeV 的正电子发生对心碰撞,产生两个光子.这两个光子的能量各为多少?

21.18 试证:要使辐射束的强度减小一半,吸收材料的厚度必须等于 $0.693/\mu$.

21.19 波长为 0.050 nm 的单色 X 射线,投射到不同的吸收体铝和铅上.在这种波长下,铝的吸收系数为 5.02 cm^{-1},铅为 667 cm^{-1}.若两种吸收体厚度均为 0.1 cm,则 X 射线束的强度将减少到原强度的百分之几?

21.20 当原子从一种能态跃迁到另一种能态时,下列物理量中有哪些是守恒的?
(A) 总电荷;　　(B) 总能量;　　(C) 原子的角动量;　　(D) 原子的线动量.

21.21 根据玻尔的氢原子模型,电子从基态跃迁到第二激发态,下列各量变化了多少?
(1) 氢原子能量;(2) 电子绕核运动的角动量;(3) 电子圆周运动的半径;(4) 电子运动的速率.

21.22 以单色光照射一束处于基态的氢原子,结果氢原子有三种不同波长的光辐射出来.这种入射光的波长是多少?

21.23 对处于第一激发态($n=2$)的氢原子,如果用可见光照射,能否使之电离?

21.24 在基态氢原子被外来单色光激发后发出的巴耳末系中,仅观察到两条光谱线,试求这两条光谱线的波长及外来光的频率.

21.25 用加热的方式至少需要加热到多高温度才能使处于基态的氢原子激发?若要使氢原子电离,至少要加热到多高温度?(提示:温度为 T 时,原子平均动能为 $\frac{3}{2}kT$,假定碰撞中可交出其动能的一半.)

21.26 用气体放电时高速电子撞击氢原子的方法,激发氢原子使其发光,如果高速电子的能量为 12.2 eV,试求氢原子被激发后所能发射的光的波长.

21.27 根据玻尔理论:

(1) 计算氢原子中的电子在量子数为 n 的轨道上作圆周运动的频率;

(2) 计算当该电子跃迁到 $(n-1)$ 的轨道上时所发射光子的频率;

(3) 证明当 n 很大时,上述(1)和(2)结果相近似.

21.28 一次电离的氦原子发生什么样的跃迁,才会发射出波长与氢原子光谱中 H_α 谱线非常接近的光子?

第二十二章 量子力学基础知识

20世纪20年代是量子力学理论建立发展并臻于完善的年代.1924年德布罗意提出物质波的概念,3年后即得到实验的直接验证.1926年薛定谔给出了物质波的波函数满足的基本动力学方程——薛定谔方程,导致了玻恩对波函数的统计解释.1927年海森伯基于物质的波粒二象性又提出了著名的不确定关系.在这一时期,海森伯、狄拉克、薛定谔各自独立地建立了矩阵力学、新力学和波动力学,形成了完整的量子力学理论.

由于薛定谔的波动力学与海森伯的矩阵力学及狄拉克的新力学是等价的,本章仅介绍薛定谔方程及其波函数解.

§22-1 波粒二象性

一 德布罗意假设

文档:德布罗意

1924年,年轻的法国物理学家德布罗意在博士论文中提出了一个大胆的想法:一切实物粒子都具有波粒二象性.德布罗意的假设来自于光的波粒二象性的启示,他借用了类比的方法进行推论.德布罗意认为,自然界在许多方面是显著对称的,既然光具有波粒二象性,那么实物粒子也应该具有波粒二象性.他提出了这样的问题:"整个世纪以来,在辐射理论方面,比起波动的研究方法来,是过于忽略了粒子的研究方法;那么在实物理论上,是否发生了相反的错误,把粒子的图像想象得太多,而过于忽略了波的图像?"德布罗意还根据光与实物的对称性,预言了实物粒子的波的频率和波长为

$$\left.\begin{array}{l}\nu=E/h\\ \lambda=h/p\end{array}\right\} \tag{22-1}$$

式中 E 为实物粒子的能量,p 为实物粒子的动量,式(22-1)称为**德布罗意关系式**,实物粒子波称为**物质波**或**德布罗意波**.

德布罗意关系式与表示光的波粒二象性的爱因斯坦关系式[式(21-4)、式(21-6)]完全一致,是自然界一切物质的普适关系,只不过前者突出了实物粒子的波动性,而后者突出了光的粒子性.在两式中,普朗克常量 h 都起着重要的作用.由于普朗克常量很小,可以预见,宏观物体由于其质量相对很大,因此物质波的波长极短,以至于难以观测.而微观粒子,例如电子,其质量很小,物质波的波长可以观测到.

以经电场加速后的电子为例.初速度忽略不计、静质量为 m_e 的电子经电势差为 U 的电场加速后,将获得 $E_k=eU$ 的动能.根据相对论的动量与能量的关系 $c^2p^2=E^2-E_0^2=(E_0+E_k)^2-E_0^2=E_k^2+2E_kE_0$,可得电子的动量:

$$p=\frac{1}{c}\sqrt{E_k^2+2E_kE_0}=\frac{1}{c}\sqrt{e^2U^2+2eUm_ec^2}$$

由德布罗意关系式,电子的德布罗意波长为

$$\lambda = \frac{h}{p} = \frac{hc}{\sqrt{e^2 U^2 + 2eU m_e c^2}} \tag{22-2}$$

如果加速电压不大,以致加速后电子的速率 $v \ll c$,可以忽略相对论效应,直接由动量 $p = \sqrt{2m_e E_k} = \sqrt{2m_e eU}$ 得到

$$\lambda = \frac{h}{p} = \frac{h}{\sqrt{2m_e e}} \cdot \frac{1}{\sqrt{U}} = \frac{1.225}{\sqrt{U}} \text{ nm} \tag{22-3}$$

式中 U 以伏特(V)为单位.

例 22.1 计算电子经过(1) $U = 1.0 \times 10^6$ V,(2) $U = 150$ V 电压加速后的德布罗意波长.

解 (1) 电子经电场加速后的德布罗意波长可由式(22-2)计算:

$$\lambda = \frac{hc}{\sqrt{e^2 U^2 + 2eU m_e c^2}} = \frac{1.225}{\sqrt{U(1 + 0.978\,5 \times 10^{-6} U)}} \text{ nm}$$

代入 $U = 1.0 \times 10^6$ V,可得 $\lambda = 8.71 \times 10^{-4}$ nm,此时电子的波长极短.电子显微镜中就多采用这样的电压加速电子,以获得波长极短的电子波,从而大大提高显微镜的分辨率.

(2) 加速电压为 150 V 时,$0.978\,5 \times 10^{-6} U$ 与 1 相比可以忽略不计,因而可忽略相对论效应,采用非相对论的波长公式,即式(22-3):

$$\lambda = \frac{1.225}{\sqrt{U}} = 0.10 \text{ nm}$$

由此可知,动能 $E_k = 150$ eV 的电子的德布罗意波长与 X 射线波长同数量级,因此观察电子衍射可采用与 X 射线衍射相同的方法,例如用晶体作天然光栅实现衍射.

例 22.2 计算质量 $m = 0.01$ kg,速率 $v = 500$ m·s^{-1} 的子弹的德布罗意波长.

解 根据式(22-1):

$$\lambda = \frac{h}{p} = \frac{h}{mv} = \frac{6.626 \times 10^{-34}}{0.01 \times 500} \text{ m} = 1.33 \times 10^{-34} \text{ m}$$

可以看出,因为普朗克常量是个极微小的量,故宏观物体的德布罗意波长小到实验上难以观测,因而宏观物体的波动性微弱得不足为虑,仅仅表现出粒子性.

二 物质波的实验验证

1927 年,戴维孙和革末成功地进行了电子衍射实验,证实了德布罗意假设的正确性.

图 22-1(a)是戴维孙-革末实验装置的示意图.由热阴极 K 发出的电子,经电场加速后通过狭缝 D 形成很细的电子射线束,以掠射角 φ 投射到镍单晶 M 上.在反射方向上用集电器 B 收集经晶面反射的电子,再由电流计 G 测出电流 I.

实验中保持掠射角 φ 不变,通过改变加速电压 U 的大小测量出不同的电流 I,并绘制出 I-$\sqrt{U}$ 曲线如图 22-1(b)所示.

实验结果表明,随着加速电压 U 的增加,电流并未随之单调增加,而是当电压取某些特定值时,电流才呈现峰值,显示了有规律的选择性.这与 X 射线在晶体上的衍射规律极为相似.由于电子经电场加速后具有动量,电子波的德布罗意波长为

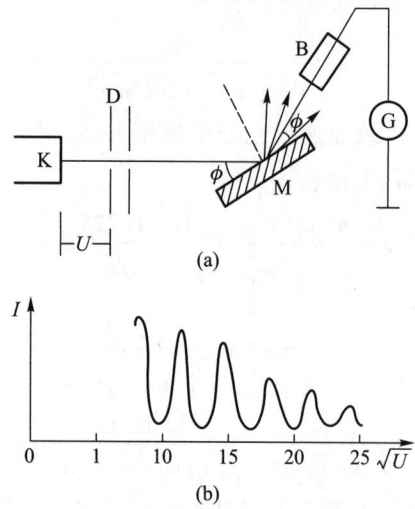

图 22-1 戴维孙-革末实验

$$\lambda = \frac{h}{p} = \frac{1.225}{\sqrt{U/\text{V}}} \text{ nm}$$

电子波经晶体后发生衍射,当电子波的波长 λ、掠射角 ϕ、镍单晶的晶格常量 d 三者之间满足布拉格公式 $2d\sin\phi = k\lambda\,(k=1,2,3,\cdots)$,即 $2d\sin\phi = 1.225k/\sqrt{U}$ 时,电子波就会在反射的方向上出现衍射极大,从而电流呈现峰值.电流峰值处对应的电压应为

$$\sqrt{U} = k \times 1.225/(2d\sin\phi)$$

理论预期值与图 22-1(b)的实验结果符合得相当好.

戴维孙和革末在实验中还测量了电子的波长,与德布罗意关系式计算的一致.这样戴维孙-革末实验成为对德布罗意假设最早的实验验证.

同是 1927 年,英国的 G. 汤姆孙完成了另一个电子衍射实验,他用高能电子束穿过多晶薄膜,在照相底片上得到了电子衍射的环状图样,与 X 射线衍射图样十分近似,见图 22-2.

在其后的 1961 年,约恩孙又做了电子的单缝、双缝和多缝衍射实验,图 22-3 是电子双缝衍射实验所得到的明暗衍射条纹,实验结果直接地表现了电子的波动性.

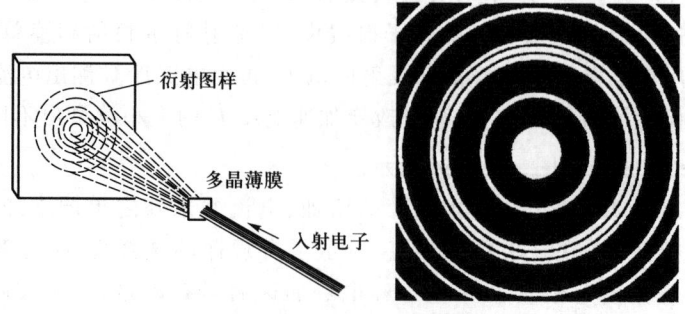

图 22-2 汤姆孙电子衍射

图 22-3 电子的双缝衍射图样

除电子以外,对质子、中子以及原子、分子等所进行的有关实验,也都证实了它们具有波动性,且显示其波动特性的波长也都和德布罗意关系相符合.这就说明,一切微观粒子都具有波粒二象性.德布罗意关系是描述微观粒子波粒二象性的基本公式.

三 物质波的统计诠释——概率波

粒子概念和波动概念是物理学的基本概念,它们代表着仅有的两种可能的能量输送方式.粒子概念和波动概念又是两个截然不同的概念,在经典物理学中,波动代表着某一物理量在时空中周期性地变化.波是扩展的,弥漫在空间某一区域.波还是兼容的,同一区域中,几列波可以互相叠加,产生干涉、衍射现象.粒子的空间广延性却等于零,并且具有排他性.粒子在确定的轨道上运行,撞击在屏幕上会显示出一个点,表现为颗粒状.当性质如此迥异的两个概念互相联系着统一到了同一个客体上,人们自然要探寻,与实物粒子的波动性相联系的波的物理图像究竟是什么? 一些物理学家包括德布罗意本人都试图描述这一图像,其中只有玻恩提出的概率波概念得到了公认.玻恩指出,实物粒子的波动性是一种统计行为,实物粒子波是概率波.下面,我们用电子的双缝衍射实验来具体地说明这种波动性的意义.

图 22-4 是真实的电子双缝衍射实验的记录,显示电子通过双缝射到感光屏,在感光屏上形成衍射图样的过程.如果实验一开始,射向双缝的电子流强度就很大,很短时间内就有大量的电子通过双缝到达衍射屏,屏上很快就会出现清晰的衍射图样,如图中(f)所示,此时电子的波动性确定无疑.然而,如果从实验一开始就人为地控制电子流的强度,使电子几乎是一个一个间歇性地发射到达屏上,屏上出现的就将是一个一个的感光点,如图中的(a)和(b)所示,显示出电子的粒子性.实验会发现,当到达屏上的电子数还很少时,表示电子落点的感光点的分布是毫无规则的,落点的位置具有很大的随机性,正如图中(a)、(b)所示的那样.但是,随着实

验时间的延长或者增大电子流的强度,到达屏上的电子数目不断增多,落点的位置分布就逐渐显示出一定的规律性了,电子的数目越多,这种规律性就越明显,如图中的(c)—(f)所示.电子分布最集中的地方正好是衍射图样(f)中明纹中心的位置,对应着衍射极大;电子分布几乎为零的地方则正好是暗纹中心的位置,对应着衍射极小.而且,在实验条件相同的情况下,不管开始时电子落点的分布多么不规则,最终由大量电子的落点形成的衍射图样都是一样的.这一现象说明,大量电子不规则落点的群体行为遵从统计规律.现在,我们用统计的观点来解释这种现象:衍射极大即明纹的地方,到达的电子数目多,说明电子在这些地方出现的概率大;衍射极小即暗纹的地方,到达的电子数目少,说明电子在这些地方出现的概率小,衍射条纹的明暗分布与到达该处的电子数目成正比,也即与电子在该处出现的概率成正比.清晰的衍射图样(f)表明,电子在屏上各处出现的概率有完全确定的分布规律,这种概率分布规律与波的衍射强度分布规律一致.因此,电子的波动性是指大量电子在同一实验中的统计结果,或者等效地说是一个电子在多次相同实验中的统计结果,从这个意义上讲,电子波是一种**概率波**.

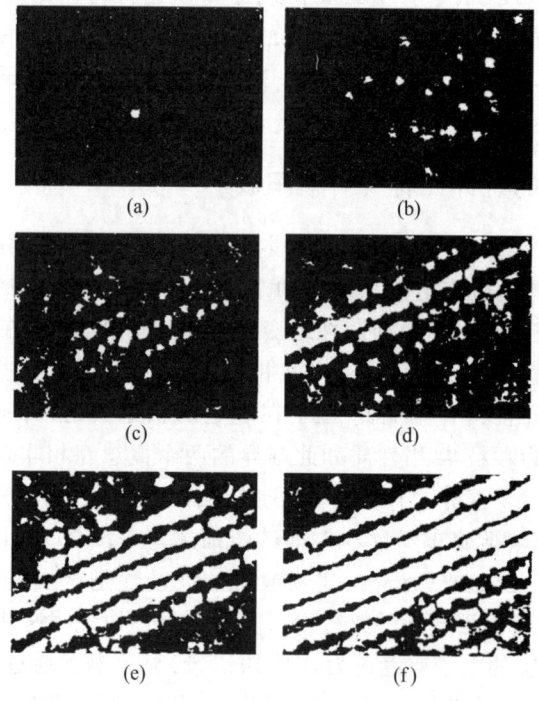

图 22-4

用同样的观点分析戴维孙-革末实验:当电子波的波长 λ、掠射角 ϕ、镍单晶的晶格常数 d 三者之间满足布拉格公式 $2d\sin\phi = k\lambda$ 时,电子波衍射极大,此时电子在反射方向出现的概率大,因而到达集电器 B 的电子多,故电流出现峰值;如果 λ、ϕ 和 d 三者之间满足衍射极小的关系,则电子在反射方向出现的概率就小,从而到达集电器 B 的电子就少,电流就会出现极小值.因此,实验中测得电流呈现峰—

谷—峰—谷的分布规律,就是电子在反射方向出现的概率的分布规律,与波的衍射规律是一致的。

玻恩的统计解释不仅对电子波适用,其他微观粒子的波动性也是如此.物质波不是指微观粒子以波的形式在空间运动,而是指粒子在空间各处出现的概率分布服从波的规律,物质波是概率波.玻恩令人信服地将物质世界的两种基本属性——波动性和粒子性十分清晰而正确地联系起来了.

物质波是概率波的统计解释,并不意味着必须有大量粒子存在时才具有波动性,这容易让人误解为波动性是粒子之间相互作用的结果.事实上,在电子双缝衍射实验中,我们可以一粒一粒很慢地发射电子,等到一粒电子到达屏幕后,再发射第二粒电子,使得电子之间不可能有相互作用.实验表明,只要时间足够长,屏幕上仍然会出现衍射图样,这说明单个电子就具有波动性,是电子自身与自身的干涉形成了衍射图样.波动性是微观粒子自身具有的特性.

在量子力学的概念中,实物粒子波与经典波是有明显区别的.实物粒子波不代表描述粒子的某一物理量在时空中周期性地变化.如前所述,它是一种概率波,是粒子在空间各处出现的概率分布呈现的波动表现.概率波只是保留了波具有叠加性这一特征,因此它不是经典波,它是量子波.这里的实物粒子也不是经典粒子,经典粒子在运动过程中有确定的轨道,而实物粒子具有波动性,在同一时刻,它出现在空间不同的位置具有不同的概率——你不可能确切地知道它到底出现在哪里,你只知道它出现在那里的概率!它没有轨道的概念,因此它只能是一颗量子粒子.量子粒子的统计行为遵循一种可以预言的波动图样,因此,量子粒子与量子波是统一的.

由于德布罗意等人在实物的波动性方面的贡献,德布罗意获得了 1929 年度诺贝尔物理学奖,戴维孙和 G. 汤姆孙共同获得了 1937 年度诺贝尔物理学奖.

§22-2 波 函 数

实物粒子都具有波动性,它们的运动状态由概率波来描述.概率波的数学表达式称为**波函数**.波函数通常以 Ψ 表示,Ψ 一般是空间和时间的函数

$$\Psi = \Psi(\boldsymbol{r}, t)$$

不同的粒子在不同的作用条件下,波函数的具体形式不同.

粒子最简单的运动是一维自由运动.设某自由粒子沿 x 轴正方向运动,能量 E 和动量 p 都保持恒定.按照德布罗意关系,该自由粒子的德布罗意波长 $\lambda = \dfrac{h}{p}$、频率 $\nu = \dfrac{E}{h}$ 也将保持不变.在波动理论中,频率和波长恒定的波为单色平面波,其波动方程(亦称为波函数)为

$$y = A\cos 2\pi\left(\nu t - \dfrac{x}{\lambda}\right)$$

也可以表示成复指数函数的形式

$$y = Ae^{-i2\pi\left(\nu t - \frac{x}{\lambda}\right)}$$

将自由粒子的波长和频率代入上式,并以 Ψ 表示自由粒子的波函数,Ψ_0 表示波函数的振幅,可得

$$\Psi = \Psi_0 e^{-i2\pi\left(\frac{E}{h}t - \frac{xp}{h}\right)} = \Psi_0 e^{-i\frac{2\pi}{h}(Et-xp)}$$
$$= \Psi_0 e^{-\frac{i}{\hbar}(Et-xp)}$$

在一般情况下,表示实物粒子运动的波函数都是复函数形式.

当微观粒子受到某种作用时,它的波函数不具备自由粒子波函数的形式,此时需要根据该粒子满足的薛定谔方程解出波函数,这将在§22-4中讨论.

用波函数描述概率波,波函数应能体现粒子在空间各处出现的概率大小,我们仍然以电子的双缝衍射为例,借助下面的表格形式,理解二者之间的关系.

	衍 射 明 纹	衍 射 暗 纹
波动理论的解释	衍射极大处,波的强度大	衍射极小处,波的强度小
统计理论的解释	到达的电子数目多,电子出现的概率大	到达的电子数目少,电子出现的概率小

对照波动理论与统计理论对电子衍射现象的分析,可知粒子(电子)在某处出现的概率的大小正比于该处粒子(电子)波的强度.

实物粒子波的强度用 $|\Psi|^2 = \Psi \cdot \Psi^*$ 表示,$|\Psi|^2$ 亦称为波函数模的平方,Ψ^* 为波函数 Ψ 的复共轭函数.这样,我们考虑空间某点 (x,y,z) 附近的一个小体积元 dV,若粒子出现在 dV 内的概率用 dP 表示,dP 应当正比于该处粒子波的强度,即正比于波函数模的平方,还应该正比于体积元的大小

$$dP \propto |\Psi|^2 dV$$

如果将上式中的比例常数包含在波函数 Ψ 中,则粒子出现在单位体积中的概率,也就是概率密度

$$\rho = \frac{dP}{dV} = |\Psi|^2 = \Psi \cdot \Psi^* \tag{22-4}$$

ρ 称为概率密度函数.因此,**波函数模的平方等于波函数描述的粒子在 t 时刻出现在空间 r 处的概率密度**.

波函数在经典物理中没有相对应的力学量,波函数本身也不具有可观察可测量的直接的物理意义,波函数的意义体现在波函数的模的平方上,它给出了粒子出现的概率密度,并以概率的形式提供有关粒子运动的全部信息.

作为概率波的数学表达式,波函数必须保证粒子在任一时刻任一空间范围内出现的概率具有唯一性,并且不应在某处发生突变和变得无限大,这要求波函数本身要满足**单值**、**连续**和**有限**的条件,称为**波函数的标准化条件**.另外,任一时刻粒子在整个空间出现的总概率应该等于1,即

$$\int_V |\Psi|^2 dV = 1 \qquad (22-5)$$

积分遍及整个空间,这称为**波函数的归一化条件**.

例 22.3 求沿 x 轴运动的自由粒子的概率密度函数.

解 沿 x 轴运动的自由粒子的波函数为

$$\Psi(x,t) = \psi_0 e^{-\frac{i}{\hbar}(Et-xp)}$$

ψ_0 为一常量,概率密度函数:

$$\begin{aligned}\rho(x,t) &= |\Psi(x,t)|^2 = \Psi(x,t) \cdot \Psi^*(x,t)\\ &= \psi_0 e^{-\frac{i}{\hbar}(Et-xp)} \cdot \psi_0 e^{\frac{i}{\hbar}(Et-xp)}\\ &= \psi_0^2\end{aligned}$$

概率密度为常量 ψ_0^2,表示在 x 轴上各大小相同的区间内发现粒子的概率均相等.

例 22.4 一微观粒子沿 x 轴方向运动,描述其运动的波函数为 $\Psi(x,t) = \dfrac{A}{1+ix} e^{-\frac{i}{\hbar}Et}$,式中 E 为粒子的能量,A 为一待定的常量,试求:

(1) 概率密度函数;

(2) x 轴上粒子出现的概率密度最大的地方及概率密度的大小;

(3) 粒子出现在 $[0,1]$ 区间内的概率.

解 (1) 概率密度函数:

$$\begin{aligned}\rho(x,t) &= |\Psi(x,t)|^2 = \Psi(x,t) \cdot \Psi^*(x,t)\\ &= \frac{A}{1+ix} e^{-\frac{i}{\hbar}Et} \cdot \frac{A}{1-ix} e^{\frac{i}{\hbar}Et}\\ &= \frac{A^2}{1+x^2}\end{aligned}$$

待定常量 A 可以由波函数的归一化条件式(22-5)确定,

$$\begin{aligned}\int_V |\Psi|^2 dV &= \int_{-\infty}^{+\infty} \frac{A^2}{1+x^2} dx = A^2 \arctan x \Big|_{-\infty}^{+\infty}\\ &= A^2 \pi = 1\end{aligned}$$

故 $A = \dfrac{1}{\sqrt{\pi}}$,概率密度函数为

$$\rho(x,t) = \frac{1}{\pi(1+x^2)}$$

本例中,概率密度与时间无关,只由 x 坐标决定.

(2) 由 $\rho(x,t) = \dfrac{1}{\pi(1+x^2)}$,易得 $x=0$ 处,$\rho(x,t)$ 最大.

$$\rho(x=0,t) = \frac{1}{\pi}$$

(3) 在某一区间内粒子出现的概率应为概率密度在该区间的积分,粒子在 x 轴上 $[0,1]$ 区间出现的概率应为

$$\int_0^1 \rho(x,t) dx = \frac{1}{\pi} \int_0^1 \frac{1}{1+x^2} dx = \frac{1}{\pi} \arctan x \Big|_0^1 = \frac{1}{4} = 25\%$$

§22-3 不确定关系

实物粒子的波粒二象性揭示了实物粒子与经典粒子(牛顿的质点)具有完全不同的属性.在牛顿力学中,质点在确定的轨道上运动,质点的运动状态用精确的位置和动量来描述.然而,实物粒子具有波粒二象性,只能用波函数来描述其概率波的特征.概率的描述无法预言粒子确切的位置,只能说明粒子在空间各处出现的可能性,因此,粒子的位置会有一个不确定量.同样,概率的描述也无法预言粒子精确的动量,只能说明粒子具有不同动量值的可能性,因此,粒子的动量也会有一个不确定量.也就是说,粒子在任一时刻都有一个位置的不确定量和一个动量的不确定量存在.

为了有利于理解这种不确定性,我们考虑一个沿 x 轴运动的粒子.由于单个粒子的位置是不可预言的(如同电子双缝衍射中单个电子的落点位置不可预言一样),粒子的波函数在 x 轴上一定有着某种延展,假设如图 22-5 所示的那样.由图可见,在 Δx 范围内,波函数不等于零,由于粒子在各处出现的概率取决于波函数的模的平方,因此 Δx 代表我们在 x 轴上可能找到粒子的位置范围.这个可能的位置范围就是粒子位置的不确定量.进一步分析图 22-5 中的波形,它显然不具有单色平面波的图形.像这样一个只延伸在有限范围内的波称为波包.根据波动学的知识(傅里叶变换),这样的波包是若干(乃至无穷多)个不同波长的单色平面波叠加的结果,它所包含的波长不是单一的,而有一定的波长分布范围 $\Delta\lambda$.根据德布罗意关于波长与动量的关系 $\lambda = \dfrac{h}{p}$,可知粒子的动量不是单一的,动量也有一个分布范围,称为动量的不确定量 Δp.图 22-6 表示的两个单粒子的波包具有不同的 Δx,图(a)中,粒子位置的不确定量 Δx 大,表示位置相当不确定,但这样的波包所包含的不同波长相对较少,粒子动量的不确定量 Δp 就相对较小,粒子的动量较为确定;图(b)中,粒子位置的不确定量 Δx 小,表示位置比较确定,但波动学知识指出,此波包包含的波长更多,因而粒子动量的不确定量 Δp 大,动量很不确定.

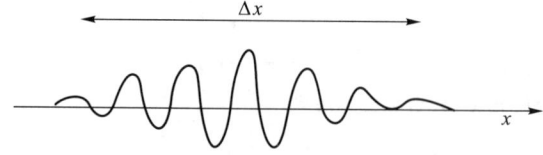

图 22-5　粒子的波函数在 x 轴上的伸展

由上面的分析可知,粒子的波动性,特别是概率波的性质,决定了粒子存在位置的不确定性和动量的不确定性,而且二者是彼此关联又彼此制约的.海森伯指出了这种不确定性并进行了量化.他指出,在某一坐标方向上,例如 x 方向,粒子位置的不确定量 Δx 与动量的不确定量 Δp_x 的乘积有一个由普朗克常量表示的最低极限值,即

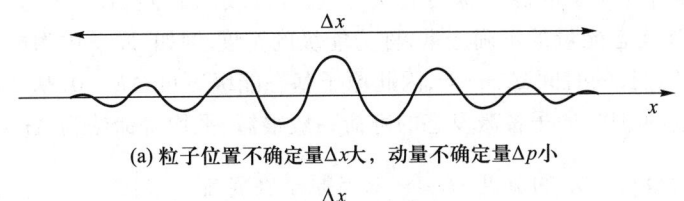

(a) 粒子位置不确定量Δx大,动量不确定量Δp小

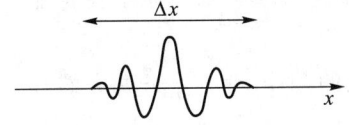

(b) 粒子位置不确定量Δx小,动量不确定量Δp大

图 22-6

$$\Delta x \cdot \Delta p_x \geq \frac{\hbar}{2} \tag{22-6}$$

这一关系称为**海森伯不确定关系**(原理),简称不确定关系(原理).

不确定关系表明,粒子的位置和动量不可能同时准确地确定.某一方向上,例如 x 方向,粒子的位置确定得越准确(Δx 小),同方向上粒子的动量就越不能准确地确定(Δp_x 大);反之,粒子的动量确定得越准确(Δp_x 小),同方向上粒子的位置就越不能准确地确定(Δx 大).如果其中的一方完全确定,例如粒子的动量完全准确地确定,这也是允许的,但由 $\Delta p_x \to 0$ 可知,此时必有 $\Delta x \to \infty$,粒子的位置就将完全无法确定.

在 §22-2 例 22.3 中,沿 x 轴运动的自由粒子波就是波长完全确定的单色平面波,故粒子的波函数弥漫在 x 轴全空间,在 x 轴上各处发现粒子的概率为同一常数,粒子的位置完全不能确定.

在三维运动的情况下,不确定关系表示为

$$\begin{aligned}\Delta x \cdot \Delta p_x &\geq \frac{\hbar}{2} \\ \Delta y \cdot \Delta p_y &\geq \frac{\hbar}{2} \\ \Delta z \cdot \Delta p_z &\geq \frac{\hbar}{2}\end{aligned} \tag{22-7}$$

由于不确定关系常用于定性分析及数量级的估计,所以又常常简化为

$$\begin{aligned}\Delta x \cdot \Delta p_x &\geq \hbar \quad \left(\text{或}\frac{h}{2}, h\right) \\ \Delta y \cdot \Delta p_y &\geq \hbar \quad \left(\text{或}\frac{h}{2}, h\right) \\ \Delta z \cdot \Delta p_z &\geq \hbar \quad \left(\text{或}\frac{h}{2}, h\right)\end{aligned} \tag{22-8}$$

在量子力学中,能量与时间也存在一组不确定关系:

$$\Delta E \cdot \Delta \tau \geq \frac{\hbar}{2} \quad \left(\text{或}\hbar, \frac{h}{2}, h\right) \tag{22-9}$$

式中 $\Delta\tau$ 应理解为粒子的能量保持在 E 能态所持续的时间,称为粒子在该能态的寿命;ΔE 为该能态能量的不确定量,称为能级的宽度.例如,原子中的电子可以在基态能级经历任意长的时间,$\Delta\tau\to\infty$,因此原子基态能级宽度 $\Delta E\to 0$,基态的能级原则上是完全确定的.但是原子各激发态的寿命一般很短,平均寿命约为 $\Delta\tau\sim 10^{-8}$ s,因而各激发态的能级有一定的宽度 $\Delta E \geqslant \dfrac{\hbar}{2\Delta\tau}$.当原子在各能级之间跃迁发光时,光谱线的频率 $\nu = \dfrac{E_n - E_m}{h}$ 就必然存在一定的宽度,这就是光谱的自然宽度 $\Delta\nu$,或者用波长表示为 $\Delta\lambda$,见图 22-7.光谱线的自然宽度表明原子所发射的光谱存在着频率的不确定量或波长的不确定量,它们直接决定了光的单色性以及光的相干性的好坏.

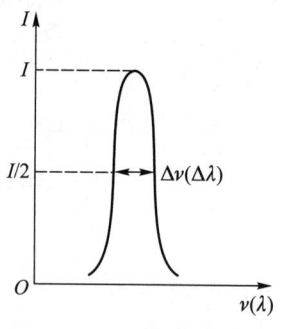

图 22-7 光谱线的自然宽度

不论是位置-动量的不确定关系,还是能量-时间的不确定关系(量子力学中还存在多组不确定关系),都直接源于物质的波粒二象性.它们体现了物质世界的基本属性,是量子力学理论中最核心的内容.著名物理学家费曼说:"现在我们用来描述原子以及所有物质的量子力学的全部理论,都有赖于不确定原理的正确性."

不确定关系无疑是一种量子效应,普朗克常量 $\hbar$(或 h)在不确定关系中担当了重要的角色.由于普朗克常量的数值非常小(但不等于零),由不确定关系表示的量子效应是很微小的.在微观世界的物理图像中,粒子的质量很小,粒子系统的线度往往也很小,不确定关系常起着非常重要的作用,量子效应凸显.但是在宏观范围里,粒子的质量比普朗克常量的数量级大得多得多,以至于可以认为 $\hbar$(或 h)$\to 0$.这时,不确定关系依然成立,但不会产生实际的效果,量子效应完全可以合理地忽略不计,粒子的行为也就可以用经典力学的理论来讨论了.

例 22.5 讨论电子的单缝衍射实验,说明不确定关系 $\Delta x \cdot \Delta p_x \geqslant h$ 成立.

解 参照图 22-8,一束动量为 p 的电子垂直射向宽度为 a 的单缝,通过单缝后在屏上形成衍射条纹.对于通过狭缝的电子,我们无法准确地指出它们是从缝中的哪一个位置通过,而只能说从缝中哪一点通过都有可能.因此电子在 x 方向的位置不确定量就是缝宽,有

$$\Delta x = a \tag{1}$$

电子通过狭缝后发生衍射,说明有的电子改变了运动方向,出现了不为零的 x 方向的动量分量 p_x.以落到屏上衍射角为 θ 的电子为例,此时电子的动量沿 θ 方向,动量的 x 分量 $p_x = p\sin\theta$.由于电子绝大多数要落在屏上的中央明纹范围内,我们先考虑这部分电子.它们动量的 x 分量分布的范围是

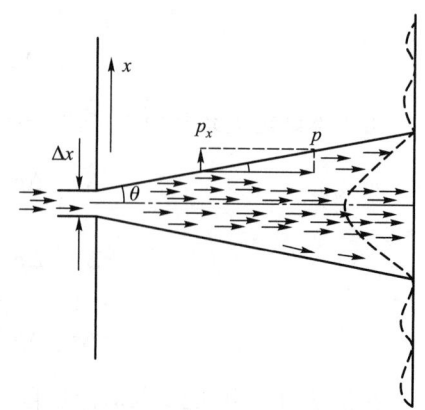

图 22-8 用电子单缝衍射讨论不确定关系

$$0 \leqslant p_x \leqslant p\sin\theta_1$$

其中 θ_1 是一级暗纹的衍射角. x 方向动量不确定量的大小为

$$\Delta p_x = p\sin\theta_1$$

根据单缝衍射公式,一级暗纹的衍射角 θ_1 满足 $a\sin\theta_1 = \lambda$,把电子的德布罗意波长 $\lambda = \dfrac{h}{p}$ 代入,可得

$$a\sin\theta_1 = \frac{h}{p}$$

故 x 方向动量不确定量的大小为

$$\Delta p_x = p\sin\theta_1 = \frac{h}{a} \tag{2}$$

比较式(1)和式(2)得到

$$\Delta x \cdot \Delta p_x = h$$

考虑到还有一部分电子在中央明纹以外,所以应有

$$\Delta x \cdot \Delta p_x \geqslant h$$

我们看到,在电子单缝衍射实验中,电子经过狭缝时其位置被限制在缝宽 a 的狭小范围内,其动量分量也发生了变化,这两种结果一定是相伴出现的,不可能既限制了电子的位置同时又避免电子动量发生变化.若要使电子经过狭缝时位置尽可能准确确定,就只有减小缝的宽度,而缝的宽度越窄,衍射图样在屏上就扩展得越开,从而电子的动量将越不确定;若要使电子的动量尽可能准确,就只有增加缝的宽度,从而电子的位置越不确定.诚如不确定关系指出的那样.

例 22.6 用不确定关系 $\Delta x \cdot \Delta p_x \geqslant \hbar$ 讨论以下问题:

(1) 质量 $m = 0.01$ kg 的子弹从枪口射出,枪口直径 $d = 0.5$ cm,估算子弹射出枪口时的横向速度;

(2) 威耳孙云室中,显示高能电子径迹的液珠串的宽度为 $\Delta x = 10^{-2}$ mm,估算电子的横向速度;

(3) 氢原子的线度约为 10^{-10} m,估算氢原子中电子速度的不确定量与电子速度大小的比值.

解 (1) 取枪口直径为子弹出枪口时横向位置的不确定量,即 $\Delta x \approx d$,由于 $\Delta p_x = m\Delta v_x$,有

$$\Delta x \cdot m\Delta v_x \geqslant \hbar \tag{22-10}$$

取等号进行估算

$$\Delta v_x = \frac{\hbar}{m\Delta x} = \frac{1.05 \times 10^{-34}}{0.01 \times 0.5 \times 10^{-2}} \text{ m} \cdot \text{s}^{-1} = 2.1 \times 10^{-30} \text{ m} \cdot \text{s}^{-1}$$

这就是子弹的横向速度 v_x,与子弹飞行的纵向速度每秒几百米相比简直微不足道,不会影响实际的飞行轨道.因此对子弹这样的宏观粒子,波动性不会影响它的"经典式"运动.

(2) 忽略相对论效应,以 $\Delta x = 10^{-2}$ mm 为电子横向位置的不确定量,以 $\Delta p_x = m\Delta v_x$ 表示电子横向动量的不确定量,并以 $v_x \approx \Delta v_x$ 表示电子的横向速度,由式(22-10)取等号可得

$$v_x \approx \Delta v_x = \frac{\hbar}{m\Delta x} = \frac{1.05 \times 10^{-34}}{9.11 \times 10^{-31} \times 10^{-5}} \text{ m} \cdot \text{s}^{-1} = 12 \text{ m} \cdot \text{s}^{-1}$$

威耳孙云室中的电子尽管是微观粒子,因其横向速度远小于其纵向速度,仍然可以看成经典粒子.

(3) 氢原子中,电子位置的不确定量即为氢原子的大小,$\Delta x = 10^{-10}$ m,电子速度的不确定量:

$$\Delta v = \frac{\hbar}{m\Delta x} = \frac{1.05\times10^{-34}}{9.11\times10^{-31}\times10^{-10}} \text{ m}\cdot\text{s}^{-1} = 1.2\times10^{6} \text{ m}\cdot\text{s}^{-1}$$

为了估算氢原子中电子的速度,可以借助玻尔的氢原子理论,由角动量量子化假设 $L=m_e rv=n\hbar$,取基态 $n=1$,$r_1=a_0=0.529\times10^{-10}$ m:

$$v_1 = \frac{\hbar}{m_e a_0} = \frac{1.05\times10^{-34}}{9.11\times10^{-31}\times0.529\times10^{-10}} \text{ m}\cdot\text{s}^{-1}$$
$$= 2.2\times10^{6} \text{ m}\cdot\text{s}^{-1}$$

所以有

$$\frac{\Delta v}{v} = \frac{1.2\times10^{6}}{2.2\times10^{6}} \approx 55\%$$

此时,电子速度的不确定量与电子速度的大小具有相同的数量级.电子的波动性如此明显,以至于经典意义的速度已经没有什么实际的意义了.

例 22.7 波长为 $\lambda=500$ nm 的光沿 x 轴正向传播,若光的波长的不确定量,即谱线宽度 $\Delta\lambda=10^{-4}$ nm,试利用不确定关系 $\Delta x\cdot\Delta p_x\geq h$ 求光子 x 坐标的不确定量.

解 光子的波长不确定造成光子的动量不确定.由 $p_x=\dfrac{h}{\lambda}$ 可得光子动量不确定量与波长不确定量之间的关系:

$$\Delta p_x = \frac{h}{\lambda^2}\Delta\lambda$$

将它代入 $\Delta x\cdot\Delta p_x\geq h$ 并取等号,可得光子位置的不确定量:

$$\Delta x = \frac{h}{\Delta p_x} = \frac{\lambda^2}{\Delta\lambda}$$
$$= \frac{(500\times10^{-9})^2}{10^{-13}} \text{ m} = 2.5 \text{ m}$$

由于 $\dfrac{\lambda^2}{\Delta\lambda}$ 在波动光学中等于光的相干长度,也即光波列长度,上述结果说明,光子位置的不确定量等于光的波列长度.

例 22.8 1974年丁肇中发现 J/ψ 粒子时,测出粒子的静止能量为 3 097 MeV,不确定量为 0.063 MeV,试用不确定关系 $\Delta E\cdot\Delta\tau\geq\hbar$ 估算 J/ψ 粒子的平均寿命.

解 由 $\Delta E\cdot\Delta\tau\geq\hbar$,取等号估算

$$\Delta\tau\approx\frac{\hbar}{\Delta E} = \frac{1.05\times10^{-34}}{0.063\times10^{6}\times1.6\times10^{-19}} \text{ s} = 1.04\times10^{-20} \text{ s}$$

J/ψ 粒子的平均寿命约为 1.04×10^{-20} s.

文档:薛定谔

§22-4 薛定谔方程

在经典力学中,描述粒子运动的运动学方程为 $\boldsymbol{r}=\boldsymbol{r}(t)$,它可以在一定的运动初始条件下通过解牛顿运动方程 $\boldsymbol{F}=m\dfrac{\mathrm{d}^2\boldsymbol{r}}{\mathrm{d}t^2}$ 得到.在量子力学中,描述粒子运动的是波函数 $\Psi(\boldsymbol{r},t)$,不同的粒子(量子系统)处于不同的力学环境,波函数的具体形式是不一样的.怎样求解各种具体问题中的波函数,找出波函数随时间、空间演化的

规律呢？量子力学也需要一个基本的动力学方程.1926年,奥地利物理学家薛定谔给出了一个粒子的波函数 $\Psi(\boldsymbol{r},t)$ 应遵守的微分方程,称为**薛定谔方程**,它的非相对论的一般形式为

$$-\frac{\hbar^2}{2m}\left(\frac{\partial^2 \Psi}{\partial x^2}+\frac{\partial^2 \Psi}{\partial y^2}+\frac{\partial^2 \Psi}{\partial z^2}\right)+V(\boldsymbol{r},t)\Psi=\mathrm{i}\hbar\frac{\partial \Psi}{\partial t} \tag{22-11}$$

式中 $\mathrm{i}=\sqrt{-1}$, m 是粒子的质量, $V(\boldsymbol{r},t)$ 是粒子所在的外力场中的势(能)函数,表示粒子所处的力学环境, Ψ 则是粒子的波函数.结合粒子不同的具体情况求解薛定谔方程,得到描述粒子运动的波函数,是量子力学的中心问题.

当粒子所在的外力场中的势函数 $V(\boldsymbol{r},t)$ 随时间变化时,式(22-11)形式的薛定谔方程为含时间的薛定谔方程,这种情形通常是相当复杂的,一般在专门的量子力学课程中讨论.如果粒子所处的外力场的势函数不随时间变化,即 $V=V(\boldsymbol{r})$,则可以通过分离变量的方法使问题变得相对简单.这时波函数可以表示为只含空间变量的函数 $\Psi(\boldsymbol{r})$ 与只含时间变量的函数 $f(t)$ 的乘积,即

$$\Psi(\boldsymbol{r},t)=\Psi(\boldsymbol{r})\cdot f(t)$$

可以证明其时间部分:

$$f(t)=\mathrm{e}^{-\frac{\mathrm{i}}{\hbar}Et}$$

式中 $E=E_\mathrm{k}+V$ 是包括动能 E_k 和势能 V 在内的粒子的总能量.波函数的空间部分 $\Psi(\boldsymbol{r})$ 则需满足下面的不含时间 t 的微分方程:

$$\frac{\partial^2 \Psi}{\partial x^2}+\frac{\partial^2 \Psi}{\partial y^2}+\frac{\partial^2 \Psi}{\partial z^2}+\frac{2m}{\hbar^2}(E-V)\Psi=0 \tag{22-12}$$

式(22-12)称为**定态薛定谔方程**.

在上述情况下,由于

$$|\Psi(\boldsymbol{r},t)|^2=\Psi(\boldsymbol{r})\mathrm{e}^{-\frac{\mathrm{i}}{\hbar}Et}\cdot\Psi^*(\boldsymbol{r})\mathrm{e}^{\frac{\mathrm{i}}{\hbar}Et}$$
$$=\Psi(\boldsymbol{r})\cdot\Psi^*(\boldsymbol{r})=|\Psi(\boldsymbol{r})|^2$$

因此,波函数 $\Psi(\boldsymbol{r},t)=\Psi(\boldsymbol{r})\mathrm{e}^{-\frac{\mathrm{i}}{\hbar}Et}$ 描述的状态是一种粒子的空间概率分布不随时间变化的状态,这样的状态称为**定态**, $\Psi(\boldsymbol{r})$ 称为**定态波函数**,亦简称波函数.定态波函数由求解定态薛定谔方程得出.定态问题集中于定态薛定谔方程的求解.

最简单的情况是粒子在不随时间变化的外力场 $V=V(x)$ 中的一维运动.这时定态波函数为 $\Psi(x)$,**一维定态薛定谔方程**为

$$\frac{\mathrm{d}^2 \Psi}{\mathrm{d}x^2}+\frac{2m}{\hbar^2}(E-V)\Psi=0 \tag{22-13}$$

薛定谔方程是量子力学的基本方程,就像牛顿运动方程是经典力学的基本方程一样.由于波函数本身不是一个可观测的量,可以测量的是表示概率密度的 $|\Psi(\boldsymbol{r},t)|^2$,薛定谔方程本身不可能由实验总结出来,更不可能由经典理论推导出来.费恩曼说:"它来自薛定谔的心灵."但它的正确性得到了迄今为止所发生的一切现象的证明.事实上,薛定谔承认了粒子的波动性,从一个描述波动的微分方程出发,把德布罗意关系式和一些明智的猜测代入这个波动微分方

程,从而得到了薛定谔方程.在薛定谔方程基础上建立的量子力学因此称为波动力学.

20 世纪 20 年代,在量子理论上与薛定谔的波动力学几乎齐头发展的还有海森伯的矩阵力学和狄拉克的新力学.经薛定谔证明,这三种力学是等价的,它们在内容和形式上互相补充,形成了由玻尔命名的"量子力学".海森伯获得了 1932 年度诺贝尔物理学奖,薛定谔与狄拉克分享了 1933 年度诺贝尔物理学奖.

§22-5 一维无限深势阱中的粒子

定态薛定谔方程能够解决的最简单的问题之一,是粒子在一维无限深势阱中运动的情况.由于不涉及繁杂的数学运算,读者可以集中了解通过薛定谔方程求解波函数的一般性步骤,了解概率分布、量子化条件的物理意义.

一 势阱

设质量为 m 的粒子在一维势场中沿 x 轴作一维运动.势函数为

$$V(x) = \begin{cases} 0 & (0<x<a) \\ V_0 & (x \leq 0, x \geq a) \end{cases}$$

如图 22-9(a)所示,这样的势能分布曲线形如深井,称为**势阱**.

如果 $V_0 \to \infty$,势函数变为

$$V(x) = \begin{cases} 0 & (0<x<a) \\ \infty & (x \leq 0, x \geq a) \end{cases}$$

势能曲线就变成图 22-9(b)所示的井深无限的势阱,称为**无限深势阱**.粒子在阱内时,势能 V 为常量($V=0$),粒子不受外力作用,可以自由运动.在阱壁 $x=0$ 和 $x=a$ 的地方,势函数突然剧增为无穷大,意味着粒子受到指向阱内无限大的力的作用,或形象地比喻为在阱壁处出现一突然升高的"势能墙",阻止粒子向外运动,因此粒子只能局限在阱内.

无限深势阱是一种简单的理想模型,现实问题中也确有一些与此相近的势场.例如,金属中的电子在忽略了晶格点阵的作用以及电子间的相互作用后,可以近似地认为是自由电子,不受力的作用,势能为零或为某一常量.这有点像理想气体中的分子,故称为自由电子气.但当电子运动到金属表面处时,就要受到指向金属内部的引力作用,电子要逸出金属表面必须克服该引力做功,相当于金属表面筑起了一堵势能墙,阻碍电子的逸出.这种情况就很类似于势阱模型的描述.一般地讲,凡局限在一定区域内的自由运动的粒子,都可以采用势阱模型进行讨论.

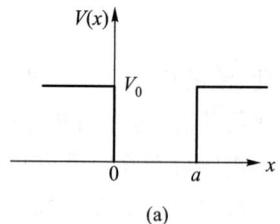

(a)

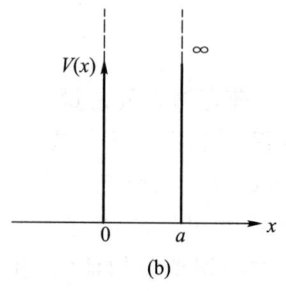

(b)

图 22-9 势阱曲线

二 一维无限深势阱中运动粒子的波函数

一维无限深势阱的势函数 $V(x)$ 与时间无关,粒子在势阱中的运动属定态问题.根据式(22-13),其定态薛定谔方程为

$$\frac{d^2\Psi}{dx^2}+\frac{2m}{\hbar^2}(E-V)\Psi=0$$

在 $x\leqslant 0$ 和 $x\geqslant a$ 的阱外,由于 $V\to\infty$,粒子的波函数 $\Psi=0$,发现粒子的概率也等于零.在阱内,势函数 $V=0$,定态薛定谔方程为

$$\frac{d^2\Psi}{dx^2}+\frac{2m}{\hbar^2}E\Psi=0$$

令

$$k^2=\frac{2mE}{\hbar^2} \tag{22-14}$$

可得

$$\frac{d^2\Psi}{dx^2}+k^2\Psi=0$$

这是一个以 x 为变量的简谐振动微分方程,Ψ 的通解是

$$\Psi(x)=A\sin(kx+\varphi)$$

式中的 A、φ 为一组待定常量,常量应符合波函数标准化条件的要求.

考虑到波函数必须连续.在阱外波函数 $\Psi=0$,阱内波函数在 $x=0$ 和 $x=a$ 的边界处必须与阱外波函数连续地衔接,也必须为零.因而有

$$\Psi(0)=A\sin\varphi=0$$
$$\Psi(a)=A\sin(ka+\varphi)=0$$

显然 A 不等于零,否则阱内的波函数 $\Psi(x)$ 恒等于零,与事实不符,因此只能是

$$\begin{cases}\varphi=0\\k=\dfrac{n\pi}{a} \quad (n=1,2,3,\cdots)\end{cases} \tag{22-15}$$

所以,波函数的具体形式应为

$$\Psi_n(x)=A\sin\frac{n\pi}{a}x \quad (n=1,2,3,\cdots)$$

波函数还应该满足归一化条件.由

$$\int_{-\infty}^{+\infty}|\Psi_n(x)|^2dx=\int_0^a A^2\sin^2\frac{n\pi}{a}x\,dx=\frac{1}{2}A^2a=1$$

可以解得

$$A=\sqrt{\frac{2}{a}}$$

这样,一维无限深势阱中运动粒子的定态波函数为

$$\Psi_n(x)=\sqrt{\frac{2}{a}}\sin\frac{n\pi}{a}x \quad (n=1,2,3,\cdots) \tag{22-16}$$

三　能量量子化　概率密度函数

由式(22-14) $k^2 = \dfrac{2mE}{\hbar^2}$ 和式(22-15) $k = \dfrac{n\pi}{a}$，可得粒子在一维无限深势阱中的能量为

$$E_n = n^2 \dfrac{h^2}{8ma^2} \quad (n = 1, 2, 3, \cdots) \tag{22-17}$$

可令

$$E_1 = \dfrac{h^2}{8ma^2}$$

表示粒子的最低能量，称**零点能**，则粒子的能量

$$E_n = n^2 E_1 \quad (n = 1, 2, 3, \cdots)$$

n 只能是正整数，称为量子数，故粒子的能量只能取离散的值，能量是量子化的。量子力学将这些能量值称为**能量本征值**或**本征能量**。图 22-10 中示出了粒子的能级图。

能量为 E_n 的粒子，定态波函数 $\varPsi_n(x) = \sqrt{\dfrac{2}{a}} \sin \dfrac{n\pi}{a} x$，概率密度函数为

$$\rho_n(x) = |\varPsi_n(x)|^2 = \dfrac{2}{a} \sin^2 \dfrac{n\pi}{a} x$$

量子数 n 不同的粒子能量不同，在不同位置出现的概率也不相同。图 22-10 中同时还给出了粒子的波函数 $\psi_n(x)$ 和概率密度函数 $\rho_n(x)$，实线表示波函数，虚线表示概率密度函数。虚线下的面积(阴影部分)是概率密度函数在相应区间的积分，对应于粒子出现在相应区间的概率。

上述由量子力学得到的结果与经典力学预言的粒子的行为截然不同。按照经典力学的观点，自由运动(在阱内)的粒子在空间各处出现的概率是均等的，粒子若静止，$E_k = 0$，且 $V = 0$，最低能量应该为零。量子理论却指出，粒子在阱内各处出现的概率不相同，粒子波在阱的两壁间来回反射，相干叠加形成驻波，干涉相长的地方，粒子出现的概率大，干涉相消的地方，粒子出现的概率就小。粒子在阱内也不可能静止不动，否则位置就完全确定，同时动量又完全确定（静止 $p = 0$），这不符合海森伯不确定关系，因此粒子的最低能量即零点能不可能等于零（量子世界不允许粒子静止！）。不过，当量子数 n 很大时，概率密度函数 $\rho_n(x)$ 的极大值位置和极小值位置将靠得很近，特别是当 $n \to \infty$ 时，其密集程

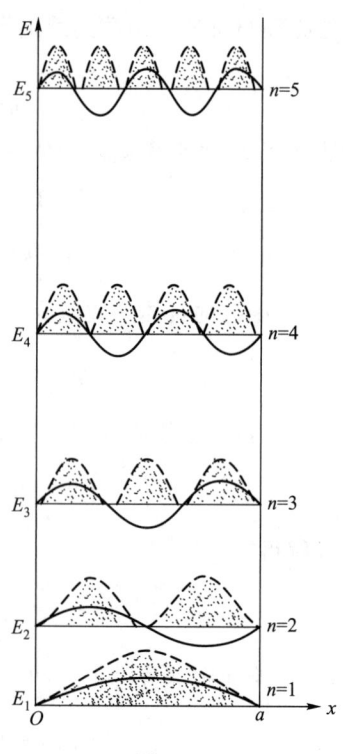

图 22-10

度在宏观上根本就无法分辨,势阱内的概率密度分布实际上可以认为是个常数,这就又回到了经典力学预言.

例 22.9 (1)按照量子力学的观点,粒子在一维无限深势阱中作一维运动,粒子波在势阱的两壁间来回反射,形成驻波.试用驻波分析方法求出粒子的能量公式;

(2)用海森伯不确定关系 $\Delta x \cdot \Delta p_x \geq h$ 估算一维无限深势阱中粒子的零点能.

解 (1)粒子局限在宽度为 a 的势阱中运动,且为定态,对应的德布罗意波必定是稳定的驻波,并在两端点形成波节.设粒子的德布罗意波长为 λ,根据驻波条件,阱宽应是半波长的整数倍,

$$a = n \cdot \frac{\lambda}{2} \quad (n = 1, 2, 3, \cdots)$$

再根据德布罗意关系式以及非相对论动量与动能的关系,并注意到阱内势能 $V=0$,粒子的总能量 $E = E_k$,即

$$\lambda = \frac{h}{p}$$

$$E = E_k = \frac{p^2}{2m}$$

可得粒子能量量子化条件:

$$E_n = n^2 \frac{h^2}{8ma^2} \quad (n = 1, 2, 3, \cdots)$$

令 $E_1 = \frac{h^2}{8ma^2}$,则上式可写为

$$E_n = n^2 E_1 \quad (n = 1, 2, 3, \cdots)$$

与薛定谔方程解出的一样.

(2)粒子在势阱中运动,位置的不确定量约为阱的宽度,即 $\Delta x \approx a$,动量的不确定量:

$$\Delta p_x \geq \frac{h}{\Delta x} = \frac{h}{a}$$

最低能态粒子的动量 p 应大于等于动量的不确定量.此外,粒子可能朝左或朝右运动,所以有

$$p_{\min} = \frac{\Delta p_x}{2} \approx \frac{h}{2a}$$

粒子的最低能量即零点势:

$$E_1 = \frac{p_{\min}^2}{2m} = \frac{1}{2m}\left(\frac{h}{2a}\right)^2 = \frac{h^2}{8ma^2}$$

例 22.10 试求限制在一维"盒子"中自由运动的电子能量和速度大小的可能值.设盒宽 $a = 0.4$ nm.

解 电子的运动可视为在阱宽为 $a = 0.4$ nm 的一维无限深势阱中的运动.由式(22-17),电子可能具有的能量为

$$E_n = n^2 \frac{h^2}{8ma^2} = n^2 \frac{(6.626 \times 10^{-34})^2}{8 \times 9.11 \times 10^{-31} \times (0.4 \times 10^{-9})^2} \text{ J}$$

$$= 3.8 \times 10^{-19} n^2 \text{ J} = 2.3 n^2 \text{ eV}$$

电子在盒内自由运动,其能量就是它的动能.由 $E = E_k = \frac{1}{2}mv^2$,得电子速率

$$v_n = \sqrt{\frac{2E_n}{m}} = n \sqrt{\frac{2 \times 3.8 \times 10^{-19}}{9.11 \times 10^{-31}}} \text{ m} \cdot \text{s}^{-1} = 9.1 \times 10^5 n \text{ m} \cdot \text{s}^{-1}$$

例 22.11 已知一维无限深势阱中粒子的波函数 $\Psi_n(x)=\sqrt{\dfrac{2}{a}}\sin\dfrac{n\pi}{a}x$，当粒子处于 $n=2$ 的定态时，求：

（1）粒子在哪些位置附近出现的概率最大？

（2）粒子在哪些位置附近出现的概率最小？

（3）粒子出现在 $x=0$ 到 $x=a/2$ 之间的概率．

解 当粒子处于 $n=2$ 的定态时，其波函数和概率密度函数分别为

$$\Psi_2(x)=\sqrt{\frac{2}{a}}\sin\frac{2\pi}{a}x$$

$$\rho_2(x)=|\psi_2(x)|^2=\frac{2}{a}\sin^2\frac{2\pi}{a}x$$

（1）在概率密度函数为最大值的附近区域，粒子出现的概率最大，即

$$\sin\frac{2\pi}{a}x=\pm 1$$

于是有

$$\frac{2\pi}{a}x=(2k+1)\frac{\pi}{2}\quad(k=0,1,2,\cdots)$$

解得

$$当\ k=0, x=\frac{a}{4};$$

$$当\ k=1, x=\frac{3}{4}a.$$

其他 k 值因 x 超出阱外而舍弃．另外，求概率密度最大的位置也可以采用求极值的方法，令 $\dfrac{\mathrm{d}\rho}{\mathrm{d}x}=0$ 以及 $\dfrac{\mathrm{d}^2\rho}{\mathrm{d}x^2}<0$ 即可．

（2）在概率密度函数为最小值的附近区域，粒子出现的概率最小，即

$$\sin\frac{2\pi}{a}x=0$$

$$\frac{2\pi}{a}x=k\pi\quad(k=0,1,2,\cdots)$$

解得

$$当\ k=0, x=0;$$

$$当\ k=1, x=\frac{a}{2};$$

$$当\ k=2, x=a.$$

其他 k 值因 x 超出阱外而舍弃．求概率密度最小的位置也可令 $\dfrac{\mathrm{d}\rho}{\mathrm{d}x}=0$ 以及 $\dfrac{\mathrm{d}^2\rho}{\mathrm{d}x^2}>0$ 而得到．

（3）粒子出现在 $x=0$ 到 $x=\dfrac{a}{2}$ 之间的概率应是概率密度函数在这一区间内的积分：

$$P=\int_{x_1}^{x_2}|\Psi_2(x)|^2\mathrm{d}x$$

$$=\int_0^{a/2}\frac{2}{a}\sin^2\frac{2\pi}{a}x\mathrm{d}x=\frac{1}{2}$$

所得结果与图 22-10 中概率密度曲线下面的阴影面积表示的概率大小是一致的．

§22-6 势垒 隧道效应

一 单壁势垒的情况

一维无限深势阱中的粒子处于束缚态,其能量、动量具有离散的本征值.势垒情况下的粒子处于非束缚态,重点讨论的是粒子的散射问题.

设能量为 E 的粒子沿 x 轴正方向射向一势垒,势垒函数为

$$V(x)=\begin{cases} 0 & (x<0) \\ V_0 & (x\geq 0) \end{cases}$$

如图 22-11 所示,这好像在 $x=0$ 处突兀而起一个高度为 V_0 的势能垒台,称为**直角单壁势垒**.

势函数与时间无关,这是一个定态问题,可以直接求解定态薛定谔方程.沿 x 轴将空间分为两个区域,如图 22-11 所示.在 Ⅰ 区,设波函数为 $\Psi_1(x)$,定态薛定谔方程为

$$\frac{d^2\Psi_1}{dx^2}+\frac{2m}{\hbar^2}E\Psi_1=0$$

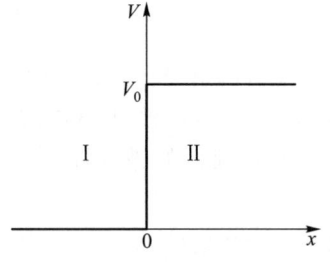

图 22-11 直角单壁势垒

令 $k_1^2=\dfrac{2mE}{\hbar^2}$,有

$$\frac{d^2\Psi_1}{dx^2}+k_1^2\Psi_1=0$$

波函数 $\Psi_1(x)$ 的解为

$$\Psi_1(x)=Ae^{ik_1x}+Be^{-ik_1x}$$

式中 A、B 为一组待定常量. $\Psi_1(x)$ 中的第一项 Ae^{ik_1x} 代表沿 x 轴正方向向右传播的入射波, $\Psi_1(x)$ 中的第二项 Be^{-ik_1x} 代表沿 x 轴负方向向左传播的反射波,它是入射波经势垒壁反射而形成的.从波动的理论看,这是一个很自然的结论.

在 Ⅱ 区,势函数为 V_0,设波函数为 $\Psi_2(x)$,定态薛定谔方程为

$$\frac{d^2\Psi_2}{dx^2}+\frac{2m}{\hbar^2}(E-V_0)\Psi_2=0$$

考虑到如果粒子的总能量 $E>V_0$,粒子越过势垒进入 Ⅱ 区是完全允许的,就不在我们的讨论范围了.我们关心的是粒子的总能量 $E<V_0$ 的情况,此时,令 $k_2^2=\dfrac{2m}{\hbar^2}(E-V_0)$,可得波函数 $\Psi_2(x)$ 的解为

$$\Psi_2(x)=Ce^{-k_2x}$$

C 为待定常量. $\Psi_2(x)$ 只含一项,它是进入区域 Ⅱ 的透射波,它不是一个周期性的波,而是随进入深度指数式衰减的形式,亦可称为隐失波.

图 22-12 示出了波函数在两个区域分布的情况.由于波函数的模的平方$|\Psi(x)|^2$体现了粒子出现的概率,可以看到,在Ⅱ区,尽管粒子的总能量$E<V_0$,粒子波函数$\Psi_2(x)$却不为零,在Ⅱ区是有找到粒子的概率的.此时粒子的动能将为一负值,这是经典力学无法设想的情况.但是按上述薛定谔方程的解,以及波具有透射的性质,粒子确实是有可能进入Ⅱ区的.

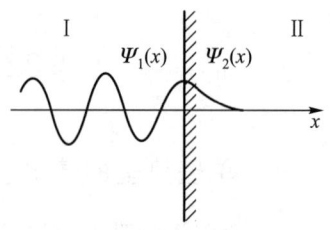

图 22-12 粒子的波函数

二 势垒贯穿 隧道效应

设想势垒有一定的宽度 a,如图 22-13 所示,势函数:

$$V(x)=\begin{cases}0 & (x\leq 0, x\geq a)\\ V_0 & (0<x<a)\end{cases}$$

Ⅰ区的情况与上述单壁势垒的Ⅰ区情况相同,波函数 Ψ_1 含两项,向右的入射波和向左的反射波.Ⅱ区除向右的呈指数衰减的透射波外,还应有一项由右壁向左的反射波.Ⅲ区的势函数 $V=0$,与Ⅰ区相同,波函数应为

$$\Psi_3(x)=A'e^{ikx}$$

Ⅲ区没有反射波,$\Psi_3(x)$ 仅为一向右传播的周期性波.Ψ_1、Ψ_2、Ψ_3 在势垒的两壁处要满足波函数连续的条件,因此,Ψ_3 的强度比 Ψ_1 弱得多,见图 22-14.结论是:粒子在势垒左边出现的概率很高,在势垒内出现的概率小一些,在势垒右边出现的概率更小一些,但不等于零.

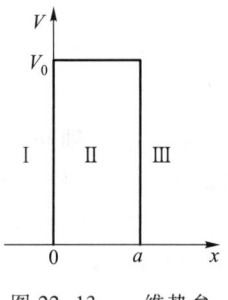

图 22-13 一维势垒

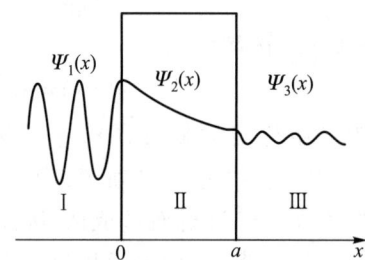

图 22-14 势垒贯穿

粒子在能量低于势垒高度($E<V_0$)的情况下,仍有可能穿透势垒到达势垒的另一侧,这种量子力学的现象称为**势垒贯穿**或**隧道效应**.隧道效应是粒子具有波动性的合理结果.一般地讲,势垒壁 a 越窄,隧道效应越明显;粒子的能量 E 越大,贯穿的概率也就越大.

三 扫描隧穿显微镜

量子隧道效应最辉煌的应用是扫描隧穿显微镜.1982 年,美国 IBM 公司的宾尼和罗雷尔研制成功了世界上第一台扫描隧穿显微镜(STM).它有一个极细的针尖,针尖与待测样品的表面形成两个电极,在两电极之间加上偏压 V_b,当针尖与表面间的距离小到 nm 数量级时,电子就会因为量子隧道效应从一个电极经过空间势垒到达另一个电极,形成隧道电流,其示意见图22-15.实验以及计算均表明,隧道电流对两极(针尖及样品表面)之间的距离的变化极为敏感,距离变化 0.1 nm(原子大小的数量级),隧道电流就要变化 1 个数量级甚至更多,因此可以根据隧道电流与两极之间距离的关系设置工作模式.通常有两种工作模式:

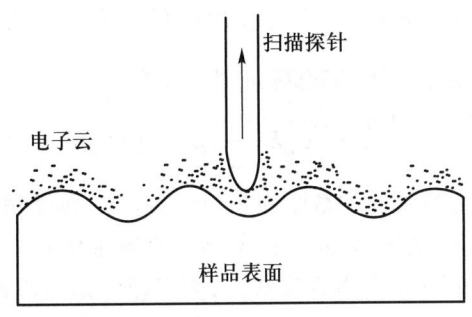

图 22-15 电子隧道电流的形成

一种是恒电流工作模式,见图22-16(a).当针尖在样品表面作二维扫描时,通过电子反馈线路维持隧道电流恒定不变.由于样品的表面是起伏不平的(加工得再光平的样品在原子大小的数量级范围内也是起伏不平的),因此,针尖必须随样品表面的起伏而起伏.针尖起伏的情况被记录下来,经过计算机处理后还原在屏幕上,就给出了样品表面的三维图像.

另一种是恒高度工作模式,见图 22-16(b).针尖在样品表面作二维扫描时,保持针尖的绝对高度不变.这样,针尖与样品表面的距离就随样品表面的起伏而发生变化,从而隧道电流的大小也随样品表面的起伏发生变化.记录下隧道电流的变化情况,经计算机处理还原在屏幕上,也可得到样品表面的三维形貌.

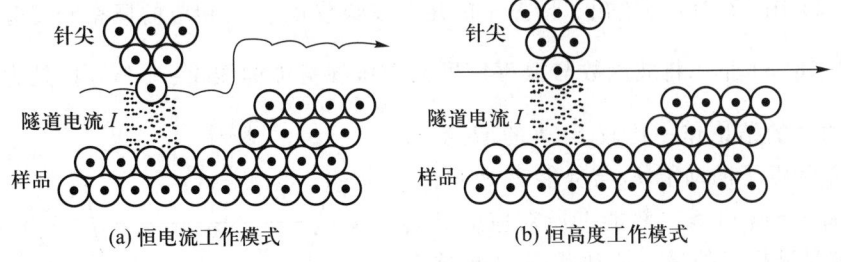

图 22-16

扫描隧穿显微镜的显微分辨率可以达到 0.1 nm(原子尺度),超过电子显微镜数百倍.通过它,人类第一次"看到"了原子,并实现了对原子的初级操纵.扫描隧穿显微镜以及随后发展起来的庞大的扫描探针显微镜家族,为人类操纵原子并最终制造出梦寐以求的分子机器、原子机器展现了曙光.

§22-7 谐振子

谐振子是一个非常重要的模型,在简谐振动、简谐波以及黑体辐射的理论讨论中都涉及谐振子模型.沿 x 方向的一维谐振子的势函数为

$$V(x) = \frac{1}{2}kx^2 = \frac{1}{2}m\omega^2 x^2$$

k 为振子的等效劲度系数,$\omega = \sqrt{\dfrac{k}{m}}$ 为振子的固有角频率,m 为振子的质量.

谐振子的运动属定态问题,定态薛定谔方程为

$$\frac{\mathrm{d}^2 \Psi}{\mathrm{d}x^2} + \frac{2m}{\hbar^2}\left(E - \frac{1}{2}m\omega^2 x^2\right)\Psi = 0$$

求解此定态薛定谔方程所需要的数学知识,可以查阅"数学物理方法"课程的有关书籍,这里只介绍最后的结论,以及结论所具有的物理意义.

(1) 谐振子的能量由薛定谔方程解出,为了使波函数满足单值、连续、有限的标准化条件,谐振子的能量只能取离散的值:

$$E_n = \left(n + \frac{1}{2}\right)\hbar\omega = \left(n + \frac{1}{2}\right)h\nu \quad (n = 0, 1, 2, \cdots) \tag{22-18}$$

式中 $\nu = \dfrac{\omega}{2\pi}$ 为谐振子的振动频率,n 为量子数.相邻能级之间的间距 $\Delta E = \hbar\omega = h\nu$ 呈等间距分布.对比当年普朗克的谐振子能量量子化的假设式(21-3),能量呈量子化及等间距分布都是一致的,但是量值上略有差别.不过,式(22-18)完全是求解薛定谔方程自然得到的,不含人为的假设.谐振子的最低能量即零点能为 $E_0 = \dfrac{1}{2}\hbar\omega = \dfrac{1}{2}h\nu$,零点能大于零符合海森伯不确定关系(参看一维无限深势阱中运动粒子的零点能的分析).图 22-17 给出了谐振子的能级图.

(2) 图 22-18(a)绘出了谐振子的几个波函数 $\psi_n(x)$,相应的概率密度分布如图 22-18(b)所示.将波函数与概率密度函数画在势能曲线 $V = \dfrac{1}{2}kx^2$ 内,是为了与经典力学的结论作一比较.经典的谐振子,总能量为振子的动能 E_k 与势能 V 之和,因此总有 $E = E_k + V \geq V$,势能 V 所对应的最大 x 值就是谐振子的最大活动范围.超出这个范围,动能变为负值,是不允许的.但是,由薛定谔方程解出的波函数 $\psi_n(x)$,显然有一点延伸到了势能曲线之外,意味着在势能曲线框定的区域之外也有发现粒子的概率,这种量子效应是经典力学中没有的.

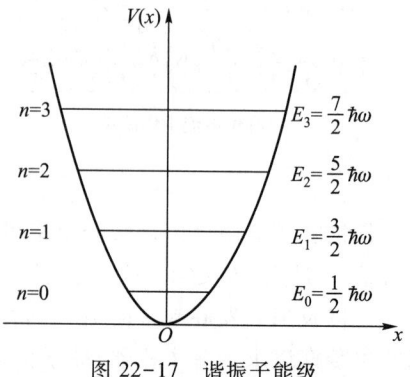

图 22-17 谐振子能级

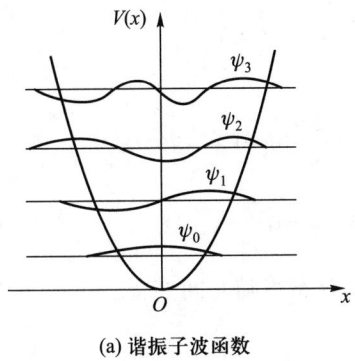
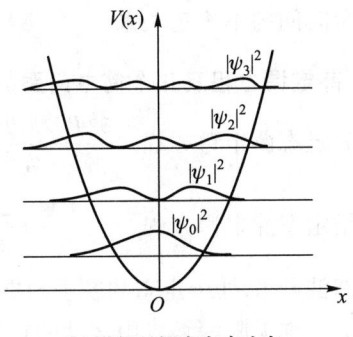

(a) 谐振子波函数　　　　(b) 谐振子概率密度分布

图 22-18

内 容 提 要

1　实物粒子的波粒二象性

德布罗意假设:一切实物粒子都具有波粒二象性.

德布罗意关系:质量为 m 的粒子,动量 $\boldsymbol{p}=m\boldsymbol{v}$,能量 $E=mc^2$,其德布罗意波的频率和波长为

$$\nu = \frac{E}{h}$$

$$\lambda = \frac{h}{p}$$

(慢)电子经电势差为 U 的电场加速后,电子的德布罗意波长为

$$\lambda = \frac{h}{p} = \begin{cases} \dfrac{1.225}{\sqrt{U/\mathrm{V}}}\ \mathrm{nm} & \text{(非相对论情况)} \\ \dfrac{hc}{\sqrt{e^2 U^2 + 2eUm_e c^2}} & \text{(考虑相对论效应)} \end{cases}$$

物质波是概率波.

2　波函数

概率波用波函数 $\varPsi(\boldsymbol{r},t)$ 描述.

波函数的模的平方表示波函数描述的粒子在 t 时刻出现在空间 $\boldsymbol{r}$ 处的概率密度,$\rho(\boldsymbol{r},t) = |\varPsi(\boldsymbol{r},t)|^2$.

波函数满足单值、连续、有限的标准化条件.

波函数的归一化条件为 $\int_V |\varPsi|^2 \mathrm{d}V = 1$

3　不确定关系

位置动量的不确定关系　　$\Delta x \cdot \Delta p_x \geqslant \dfrac{\hbar}{2}$

能量时间的不确定关系 $\quad \Delta E \cdot \Delta \tau \geqslant \dfrac{\hbar}{2}$

4 薛定谔方程及几个简单问题的应用

（1）定态薛定谔方程 $\quad \dfrac{\partial^2 \Psi}{\partial x^2} + \dfrac{\partial^2 \Psi}{\partial y^2} + \dfrac{\partial^2 \Psi}{\partial z^2} + \dfrac{2m}{\hbar^2}(E-V)\Psi = 0$

一维定态薛定谔方程 $\quad \dfrac{\partial^2 \Psi}{\partial x^2} + \dfrac{2m}{\hbar^2}(E-V)\Psi = 0$

Ψ为定态波函数．处于定态的粒子的空间概率分布不随时间变化．

（2）一维无限深势阱中运动的粒子

能量量子化 $\quad E_n = n^2 \dfrac{h^2}{8ma^2} = n^2 E_1 \quad (n=1,2,3,\cdots)$

定态波函数 $\quad \Psi_n(x) = \sqrt{\dfrac{2}{a}} \sin \dfrac{n\pi}{a} x$

概率密度函数 $\quad \rho_n(x) = |\Psi_n(x)|^2 = \dfrac{2}{a} \sin^2 \dfrac{n\pi}{a} x$

粒子在$x_1 \sim x_2$间出现的概率 $P = \int_{x_1}^{x_2} |\Psi_n(x)|^2 \mathrm{d}x$

（3）势垒贯穿

总能量小于势能的微观粒子，有可能穿过有限高的势垒到达势垒的另一侧，称为隧道效应．

（4）谐振子

能量量子化 $\quad E_n = \left(n + \dfrac{1}{2}\right)\hbar\omega = \left(n + \dfrac{1}{2}\right)h\nu \quad (n=0,1,2,\cdots)$

习 题

22.1 德布罗意提出，一切实物粒子都具有_____．玻恩指出，实物粒子波是_____．

22.2 一个电荷量为q、静质量为m_0、动能为E_k的粒子，

（1）在考虑相对论效应的情况下，其动量$p =$_____，德布罗意波长$\lambda =$_____．

（2）不考虑相对论效应的情况下，其动量$p =$_____，德布罗意波长$\lambda =$_____．

22.3 电子显微镜中的电子从静止通过电势差为U_0的电场得到加速，电子的德布罗意波长是 0.04 nm，问：U_0是多少？

22.4 在电子显微镜中，以电子束代替光束，以电聚焦场和磁聚焦场代替折射透镜．显微镜在最佳情况下，能分辨的最小距离（显微镜的分辨本领）大致等于显微镜所用的电子波长．一般的电子显微镜可采用电势差为 50 kV 的电场加速电子，试计算这种显微镜能够分辨的最小距离．

22.5 动能为10^4 eV 的电子，其德布罗意波长是多少？如果电子通过直径 0.1 mm 的圆孔，电子表现出粒子性还是波动性？

22.6 为了探测质子的内部结构，曾在斯坦福直线加速器中用能量为 22 GeV 的电子作探测粒子轰击质子．这样的电子的德布罗意波长是多少？已知质子的线度为10^{-15} m，这样的电子能用来探测质子内部的情况吗？

22.7 在不考虑相对论效应的情况下,

(1)一个电子和一个质子经过相同的电场加速,它们的德布罗意波长的比值是多少?

(2)若要使电子和质子的德布罗意波长相同,加速电场的电压的比值是多少?

22.8 试证:在均匀磁场中运动的带电粒子,其波长与它在这磁场中轨迹的曲率半径成反比.

22.9 室温(300 K)下的中子称热中子,求热中子的德布罗意波长.

22.10 具有能量 15 eV 的光子被氢原子中处于第一玻尔轨道的电子吸收而形成一光电子,此光电子远离质子时的速度为多少?其德布罗意波长为多少?

22.11 现代技术已经可以将钠原子冷却到以很低的速度运动.计算以 $v=2\ \text{m}\cdot\text{s}^{-1}$ 运动的钠原子的德布罗意波长.(钠原子质量为 3.65×10^{-26} kg.)

22.12 一粒子沿 x 轴运动,波函数为 $\psi(x)$.粒子出现在 x 附近单位区间内的概率为_____,粒子出现在 x_1 到 x_2 范围内的概率为_____.

22.13 波函数的标准化条件是:_____、_____、_____.

22.14 铀核的线度为 7.2×10^{-15} m,求其中一个质子的动量和速度的不确定量(不确定关系式为 $\Delta x\cdot\Delta p_x\geq\hbar$).

22.15 试证:在确定一个运动粒子位置时其不确定量若等于其德布罗意波长,则同时确定该粒子的速度的不确定量约等于此粒子的速度(不确定关系式 $\Delta x\cdot\Delta p_x\geq h$).

22.16 电视机显像管中电子的加速电压为 9 kV,电子枪枪口直径取 0.50 mm,枪口离荧光屏距离为 0.30 m,求荧光屏上一个电子形成的亮斑直径.这样大小的亮斑影响电视图像的清晰度吗?

22.17 测出密度为 $1.2\ \text{g}\cdot\text{cm}^{-3}$ 的球形病毒的直径为 5.0 nm,试用不确定关系估算病毒的最小速率.(病毒位置的不确定量可用病毒的线度作为估算,不确定关系 $\Delta x\cdot\Delta p_x\geq h$.)

22.18 波长 $\lambda=500$ nm 的光沿 x 轴正向传播,若光的波长不确定量 $\Delta\lambda=10^{-4}$ nm,试利用不确定关系式 $\Delta x\cdot\Delta p_x\geq h$,计算光子的 x 坐标的不确定量至少为多少.

22.19 如果一个电子处于原子某能态的时间为 10^{-8} s,该原子的这个能态的最小不确定量是多少?(不确定关系式 $\Delta E\cdot\Delta\tau\geq\hbar$.)

设电子从上述能态跃迁到基态,对应的能量为 3.39 eV,试确定所辐射光子的波长及这波长的最小不确定量.

22.20 一个宽度为 a 的一维无限深方势阱,试用不确定关系估算其中质量为 m 的粒子的零点能$\left(\text{不确定关系式}\ \Delta x\cdot\Delta p_x\geq\dfrac{\hbar}{2}\right)$.

22.21 在一维无限深方势阱中,当粒子处于 $n=3$ 时,问:在哪些位置附近发现粒子的概率最大?哪些位置附近发现粒子概率最小?

22.22 已知粒子波函数 $\phi=e^{i(kx-\omega t)}+e^{i(kx+\omega t)}$,试求发现该粒子的概率密度函数.

22.23 一维运动的粒子,处于如下波函数所描述的状态:

$$\phi(x)=\begin{cases}Axe^{-\lambda x} & (x\geq 0)\\ 0 & (x<0)\end{cases}$$

式中 $\lambda>0$.试求:(1)波函数 $\phi(x)$ 的归一化常数 A;(2)粒子的概率密度函数;(3)在何处发现粒子的概率密度最大?

第二十三章
原子中的电子

量子力学应用于原子体系,非常成功地用薛定谔方程精确地解得了氢原子的能级和定态波函数.对于多电子原子,量子力学在对电子之间以及电子与原子核之间的复杂作用做了必要的处理后,用四个量子数来描述原子中电子的运动状态,并借助于原子的电子壳层模型形象地给出了电子的排布,对元素周期律给予了正确的理论解释.

§23-1 氢 原 子

一 氢原子的量子力学处理

氢原子是结构最简单的原子,原子核带 $+e$ 的电荷,核外只有一个电子在原子核的库仑电场中运动,势函数:

$$V(r) = -\frac{e^2}{4\pi\varepsilon_0 r}$$

r 为电子到原子核的距离.电子呈现三维运动,因此氢原子的定态薛定谔方程为

$$\frac{\partial^2 \psi}{\partial x^2} + \frac{\partial^2 \psi}{\partial y^2} + \frac{\partial^2 \psi}{\partial z^2} + \frac{2m}{\hbar^2}\left(E + \frac{e^2}{4\pi\varepsilon_0 r}\right)\psi = 0$$

由于库仑电场是有心力场,势函数 $V(r)$ 仅仅与电子到核的距离有关,计算时选用球坐标比较方便.经过坐标变换,氢原子的定态薛定谔方程在球坐标系中为

$$\frac{1}{r^2}\frac{\partial}{\partial r}\left(r^2\frac{\partial \psi}{\partial r}\right) + \frac{1}{r^2 \sin\theta}\frac{\partial}{\partial \theta}\left(\sin\theta\frac{\partial \psi}{\partial \theta}\right) + \frac{1}{r^2 \sin^2\theta}\frac{\partial^2 \psi}{\partial \varphi^2} + \frac{2m}{\hbar^2}\left(E + \frac{e^2}{4\pi\varepsilon_0 r}\right)\psi = 0$$

(23-1)

求解此定态薛定谔方程需要专门的微分方程知识,我们在此仅作定性的说明:球坐标系中,电子的定态波函数为 $\psi(r,\theta,\varphi)$,由于势函数 $V(r)$ 仅涉及变量 r,因此可将电子波函数表示为 r、θ、φ 三个独立变量函数的乘积,即

$$\psi(r,\theta,\varphi) = R(r)\Theta(\theta)\Phi(\varphi)$$

其中 $R(r)$ 是只与变量 r 有关的函数,与方位角 θ 和 φ 无关.同理 $\Theta(\theta)$ 是只与变量 θ 有关的函数,与 r 和 φ 无关,而 $\Phi(\varphi)$ 则是只与变量 φ 有关而与 r、θ 无关的函数.将上式代入氢原子的定态薛定谔方程式(23-1),通过分离变量,式(23-1)可以简化为三个分别只含一个变量的微分方程,从而分别解出 $R(r)$、$\Theta(\theta)$、$\Phi(\varphi)$,最终得到电子的波函数.

与势阱中的运动粒子以及谐振子问题类似,在求解氢原子的定态薛定谔方程的过程中,为了使电子的波函数满足单值、连续、有限的标准化条件,解出了三个量

子数,记为 n、l、m_l,它们可以表征氢原子的状态,并由它们确定出氢原子的能量、电子对核的角动量以及角动量的空间取向及其量子化条件.下面我们着重讨论这三个量子数以及它们代表的三个量子化条件.

1 主量子数 n 与能量量子化

主量子数 n 反映氢原子能量的量子化.

由上述定态薛定谔方程求解可得氢原子的能量为

$$E_n = -\frac{m_e e^4}{8\varepsilon_0^2 h^2} \cdot \frac{1}{n^2}, \quad 其中 n=1,2,3,\cdots$$

当 $n=1$ 时,有

$$E_1 = -\frac{m_e e^4}{8\varepsilon_0^2 h^2} = -13.6 \text{ eV}$$

E_1 称为氢原子基态能量.这样,氢原子的能量公式又可以表示为

$$E_n = \frac{E_1}{n^2} \quad (n=1,2,3,\cdots) \tag{23-2}$$

氢原子能量是量子化的,形成能级.式(23-2)与玻尔氢原子理论的氢原子能级公式(21-29)完全一致.由此,氢原子的能级图、电离能以及能级跃迁时的波长计算和谱线的分布规律等,也都与玻尔的氢原子理论相同.

2 角量子数 l 与角动量量子化

角量子数 $l=0,1,2,\cdots,(n-1)$,反映电子绕核运动的角动量的量子化.

电子绕核运动,形成对核的角动量 $\boldsymbol{L}$,为了区别于稍后讨论的电子自旋角动量,也常借助于经典术语,将电子绕核运动的角动量称为轨道角动量.求解氢原子的定态薛定谔方程可以得出,电子轨道角动量的大小是量子化的:

$$L = \sqrt{l(l+1)}\,\hbar \tag{23-3}$$
$$l=0,1,2,\cdots,(n-1)$$

l 决定了轨道角动量的数值,故称为角量子数.对于一个确定的主量子数 n,角量子数 l 的取值从 $0,1,2,\cdots$,直到 $(n-1)$,一共有 n 个可能的取值.这表明在主量子数 n 确定的能量状态下,电子有 n 种可能的运动方式,对应 n 个可能的轨道角动量值.(比较精确的计算表明,电子处在主量子数 n 相同,角量子数 l 不同的状态,其能量略有差别.)

例如,主量子数 $n=3$ 时,角量子数可以取 $l=0,1,2$,有 3 个可能的值.对应的电子轨道角动量分别为 $L=0(l=0)$,$L=\sqrt{2}\,\hbar(l=1)$ 以及 $L=\sqrt{6}\,\hbar(l=2)$.

玻尔的氢原子理论也提出了角动量的量子化条件 $L=n\hbar(n=1,2,3,\cdots)$.在玻尔的理论框架中,它是一个先验的假设,定性方面与量子力学的结论相符,定量方面只能看成是 $l=n-1$ 时的近似.实验表明,量子力学的结论是正确的.

3 磁量子数与空间量子化

磁量子数 $m_l=0,\pm 1,\pm 2,\cdots,\pm l$,反映角动量 $\boldsymbol{L}$ 空间取向的量子化.

角动量 $\boldsymbol{L}$ 不仅大小量子化,其空间取向(方向)也是量子化的.通常取 z 轴为参考方向,角动量相对 z 轴的取向可以用角动量 $\boldsymbol{L}$ 在 z 轴方向的投影 L_z 表示:

$$L_z = L\cos\theta$$

如图 23-1(a) 所示. 量子力学给出 L_z 只能取以下离散的值

$$L_z = m_l \hbar \qquad (23\text{-}4)$$

$$m_l = 0, \pm 1, \pm 2, \cdots, \pm l$$

对于一确定的角量子数 l,磁量子数 m_l 从 0、± 1、± 2、$\cdots$、到 $\pm l$,有 $(2l+1)$ 个可能的取值,说明角动量 L 在 z 轴方向的投影也即角动量的空间取向只有这 $(2l+1)$ 种可能,而不能够任意地连续变化,这称之为**空间取向量子化**.

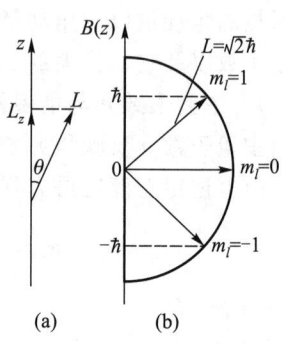

图 23-1 角动量空间量子化

例如角量子数 $l=1$ 的情况. 此时电子轨道角动量的大小 $L = \sqrt{l(l+1)}\,\hbar = \sqrt{2}\,\hbar$,轨道角动量在 z 轴方向的投影由磁量子数 m_l 确定:$m_l = 0, \pm 1$,$L_z = m_l \hbar = 0, \pm \hbar$. 因此轨道角动量 L 有 3 种可能的取向,如图 23-1(b) 示意的那样.

需要说明的是,在各向同性的自由空间,并没有特殊方向,谈论角动量在某一方向的投影也没有多大的实际意义. 但若是原子处于某一磁场 B 中,磁场的方向就成了特定的方向,并通常设定为 z 轴方向,此时测量角动量在磁场方向(也就是 z 轴方向)的投影就具有了实际的意义. 实验上,角动量的空间量子化也是用这种方法表现的.

可以借助一个经典的图像来说明空间取向量子化. 我们知道,电子绕核运动相当于一个回路电流,从而具有轨道磁矩 $\boldsymbol{\mu}_e$. 由于电子带负电,电流方向与电子运行方向相反,电子电流的轨道磁矩 $\boldsymbol{\mu}_e$ 也与轨道角动量 L 的方向相反,如图 23-2 所示. 当具有磁矩的电子置于磁场 B 中时,要受到磁力矩 $M = \boldsymbol{\mu}_e \times B$ 的作用,根据角动量定理,电子的角动量 L 将以 $\dfrac{\mathrm{d}L}{\mathrm{d}t} = M$ 的速度不断发生变化,其结果是 L 以 z 方向(磁场 B 方向)为轴转动,称为进动,进动角为 θ. 轨道角动量 L 的空间量子化,也就是进动角 θ 的量子化.

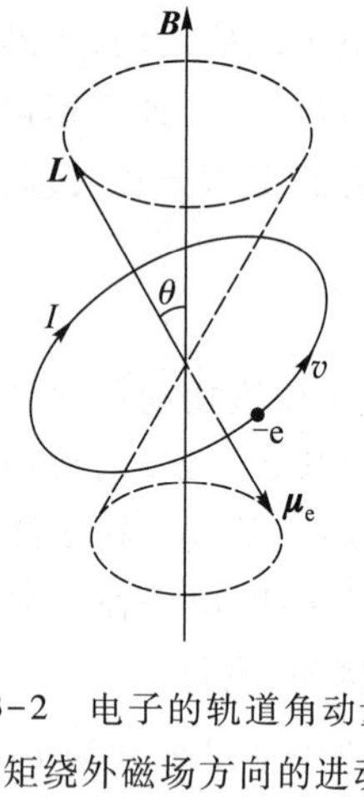

附带说明,电子轨道磁矩 $\boldsymbol{\mu}_e$ 的大小和空间取向也是量子化的:

$$\mu_e = \sqrt{l(l+1)}\,\mu_B$$

$$\mu_{ez} = m_l \mu_B$$

图 23-2 电子的轨道角动量及磁矩绕外磁场方向的进动

l 和 m_l 分别为前述角量子数和磁量子数,$\mu_B = 9.274\,078 \times 10^{-24}$ J·T^{-1},称为玻尔磁子.

二 电子云与电子的径向密度函数

由三个量子数 n、l、m_l 表征的电子状态用波函数 $\psi_{n,l,m_l}(r,\theta,\varphi)$ 描述. 波函数的

模的平方$|\psi_{n,l,m_l}(r,\theta,\varphi)|^2$反映了电子处于不同位置处的概率分布(概率密度).
我们可以根据概率密度的大小,用浓淡不一的色彩,或者用疏密不同的小点形象地表示这种概率分布,称为"电子云"图.图23-3显示的是氢原子基态的电子云图,概率密度呈球对称分布,并且随电子到核的距离的增大指数递减.图23-4是氢原子第一激发态($n=2$)的电子云图.

如果仅仅考虑电子的位置沿径向(r方向)的概率分布,可以用径向概率密度函数描述.根据概率与概率密度的关系,电子在半径为$r \sim r+\mathrm{d}r$,体积为$\mathrm{d}V=4\pi r^2\mathrm{d}r$的薄球壳中出现的概率$\mathrm{d}P=|\psi_{n,l,m_l}|^2 4\pi r^2\mathrm{d}r$,径向概率密度为

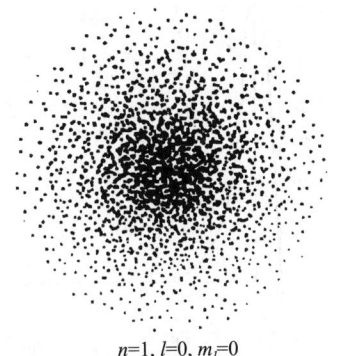

图23-3 氢原子基态电子云图

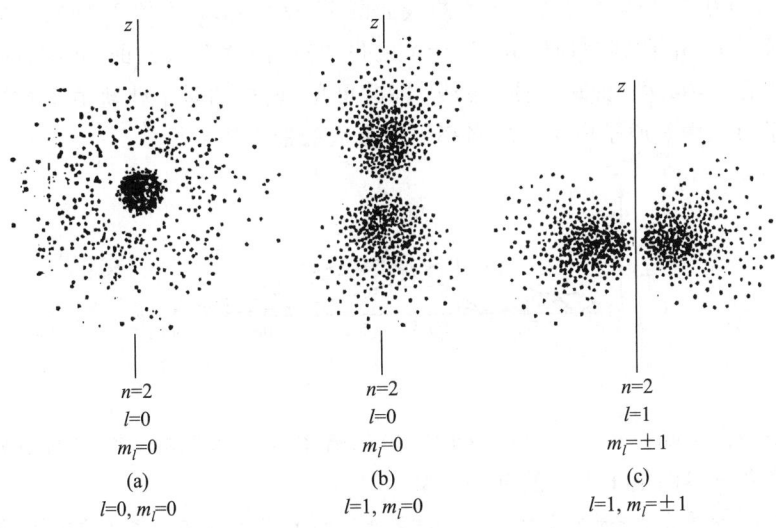

图23-4 氢原子$n=2$的各状态的电子云图

$$P(r)=\frac{\mathrm{d}P}{\mathrm{d}r}=|\psi_{n,l,m_l}|^2 \cdot 4\pi r^2$$

其意义是:电子在距核为r处,单位径向区间出现的概率.

图23-5是氢原子基态的径向概率密度曲线.从图中可以看到电子在原子核周围各处都有可能出现,电子出现概率最大的位置是在$r=a_0$(a_0为玻尔半径)附近,而a_0正是玻尔氢原子理论所确定的基态轨道半径r_1.

图23-6中的两条曲线描绘了氢原子$n=2$时的径向概率密度分布.2s曲线对应的是$n=2,l=0$的量子态,离核较近处曲线有一较小的峰值,离核较远处有一较强的峰值.2p曲线对应$n=2,l=1$的量子态.在该量子态时,电子出现概率最大的位置是在$r=4a_0$附近,有意思的是$4a_0$恰好是玻尔氢原子理论中的第一激发态轨道半径r_2.

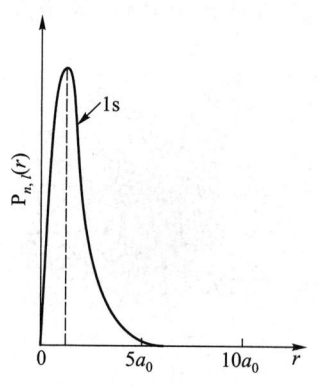
图 23-5 氢原子基态的径向
概率密度曲线

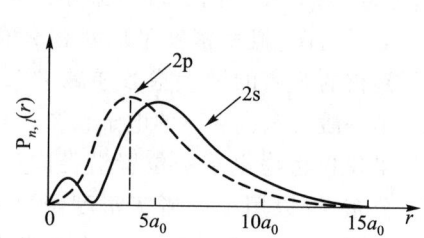
图 23-6 氢原子 $n=2$ 时的径向
概率密度曲线

$n=3, l=0,1,2$ 的径向概率密度曲线如图 23-7 所示. 图中的 2s 曲线对应于 $n=3, l=0$ 量子态, 3p 曲线对应于 $n=3, l=1$ 的量子态, 注意 $l=2$ 时的 3d 线, 曲线的最大值出现在 $r=9a_0$ 处, 即玻尔预言的 r_3. 因此可见, 玻尔的量子化轨道半径, 应该理解为量子力学中氢原子电子出现概率密度最大的最概然半径.

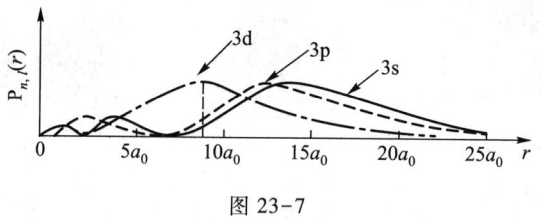
图 23-7

电子的位置随方位角(空间不同方向)的概率分布称为概率密度的角分布, 感兴趣的读者可参阅量子力学的有关书籍.

例 23.1 设氢原子中的电子处于 $n=3$、$l=2$、$m_l=-1$ 的量子态, 求氢原子的能量、电子的轨道角动量及轨道角动量在 z 轴方向的投影值.

解 当电子处于上述量子态时, 氢原子的能量:

$$E_3 = \frac{E_1}{n^2} = \frac{(-13.6)}{3^2} \text{ eV} = -1.51 \text{ eV}$$

电子的轨道角动量的大小:

$$L = \sqrt{l(l+1)}\,\hbar = \sqrt{2(2+1)}\,\hbar = \sqrt{6}\,\hbar$$

轨道角动量在 z 轴方向的投影为

$$L_z = m_l \hbar = -\hbar$$

例 23.2 设角量子数 $l=2$, 作出角动量空间取向量子化的示意图.

解 角量子数 $l=2$ 时, 电子轨道角动量的大小为 $L=\sqrt{l(l+1)}\,\hbar=\sqrt{6}\,\hbar$, 此时磁量子数 $m_l=0,\pm 1,\pm 2$, 有 5 个可能的值, 因此轨道角动量 L 在 z 方向有 5 种可能的投影值, 即

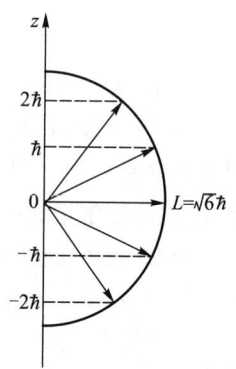
图 23-8 $l=2$ 时, 空间量子化示意图

$$L_z = m_l \hbar = 0, \pm \hbar, \pm 2\hbar$$

以角动量的大小 $\sqrt{6}\hbar$ 为半径作一半圆，则可得其投影值为 $0, \hbar, 2\hbar, -\hbar, -2\hbar$ 时的示意图如图 23-8 所示.

§23-2 电子自旋

1925 年，莱顿大学的两名毕业生乌伦贝克和古兹密特提出了电子自旋的假设. 他们认为，电子不能被简单地视为点电荷，电子除了绕原子核运动从而具有轨道角动量和轨道磁矩之外，还有一个与绕核运动完全无关，仅仅由电子自身性质决定的运动，他们称之为**电子的自旋**. 相应于自旋运动的角动量则称为**自旋角动量**.

通常用符号 S 表示电子的自旋角动量. 类似电子的轨道角动量 L，自旋角动量的大小也是量子化的，根据量子力学的知识，有

$$S = \sqrt{s(s+1)}\,\hbar \tag{23-5}$$

$$s = \frac{1}{2}$$

s 称为**自旋量子数**. 由 s 只有唯一的取值 $\frac{1}{2}$ 可知，电子自旋角动量的大小 $S = \sqrt{\frac{1}{2}\left(\frac{1}{2}+1\right)}\,\hbar = \frac{\sqrt{3}}{2}\hbar$. 在粒子物理中，还常将电子的自旋量子数为 $\frac{1}{2}$ 简单地说成电子的自旋为 $\frac{1}{2}$.

自旋角动量在 z 轴方向的投影值 S_z 也是量子化的，即

$$S_z = m_s \hbar \tag{23-6}$$

$$m_s = \pm \frac{1}{2}$$

m_s 是**自旋磁量子数**. m_s 取值为 $\pm \frac{1}{2}$ 表示电子的自旋角动量相对于 z 轴方向只有两个可能的取向，且是对称的，如图 23-9 所示. 这种现象称为**自旋角动量空间量子化**.

电子的自旋也产生磁矩，电子自旋磁矩的大小以及在 z 轴方向的投影值分别为

$$\mu_s = \sqrt{s(s+1)} \cdot 2\mu_B = \sqrt{3}\mu_B$$

$$\mu_{s,z} = m_s \cdot 2\mu_B = \pm \mu_B$$

式中 s 和 m_s 分别为自旋量子数和自旋磁量子数，μ_B 为玻尔磁子.

电子自旋概念一经提出，很快得到了物理学界的普遍认同. 它能够很好地解释已经发现的原子光谱中的反常塞曼效应，解释施特恩-格拉赫实验中遗留下的谜团. 近代物理的实

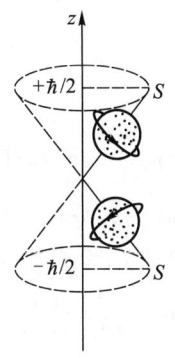

图 23-9 自旋角动量空间量子化

验还表明,电子以及许多"基本"粒子都具有自旋运动和自旋角动量,可见自旋是"基本"粒子的一种内禀属性.但是,自旋的图像至今还没有人们公认的描述,有人把电子的自旋类比于地球的自转,这只是一种经典的替代想象而已.由于电子的内部结构(小于 10^{-18} m)以及产生自旋的内在原因目前尚不清楚,我们只能从实验的结果去认识自旋存在的事实.

§23-3 施特恩-格拉赫实验

1921 年,施特恩和格拉赫首先对角动量的空间量子化进行了实验观察.图 23-10 是施特恩-格拉赫实验的示意图.射线源 K 发出的是银原子射线,这些射线穿越电磁铁 N、S 间的非均匀磁场后,飞向照相底板 P,在底板上沉淀形成谱线.实验者预言:由于电子绕核运动具有轨道角动量以及相应的轨道磁矩,因此原子内所有电子磁矩的矢量和就使原子也具有磁矩.当具有磁矩 μ 的原子进入 N、S 间非均匀磁场时,要受到一个沿磁场方向(z 方向)的净磁力的作用.磁力的大小:

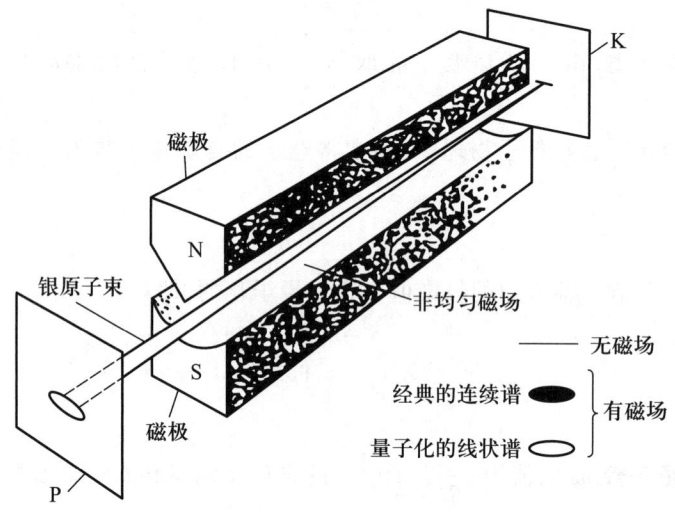

图 23-10 施特恩-格拉赫实验示意图

$$F_z = \mu_z \frac{dB}{dz}$$

式中的 $\frac{dB}{dz}$ 是磁场梯度,表示非均匀磁场沿 z 方向的变化率,μ_z 是原子的磁矩在 z 方向的投影(分量).在此磁力的作用下,原子将偏离原来的运动方向落到底片中心以外的地方.设原子的纵向速度为 v,磁场区间的纵向距离为 L,穿越磁场的时间 $t = \frac{L}{v}$,原子因受磁力具有的横向加速度 $a = \frac{F}{m}$,则原子束最后在底板 P 上的横向位移:

$$s = \frac{1}{2}at^2 = \frac{1}{2m}\frac{dB}{dz}\left(\frac{L}{v}\right)^2 \mu_z$$

这是实验上可以实现观测的位移.它与原子磁矩在外磁场方向的投影 μ_z 有关.如果原子的角动量及相应的磁矩可以取任意的方向,μ_z 就可以连续变化,原子在底板上的沉淀因横向位移将是连续分布的,形成连续谱;如果原子的角动量及相应的磁矩满足空间量子化,μ_z 就只能取离散的值,底板上的原子沉淀就应呈现分立的线状谱.

施特恩-格拉赫实验观察到的是两条对称的线状谱(原子沉淀),证实了原子磁矩以及相应的原子角动量的空间量子化.

实验还留下了一个尚待解释的疑点:如果只考虑电子的轨道角动量,角动量以及磁矩在外磁场方向(z 方向)的投影就应为 $(2l+1)$ 种,底片上的线状谱就应该为奇数条.非常特殊的是实验恰好采用基态的银原子($l=0$)进行观察,谱线本应该只有一条而不应该分裂,更不应该分裂为偶数的两条.电子自旋概念提出之后,这种现象得到了合理的解释:基态银原子 $l=0$,电子轨道角动量和轨道磁矩的矢量和均为零,只有电子自旋运动的贡献,自旋角动量及相应的自旋磁矩相对于外磁场只有两种可能的取向,因此谱线表现为对称的两条.

§23-4 原子中电子的排布

一 电子的量子态——四个量子数

在对氢原子的讨论中,我们用三个量子数 n、l、m_l 来描述电子的运动状态,这个结果虽然是从氢原子的定态薛定谔方程解出的,但量子力学证明,用量子数 n、l、m_l 同样可以描述多电子原子中的电子,只是电子的能量不仅和主量子数 n 有关,同时还受角量子数 l 的影响.再考虑到电子具有的自旋属性,因此,在量子力学中,原子中电子的状态应该由四个量子数来描述.它们是

(1) 主量子数 n $n=1,2,3,\cdots$,它是决定电子能量主要部分的量子数.

(2) 角量子数 l $l=0,1,2,\cdots,(n-1)$,它决定了电子轨道角动量的大小 $L=\sqrt{l(l+1)}\hbar$.角量子数 l 也对电子的能量产生影响.一般说来,处于同一主量子数 n 不同角量子数 l 的电子,l 较大者,能量也略为高一些.

(3) 磁量子数 m_l $m_l=0,\pm 1,\pm 2,\cdots,\pm l$,它决定了电子轨道角动量在外磁场方向($z$ 方向)的投影,$L_z=m_l\hbar$.

(4) 自旋磁量子数 m_s $m_s=\pm\dfrac{1}{2}$,它决定了电子自旋角动量在外磁场方向(z 方向)的投影,$S_z=m_s\hbar$.

磁量子数 m_l 和自旋磁量子数 m_s 也微弱影响电子在外磁场中的能量.

自旋量子数 $s=\dfrac{1}{2}$ 对所有的电子都相同,不足以区别不同的电子或不同的电子状态,在这里可不采用.

用 4 个量子数描述原子中电子的状态时,通常依次用 (n,l,m_l,m_s) 4 个量子数

的排列表示电子的量子态. 例如 $\left(2,1,1,-\dfrac{1}{2}\right)$ 量子态,表示电子处于 $n=2,l=1,m_l=1,m_s=-\dfrac{1}{2}$ 的状态,它的能量为 E_2(随原子不同而不同),角动量为 $L=\sqrt{l(l+1)}\,\hbar=\sqrt{2}\,\hbar$,角动量在磁场方向($z$ 方向)的投影 $L_z=m_l\hbar=\hbar$,自旋角动量在磁场方向(z 方向)的投影 $S_z=m_s\hbar=-\dfrac{\hbar}{2}$.

二 原子中电子的排布

由前面的讨论可以看到,当我们用 4 个量子数描述原子中电子的运动状态时,量子数的取值满足一定规律. 以主量子数 n 和角量子数 l 为例,$n=1$ 时候,$l=0$;$n=2$ 的时候,$l=0,1$;$n=3$ 的时候,$l=0,1,2,\cdots$. 柯塞耳把这种规律性形象化地表示为原子的电子状态壳层模型. 他用不同的主量子数 n 构成一个一个的壳层,$n=1,2,3,4,5,\cdots$ 分别标识为 K,L,M,N,O,$\cdots$ 壳层,壳层用大写字母表示. 在同一壳层中,又按角量子数 l 的不同分为若干个(n 个)支壳层,$l=0,1,2,3,4,5,\cdots$ 分别标识为 s,p,d,f,g,h,$\cdots$ 支壳层,支壳层用小写字母表示. 由量子数 n 和 l 决定的支壳层,通常用并排书写的数字(代表 n 值)和字母(代表 l 值)表示,例如 1s($n=1$,$l=0$)表示 K 壳层中的 s 支壳层,2p($n=2$,$l=1$)表示 L 壳层中的 p 支壳层. 采用原子的电子状态壳层模型时,当电子在不同壳层中排布时,应理解为电子处于不同的 (n,l,m_l,m_s) 量子态.

原子中电子的量子态分布,即电子在壳层中的排布,需遵守两条原理:

(1) **泡利不相容原理** 一个原子中不可能有两个或两个以上的电子处于完全相同的状态. 换言之,它们不可能有完全相同的四个量子数.

根据四个量子数的取值范围,对每一个确定的 l,可以有 $(2l+1)$ 个 m_l 的可能值,还可以有 2 个 m_s 的可能值,因此对每一个 l 可以有 $2(2l+1)$ 个不同的状态. 按照泡利不相容原理的规定,每一个支壳层最多可以容纳的电子数就应为

$$N_l=2(2l+1)$$

而每一个壳层最多可以容纳的电子数则应对所含的支壳层求和,即

$$N_n=\sum_{l=0}^{n-1}2(2l+1)=2n^2$$

表 23.1 就是根据泡利不相容原理计算出来的各壳层和支壳层最多容纳的电子数.

表 23.1 原子中各壳层和支壳层最多容纳的电子数

n \ l	0 s	1 p	2 d	3 f	4 g	5 h	6 i	$N_n=2n^2$
1 K	2							2
2 L	2	6						8
3 M	2	6	10					18

续表

n \ l	0 s	1 p	2 d	3 f	4 g	5 h	6 i	$N_n = 2n^2$
4 N	2	6	10	14				32
5 O	2	6	10	14	18			50
6 P	2	6	10	14	18	22		72
7 Q	2	6	10	14	18	22	26	98

（2）**能量最低原理** 原子的基态是原子能量最低的状态，每个电子都趋向于占据最低的能级．

一般地，原子能级的高低主要决定于主量子数 n，n 越大能级越高．角量子数 l 对能级也有影响，在主量子数 n 相同的情况下，l 越大能级越高．但是电子之间以及电子与原子核之间的相互作用往往是非常复杂的，有时也会出现与上述规律不符的能级交错，即出现某些 n 小 l 大的能级反而比 n 大 l 小的能级还要高的现象．为此可以参照一条经验规律：以 $(n+0.7l)$ 的大小判断原子能级的高低．各能级中，$(n+0.7l)$ 小者，能量低，电子先填充；$(n+0.7l)$ 大者能量高，电子后填充．图 23-11 是按照这个经验规律得到的电子在各能级（壳层和支壳层）的排布顺序．

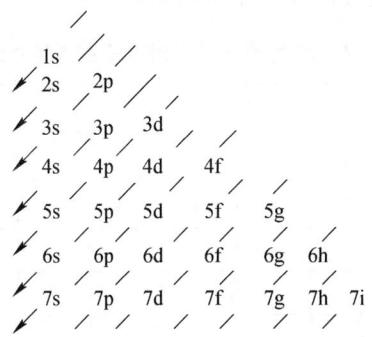

图 23-11 原子中电子在各壳层和支壳层排布顺序的经验规律

现在，可以根据泡利不相容原理和能量最低原理，给出各元素原子基态时候的核外电子的排布，称为**基态电子组态**．例如：

氢（H，$Z=1$） 核外只有一个电子，排在 K（$n=1$）壳层的 1s 支壳层，基态电子组态为 $1s^1$．右上角的数字表示该支壳层排布的电子的数目．

氦（He，$Z=2$） 核外两个电子，都排在 1s 支壳层，基态电子组态为 $1s^2$．K 壳层只有一个支壳层，最多可以容纳两个电子，因此至氦原子，K 壳层已经排满．满壳层的原子化学性质是最稳定的，所以氦是惰性元素．氢原子与氦原子是元素周期律中第一周期里的两个元素原子．

锂(Li,$Z=3$) 核外的 3 个电子中有两个排在 1s 支壳层,第三个电子进入 $n=2$ 的 L 壳层,排在 2s 支壳层,基态电子组态为 $1s^22s^1$.锂是元素周期律中第二周期里的第一个元素.

硼(B,$Z=5$) 基态电子组态为 $1s^22s^22p^1$,由于 1s、2s 支壳层各只能容纳两个电子,故第五个电子进入能量稍高的 2p 支壳层.

氖(Ne,$Z=10$) 2p 支壳层可以容纳 6 个电子,故氖的 10 个电子排布为 $1s^22s^22p^6$.

至氖原子,$n=2$ 的 L 壳层已排满.氖为惰性元素.锂、铍、硼、碳、氮、氧、氟、氖共 8 个元素构成元素周期律的第二周期.依次,按原子核外电子数目的递增,由钠(Na,$Z=11$)至氩(Ar,$Z=18$)共 8 个元素构成元素周期律中的第三周期.

钾(K,$Z=19$) 基态电子组态为 $1s^22s^22p^63s^23p^64s^1$.3p 支壳层排满后,电子没有进入 3d 支壳层,因为 4s 支壳层的能量更低,故电子先填 4s 支壳层,钾为第四周期元素.

钪(Sc,$Z=21$) 基态电子组态为 $1s^22s^22p^63s^23p^64s^23d^1$.注意在 4s 支壳层排满后,电子回过头来补填 3d 支壳层.这种"回头补填"的情况称为"过渡元素".d($l=2$)支壳层可以容纳 10 个电子,因此,第四周期里有 10 个过渡元素.在其他 $n>4$ 的壳层里也有类似的情况.

表 23.2 给出了原子序数从 $Z=1$ 到 $Z=22$ 的各元素原子基态时的电子排布情况.更为全面的情况可查阅较详细的元素周期表.

表 23.2 $Z\leqslant 22$ 的原子基态时电子在壳层中的分布

原子序数	元素	各壳层上的电子数								基态电子组态
		K	L		M			N		
		1s	2s	2p	3s	3p	3d	4s	4p	
1	H	1								$1s^1$
2	He	2								$2s^2$
3	Li	2	1							$1s^22s^1$
4	Be	2	2							$1s^22s^2$
5	B	2	2	1						$1s^22s^22p^1$
6	C	2	2	2						$1s^22s^22p^2$
7	N	2	2	3						$1s^22s^22p^3$
8	O	2	2	4						$1s^22s^22p^4$
9	F	2	2	5						$1s^22s^22p^5$
10	Ne	2	2	6						$1s^22s^22p^6$
11	Na	2	2	6	1					$1s^22s^22p^63s^1$
12	Mg	2	2	6	2					$1s^22s^22p^63s^2$
13	Al	2	2	6	2	1				$1s^22s^22p^63s^23p^1$

续表

原子序数	元素	各壳层上的电子数								基态电子组态
		K	L		M			N		
		1s	2s	2p	3s	3p	3d	4s	4p	
14	Si	2	2	6	2	2				$1s^2 2s^2 2p^6 3s^2 3p^2$
15	P	2	2	6	2	3				$1s^2 2s^2 2p^6 3s^2 3p^3$
16	S	2	2	6	2	4				$1s^2 2s^2 2p^6 3s^2 3p^4$
17	Cl	2	2	6	2	5				$1s^2 2s^2 2p^6 3s^2 3p^5$
18	Ar	2	2	6	2	6				$1s^2 2s^2 2p^6 3s^2 3p^6$
19	K	2	2	6	2	6		1		$1s^2 2s^2 2p^6 3s^2 3p^6 4s^1$
20	Ca	2	2	6	2	6		2		$1s^2 2s^2 2p^6 3s^2 3p^6 4s^2$
21	Sc	2	2	6	2	6	1	2		$1s^2 2s^2 2p^6 3s^2 3p^6 4s^2 3d^1$
22	Ti	2	2	6	2	6	2	2		$1s^2 2s^2 2p^6 3s^2 3p^6 4s^2 3d^2$

三 元素周期律的理论说明

在 1869 年前后,门捷列夫等人发现元素的性质随原子量的增加而呈周期性的变化,并建立了相应的元素周期表.然而,元素的化学性质和物理性质随着原子序数的增大发生周期性变化的原因,只是在量子力学建立之后,才在理论上给予了正确的说明——正是原子中的电子周期性地排布(填充壳层)才使得原子的行为呈现出周期性.可以说,元素的周期性是由原子中电子的壳层结构决定的.量子力学是解决原子问题的正确理论.

内 容 提 要

1 氢原子

(1) 由氢原子定态薛定谔方程解出三个量子数.

主量子数 $n = 1, 2, 3, \cdots$,决定了氢原子的能量 $E_n = \dfrac{E_1}{n^2}, E_1 = -13.6 \text{ eV}$;

角量子数 $l = 0, 1, 2, \cdots, (n-1)$,决定了电子轨道角动量的大小 $L = \sqrt{l(l+1)} \hbar$;

磁量子数 $m_l = 0, \pm 1, \pm 2, \cdots, \pm l$,决定了电子轨道角动量在磁场方向($z$ 方向)的投影 $L_z = m_l \hbar$.

(2) 电子的运动不能用轨道描述,只能用表示概率密度分布的电子云描述.玻尔氢原子理论中的轨道应理解为电子出现概率密度最大的最概然位置.

2 电子自旋

电子具有自旋的内禀属性.

自旋量子数 $s = \dfrac{1}{2}$,决定了电子自旋角动量的大小 $S = \sqrt{s(s+1)} \hbar$;

自旋磁量子数 $m_s = \pm\dfrac{1}{2}$,决定了自旋角动量在磁场方向(z 方向)的投影 $S_z = m_z\hbar$.

施特恩-格拉赫实验证实了空间量子化以及电子自旋的存在.

3 原子中电子的排布

(1)原子中电子的运动状态由四个量子数(n, l, m_l, m_s)描述,称为电子的量子态.

(2)原子中电子在不同壳层的排布遵从泡利不相容原理和能量最低原理.

(3)原子的电子壳层模型由主量子数 n 和角量子数 l 确定,具有相同主量子数 n 的电子构成一个壳层,n 壳层最多可容纳 $2n^2$ 个电子;同一壳层中按 l 不同分为若干支壳层,l 支壳层最多可容纳 $2(2l+1)$ 个电子.

(4)原子处于基态时,电子的排布用基态电子组态表示.

习　题

23.1 在量子力学中,完全确定原子中的一个核外电子的状态需要四个量子数,请设计一个表格,填写这四个量子数的名称、取值范围、表征的量子化条件以及物理量的数值.

23.2 氢原子中的电子处于 $\left(3, 2, 1, -\dfrac{1}{2}\right)$ 的量子态时,试根据量子力学理论,给出氢原子的能量 E_n、电子轨道角动量 L、轨道角动量在 z 轴方向的投影 L_z 以及电子自旋角动量在 z 轴方向的投影 S_z.

23.3 在下列各组量子数的空格中,填上适当的数值,以便使它们可以描述原子中电子的状态:

(A) $n = 2$, 　$l = ($　　　), 　$m_l = -1$, 　$m_s = -1/2$;
(B) $n = 2$, 　$l = 0$, 　　　$m_l = ($　　　), 　$m_s = 1/2$;
(C) $n = 2$, 　$l = 1$, 　　　$m_l = 0$, 　　　$m_s = ($　　　).

23.4 试描绘:原子中 $l = 3$ 时,电子角动量 L 在磁场中空间量子化的示意图,并写出 L 在磁场方向(z 方向)的分量 L_z 的各种可能的值.

23.5 施特恩-格拉赫实验证实了_____以及_____的存在.

23.6 电子自旋量子数 $s = $ _____,电子自旋角动量的大小 $S = $ _____.

23.7 在多电子原子中,电子的排布必须遵循_____和_____两条原理.

23.8 根据泡利不相容原理,在主量子数 $n = 2$ 的电子壳层上最多可能有多少个电子?试写出每个电子所具有的 4 个量子数 n, l, m_l, m_s 之值.

23.9 在主量子数 $n = 5$,自旋磁量子数 $m_s = -1/2$ 的量子态中,最多可以容纳多少个电子?

23.10 求出能够占据一个 d 支壳层的最大电子数,并写出这些电子的 m_l 和 m_s 值.

23.11 写出硼(B, $Z=5$),氩(Ar, $Z=18$),锌(Zn, $Z=30$),溴(Br, $Z=35$)等原子的基态电子组态.

23.12 有两种原子,在基态时电子壳层是这样填充的:(1) $n=1$ 壳层、$n=2$ 壳层和 3s 支壳层都填满,3p 支壳层半填满;(2) $n=1$、$n=2$、$n=3$ 壳层及 4s、4p、4d 支壳层填满,试问这是哪两种原子?

第二十四章
原子核

自 20 世纪初卢瑟福提出原子的核式模型以来,有关原子核的研究不断深入,并取得了大量的成果.将这些成果应用于核能的开发和利用,已经成为 20 世纪物理学原理在高科技应用中最辉煌的成就之一.本章简要介绍有关原子核的一些基础知识,以及原子核的一些典型变化过程,如核衰变、核反应以及核裂变和核聚变.

§24-1 原子核的基本性质

证实原子核存在的最早实验是 1909 年卢瑟福的 α 粒子散射实验.卢瑟福及其同事们用 α 粒子(氦的原子核)轰击金属箔,观察到少量的 α 粒子被大角度反射回来.这令卢瑟福"难以置信",因为只有当 α 粒子碰到带正电荷且又小又坚实的某种颗粒时,才可能出现这种少量的大角度的散射.因此,卢瑟福提出,原子的几乎全部质量和全部正电荷都集中在原子中心一个很小很密集的区域,即现在人们所说的原子核.

一 原子核的电荷和质量

卢瑟福实验确定了原子的核式模型:原子由带正电荷的原子核和带负电荷的电子组成,在原子中电子绕核运动.由于原子是电中性的,因此原子序数为 Z 的元素原子,其原子核带有正电荷 Ze,e 是电子电荷量的绝对值,Z 也称为原子核的**电荷数**.

若忽略核外电子的结合能,原子核的质量为原子质量与核外电子质量之差,由于电子质量相对原子核极小,故核的质量非常接近原子质量.又由于在原子核物理的讨论中,凡涉及核的变化过程,变化前后原子中的电子数并不发生变化,电子的质量在计算中可以自动相消,因此在原子核质量计算时都采用原子质量.常用的原子质量单位为 u,1 u 规定为 ^{12}C(碳 12)原子质量的 1/12,即

$$1\ u = \frac{1}{12}m(^{12}C) = 1.660\ 538\ 921 \times 10^{-27}\ \text{kg} = 931.5\ \text{MeV} \cdot c^{-2}$$

采用原子质量单位,原子的质量都接近某一个整数,这个整数就称为原子核的**质量数**,用符号 A 表示.表 24.1 列出了几种原子的质量,从表中可以看出用 A 表示原子核的质量特征很方便.

各种元素及其同位素的核统称为**核素**.表示某个核素时,将质量数 A 标在元素符号 X 的左上角,电荷数 Z 标在 X 的左下角,为 $^{A}_{Z}X$,例如 $^{4}_{2}He$、$^{16}_{8}O$、$^{235}_{92}U$,等等.电荷数 Z 相同,质量数 A 不同的核素,称为**同位素**,它们在元素周期表中的位置是相同的.比如氢有三个同位素:$^{1}_{1}H$、$^{2}_{1}H$、$^{3}_{1}H$,依次分别是氢原子核、氘(重氢)原子核和氚

表 24.1　几种核素的质量

核素	质量数(A)	核素质量/u	核素	质量数(A)	核素质量/u
$^{1}_{1}\text{H}$	1	1.007 825	$^{16}_{8}\text{O}$	16	15.994 915
$^{2}_{1}\text{H}$	2	2.014 102	$^{17}_{8}\text{O}$	17	16.999 133
$^{3}_{1}\text{H}$	3	3.016 050	$^{19}_{9}\text{F}$	19	18.998 405
$^{12}_{6}\text{C}$	12	12.000 000	$^{63}_{29}\text{Cu}$	63	62.929 594
$^{13}_{6}\text{C}$	13	13.003 354	$^{120}_{50}\text{Sn}$	120	119.902 198
$^{14}_{7}\text{N}$	14	14.003 074	$^{184}_{74}\text{W}$	184	183.951 025
$^{15}_{7}\text{N}$	15	15.000 108	$^{238}_{92}\text{U}$	238	238.048 61

(超重氢)原子核.许多核素都有多个同位素.质量数 A 相同而原子序数 Z 不同的元素,称为同质异位素,$^{40}_{18}\text{Ar}$ 和 $^{40}_{20}\text{Ca}$ 就是两个同质异位素.

在许多情况下,核素符号左下角的电荷数可不必标出,因为一旦元素符号给定,在元素周期表中的位置即原子序数(原子核电荷数)就确定了,只需标出质量数以区别不同的同位素,例如氢的三个同位素一般表示为 $^{1}\text{H}, ^{2}\text{H}, ^{3}\text{H}$.

二　原子核的组成

原子核由质子(用 p 表示)和中子(用 n 表示)两种粒子组成.

质子带正电荷 e,易于通过电场、磁场使之偏转,可用质谱仪等仪器直接测量.质子的质量数为 1,静质量 $m_p = 1.007\ 276\ 5\ \text{u} = 1.672\ 621\ 777 \times 10^{-27}\ \text{kg} = 938.278\ 029\ \text{MeV} \cdot c^{-2}$,约为电子静质量的 1 836 倍.质子记为 $^{1}_{1}\text{p}$.中子为不带电中性粒子,质量数也等于 1,静质量 $m_n = 1.008\ 664\ 9\ \text{u} = 1.674\ 927\ 351 \times 10^{-27}\ \text{kg} = 939.571\ 369\ \text{MeV} \cdot c^{-2}$,比质子略大 0.1%.中子记为 $^{1}_{0}\text{n}$.

质子和中子统称为**核子**,它们共同构成原子核,在原子核中它们的强相互作用性质和作用方式相同.一个电荷数为 Z,质量数为 A 的原子核包含 Z 个质子,$A-Z$ 个中子,因此 Z 又代表核内的质子数,$A-Z$ 代表中子数,A 为核子数.例如 $^{238}_{92}\text{U}$ 核,由 238 个核子组成,其中 92 个质子,$238-92=146$ 个中子.

质子和中子都具有自旋角动量,称为核自旋角动量,以 L_I 表示,

$$L_I = \sqrt{I(I+1)}\,\hbar \tag{24-1}$$

I 为核自旋量子数.质子和中子的核自旋量子数都是 $\dfrac{1}{2}$,这一点与电子自旋的情况类同.核自旋角动量的空间量子化也与电子的情况类同,核自旋角动量在 z 轴方向的投影:

$$L_{I,z} = m_I \hbar,\ m_I = \pm \dfrac{1}{2}$$

质子带有正电荷,因自旋而产生磁矩.质子的**自旋核磁矩**

$$\mu_p = +2.792\ 847\mu_N$$

式中 $\mu_N = 5.050\ 783\ 53 \times 10^{-27}$ J·T^{-1},称为核磁子.

中子是电中性的,但中子也有磁矩,中子的自旋核磁矩为

$$\mu_n = -1.913\ 044\mu_N$$

负号表示磁矩方向与自旋方向相反,与电子类同.中子的非零磁矩意味着中子的内部有不均匀的电荷分布.

三 原子核的大小

卢瑟福 α 粒子散射实验给出原子核的大小为 $10^{-14} \sim 10^{-15}$ m,与原子的大小($\sim 10^{-10}$ m)相比,原子核在原子中仅仅占据了一个极小的空间位置.由于自旋,原子核略呈旋转椭球状,作为近似,可以将原子核视为球形核,并以核半径 R 表示核的大小.实验表明,核半径 R 与核的质量数(核子数)A 有关,

$$R = r_0 A^{1/3} \tag{24-2}$$

式中 $r_0 = 1.2 \times 10^{-15}$ m,是一个经验常量.

式(24-2)表明原子核的球形体积 $\propto R^3 \propto A$,核体积与核质量数(核子数)成正比,这样,原子核的质量密度就近似为一常量.可以作如下的估算:

$$原子核质量密度 \rho = \frac{核质量}{核体积} = \frac{A \times 核子质量}{\frac{4}{3}\pi R^3} = \frac{核子质量}{\frac{4}{3}\pi r_0^3}$$

$$\approx \frac{1.67 \times 10^{-27}}{\frac{4}{3}\pi (1.2 \times 10^{-15})^3}\ \text{kg·m}^{-3} \approx 2.3 \times 10^{17}\ \text{kg·m}^{-3} = 2.3 \times 10^{11}\ \text{kg·cm}^{-3}$$

原子核的质量密度约为每立方厘米 2.3 亿吨,这是一个极大的数值,它比地球的平均质量密度大 10^{14} 倍!上面的计算还表明所有原子核的质量密度基本相同,也就是说原子核几乎是不可压缩的.

四 原子核的自旋和磁矩

原子核的自旋角动量为核内所有核子角动量之和,既包括核子在核内运动的轨道角动量,也包括核子的自旋角动量.按照角动量量子化的一般规则,原子核自旋角动量

$$L_I = \sqrt{I(I+1)}\hbar$$

核的**自旋量子数** I(简称核自旋)为整数或半整数.表 24.2 列出了几种原子核的自旋量子数.表中的氢核 $_1^1$H 即为质子.作为比较,我们将中子也一并列在表内.表 24.2 反映了核自旋的规律:凡质量数(核子数)A 为奇数的核,核自旋为半奇数;凡质量数 A 为偶数的核,核自旋为整数(包括零),其中质子数和中子数均为偶数的偶-偶核,核自旋为零.

表 24.2　几种原子核的自旋和磁矩

核素	核自旋 I	磁矩	核素	核自旋 I	磁矩
n	$\frac{1}{2}$	$-1.913\mu_N$	$^{14}_{7}N$	1	$+0.403\mu_N$
$^{1}_{1}H$	$\frac{1}{2}$	$+2.793\mu_N$	$^{16}_{8}O$	0	—
$^{2}_{1}D(^{2}_{1}H)$	1	$+0.856\,5\mu_N$	$^{39}_{19}K$	$\frac{3}{2}$	$+1.136\mu_N$
$^{4}_{2}He$	0	—	$^{40}_{19}K$	4	$-1.291\mu_N$
$^{7}_{3}Li$	$\frac{3}{2}$	$+3.253\,2\mu_N$	$^{113}_{49}In$	$\frac{9}{2}$	$+5.49\mu_N$

原子核的磁矩可以通过核磁共振等方法测得.核磁矩

$$\mu_I = g\sqrt{I(I+1)}\,\mu_N$$

式中 μ_N 是核磁子,核磁子是玻尔磁子的 1 836 之一,所以核磁矩比原子磁矩要小得多.原子核的 g 因子因核而异,由实验测定,其数值有正有负.表 24.2 同时列出了几种原子核的磁矩.

五　原子核的能量

原子核内部的能量也是量子化的,形成**核能级**,可以用能级图来表示.由于原子核内核子的运动以及核子之间的相互作用十分复杂,目前还没有一种理论模型能够给出全部原子核的能级分布,核能级分布常常需要实验确定.图 24-1 为核素 $^{208}_{81}Tl$ 的能级图,图中给出了铊原子核几个较低的核能级.由图可见,核能级与原子的能级在能级间距上有明显的区别.原子能级的间距一般为几个 eV,因此原子能量变化的尺度在 eV 量

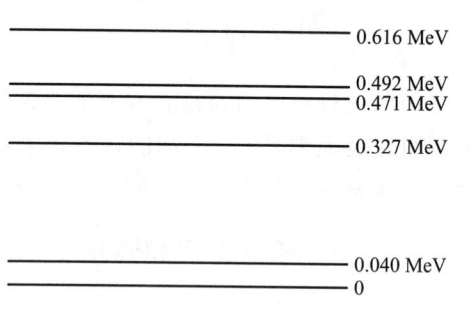

图 24-1　$^{208}_{81}Tl$ 核的部分能级

级,核能级的间距在 keV(10^3 eV)~ MeV(10^6 eV)之间,原子核能量变化的尺度为 MeV 量级.原子核在获得 1 MeV 能量之前,一般是不活跃的.

§24-2　核　　力

在原子核内,核子之间存在万有引力,带正电荷的质子之间还有库仑斥力.在本教材的上册第二章的表 2.3 中,我们给出了两个质子相距为它们的直径时,这两

种作用力的强度比较.可以看出核子间万有引力的作用力度很弱,而库仑斥力则是一种排斥作用,并且比万有引力强得多,其效果是使质子彼此分离.因此核子间的万有引力不足以将核子集聚成原子核.但是实验表明,原子核的结合是很强固的,原子核具有极大的质量密度,足见核子间有很强的吸引力.这种将核子相互吸引集聚成原子核的是一种强相互作用力,称为**核力**,也称**强力**.

核力具有这样一些性质:

(1) 核力是一种强相互作用.在一定范围内核力表现为很强的引力.若将两质子相邻排列,使其中心间距等于质子直径,则核力的作用力度比两质子间的万有引力大 10^{38} 倍,比两质子间的库仑斥力大 10^2 倍.正是这种强有力的吸引力,才使得核子结合成线度仅为 10^{-15} m,质量密度却高达每立方厘米 2.3 亿吨的原子核.

质子和中子都是参与强相互作用的粒子,因此质子和中子也称为强子.

(2) 核力是短程力.核力的作用范围为 10^{-15} m 数量级.在核物理和粒子物理中,研究的对象都是比原子还小得多的微观粒子,常用 fm(飞米)为长度计量单位,1 fm = 10^{-15} m.当两核子间的距离大于 0.8 fm 时,核力表现为吸引力.随着距离的增加,吸引力逐渐减小,一般情况下,其有效力程小于 3 fm.可以认为,当两核子的间距大于核子直径时,核力迅速衰减为零.但是当两核子之间的距离小于 0.8 fm 时,核力又表现为排斥力,且随距离的减小急剧增加,以阻止两核子继续接近而融合.通常所说的核子的大小,就是指核子间不能再继续靠近时的距离.

(3) 核力具有饱和性.一个核子只与它周围的核子相互作用,而不是与核内所有的核子相互作用,这与核力是短程力的性质一致.原子核的质量密度近似为一个常量,也正是核力具有饱和性的体现.这种情况与液体中水分子之间相互作用的方式相似,一个水分子只与其周围的水分子相互作用,而不是与液体中所有水分子相互作用.基于这种相似性,在讨论原子核裂变时,常采用一种"核液滴"模型.

(4) 核力与电荷无关.所有核子之间,不论是质子与质子,中子与中子,质子与中子,它们相互作用的核力性质都相同,作用方式也相同,与核子带不带电没有关系.质子和中子可视为同一种粒子即核子,正是因为核力的这一性质.

实验表明,核力中除主要的有心力成分外,还存在微弱的非有心力成分,它的强度与核子间的距离有关,还同核子的自旋对核子间连线的夹角有关.这个成分相当复杂.

核子之间如何通过核力相互作用呢? 汤川秀树提出了核力的介子理论.他认为,核子之间通过交换某种媒介粒子发生相互作用,这种媒介粒子称为 π 介子. π 介子有三种: π^+ 介子、 π^- 介子和 π^0 介子. $\pi^\pm$ 介子分别带 $\pm e$ 电荷, π^0 介子不带电.在核子的相互作用过程中,如果一个 π^+ 介子被一个质子发射,而被一个中子吸收,则质子变为中子,中子变为质子,等于两核子交换了位置;如果一个 π^- 介子被一个中子发射,而被一个质子吸收,同样中子与质子也互换.如果居中交换的是 π^0 介子,则核子不变.上述过程可以表述为

$$p \leftrightarrow n + \pi^+ \qquad n \leftrightarrow p + \pi^-$$

$$p \leftrightarrow p+\pi^0 \qquad n \leftrightarrow n+\pi^0$$

这种情况有些类似电磁场：带电粒子之间的相互作用通过交换光子实现，光子是电磁场的量子．汤川秀树正是通过类比，提出核力场中核子通过交换 π 介子发生交换力，π 介子是核力场的量子，故核力场称为介子场．

π 介子的存在已为实验证实．$\pi^{\pm}$ 介子的静质量均为电子静质量的 273 倍．π^0 介子的静质量为电子静质量的 264 倍．π 介子不为零的静质量，决定了核力是短程力．理论研究表明，力程与媒介粒子的静质量成反比，可以用 $\lambda = \dfrac{\hbar}{m_0 c}$ 估算．将 π 介子静质量代入，可得核力的力程 $\lambda = \dfrac{\hbar}{m_\pi c} \approx 1.4 \text{ fm}$．事实上，汤川秀树是以核力是短程力的实验事实为依据，预言了 π 介子的质量并被实验证实．对比电磁场，光子的静质量等于零，因此电磁力的力程 $r \to \infty$，电磁力是长程力．同样的，对于（万有）引力场，理论预言物体之间通过交换"引力子"实现引力相互作用，由于引力是力程无穷大的长程力，故引力子的静质量应该为零．这一预言尚待实验的证实．

汤川秀树的介子理论属于核子层面上的理论，尚未触及核力的本质．核物理以及粒子物理的大量实验证明，核子不是"基本"粒子，核子是由更深层次的粒子——夸克组成，核子有着复杂的内部结构．对核力的本性的探究，需要量子色动力学的理论，有兴趣的读者可参阅粒子物理的有关书籍．

§24-3 原子核的结合能

核力将 A 个分散的核子聚集成一个原子核，处于束缚状态的原子核系统要出现质量亏损，即原子核的质量小于组成原子核所有核子的质量之和．这是因为核力在聚集核子的过程中做功，原子核系统对外释放能量所致．反之，若要将一个稳定的原子核分解成 A 个独立的核子，则需要克服核力做功，外界提供的能量必须等于原子核形成过程中释放的能量，这个能量称为原子核的结合能．很显然，结合能在一定意义上反映了原子核结合的紧密程度．

核的结合能可以通过相对论质能关系 $\Delta E = \Delta m c^2$ 计算．若结合能以 E_b 表示，原子核质量以 m_N 表示，则

$$E_b = \Delta m c^2 = [Z m_p + (A-Z) m_n - m_N] c^2 \tag{24-3}$$

通常计算时以氢原子质量 m_H 代替质子质量 m_p，以原子质量 m_a 代替原子核质量 m_N，相减的时候电子的质量可以消掉，对计算没有影响．这样，结合能的计算公式又可以表示为

$$E_b = [Z m_H + (A-Z) m_n - m_a] c^2 \tag{24-4}$$

以氦核（^4_2He）为例，它包含两个质子，两个中子，氦原子质量 $m_{He} = 4.002\ 603$ u，故氦核的结合能：

$$E_b = (2m_H + 2m_n - m_{He})c^2$$
$$= (2\times 1.007\,825\text{ u} + 2\times 1.008\,665\text{ u} - 4.002\,603\text{ u})c^2$$
$$= 0.030\,35\text{u}\cdot c^2 = 28.27\text{ MeV}$$

此结果表明,欲将氦核分解为两个独立的质子和两个独立的中子,外界需要提供能量 28.27 MeV.

将核的结合能除以核子数,就是平均每个核子具有的结合能,称为比结合能,也称为平均结合能,用 ε 表示,$\varepsilon = \dfrac{E_b}{A}$.比结合能最能反映原子核结合的紧密程度,$\varepsilon$ 愈大核愈稳定,ε 愈小核愈不稳定.氦核($^4_2$He)的结合能为 28.27 MeV,比结合能 $\varepsilon = \dfrac{28.27}{4}$ MeV = 7.07 MeV.锂($^6_3$Li)原子核的结合能经计算为 31.99 MeV,比 $^4_2$He 核结合能大,但 $^6_3$Li 核含 6 个核子,比结合能 $\varepsilon = \dfrac{31.99}{6}$ MeV = 5.33 MeV,反而比 $^4_2$He 核的 ε 小,故 $^4_2$He 核比 $^6_3$Li 核更稳定.

图 24-2 为原子核的比结合能曲线,显示了比结合能 ε 随质量数 A 变化的规律.

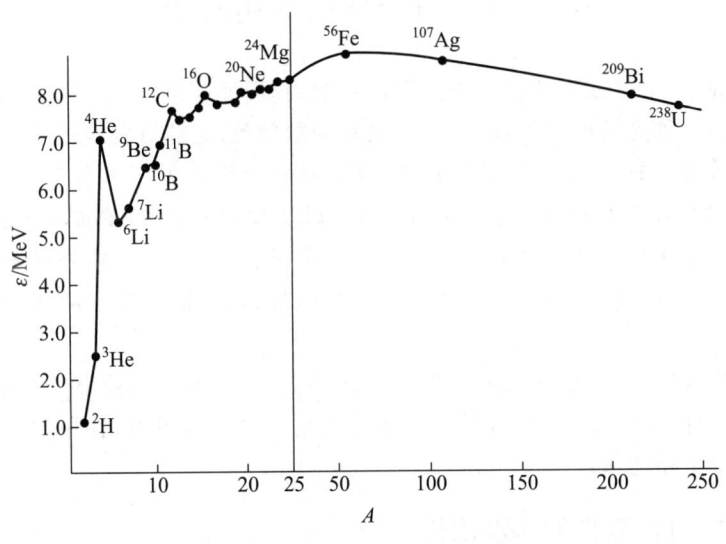

图 24-2 原子核比结合能曲线

(1) 当 $A<30$ 时,曲线的趋势是上升的,但有明显的起伏.图中局部峰值位置都在 A 为 4 的整倍数的地方,如 ^{4}He、^{12}C、^{16}O、^{20}Ne 和 ^{24}Mg 等,这些原子核都是偶-偶核,且质子数与中子数相等.

(2) 当 $A>30$ 时,比结合能变化不大,均在 8 MeV 上下,近似有 $\varepsilon = \dfrac{E_b}{A} \approx$ 常量,表明原子核的结合能粗略地与核子数成正比.这个事实正是核力是短程力且具有饱和性的体现.因为 $A>30$ 之后,某一个核子周围的核子数基本上不再发生变化,更多余的核子只能排在更远的地方,因此不再相互作用,故比结合能不再随核子数的增加而增加.

(3) 曲线在峰值(^{56}Fe 处)后,随 A 的增加有一平缓的下降趋势,这是因为随着核内质子数的增加,库仑斥力的效果渐趋显著,对比结合能起着减小的作用.库仑力是长程力,一个质子要与核内的所有质子发生作用.库仑斥力的增大将威胁到核的稳定性,因此,稳定的原子核一般都需要含更多的中子以抵消库仑斥力的作用.在 $A \geqslant 150$ 时,中子与质子之比可达 $1.5:1 \sim 1.6:1$.

(4) 曲线的整体形状是中间高,两端低.说明 A 为 50~150 的中等质量核结合得比较紧,很轻的核和很重的核($A>200$)结合得比较松.这一重要的事实,提供了原子能利用的依据.一种是重核的裂变,一个很重的原子核分裂成两个中等质量的原子核,ε 由小变大,有核能释放出来,称为裂变能或原子能.这是原子弹和裂变反应堆(应用于核电站及各种核动力装置)释放巨大能量的原因.另一种是轻核的聚变,两个很轻的原子核聚合成一个重一些的核,ε 由小变大,也有核能释放出来,称聚变能.氢弹和热核反应释放大量能量的过程就是核聚变过程.关于核裂变和核聚变,本章在稍后还要讨论.

§24-4 原子核的放射性衰变

自然界中,某些元素的原子核是不稳定的,它们能够自发地放射出某种射线并可能变为另一种元素的原子核,这种现象称为**放射性**.能够自发地放射各种射线的核素称为放射性核素或不稳定核素.最常见的放射性有原子核发射 α 射线(^{4}He 核)的放射性、发射 β 射线(电子)的放射性,以及发射 γ 射线(高能光子)的 γ 放射性.实验表明,放射性现象是原子核内部的变化过程引起的,与核外电子状态的变化关系很小,对放射性核素加温、加压或外加磁场,都不能抑制或明显地改变射线的发射.

除天然放射性外,也可以用人工的方法,例如反应堆或加速器产生放射性,称为人工放射性.目前人工放射性核素比天然放射性核素多得多,在科学研究和生产技术中起着重要的作用.

一 放射性衰变的基本规律

原子核发射出各种射线后,原先的原子核转变成了另一种原子核,或者原子核内部的状态发生了变化,称为原子核的衰变.衰变使放射性核素的数量减少.实验表明,即使对同一核素的许多原子核来说,衰变也不是同时发生的,而是有先有后,并服从确定的统计规律.

设 t 时刻某种放射性核的数目为 N,经过 dt 时间,衰变掉的核数目为 $-dN$(dN 为核数目的负增量),衰变掉的核数目应当与核的总数 N 以及衰变时间 dt 成正比,即

$$-dN \propto N dt$$

引入**衰变常量** λ，则上式可以表示为

$$-dN = \lambda N dt \tag{24-5}$$

对上式积分，并以 N_0 表示 $t=0$ 时放射性核的数目，就可以得到

$$N = N_0 e^{-\lambda t} \tag{24-6}$$

式(24-6)称为**衰变定律**，表示在核衰变过程中放射性核的数目随时间呈指数式衰减的规律．不论原子核的具体衰变方式如何，都服从这一衰变定律．

式(24-5)中的衰变常量 λ 对不同的放射性核素是不一样的，

$$\lambda = \frac{-dN}{Ndt}$$

它表示单位时间内每个放射性核的衰变概率．在式(24-6)中，λ 也可以理解为控制放射性核的数目衰减速率的作用．λ 越大，衰减越快，放射性核的寿命就越短．放射性核素的平均寿命用 τ 表示，可以证明，衰变常量 λ 与 τ 的关系为

$$\tau = \frac{1}{\lambda}$$

放射性核的数目因衰变减少到原来的一半所需要的时间，称为**半衰期**，以 $T_{1/2}$ 表示．由式(24-6)：

$$\frac{N_0}{2} = N_0 e^{-\lambda T_{1/2}}$$

得

$$T_{1/2} = \frac{1}{\lambda} \ln 2 = \tau \ln 2 \tag{24-7}$$

半衰期是描述核衰变速率的重要参量．虽然 λ、τ 的作用与 $T_{1/2}$ 类同，但实际应用中更多使用半衰期这个特征量．例如氢的同位素氚($^3_1 H$)是聚变核反应中的重要原料，它是一种人工放射性核素，其半衰期 $T_{1/2} = 12.33$ a．在没有新的补充下，经过 12.33 a，氚核的数目将减少为原来的 1/2．再经过 12.33 a，又减少了 1/2，即剩下了原来的 1/4．经过 3 个半衰期后，只剩下原来的 1/8……如图 24-3 所示．

表 24.3 列出了一些放射性核素的半衰期．

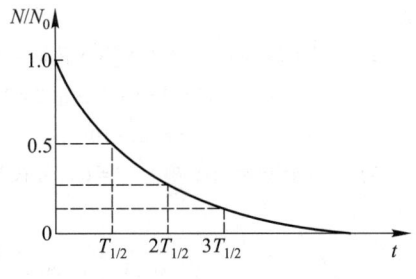

图 24-3　氚核的数目随半衰期减少

表 24.3　半衰期实例

核素	$T_{1/2}$	核素	$T_{1/2}$	核素	$T_{1/2}$
$^{212}_{84}Po$	0.3 μs	$^{191}_{79}Au$	3.18 h	$^{14}_{6}C$	5 730 a
$^{215}_{84}Po$	1.78 ms	$^{222}_{86}Rn$	3.82 d	$^{231}_{91}Pa$	3.28×10^4 a
$^{207}_{88}Ra$	1.3 s	$^{60}_{27}Co$	5.272 a	$^{235}_{92}U$	7.04×10^8 a
自由中子	12 min	$^{226}_{88}Ra$	1 600 a	$^{238}_{92}U$	4.46×10^9 a

例 24.1 已知放射性核素 $^{232}_{90}$Th 的衰变常量 $\lambda = 1.56 \times 10^{-18}$ s^{-1},求 $^{232}_{90}$Th 核素的平均寿命和半衰期.

解 平均寿命和半衰期分别为

$$\tau = \frac{1}{\lambda} = \frac{1}{1.56 \times 10^{-18}} \text{ s} = 6.41 \times 10^{17} \text{ s} = 2.03 \times 10^{10} \text{ a}$$

$$T_{1/2} = \tau \ln 2 = 2.03 \times 10^{10} \ln 2 \text{ a} = 1.41 \times 10^{10} \text{ a}$$

即每过 1.41×10^{10} a,$^{232}_{90}$Th 核素衰变掉一半.这是一种长寿命的放射性核素.

放射性的强弱用放射性活度 A 表示.1975 年国际计量大会规定放射性活度的单位为"贝可勒尔(Bq)",定义为

$$1 \text{ 贝可勒尔(Bq)} = 1 \text{ 次核衰变} \cdot \text{s}^{-1}$$

一块放射性物质若在 t 时刻含有 N 个放射性核素,其平均寿命为 τ,则该时刻它的活度为

$$A = \frac{N}{\tau} = \lambda N = A_0 \mathrm{e}^{-\lambda t} \tag{24-8}$$

式中 $A_0 = \lambda N_0$ 为起始活度.因此,放射性活度与放射性核的数目成正比,并按同一指数速率衰减.

1975 年以前,广泛使用的放射性活度单位为"居里(Ci)",是为纪念居里夫人对放射性研究的贡献而定的.

$$1 \text{ Ci} = 3.7 \times 10^{10} \text{ Bq}$$

Ci 是个很大的单位,实验室用得更多的是毫居(mCi)和微居(μCi).

例 24.2 已知放射性核素 $^{60}_{27}$Co 的半衰期为 5.27 a,现有 1 μCi 的 $^{60}_{27}$Co 放射源,问:(1) 每秒钟有多少个 $^{60}_{27}$Co 原子核衰变?(2) 该放射源含有多少个 $^{60}_{27}$Co 原子核?(3) 该放射源的质量为多少?

解 (1) 1 μCi $= 3.7 \times 10^4$ Bq $= 3.7 \times 10^4$ 次核衰变/s,因此,每秒钟有 3.7×10^4 个 $^{60}_{27}$Co 原子核衰变.

(2) 由式(24-8),放射源含 $^{60}_{27}$Co 核的数目为

$$N = A\tau = AT_{1/2}/\ln 2 = 3.7 \times 10^4 \times 5.27 \times 3.16 \times 10^7 / \ln 2$$
$$= 8.89 \times 10^{12} \text{ 个}$$

(3) $^{60}_{27}$Co 的相对原子质量 $M = 60$,阿伏伽德罗常量 $N_A = 6.02 \times 10^{23}$ mol^{-1},故该放射源的质量为

$$m = M \frac{N}{N_A} = 60 \times \frac{8.89 \times 10^{12}}{6.02 \times 10^{23}} \text{ g} = 8.86 \times 10^{-10} \text{ g}$$

放射性的衰变规律应用范围很广泛,例如对 $^{14}_{6}$C 放射性的测量在考古工作中确定文物的年代就很有用.$^{14}_{6}$C 的 β 半衰期是 5 730 a,似乎应该早就衰变完了,其实不然,由于宇宙射线中的中子会同大气中的 $^{14}_{7}$N 发生下列反应:

$$\mathrm{n} + ^{14}_{7}\mathrm{N} \rightarrow ^{14}_{6}\mathrm{C} + \mathrm{p}$$

该反应将不断生成 $^{14}_{6}$C.在生成和衰变达到平衡后,大气中的二氧化碳(CO_2)中包含的 $^{14}_{6}$C 和 $^{12}_{6}$C 的比例基本维持不变,约为 1.3×10^{-12}.活的生物、植物或者动物,通过食物链和新陈代谢,不断与大气中的碳进行交换,其体内所含 $^{14}_{6}$C 与 $^{12}_{6}$C 的比例与大

气中相同.但是,一旦生物体死亡,新陈代谢停止,$^{14}_{6}C$ 就只有衰变,没有新的补充,其含量不断减少.因此,只要测量出物体中 $^{14}_{6}C$ 的放射性活度,就可推算出死亡的年代.

例 24.3 现测得新疆某古墓中的骸骨的 100 g 碳的放射性活度为 900 min^{-1},试计算此古墓的年代.

解 设 N_0 为墓主死亡时骸骨 100 g 碳中含 $^{14}_{6}C$ 原子的数目,

$$N_0 = {}^{14}_{6}C \text{ 与 } {}^{12}_{6}C \text{ 之比} \times \frac{100 \text{ g} \times N_A}{\text{碳的原子量}}$$

$$= 1.3 \times 10^{-12} \times \frac{100 \times 6.02 \times 10^{23}}{12} = 6.5 \times 10^{12}$$

当前骸骨中 $^{14}_{6}C$ 的放射性活度

$$A = 900 \text{ min}^{-1} = 900 \times 60 \times 24 \times 365 \text{ a}^{-1} = 4.7304 \times 10^8 \text{ a}^{-1}$$

当前骸骨 100 g 碳中 $^{14}_{6}C$ 的原子的数目根据式(24-8),为

$$N = AT_{1/2}/\ln 2 = 4.7304 \times 10^8 \times 5730/\ln 2 = 3.91 \times 10^{12}$$

再由式(24-6)及式(24-7):

$$t = -\frac{1}{\lambda}\ln\frac{N}{N_0} = -\frac{T_{1/2}}{\ln 2}\ln\frac{N}{N_0} = -\frac{5730}{\ln 2} \times \ln\frac{3.91 \times 10^{12}}{6.5 \times 10^{12}} \text{ a} \approx 4200 \text{ a}$$

即古墓的年代约为公元前 2 200 a.

二 α 衰变

α 衰变是发生衰变的原子核放射出 α 粒子($^{4}_{2}$He 核)而生成另一种原子核的过程.通常把发生衰变的原子核称为母核,以 X 表示,生成的另一种原子核称为子核,以 Y 表示.由于衰变前后电荷守恒以及质量(核子)数守恒,α 衰变应表示为

$$^{A}_{Z}X \longrightarrow {}^{A-4}_{Z-2}Y + {}^{4}_{2}He$$

子核的原子序数比母核减少 2,在元素周期表中的位置前移两位,质量数减少 4.例如 $^{238}_{92}$U 核的 α 衰变:

$$^{238}_{92}U \longrightarrow {}^{234}_{90}Th + {}^{4}_{2}He$$

并不是所有的原子核都能发生 α 衰变,一般地,α 衰变发生于 $A \gg 4$ 的放射性核素.对天然放射性核素而言,α 衰变主要发生于 $A \geq 140$ 的重核.

从原子核中逸出的 α 粒子,能量一般介于 4~10 MeV.这个能量常常明显地小于原子核对 α 粒子的势垒阻挡,因此 α 粒子的逸出是量子力学的势垒贯穿即隧道效应.α 粒子能量越高,贯穿势垒逸出的概率就越大,核的 α 衰变半衰期就越短.量子力学给出 α 衰变半衰期 $T_{1/2}$ 和 α 粒子能量 E_α 有如下关系:

$$\ln T_{1/2} = AE_\alpha^{-1/2} + B$$

式中的 A 和 B 对同一种核素基本上是常量,不同的核则不相同.图 24-4 是相关的实验数据,可以看到 α 衰变半衰期随 α 粒子能量的改变剧烈变化的情况.

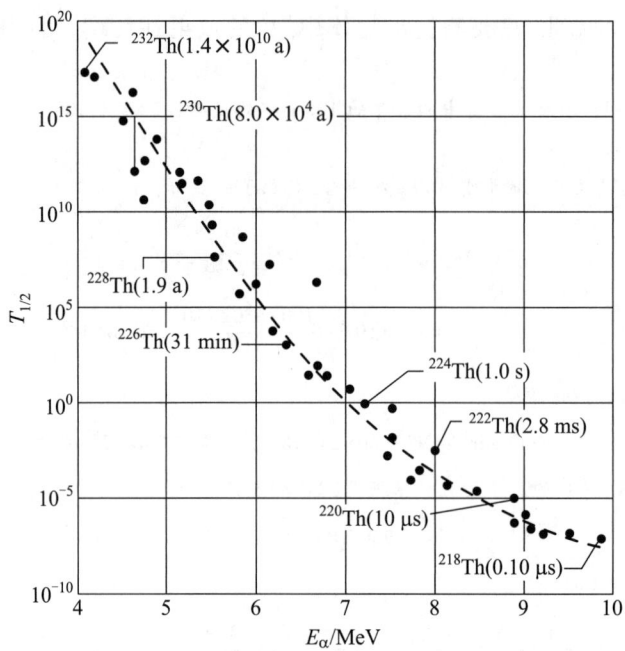

图 24-4 α 衰变半衰期和 α 粒子能量的关系

实验发现,某些核素可以发射几组能量不同的 α 粒子,这是母核衰变到子核的不同能级所致.图 24-5 是 $^{227}_{90}$Th 衰变到 $^{223}_{88}$Ra 时的 α 粒子能谱,图 24-6 是其衰变纲图.图中标记为 $α_0$ 的谱线能量最高,为 $^{227}_{90}$Th 衰变到 $^{223}_{88}$Ra 基态时发射的,能量略低的 $α_{30}$ 谱线则是衰变到 $^{223}_{88}$Ra 第一激发态时发射的,其他不同能量的谱线对应于衰变到 $^{223}_{88}$Ra 不同激发态的情况.这样,通过对 $^{227}_{90}$Th 的 α 能谱的研究,可以确定 $^{223}_{88}$Ra 的(部分)能级,这种方法是研究核能级的主要方法之一.

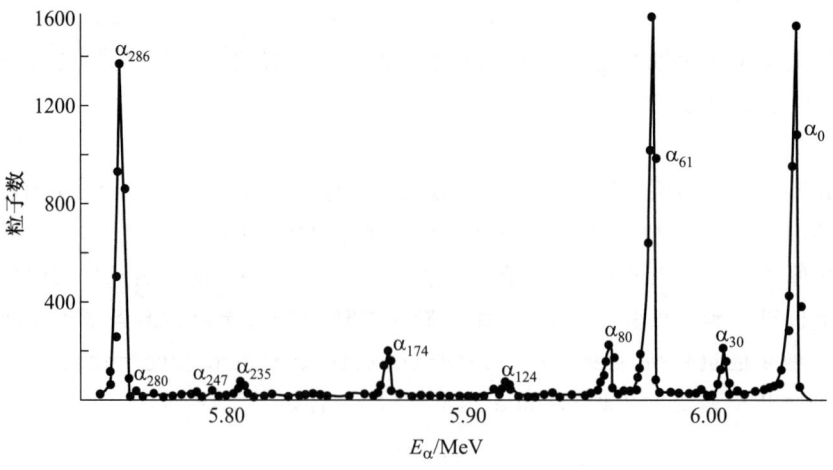

图 24-5 $^{227}_{90}$Th 核的 α 能谱的一部分

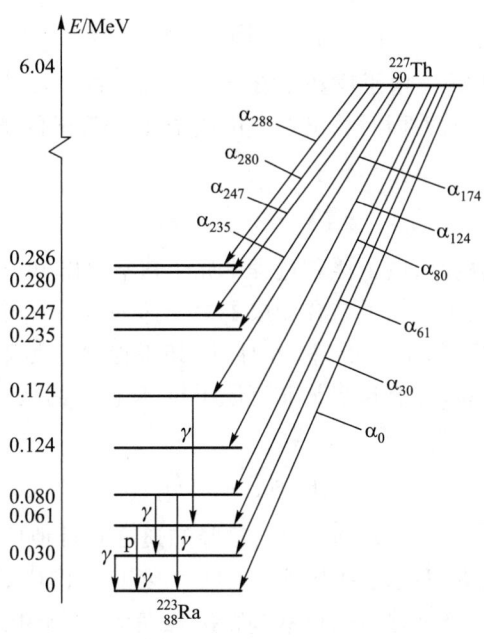

图 24-6 $^{227}_{90}$Th 衰变纲图

α 粒子属重带电粒子,进入物质后,可以使得物质中的原子电离或激发,从而不断损失掉自身的能量.α 粒子的电离本领较强,但由于能量迅速耗尽,因而射程较短,穿透能力较弱.

三 β 衰变

β 衰变是原子核放出电子或俘获电子而发生的转变.β 衰变有三种类型.

(1) $β^+$ 衰变 $β^+$ 衰变中原子核(母核)释放出一个正电子和一个中微子,过程表示为

$$^A_Z X \to ^A_{Z-1} Y + e^+ + \nu$$

其中 e^+ 为正电子,ν 为中微子.子核 $^A_{Z-1}Y$ 比母核少一个电子电荷量的正电荷,原子序数减小为 $Z-1$,质量数不变.典型的 $β^+$ 衰变如:

$$^{21}_{11}Na \to ^{21}_{10}Ne + e^+ + \nu$$

$β^+$ 衰变的实质是原子核中的一个质子放出一个正电子和一个中微子而转变成中子,$p \to n + e^+ + \nu$,故衰变前后核子数(质量数)不变,只是质子数减少 1,中子数增加 1.

(2) $β^-$ 衰变 $β^-$ 衰变中原子核释放出一个负电子和一个反中微子,衰变过程为

$$^A_Z X \to ^A_{Z+1} Y + e + \bar{\nu}$$

$\bar{\nu}$ 为反中微子,是中微子 ν 的反粒子.$β^-$ 衰变的实质是原子核中的一个中子放出一个负电子和一个反中微子而转变成一个质子,$n \to p + e + \bar{\nu}$,因此子核比母核少一个

中子,多一个质子,总核子数不变.例如氚核的 β⁻ 衰变:

$$_1^3\text{H} \rightarrow {}_2^3\text{He} + e + \tilde{\nu}$$

（3）电子俘获（EC） 电子俘获是 β 衰变的又一种方式,该过程中原子核俘获了原子内层的一个电子,并同时放出一个中微子.衰变形成的子核原子序数减小 1,表示为

$$_Z^A\text{X} + e^- \rightarrow {}_{Z-1}^A\text{Y} + \nu$$

与前面两种过程不同的是,电子俘获过程中原子核不放出电子,而是俘获了一个电子,致使核内的一个质子与电子结合变成了中子,p+e→n+ν,并放出中微子.如果俘获的是原子最内层（K 层）的电子,称 K 俘获;如果俘获的是第二壳层（L 层）的电子,称 L 俘获,以此类推.由于 K 层最靠近原子核,K 俘获的概率最大,例如 ⁷Be 的 K 俘获：

$$_4^7\text{Be} + e_K^- \rightarrow {}_3^7\text{Li} + \nu$$

β 衰变在轻核和重核中都可能发生,已经知道有几百种核素可以发生 β 衰变.有些 β 衰变核可以同时发生两种类型以上的 β 衰变,如 $_{29}^{64}\text{Cu}$,既可以通过 β⁻ 衰变到 $_{30}^{64}\text{Zn}$,又可以通过 β⁺ 衰变或电子俘获到 $_{28}^{64}\text{Ni}$,如图 24-7 所示.

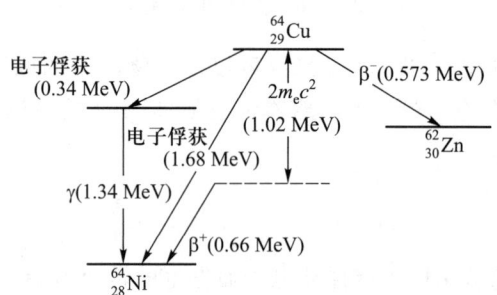

图 24-7 $_{29}^{64}\text{Cu}$ 的 β 衰变纲图

β 衰变中释放出的 β 粒子（电子）的能量分布,称为 β 能谱.与 α 粒子能谱不同的是,α 粒子的能谱是分立的,表明存在离散的核能级.但 β 能谱却是连续的,从零到某个极大值 E_{max} 之间连续分布,如图 24-8 所示,这与原子核分立的能级状态很难适应.形成这一现象的原因是 β 衰变中伴随出现的中微子.由于中微子的参与,β 衰变过程中的动量守恒、能量守恒涉及三个物体——β 粒子、中微子和反冲核.当三个物体从一点分离时,它们之间的角度关系在动量守恒的前提下可以出现各种情况,如图 24-9 所示.因此,只要保持三者的动量和为零（母核静止）,能量在三者之间的分配也可能出现各种情况,其中一种极端的情况是 β 粒子与反冲核的动量大小相等方向相反,即 $\boldsymbol{p}_\beta = -\boldsymbol{p}_\gamma$,则中微子的动量 $\boldsymbol{p}_\nu = 0$,此时 β 粒子能量最大,$E_\beta = E_{max}$.另一种极端情况是中微子的动量与反冲核动量大小相等方向相反,$\boldsymbol{p}_\nu = -\boldsymbol{p}_\gamma$,致使 β 粒子动量 $\boldsymbol{p}_\beta = 0$,从而 β 粒子能量为零.其他介于两种极端之间的情形就形成了 β 能谱的连续分布.

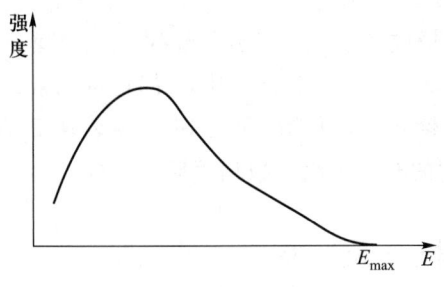

图 24-8 β 能谱

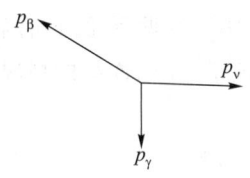

图 24-9 β 衰变中各粒子之间的动量关系

中微子的概念是泡利于 1931 年提出的.因为早期对 β 衰变的研究由于各种条件的限制,没有涉及中微子,这样 β 粒子的能量就应该是分立的,不应该连续分布,故 β 衰变过程似乎与动量守恒定律及能量守恒定律相矛盾.泡利的中微子概念提出后,上述问题都迎刃而解了.动量守恒定律、能量守恒定律仍然是微观粒子运动必须遵从的定律.

中微子至今仍是一种神秘的粒子.1956 年的实验已经直接证实了中微子的存在,但关于它的静质量以及磁矩这些基本性质尚未有定论.现在已清楚的是它为电中性粒子,自旋为 $\frac{1}{2}$,穿透能力极强,参与弱相互作用(β 衰变过程中存在弱相互作用),不参与强相互作用,在粒子家族中划归为"轻子"一类.

四 γ 衰变

原子核由于某种原因不是处于基态,而是处于能量较高的激发态时,一般说来是不稳定的.此时的原子核会自发地跃迁回到能量较低的状态直至基态,并向外发射光子.这个过程称为原子核的 γ 衰变(γ 跃迁),发射的光子称 γ 射线(γ 光子).

γ 衰变中,放射性核素本身不变,只是核的能量发生了变化.原子核由较高的核能级 E_k 向较低的核能级 E_i 跃迁时,发射的 γ 射线的能量为

$$h\nu = E_k - E_i$$

由于核能级的间距在 keV~MeV 之间,故 γ 射线的能量从几个 keV 到几个 MeV,是能量很高、波长极短的电磁辐射.比原子在不同能级之间跃迁发射光子的能量(仅为 eV 数量级)要大 $10^4 \sim 10^6$ 倍.研究 γ 射线是研究核能级的重要手段.

通常,原子核 α 衰变和 β 衰变所形成的子核多处于激发态,需要通过 γ 跃迁,甚至多次 γ 跃迁(级联 γ 跃迁)回到基态,因此 α 衰变和 β 衰变常伴随有 γ 射线发出.例如图 22-6 中,$^{227}_{90}$Th 通过多组 α 衰变至 $^{223}_{88}$Ra 的不同激发态,$^{223}_{88}$Ra 再通过 γ 跃迁回到基态,图中标出了 $^{223}_{88}$Ra 的几条 γ 跃迁线.在图 24-7 中,$^{64}_{29}$Cu 通过电子俘获(0.34 MeV)衰变至 $^{64}_{28}$Ni 的激发态,$^{64}_{28}$Ni 再通过发射能量为 1.34 MeV 的 γ 射线回到基态.

除 α、β、γ 三种主要衰变形式外,核衰变还有原子核发射质子、中子等其他粒子的情况.另外有些放射性核素衰变以后形成的子核也是放射性的.它将继续衰变,直至最后的子体稳定为止,形成放射系.地壳中存在三个放射系,都是重元素,分别为钍系、铀系和锕系.例如铀系,从放射性核素 $^{238}_{92}$U 开始,经过 14 次连续衰变,最后到稳定核素 $^{206}_{82}$Pb,详细的情况可在核物理的有关书籍和数据手册中查到.

§24-5 核 反 应

一 核反应

原子核与原子核,或者原子核与其他粒子(例如 α 粒子、中子、质子等)之间的相互作用导致原子核产生变化的现象,称为**核反应**.人类历史上第一次人工核反应是卢瑟福于 1919 年实现的.卢瑟福用天然放射性核素 ^{214}Po 发出的 α 粒子轰击氮核(^{14}N),使氮核转变成了氧(^{17}O)原子核,并释放出一个质子,其反应式为(从本节开始,核素符号左下角的原子序数略去不写)

$$\alpha + {}^{14}N \rightarrow {}^{17}O + p$$

通常也简写为

$$^{14}N(\alpha, p){}^{17}O$$

在上面的反应式中,作为"炮弹"入射的 α 粒子称为入射粒子,被轰击的 ^{14}N 核称为靶核,反应后生成的 ^{17}O 核为生成核,出射的质子则称为出射粒子.

下面是另外几个著名的核反应:

1934 年,约里奥-居里夫妇用 α 粒子轰击 ^{27}Al 核,首次人工生成放射性核素的核反应

$$\alpha + {}^{27}Al \rightarrow {}^{30}P + n$$

生成核 ^{30}P 是 β$^+$ 放射性核素,通过下式进行衰变:

$$^{30}P \rightarrow {}^{30}Si + e^+ + \nu$$

1930 年,导致中子发现的核反应:

$$\alpha + {}^{9}Be \rightarrow {}^{12}C + n$$

1932 年,首次在加速器上实现的核反应:

$$p + {}^{7}Li \rightarrow {}^{4}He + {}^{4}He$$

与核衰变过程相比较,核反应过程对原子核内部结构的扰动以及能量的变化要大得多.核衰变一般涉及核能级的较低能态,多在 3～4 MeV 以下.核反应涉及的能态可以很高,通常在平均结合能以上,甚至高达 GeV 量级.核反应产生的现象也十分丰富,光是轻粒子(不比 α 粒子重的粒子)引起的核反应就有几千种,因而在原子核研究、人工放射性核素的生成以及原子能利用中起着重要的作用.

核反应的研究与利用主要是采用人工核反应.实现人工核反应的途径有两种,一种是用放射源产生的粒子作为"炮弹"轰击靶核,例如前面提到的卢瑟福完成的第一次人工核反应.第二种是利用加速器或反应堆进行核反应,最早的工作是 1932

年考克拉夫和瓦耳顿完成的,他们发明了高压倍加器(一种加速器),把质子加速到 500 keV,并轰击锂靶,产生了如下核反应(前面已经提到过):

$$p + {}^7Li \rightarrow {}^4He + {}^4He$$

今天,利用加速器或者反应堆进行核反应,已经极为普遍,它们的优点是可以提供多种"炮弹"粒子,粒子束的能量和强度均可以比放射源所提供的大得多,并且便于根据需要调节.另外,在高能物理及粒子物理研究中,也利用宇宙射线进行核反应.宇宙射线的能量一般很高,最高达 10^{21} eV,因此可望产生一些新粒子,观察到一些新现象.1947年鲍威尔记录的 π 介子的产生就是通过宇宙射线引发的核反应观察到的.

核反应过程要遵守一些守恒定律,如电荷守恒、质量数守恒、能量守恒、动量守恒、角动量守恒、宇称守恒以及粒子物理中需要考虑的重子数守恒、轻子数守恒,等等.

二 反应道和反应截面

一个入射粒子射到靶核上,可能发生的核反应过程往往不止一种.例如,用能量大于 5.07 MeV 的质子轰击锂(^{7}Li)靶,可以发生如下一些核反应:

$$p + {}^7Li \rightarrow \begin{cases} {}^4He + {}^4He & (1) \\ {}^7Li + p & (2) \\ {}^7Be + n & (3) \\ {}^5Li + {}^3H & (4) \end{cases}$$

其中每一种核反应过程称为一个**反应道**.产生各个反应道的概率不相等,并且随着入射粒子能量的变化而不同.能量增大时,一般要增加反应道.在上面给出的质子轰击锂靶的核反应中,标号为(3)的反应道就只有在质子能量超过 1.89 MeV 时才开通,标号为(4)的反应道则只有质子能量达到 5.07 MeV 才会开通.反应道的开通与否,还要受守恒定律的约束.

一种核反应发生的概率通常用**反应截面** σ 表示.设单位时间有 n 个入射粒子射到一薄靶上,发生某种核反应的数目为 n',则 n'/n 表示该种核反应发生的概率.我们也可以形象地假设每一个靶核对某种核反应都有一个"有效面积" σ,入射粒子只要射到 σ 内就一定与靶核发生核反应.若薄靶上单位面积内的靶核数目为 N,则 n 个粒子射到靶上发生核反应的概率又可以表示为 σN,即

$$\frac{n'}{n} = \sigma N$$

或者

$$\sigma = \frac{n'}{nN} \tag{24-9}$$

可见 σ 表示一个入射粒子同单位靶面积上一个靶核($N=1$ 时)发生核反应的概率.在式(24-9)中 σ 具有面积的量纲,故称为反应截面.反应截面 σ 是一个很小的量,大多数情况下都小于原子核的截面积,即 10^{-24} cm² 数量级,故 σ 的单位采用

10^{-24} cm^2,称为"靶恩(b)",1 b = 10^{-24} cm^2.

三 反应能和阈能

核反应过程中释放出的能量称为**反应能**,用 Q 表示.$Q>0$ 的反应为放能反应,$Q<0$ 的反应为吸能反应.考虑反应能后,一般的核反应式可以表示为

$$a+A\rightarrow B+b+Q$$

式中 a 和 A 分别代表入射粒子和靶核,B 和 b 分别代表生成核和出射粒子.在计算反应能 Q 值时,以 m 表示反应前后相应各粒子的原子质量,E_k 表示反应前后各粒子的动能,并设反应前后各粒子都处于基态,由核反应过程中遵守的能量守恒定律,有

$$(m_a c^2+E_{ka})+(m_A c^2+E_{kA})=(m_B c^2+E_{kB})+(m_b c^2+E_{kb})$$

则反应能应等于反应前后粒子动能的增量,即

$$Q=(E_{kB}+E_{kb})-(E_{ka}+E_{kA})=(m_a+m_A-m_B-m_b)c^2 \qquad (24-10)$$

因此,反应能既可以通过测量核反应前后粒子动能的变化求得,也可以根据核反应过程中的质量亏损求得.式(24-10)中采用了原子质量而不是核质量,是因为核反应过程中电荷守恒,原子中电子的总数不变,相减时可以消掉.

以卢瑟福完成的第一例人工核反应 ^{14}N(α,p)^{17}O 为例.已知 $m_a(\alpha)$ = 4.002 603 u,m_A(^{14}N) = 14.003 074 u,m_B(^{17}O) = 16.999 133 u,m_b(p) = 1.007 825 u,将以上数据代入式(24-10),并注意单位换算 1 u = 931.5 MeV·c^{-2},可得此反应的 Q 值为

$$Q=[(4.002\ 603+14.003\ 074)-(16.999\ 133+1.007\ 825)]\times 931.5 \text{ MeV}$$
$$= -1.193 \text{ MeV}$$

这是一个吸能反应.

对于 $Q<0$ 的吸能反应,并非入射粒子的动能达到 Q 值反应就可以产生.这个事实可以用动量守恒定律来解释:设反应前靶核不动,入射粒子具有动量 $\boldsymbol{p}_a$,根据动量守恒定律,反应后生成核与出射粒子的动量之和也应该等于 $\boldsymbol{p}_a$,故生成核与出射粒子的动能之和一定不为零,而是大于零.这样,反应过程中吸收的能量(主要以入射粒子的动能体现)除满足反应发生所必需的 Q 值外,还须满足生成核与出射粒子具有一定的动能.因此,反应过程中吸收的能量必须大于 Q 值.计算表明,能够引发吸能核反应的入射粒子的最低能量(未考虑相对论效应)为

$$E_{th}=\left(1+\frac{m_a}{m_A}\right)|Q| \qquad (24-11)$$

E_{th} 称为核反应的阈能.

在 ^{14}N(α,p)^{17}O 反应中,

$$E_{th}=\left(1+\frac{4.002\ 603}{14.003\ 074}\right)\times|-1.193| \text{ MeV}=1.53 \text{ MeV}$$

对于放能反应,可以不考虑阈值问题.

四 核反应的过程及机制

核反应主要通过直接反应和复合核两种机制进行.在图 24-10 中,将核反应过程分解为三个阶段,可以简要地对直接反应和复合核机制进行说明.

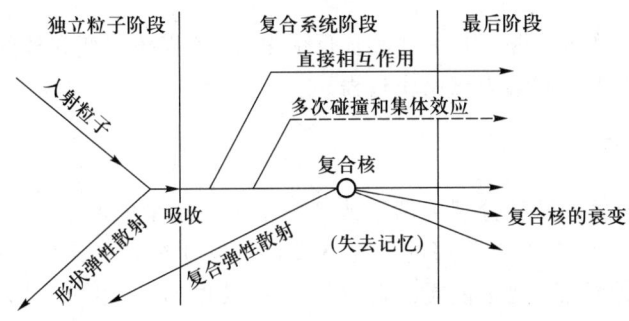

图 24-10 核反应三阶段示意图

第一阶段,入射粒子进入靶核作用范围.此时可能发生两种情况,一是粒子进入靶核,被靶核吸收.二是粒子被靶核弹出去,形成弹性散射.这一阶段,粒子在靶核场中保持相对独立运动的姿态,也称为独立粒子阶段.

入射粒子被靶核吸收后,反应进入第二阶段.此时入射粒子与靶核形成一个复合系统,入射粒子与靶核中的核子相互作用,主要表现为两类可能的方式:(1) 入射粒子直接与靶核中少数几个核子发生相互作用后完成核反应,称为直接反应.例如,入射粒子被靶核俘获了一个或几个核子,剩余部分成为一个较轻的粒子继续飞行,这种反应叫削裂反应,^{3}H(^{2}H,n)^{4}He 就是这种情况.或者入射粒子从靶核中携走一个或几个粒子,结合成一个较重的粒子飞出,如 ^{13}C(^{3}H,α)^{12}C 反应,叫拾取反应.其他直接反应还有电荷交换反应,非弹性散射,敲出反应,等等.(2) 入射粒子与靶核中的核子多次碰撞,不断损失能量,最后停留在核内,与靶核融为一体,形成一个新的**复合核**.此时的复合核内,各核子之间由于充分的能量交换,已经达到动态平衡状态,不再保留入射粒子的特性,因此说复合核已经"忘记"了形成过程的历史,丧失了"记忆".

复合核形成后通常处于不稳定的激发态,它将衰变成各种产物而进入核反应的最后阶段——分解成出射粒子和生成核.整个过程可以表述为

$$a+A \rightarrow C^* \rightarrow B+b$$

式中 C^* 代表复合核.下面的反应式表示用质子轰击铜(^{63}Cu)核,或者用 α 粒子轰击镍(^{60}Ni)核,导致相同的复合核 ^{64}Zn* 形成,而 ^{64}Zn* 按照自己的衰变方式分解为出射粒子和生成核.衰变方式与复合核的形成无关,表明复合核已经丧失形成时的记忆.反应式右边的三种方式代表三个反应道.

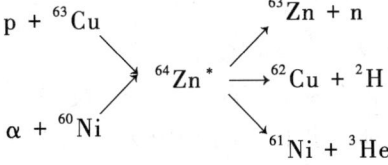

在一次具体的核反应过程中,可能直接反应占绝对优势,或者形成复合核占绝对优势,也可能两种机制同时存在,各具有一定的概率.

§24-6 核 裂 变

原子核的转换方式除了核衰变和核反应之外,还有核裂变和核聚变.有些资料也将核裂变和核聚变归结为核反应过程.

一 核裂变

一个质量很大的重核分裂为两个或者几个中等质量的原子核的现象,称为**核裂变**.有些重核在没有外界作用的情况下会自行发生核裂变,属自发裂变.如 ^{252}Cf(锎,人造放射性元素)就是重要的自发裂变源.其他如 ^{235}U、^{238}U、^{240}Pu、^{242}Am 等原子核都可以产生自发裂变.自发裂变总体说来概率比较小,不容易集中获得较大规模的能量.

除自发裂变外,在外来粒子的轰击下,重核也会发生裂变,称诱发核裂变,它也可以看成是核反应的一个反应道.在诱发核裂变中,中子诱发的核裂变最重要.中子不带电,穿透能力很强.用中子轰击重核,即使能量很低的中子也可能进入重核内,使核激发而裂变.例如用能量很低的热中子(又称慢中子,平均能量 0.04 eV)轰击 ^{235}U(铀)核,形成处于激发态的复合核 ^{236}U*,^{236}U* 将分裂成两个中等质量的核,通常称为碎片,并释放出若干个中子,裂变反应式为

$$n + {}^{235}U \rightarrow {}^{236}U^* \nearrow {}^{139}Xe + {}^{95}Sr + 2n \atop \rightarrow {}^{144}Ba + {}^{89}Kr + 3n \atop \searrow {}^{140}Cs + {}^{93}Rb + 2n \qquad (24-12)$$

上式右边的三项是裂变中的三个反应道.有些重核,用热中子轰击不能发生裂变,只有用能量较高的快中子轰击才能发生核裂变,^{238}U 核就是这样.

核裂变有几个典型的现象:(1) 复合核多数情况下分裂为两个中等质量的碎片,碎片质量一般不对称,大块碎片的质量数(A)分布在 134~144,小块碎片的质量数分布在 90~100.实验上也可见裂变碎片为三块或者四块的三分裂变和四分裂变,但概率很小.这一现象是我国物理学家钱三强、何泽慧夫妇于 1947 年发现的.(2) 裂变碎片通常是不稳定的放射性核素,要经历一个级联 β^- 衰变链,直至最后形成某个稳定核素.例如上面裂变反应式(24-12)中的第一个反应道.碎片 ^{139}Xe 和 ^{95}Sr 都是不稳定的 β^- 衰变核,其衰变的过程分别为

$$^{140}Xe \xrightarrow{\beta^-} {}^{140}Cs \xrightarrow{\beta^-} {}^{140}Ba \xrightarrow{\beta^-} {}^{140}La \xrightarrow{\beta^-} {}^{140}Ce$$

$$^{94}Sr \xrightarrow{\beta^-} {}^{94}Y \xrightarrow{\beta^-} {}^{94}Br$$

在 β^- 衰变过程中,往往还伴有 γ 射线的发出.(3) 裂变过程伴随有中子的释放.式(24-12)中三种裂变方式都有多于 1 个的中子释放出来.考虑裂变各种可能的组合

方式(反应道),平均一次核裂变可释放 2.4 个中子.这是一个极为重要的现象,它为大规模利用核裂变获取核能提供了可能性(见稍后的"链式反应").

二 裂变的液滴模型理论

1936 年,玻尔提出液滴模型理论解释核裂变现象.这种理论将原子核比作一个液滴,将核子(质子和中子)比作液滴中的分子.这是因为核子间的相互作用力具有饱和性,与液体中分子力具有饱和性相类似.同时原子核是不可压缩的,与液体的不可压缩性相类似.由于质子带有正电荷,原子核就是一个荷电的核液滴.

当中子轰击重核时,重核可能俘获一个中子形成处于激发态的复合核.激发状态下的复合核就像高温下的液滴,产生集体振动并发生形变,其过程近似图 24-11 表示的那样,从一个近似球形的核形变成为椭球状,此时核中的质子在椭球的两端形成两个正电荷重心,库仑斥力将进一步促使形变加剧,使核变为哑铃状,最终哑铃从中间断开,分裂为两块核碎片,并发出 2~3 个中子.

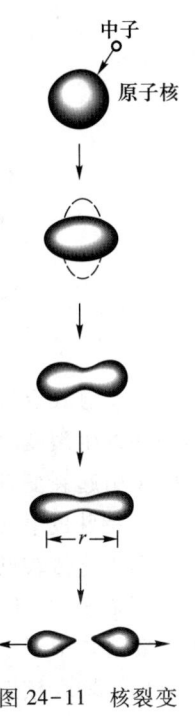

图 24-11 核裂变液滴模型

三 裂变能量

不论是自发裂变还是诱发裂变,核裂变过程都有能量释放出来.一次裂变所释放的能量需根据裂变的具体过程讨论.大致的情况可以由图 24-2 所示的比结合能曲线估算.由图可见,中等质量核每核子的平均结合能接近 8.5 MeV/核子,重核则约为 7.6 MeV/核子,假定质量数 $A=220$ 的重核裂变为两个 $A=110$ 的中等核,一次裂变释放出的核能粗略地为

$$(8.5-7.6)\times 110\times 2 \text{ MeV} \approx 200 \text{ MeV}$$

这是一个很大的数值,比化学反应中一个原子可提供的能量(不到 10 eV)几乎大 1 亿倍,比典型的低能放热核反应(几个 MeV)大几十倍.

这些能量的大致分布为

裂变碎片的动能	170 MeV
裂变中子的动能	5 MeV
裂变产物释放的 β 射线和 γ 射线的能量	15 MeV
伴随 $β^-$ 衰变而产生的(反)中微子能量	10 MeV

在核反应堆里,除了 β 射线和中微子会逸出反应堆外,尚有约 180 MeV 的能量可资利用.

四 链式反应

要大规模地获取核能量,必须要有大量的重核持续不断地发生裂变.我们注意到,每一次重核裂变时都伴随有若干个中子释放出来,这些中子又可以引起其他的重核裂变,并再产生第二代中子,第二代中子引起裂变又产生第三代中子……如图 24-12 所示.这样一个使裂变持续进行下去的过程称为链式反应.

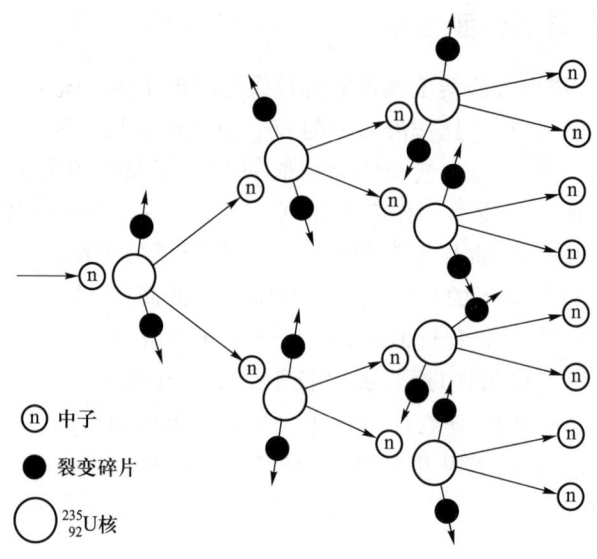

图 24-12 链式反应

产生链式反应最基本的要求是:必须每次裂变放出的中子中至少有一个能使另一核发生裂变.如果平均不到一个中子引起裂变,则链式反应逐渐停止;超过一个中子引起裂变,链式反应就会增强.对核能的获取显然是后一种情况,这就需要在一个特殊的装置——反应堆中进行.反应堆分为热中子反应堆和快中子反应堆.前者是用能量较低的热中子轰击作为核燃料的 ^{235}U 核产生裂变,后者所用的核燃料是高浓度的 ^{235}U 或 ^{239}Pu,用能量较高的快中子轰击引发核裂变.用于发电的反应堆主要是热中子堆.下面仅就热中子堆实现可控链式反应简略介绍一二.

(1) 增大核燃料吸收中子产生裂变的概率.核燃料 ^{235}U 对热中子的裂变概率大,对快中子的裂变概率小,仅为热中子裂变概率的五百分之一.但是,裂变中产生的中子平均能量为 2 MeV 左右,属于快中子,必须要将其慢化以后变为热中子,才能提高反应的概率.为此要在反应堆中使用慢化剂.选用什么材料作慢化剂最好?设中子质量 m_n,初速度 v_0,经与慢化剂碰撞后速度减为 v_n;慢化剂核质量 m,初速度为零,与中子碰撞后速度为 v.若假设碰撞是完全弹性的对心碰撞,根据动量守恒定律与能量守恒定律,有

$$m_n v_0 = m_n v_n + mv$$
$$\frac{1}{2} m_n v_0^2 = \frac{1}{2} m_n v_n^2 + \frac{1}{2} m v^2$$

解得一次碰撞后中子的速率:

$$v_n = \frac{m - m_n}{m + m_n} \cdot v_0$$

可见,要使中子碰撞后明显减速,慢化剂的核质量 m 应尽量接近中子的质量 m_n,故

慢化剂可采用水(H_2O)、重水(D_2O)或石墨等轻元素物质.现在的核反应堆多采用易于处理的普通水作慢化剂,核燃料则使用低浓缩的^{235}U.

(2)链式反应如果不加以控制地进行,将变得十分剧烈,变成核爆炸.核电站及各种核动力装置中的反应堆必须实现可控制的链式反应.通常是用对热中子有很强吸收能力的镉(Gd)或硼(B)做成的柱形控制棒,插入反应堆中,通过一套自动监控系统,改变控制棒在堆芯中插入的深度,以调节反应堆中的中子密度,达到控制链式反应速度的目的.

§24-7 核 聚 变

两个很轻的原子核聚合成一个较重的原子核的过程,称**核聚变反应**.由图24-2的比结合能曲线可以看到,很轻的原子核比结合能小,较重的原子核比结合能较大,因此核聚变过程有能量释放出来,这是获取核能的又一途径.表24.4列出了一些轻核的结合能和比结合能.氢及其同位素氘和氚的原子核的比结合能都很小,^{4}He的比结合能异峰突起,明显高于前者.若四个氢核(质子)结合成一个氦核(通过一个反应链)或者两个氘核结合成一个氦核,释放的核能分别达到每核子7 MeV和6 MeV,这比重核裂变反应时每核子平均释放1 MeV左右的能量要大得多.

表24.4 轻核的结合能和比结合能

核	结合能/MeV	比结合能/MeV	核	结合能/MeV	比结合能/MeV
^{1}H	0	0	^{7}Li	39.24	5.606
^{2}H	2.224	1.112	^{9}Be	58.16	6.462
^{3}H	8.481	2.827	^{10}B	64.75	6.475
^{3}He	7.718	2.573	^{11}B	76.20	6.928
^{4}He	28.30	7.075	^{12}C	92.16	7.680
^{6}Li	31.99	5.332			

太阳及恒星的发光是自然界里典型的核聚变现象.太阳内部存在的化学元素大量是氢,核聚变的主要方式有两个反应链,一个是质子-质子反应链:

$$p+p \to {}^2H+e^++\nu$$
$$^2H+p \to {}^3He+\gamma$$
$$^3He+{}^3He \to {}^4He+2p$$

另一个是碳-氮反应链:

$$p+{}^{12}C \to {}^{13}N+\gamma$$
$$^{13}N \to {}^{13}C+e^++\nu$$
$$p+{}^{13}C \to {}^{14}N+\gamma$$
$$p+{}^{14}N \to {}^{15}O+\gamma$$

$$^{15}\text{O} \rightarrow {}^{15}\text{N} + e^+ + \nu$$
$$p + {}^{15}\text{N} \rightarrow {}^{12}\text{C} + {}^4\text{He} + \gamma$$

这两个反应链的最终结果都是

$$4p \rightarrow {}^4\text{He} + 2e^+ + 2\nu + 26.2 \text{ MeV}$$

即太阳每燃烧掉 4 个质子也就是四个氢核,就可以释放出 26.2 MeV 的核能量.

实验室里可实现的核聚变反应主要有

$$^2\text{H} + {}^2\text{H} \rightarrow {}^3\text{H} + p + 4.04 \text{ MeV}$$
$$^2\text{H} + {}^2\text{H} \rightarrow {}^3\text{He} + n + 3.27 \text{ MeV}$$
$$^2\text{H} + {}^3\text{H} \rightarrow {}^4\text{He} + n + 17.58 \text{ MeV}$$
$$^2\text{H} + {}^3\text{He} \rightarrow {}^4\text{He} + p + 18.34 \text{ MeV}$$

这四个反应都是放能反应,并且可以形成反应链.第一个反应的产物 ^{3}H 成为第三个反应的原料,第二个反应的产物 ^{3}He 是第四个反应的原料.四个反应联合起来的总效果为

$$6{}^2\text{H} \rightarrow 2{}^4\text{He} + 2n + 2p + 43.23 \text{ MeV}$$

即只需要消耗 6 个氘核原料就可以获得 43.23 MeV 的能量,平均每核子释放能量 3.6 MeV.

氘是氢的稳定同位素,可以从海水中提取.海水中氘与氢的比例仅为 1∶6 700,但每千克海水中仍有 0.033 g 氘.如果人类能从海水中提取氘用于核聚变反应获取能量,那么 1 km³ 的海水所蕴藏的聚变能相当于目前全球已探明的石油的总储量.而地球上有 10 亿 km³ 的海水,可谓是取之不尽用之不竭的潜在能源宝库.

但是,实现轻核聚变较之实现重核裂变有重大区别.在中子诱发的核裂变中,中子不带电,比较容易进入重核内诱发裂变.两个轻核聚合时,由于原子核都带有正电荷,存在库仑斥力,室温下它们不可能彼此靠近实现聚合.只有在高温下,聚合核具有足够的动能,才能克服库仑斥力的作用使两核靠近至强吸引的核力的作用力程范围内,即至少应靠近至两核间距为 10 fm,才可能实现聚合.可以估算出,当两个氘核相距为 $r = 10$ fm 时,库仑势垒高度已达到

$$E_c = \frac{e^2}{4\pi\varepsilon_0 r} = 144 \text{ keV}$$

因此,每个聚变核至少要具有 72 keV 的动能才能克服库仑势垒的阻挡.如果 72 keV 是原子核在热平衡态下的平均动能,根据平均动能 $\bar{\varepsilon}_k = \frac{3}{2}kT$,相应的温度需达到 $T \approx 5.6 \times 10^8$ K.考虑到不少核的动能高于平均动能以及势垒贯穿效应,实际所需温度可略低一点,但仍需 $T = 10^8$ K,故称为热核反应.

不需要控制的热核反应比较易于实现.例如氢弹就是通过氘氚聚变在极短时间内释放大量能量而爆炸的,聚变所需要的初始温度由氢弹内置放的一个小型原子弹爆炸提供.但是,用于和平事业的热核反应必须是可以控制的.由于在 10^8 K 高温下,原子已经完全电离,变成了等离子体.要实现可控的规模化的核聚变,就需要营造一个稳定的高温等离子体环境,还要保证等离子体达到所需要的密度和约束

时间,才能使聚变核有足够的概率和时间产生聚变.这在技术上是非常困难的.目前受控热核聚变还处于基础研究阶段,大规模地开发利用核聚变能在技术上还有一段艰难的道路需要跋涉,但前景是光明的.

内 容 提 要

1 原子核的基本性质

(1) 原子核由质子和中子组成,质子和中子统称核子.原子核共有 A 个核子,其中 Z 个质子,$A-Z$ 个中子.核的质量用原子质量单位 u 表示

$$1\text{ u} = \frac{1}{12}m(^{12}\text{C}) = 1.660\ 540 \times 10^{-27}\text{ kg} = 931.5\text{ MeV}/c^2$$

(2) 核半径 R 与核的质量数 A 有关

$$R = r_0 A^{1/3} \quad (r_0 = 1.2 \times 10^{-15}\text{ m})$$

(3) 核的自旋角动量和自旋磁矩为

$$L_I = \sqrt{I(I+1)}\,\hbar \quad I\text{ 为核自旋量子数}$$

$$\mu_I = g\sqrt{I(I+1)}\,\mu_N$$

(4) 原子核的能量是量子化的,形成核能级.核能级的间距在 keV~MeV 之间.

2 核力的主要性质

(1) 核力是强相互作用,且与电荷无关.

(2) 核力是短程力,力程 $<10^{-15}$ m.

(3) 核力具有饱和性.

3 核的结合能由相对论质能关系

$$E_b = [Zm_H + (A-Z)m_n - m_a]c^2$$

比结合能为平均每个核子具有的结合能

$$\varepsilon = E_b/A$$

比结合能曲线如图 24-2.

4 核衰变

(1) 衰变定律 $N = N_0 e^{-\lambda t}$

衰变常量 λ、平均寿命 τ 以及半衰期 $T_{1/2}$ 的关系为

$$T_{1/2} = \frac{1}{\lambda}\ln 2 = \tau \ln 2$$

放射性活度 A 的计算为

$$A = \frac{N}{\tau} = \lambda N = A_0 e^{-\lambda t}, \quad A_0 = \lambda N_0 \text{ 为初始活度}.$$

(2) α 衰变是原子核放射出 α 粒子的过程,衰变反应式为

$$^A_Z\text{X} \rightarrow ^{A-4}_{Z-2}\text{Y} + ^4_2\text{He}$$

(3) β 衰变是原子核放出电子或俘获电子的过程,并伴随中微子的释放.

β^+ 衰变为 $^A_Z\text{X} \rightarrow ^A_{Z-1}\text{Y} + e^+ + \nu$

β^- 衰变为 $\quad {}_Z^A X \rightarrow {}_{Z+1}^A Y + e^- + \tilde{\nu}$

电子俘获为 $\quad {}_Z^A X + e^- \rightarrow {}_{Z-1}^A Y + \nu$

(4) γ 衰变是原子核由激发态向基态或者较低激发态跃迁时辐射 γ 光子的过程.

5 核反应

原子核之间或原子核与其他粒子之间相互作用导致原子核发生变化,称为核反应,一般表述为

$$a + A \rightarrow B + b + Q$$

反应能

$$Q = (m_a + m_A - m_B - m_b)c^2$$

吸能反应的反应阈能

$$E_{th} = \left(1 + \frac{m_a}{m_A}\right)|Q|$$

核反应的概率由反应截面 σ 表示.

某些核反应要经历复合核形成过程,并有若干反应道.

6 核裂变

一个重核分裂为两个中等质量的核的现象称为核裂变,核裂变可以用核液滴模型解释.

裂变能量可以根据核的结合能或者比结合能的变化进行计算.

链式反应是核裂变过程持续进行的条件.

7 核聚变

两个轻核聚合成一个较重的原子核称为核聚变.轻核聚变需要极高的温度, $T \approx 10^8$ K.

聚变能可以根据核的结合能或者比结合能的变化进行计算.

习 题

24.1 已知 ${}_1^3$H 原子的质量为 3.016 05 u, ${}_2^3$He 原子的质量为 3.016 03 u, 试计算 ${}_1^3$H 核和 ${}_2^3$He 核的结合能(以 MeV 为单位).

24.2 试就下列两种情况,判断其过程的能量得失(以 MeV 为单位).

(1) 铍(${}_4^9$Be)核的比结合能为 6.46 MeV,氦核(α 粒子)的比结合能为 7.07 MeV,把 ${}_4^9$Be 核分裂成为两个 α 粒子.

(2) 氘核(^{2}H)的比结合能是 1.112 MeV,把两个氘核聚合成氦核.

24.3 锶原子核以 28.1 a 的半衰期衰变,问一世纪后锶将剩下百分之几?

24.4 镭的半衰期为 1 600 a,(1) 计算 1 mg 的镭在 1 s 内衰变的原子数;(2) 经过 5 个半衰期后镭还剩下多少?

24.5 已知 ^{210}Po 的半衰期为 138.4 d,问 1 μg 的 ^{210}Po,其放射性活度为多少?

24.6 放射性元素 ${}_{15}^{32}$P、${}_6^{14}$C 的放射性活度均为 1 Ci(居里),若它们的半衰期分别为 14.2 d 和 5 570 a,问各放射性样品的质量为多少?

24.7 利用放射性碳(^{14}C)进行考古研究.假定在生长中的植物^{14}C的放射性活度为每克每分钟衰变12次,已知^{14}C的半衰期为5 730 a.现有一树片质量为50 g,经测定^{14}C每分钟有320次衰变.试推断此树片已被埋藏了多少时间.

24.8 在$^{212}_{83}$Bi源的α衰变中,观察到分立能量为6.090 1 MeV和6.051 0 MeV的α粒子.试计算与α衰变同时发生的γ射线之波长.

24.9 已知^{13}N原子的质量比^{13}C原子的质量大2.22 MeV,^{13}N核经β衰变为^{13}C核,(1)写出其反应方程;(2)计算其β能谱的最大能量.

24.10 计算^{13}C(p,d)^{12}C反应的Q值,指出是吸热反应还是放热反应,已知^{13}C原子的原子量为13.003 355 u.

24.11 写出下列核反应的方程:(1)用α粒子打击^{9}Be产生^{12}C并放出一个新粒子;(2)用质子打击^{7}Li产生^{4}He并放出一个新粒子.

24.12 若中子分别同$^{16}_{8}$O和$^{17}_{8}$O发生(n,2n)反应,已知$m(^{15}_{8}$O$) = 15.003\ 07$ u,$m(^{17}_{8}$O$) = 16.999\ 14$ u,$m(^{16}_{8}$O$) = 15.999\ 491$ u,$m(\text{n}) = 1.008\ 665$ u,求它们的反应能Q和阈能E_{th}.

24.13 氢弹中有如下一种聚变:
$$^2\text{H} + ^3\text{H} \rightarrow ^4\text{He} + ^1\text{n}$$
已知^{4}H的质量为4.002 603 u,试求生成1 kg氦时释放出的能量.

第二十五章
激光

激光的全名是"受激辐射的光放大"(light amplification by stimulated emission of radiation),第一台激光器发明于 1960 年.这一新型光源的出现使古老的光学获得了新的生命力,给光学以至于整个科学带来了极为深刻的影响.作为现代光源的标志,激光具有极好的方向性和相干性.它的应用已渗入科学技术的几乎全部领域,至今方兴未艾.本章主要介绍激光产生的机理和它的特性.

§25-1 光放大和粒子数反转

激光是一种光放大器,在原理上依赖于光在传输过程中能获得不断的增益.这一节我们讨论光放大的基本条件:粒子数反转,以及有关的几个基本概念.

一 光的自发辐射、受激辐射和受激吸收

在原子的量子理论中,我们已经知道,处于高能级 E_2 的原子可以向低能级 E_1 跃迁,同时发出一个光子,这叫光子的辐射过程.反之,处于低能级 E_1 的原子,也可以吸收一个光子而跃迁到高能级 E_2,这叫光子的吸收过程.这两个过程都满足同一频率条件.进一步的讨论说明,光的辐射又可分为两种情况.一种情况是:处于高能级的原子,即使没有任何外界的影响,也会自发地跃迁到低能级而放出光子,这种过程叫**自发辐射**过程.自发辐射是一个随机过程,各个原子辐射是自发且独立进行的,因而各原子辐射的光子,其频率、相位、偏振态、传播方向是彼此不相关的.另一种情况是处在高能级的原子,在满足上述频率条件的外来光子的激励下,向低能级跃迁,同时发出一个与外来光子完全一样的光子,这种过程叫**受激辐射**过程.受激辐射与外界相关,辐射光子与外来光子频率、相位、偏振态、传播方向完全相同.此外,光的吸收过程与受激辐射相仿,它也是在满足上述频率条件的外来光子的激励下发生跃迁,所以称为**受激吸收**过程.

当物质中的原子与光子发生相互作用时,上述各种过程都可能发生.爱因斯坦在 1917 年讨论了这个问题,下面介绍爱因斯坦的光辐射理论.

对于一个原子系统,设处于低能级 E_1 的原子数为 N_1,处于高能级 E_2 的原子数为 N_2.由于原子的自发辐射与外来光子无关,所以单位时间内发生的跃迁仅与处于始态的原子数 N_2 成正比,有

$$\left(\frac{dN_{21}}{dt}\right)_{自辐} = A_{21} N_2 \tag{25-1}$$

式中 A_{21} 叫**自发辐射系数**,按式(25-1),$A_{21} = \left(\frac{dN_{21}}{N_2 dt}\right)_{自辐}$ 表征单位时间内原子自发

地由 E_2 跃迁到 E_1 的概率,故又叫自发辐射概率.

由于受激辐射和受激吸收是在外来光子的激励下发生的,所以单位时间发生的跃迁不仅与始态的原子数成正比,还应与满足频率条件的光子密度或能量密度成正比.由于光子频率实际上是一个连续分布,定义光的单色能量密度为:$\rho(\nu)=\mathrm{d}W/(\mathrm{d}V\mathrm{d}\nu)$,即单位体积、单位频率间隔内的光能.按上述,应有

$$\left(\frac{\mathrm{d}N_{21}}{\mathrm{d}t}\right)_{受辐} = B_{21}\rho(\nu)N_2 \tag{25-2}$$

$$\left(\frac{\mathrm{d}N_{12}}{\mathrm{d}t}\right)_{受吸} = B_{12}\rho(\nu)N_1 \tag{25-3}$$

其中 B_{21}、B_{12} 叫**受激辐射系数**和**受激吸收系数**,表征在单位单色能量密度激励下,单位时间内原子在 E_1、E_2 之间受激跃迁的概率.

A_{21}、B_{21}、B_{12} 统称为爱因斯坦系数,它们是原子属性的表现,只与原子的始末态性质相关,而与系统中原子按能级的分布状况无关.因此,我们可以利用细致平衡条件,导出它们三者间的一般关系.所谓细致平衡,是指原子在与光作用时,每两个能级之间原子的跃迁都达到平衡.例如一个密闭空腔中达到的热平衡就属于细致平衡情况.考虑这样一个空腔中光子的辐射和吸收,按细致平衡条件有

$$\frac{\mathrm{d}N_{21}}{\mathrm{d}t} = \frac{\mathrm{d}N_{12}}{\mathrm{d}t}$$

也即

$$\left(\frac{\mathrm{d}N_{21}}{\mathrm{d}t}\right)_{受辐} + \left(\frac{\mathrm{d}N_{21}}{\mathrm{d}t}\right)_{自辐} = \left(\frac{\mathrm{d}N_{12}}{\mathrm{d}t}\right)_{受吸}$$

利用式(25-1)、式(25-2)、式(25-3)有

$$B_{21}\rho(\nu)N_2 + A_{21}N_2 = B_{12}\rho(\nu)N_1$$

可解出

$$\rho(\nu) = \frac{A_{21}/B_{21}}{\dfrac{B_{12}N_1}{B_{21}N_2} - 1} \tag{25-4}$$

由于系统处于热平衡态,按波耳兹曼能量分布律,处于能级 E_i 的原子数 $N_i \propto \mathrm{e}^{-E_i/kT}$,故

$$\frac{N_1}{N_2} = \mathrm{e}^{\frac{E_2-E_1}{kT}} = \mathrm{e}^{\frac{h\nu}{kT}} \tag{25-5}$$

代入式(25-4),即有

$$\rho(\nu) = \frac{A_{21}/B_{21}}{\dfrac{B_{12}}{B_{21}}\mathrm{e}^{\frac{h\nu}{kT}} - 1} \tag{25-6}$$

注意到空腔中辐射能量的分布服从普朗克公式:

$$\rho(\nu) = \frac{8\pi h\nu^3/c^3}{\mathrm{e}^{\frac{h\nu}{kT}} - 1} \tag{25-7}$$

对比式(25-6)和式(25-7)就得到

$$\frac{A_{21}}{B_{21}} = \frac{8\pi h \nu^3}{c^3} \tag{25-8}$$

$$\frac{B_{12}}{B_{21}} = 1 \tag{25-9}$$

这两个关系式表明:原子的两种受激跃迁的概率是相同的,而自发辐射概率与受激跃迁概率成正比.如上所述,此两式虽然是由细致平衡条件推出的,但由于 A_{21}、B_{21}、B_{12} 仅与原子属性有关而与系统的分布状况无关,所以它们是普遍成立的.

二 光放大和粒子数反转

当一束光射入介质时,它将受到原子的两种作用:受激吸收和受激辐射.前者使入射光减弱,后者使入射光增强.显然,若受激辐射占优势,则宏观效应是光的放大,若受激吸收占优势,则宏观效应是光的衰减.按式(25-2)、式(25-3),在单位时间内,这两种受激跃迁的比率为

$$\frac{dN_{21}}{dN_{12}} = \frac{B_{21}\rho(\nu)N_2}{B_{12}\rho(\nu)N_1} = \frac{N_2}{N_1} \tag{25-10}$$

可见,当 N_2 大于 N_1 时,受激辐射占优势,宏观上是光放大;反之,当 N_2 小于 N_1 时,受激吸收占优势,宏观上是光的衰减.

按玻耳兹曼能量分布律,热平衡时,N_2 总是小于 N_1 的.此时,光在介质中传播,宏观上总是光的衰减.如对于 $T = 1\,000$ K 的热平衡态,若能级差 $E_2 - E_1 = 1$ eV,由式(25-5)可算得 $N_2/N_1 \sim 10^{-5}$,即受激吸收要比受激辐射大 5 个数量级.

我们把高能级粒子 N_2 大于低能级粒子数 N_1 的分布称为**粒子数反转**,以区别于我们所熟悉的热平衡分布.在介质中实现粒子数反转,是引起光放大,产生激光首先必须具备的条件.如何实现粒子数反转的问题,我们将在稍后讨论.

三 能级的寿命

能级寿命的概念在激光的研究中十分重要,它与爱因斯坦系数有密切的关系,下面介绍这个概念.

设 $t = 0$ 时,能级 E_2 上有 N_{20} 个粒子,由于自发辐射,这 N_{20} 个粒子将逐次地跃迁到低能级 E_1 而使得留在 E_2 能级的粒子数 N_2 随时间单调地减少.按式(25-1),在 t 到 $t+dt$ 时间内,粒子数 N_2 的改变量为

$$dN_2 = -dN_{21} = -A_{21}N_2 dt$$

或

$$\frac{dN_2}{N_2} = -A_{21} dt$$

积分后得到

$$N_2 = N_{20} e^{-A_{21}t} \tag{25-11a}$$

可见,这些粒子停留在高能级的数量是按指数规律衰减的,而且自发辐射概率 A_{21} 越大,衰减就越快.一个粒子停留在 E_2 能级的时间(称为粒子在 E_2 能级的寿命)

是随机的,但这 N_{20} 个粒子寿命的平均值却是完全确定的.在 t 到 $t+dt$ 时间内,发生跃迁的粒子数为 dN_{21},其寿命之和为 $t dN_{21}$,故**平均寿命**为

$$\tau = \frac{1}{N_{20}} \int_0^\infty t\,dN_{21} = \frac{1}{N_{20}} \int_0^\infty t A_{21} N_2\,dt$$

后一步已用了式(25-1),再把式(25-11a)代入并积分,即得

$$\tau = \frac{1}{A_{21}} \tag{25-12}$$

可见,粒子在 E_2 能级的寿命正好是该能级自发跃迁概率 A_{21} 的倒数,A_{21} 越大,平均寿命越短.

把式(25-12)代入式(25-11a),可把在 E_2 能级的粒子数 N_2 随时间减少的规律用能级寿命表示为

$$N_2 = N_{20} e^{-t/\tau} \tag{25-11b}$$

理论计算和实验结果证明,一般激发态的寿命在 $10^{-11} \sim 10^{-8}$ s 范围,而亚稳态的寿命可长达 $10^{-3} \sim 1$ s.可见,原子在亚稳态比激发态要稳定得多.

按海森伯不确定性关系 $\Delta E \Delta t \sim h$.对于能级 E_2 上的原子,Δt 即能级寿命,ΔE 即**能级宽度**,故有

$$\Delta E \cdot \tau \sim h$$

由此可算得,一般激发态能级宽度在 $10^{-3} \sim 10^{-6}$ eV 范围,亚稳态宽度可小到 10^{-12} eV.

在原子的自发辐射中,能级的寿命 τ 表现为光子发射时间的不确定度,称为原子的发光时间;能级宽度 ΔE 表现为光子能量的不确定度,称为光子的能量宽度.故原子发光时间和光子能量宽度之间也有不确定性关系:

$$\Delta E \cdot \tau \sim h \tag{25-13}$$

用频率宽度来表示,按 $\Delta E = h\Delta \nu$ 有

$$\Delta \nu \cdot \tau \sim 1 \tag{25-14}$$

可见能级寿命越长,光的谱线宽度越小.

在真空中,原子发光波列长度(即光的相干长度)为

$$L = c\tau$$

这表示能级寿命越长,所发波列的长度越长,光的相干性越好.

四 抽运过程

如前所述,要产生激光,必须在介质中实现粒子数反转.在常温下,介质中绝大多数粒子(原子、离子或分子)都处于基态,不能形成反转分布.只有通过外界能源的激励,使一部分粒子跃迁到各个激发态,才可能在某两个能级之间实现粒子数反转,这个激励过程也叫抽运或泵浦过程.依激励能源的不同,一般有光泵抽运、气体放电抽运、化学抽运,等等.

并不是所有的介质都能通过抽运来实现粒子数反转.例如,若介质中的粒子只能在两个能级 E_1 和 E_2 之间实现跃迁,就不可能用光泵抽运来实现粒子数反转.在

外来光的激励下,原子通过受激吸收 $E_1 \to E_2$ 使 N_2 增加,但与此同时,粒子也能通过受激辐射 $E_2 \to E_1$ 使 N_2 减少.在 $N_2 < N_1$ 时,吸收占优势,但是即使不考虑自发辐射的影响,最多也只能达到 $N_2 = N_1$,若考虑自发辐射,则实际上只能有 $N_2 < N_1$,不能实现反转.能实现粒子数反转的介质,必须要有特别的能级结构,我们把这些介质称作激活介质,以区别于其他介质,它构成激光器的工作物质.

通常的激活介质的能级结构有下列两种类型.

三能级系统,如图 25-1 所示.其中 E_1 是基态,E_2、E_3 是激发态.E_2 是一个亚稳态,其寿命 $\tau_2 \gg \tau_3$.在进行抽运时,光使粒子跃迁到 E_3 能级,E_3 能级不稳定,粒子很快衰变到 E_2 能级.由于 E_2 能级寿命长,可以积累大量粒子,若抽运速度很快,N_2 将大于 N_1,于是就实现了亚稳态 E_2 和基态 E_1 间的反转分布.此时,若发生 $E_2 \to E_1$ 的自发辐射,辐射出来的光子就会引起一系列 $E_2 \to E_1$ 的受激辐射,滚雪球似的产生大量完全相同的光子,从而形成光放大.在三能级系统中,为了实现反转,必须把半数以上的粒子抽运到 E_2 能级,因此要求很高的抽运功率,难于实现连续运转,一般都是脉冲运转的.

四能级系统,如图 25-2 所示.与三能级系统不同的是,在亚稳态 E_3 和基态 E_1 之间还有另一个激发态 E_2,$\tau_3 \gg \tau_2$ 和 τ_4.由于 E_2 态基本上空的,这样 E_3 与 E_2 之间就比较容易实现反转.四能级系统对抽运功率没有过高的要求,容易实现连续运转,这是它的主要优点.

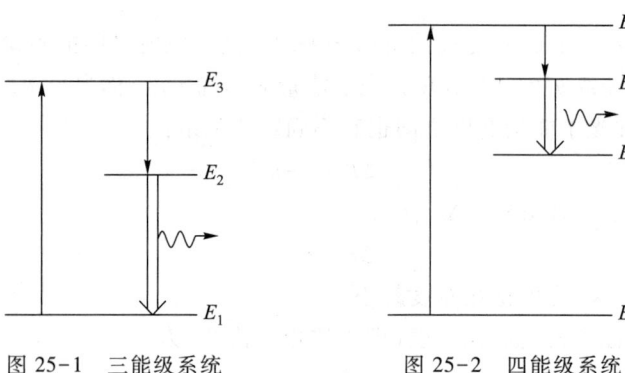

图 25-1　三能级系统　　　　图 25-2　四能级系统

无论是三能级系统还是四能级系统,它们共同说明一个问题,即亚稳态在实现反转中起着重要作用,激活介质的基本特征就是能在粒子的激发中提供亚稳态.

从上面的讨论可以知道,粒子数反转的实现依赖于两个条件:一是工作物质的能级结构中必须要有亚稳态,二是在粒子的抽运中必须要有激励能源.

§25-2　激光的产生

上一节我们已讨论了光放大的基本条件:一旦在介质中实现了粒子数反转,受激辐射就能在传输过程中不断加强,形成光放大.但是,在实际问题中,粒子数反转还只是产生激光的必要条件,要真正实现激光输出,还必须要考虑光在介质中传播时必然出现的损耗.只有光的增益和损耗达到平衡,才能产生稳定的激光,实现输出.此外,特别重要的是,通过对激光产生过程的讨论,可以了解激光光源的主要优点,良好的方向性和相干性,是如何在激光的生成过程中实现的.

一 光的增益和损耗

当一束光射入实现了反转分布的介质后,它的强度将逐渐增强.沿光路设一 x 轴,设光在 x 处的光强为 I,在 $x+\mathrm{d}x$ 处的光强为 $I+\mathrm{d}I$,$\mathrm{d}I$ 为光强增量.不难理解,$\mathrm{d}I$ 应正比于 I 和 $\mathrm{d}x$,记作

$$\mathrm{d}I = GI\mathrm{d}x \tag{25-15}$$

式中 $G=\dfrac{\mathrm{d}I}{I\mathrm{d}x}$ 是增益系数,表示通过单位距离时光强增加的百分比.进一步的研究表明,G 正比于受激辐射概率 B_{21},并与介质折射率、光强和光的频率有关.把式(25-15)积分:

$$\int_{I_0}^{I} \frac{\mathrm{d}I}{I} = \int_0^x G\mathrm{d}x$$

即得

$$\ln \frac{I}{I_0} = Gx$$

$$I = I_0 \mathrm{e}^{Gx} \tag{25-16}$$

可见光在增益时 I 随 x 按指数增长,增益系数越大,增长得越快.

激活介质除了能对光进行增益之外,也能对光形成损耗,这主要是指介质对光的吸收及散射等因素.其讨论方法与对增益的讨论相似.当光经过 $\mathrm{d}x$ 后,吸收、散射等因素引起的损耗为

$$-\mathrm{d}I = \alpha I \mathrm{d}x \tag{25-17}$$

其中 α 叫吸收系数,它表示通过单位距离光强减少的百分比,α 取决于介质的性质,并与光的频率有关(对于强光,α 还与光强有关).对上式积分,即得

$$I = I_0 \mathrm{e}^{-\alpha x} \tag{25-18}$$

它表示光的吸收使得 I 随 x 按指数衰减.

一般说来,在激活介质中,光的增益和损耗同时存在,此时有

$$\mathrm{d}I = (G-\alpha)I\mathrm{d}x \tag{25-19}$$

以及

$$I = I_0 \mathrm{e}^{(G-\alpha)x} \tag{25-20}$$

此式表明,光强的变化是增益和损耗两个效应之积.显然,要真正实现光放大,必须要有 $G>\alpha$,即增益大于损耗.这时,总的效应表现为光的增益.

二 激光振荡和光学谐振腔

从 §25-1 知道,一旦介质实现了反转分布 $N_2>N_1$,而且增益大于损耗 $G>\alpha$,就可以对光起放大作用.此时在介质中由自发辐射 $E_2 \to E_1$ 产生的那些光,就会被按指数

规律放大.

由于介质的长度有限,光子一次通过介质所获得的增益是很微弱的.如果在介质两边加上一对反射镜,使光来回通过介质,光就可以不断地获得增益,形成激光振荡和激光输出.这两个由光的反射镜构成的腔体叫**光学谐振腔**.

光学谐振腔能使光不断地获得增益,但也再次引进了光的损耗因素:反射镜上的透射和吸收.尤其是谐振腔输出端的透射,对于产生激光输出来说,它还是必需的.所以,要使光能在谐振腔内来回反射的过程中形成稳定的振荡并有输出,就必须使介质中光的增益大于介质和反射镜共同引起的总的损耗.下面定量地分析这个问题.

如图 25-3 所示,设从镜面 M_1 出发的光强为 I_1,经过腔长为 L 的激活介质的放大,按式(25-20)到达镜面 M_2 时的光强增加为

$$I_2 = I_1 e^{(G-\alpha)l}$$

经 M_2 反射后,光强降为

$$I_3 = R_2 I_2 = R_2 I_1 e^{(G-\alpha)l}$$

其中 $R_2 < 1$ 是镜面 M_2 的反射率.在回来的过程中,光强又增加:

$$I_4 = I_3 e^{(G-\alpha)l} = R_2 I_1 e^{2(G-\alpha)l}$$

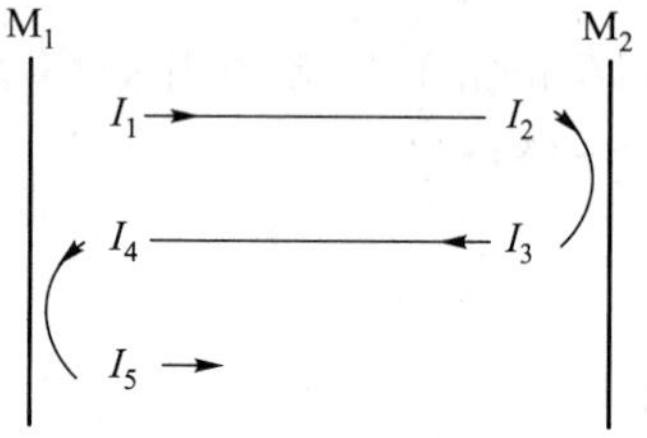

再经 M_1 反射,完成一次振荡,光强变为

$$I_5 = R_1 I_4 = R_1 R_2 I_1 e^{2(G-\alpha)l}$$

图 25-3 光学谐振腔中的增益和损耗

在一次振荡中光强的变化比率为

$$I_5/I_1 = R_1 R_2 e^{2(G-\alpha)l}$$

为了使振荡能维持下去,必须要有 $I_5 \geq I_1$,也即

$$R_1 R_2 e^{2(G-\alpha)l} \geq 1$$

或

$$G \geq G_m = \alpha - \frac{1}{2l} \ln R_1 R_2 \quad (25-21)$$

其中 G_m 叫谐振腔的阈值增益,即能维持激光振荡的最小增益,式(25-21)叫谐振腔的阈值条件.当 $G = G_m$ 时振荡是稳定的;当 $G > G_m$ 时,光强将不断增加,当然也不会无限制地增加下去.研究表明,随着 I 的增加,G 将减少,当 G 减到 G_m 时,I 就维持稳定了.

回顾一个所讨论的激光产生的条件.基本条件是要在介质中实现粒子数反转分布,进而必须满足阈值条件.前一个问题是产生激光的基本理论问题,后一个问题却是个综合性的非常实际的问题.在激光器的生产中,尽量减少不必要的损耗,降低阈值,是产生并输出激光的决定性条件.

三 谐振腔对激光方向、频率和偏振态的选择

谐振腔除了能使光放大来回运行、不断增益外,还有两个重要作用,即对激光的方向和频率进行严格的选择,这种选择最终形成激光的两个主要特点:极好的方

向性和单色性.

激活介质中被放大光束的初始信号来源于自发辐射,而原子的自发辐射是随机的,因而在这样的光信号激励下发生的受激辐射也是随机的,所辐射的光传播方向互不相关,各束光之间方向是杂乱的.引进了光学谐振腔以后,使得只有那些严格沿反射镜轴向传播的光能被持续放大,最后形成激光振荡.而那些偏离轴线的光,或者直接逸出腔外,或者几次反射后最终逸出,都不能形成稳定的振荡.激光光束极好的方向性就来源于此.

下面分析激光谱线的单色性,即谱线宽度问题.谱线的单色性常用频率或波长的相对宽度 $\Delta\nu/\nu=\Delta\lambda/\lambda$ 来描述.激光来源于形成反转分布后介质中的辐射跃迁,由于激光跃迁的上能级基本上都是亚稳态,粒子在亚稳态的寿命较长,按式(25-14),谱线的宽度也就较小.这种由寿命决定的谱线宽度叫谱线的自然宽度.例如对于氦氖激光器 683.2 nm 的红光来说,其自然宽度 $\Delta\nu_n = 15.7$ MHz,相应 $\Delta\lambda_n = 2.1\times10^{-2}$ pm,单色性 $\Delta\nu_n/\nu \sim 10^{-8}$,可见是相当窄的.

介质中大量粒子间的碰撞会加速粒子的跃迁,缩短能级的寿命,增加谱线的宽度,这叫谱线的碰撞展宽.对于氦氖激光器,碰撞展宽 $\Delta\nu_c \sim 250$ MHz,比自然宽度大一个数量级.

由于热运动,发光的粒子具有速度,这相当于运动光源的发光,光的频率有多普勒偏移.离我们而去的粒子发光频率和向我们而来的粒子发光频率之差,就是由此而形成的频率宽度,叫谱线的多普勒展宽.对氦氖激光器,多普勒展宽 $\Delta\nu_d \sim 1\,500$ MHz,比碰撞宽度几乎又大一个数量级.

一般而言,粒子发光的谱线宽度是上述 3 个宽度的总和,称为综合加宽 $\Delta\nu$.对不同激活介质,$\Delta\nu$ 所取决的主要因素不同,在氦氖激光器中 $\Delta\nu$ 主要取决于多普勒展宽.

原子发光的谱线宽度并不就是激光的谱线宽度,一般激光输出的谱线宽度可以远远小于上述的谱线宽度,如氦氖激光器的频宽可小到几个赫兹.其主要原因是谐振腔还要对粒子发出的光进行严格的频率选择.实际上,在谐振腔中来回反射的光束中,只有那些能形成驻波的光才可能维持振荡的稳定性而形成激光.根据驻波条件,这些光的波长应满足

$$L = k\frac{\lambda}{2n} \quad (k=1,2,3,\cdots)$$

其中 L 为腔长,n 为介质折射率.换为频率表示则为

$$\nu_k = k\frac{c}{2nL} \tag{25-22}$$

每一个频率 ν_k 对应于一个沿轴向形成的驻波模式(花样),通常称为激光的纵模,纵模间隔:

$$\Delta\nu_m = \frac{c}{2nL} \tag{25-23}$$

由此可知,在粒子发光谱线的频率范围 $\Delta\nu$ 内只有满足式(25-22)条件的那些

光才可能形成激光振荡,故一般激光器的输出是多模的,如图 25-4 所示,模数

$$N = \frac{\Delta \nu}{\Delta \nu_m} \qquad (25-24)$$

如对氦氖激光器,辐射频宽 $\Delta \nu \sim 1.5 \times 10^9$ Hz,若腔长 $L = 300$ nm,则纵模间隔 $\Delta \nu_m = 5 \times 10^8$ Hz,纵模数 $N = 3$.若取 $L = 100$ mm 则可获得单纵模输出.

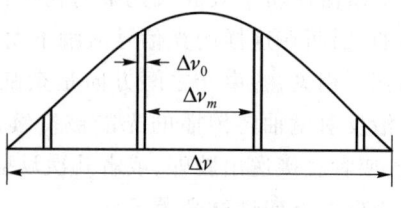

图 25-4 激光的纵模

单纵模谱线宽度 $\Delta \nu_0$ 极小,从经典理论分析可认为 $\Delta \nu_0 \to 0$.从量子理论分析,由于有自发辐射的影响,$\Delta \nu_0$ 不为 0(称为量子噪声).对氦氖激光器,理论上 $\Delta \nu_0$ 可小到 10^{-3} Hz,其单色性 $\Delta \nu_0/\nu \sim 10^{-17}$.当然,实际情况中,由于一些不稳定因素的存在,如腔体的振动,热膨胀及介质不均匀性的影响,单模宽度会远远大于理论值.如对氦氖激光器,一般约为 10^4 Hz,单色性为 10^{-10} 数量级.

激光的单色性特征主要表现在单模宽度上,所以在技术上还必须解决两个问题,一是从多模中提取单模,二是要克服不稳定因素稳定单模频率,这就是单模稳频技术.通过单模稳频技术,目前氦氖激光器的单模宽度可达到几个赫兹,$\Delta \lambda_0 \sim 10^{-8}$ pm,单色性 $\Delta \nu_0/\nu \sim 10^{-14}$,这比理论极限还差 3 个数量级.这类技术专业性很强,这里就不讲了.

谐振腔中以自发辐射为初始信号的各放大光束之间,偏振态也是杂乱的、各向同性的.谐振腔还能对偏振态进行选择,这主要是指外腔式激光器.为了能够对激光的频率进行选择,常常把谐振腔的两个反射镜安置在激光器的外部,如图 25-5 所示,从而可以通过调节腔长 L 来选择纵模频率,这就是外腔式激光器.它比内腔式激光器多了两个封口 b_1 和 b_2,也就多了一重反射损耗,这对形成激光振荡十分不利.为了减少这一损耗,可以把封口做成倾斜的,与腔轴成布儒斯特角,这样的封口叫布儒斯特窗.当光束入射到布儒斯特窗表面时,按布儒斯特定律,垂直于入射面的振动反射增强(可达14%),损耗超过增益,不能形成激光振荡.而平行于入射面的振动将全部通过,没有增加新的损耗,易于生成激光振荡.可见,有布儒斯特窗的外腔式激光器有选择偏振态的作用,它输出的是线偏振光,其振动面即窗口法线与腔轴所成的平面.

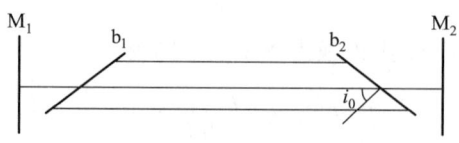

图 25-5 布儒斯特窗

概括一下谐振腔的作用:除了引起激光束的往复放大之外,它还有方向选择、频率选择、偏振态选择的作用.激光光源的主要特色就是依赖于这些选择作用形成的.

§25-3 激 光 器

激光器通常由激励能源、工作物质和光学谐振腔 3 个基本部分构成.依据工作物质的不同,可以把激光器分为气体激光器,固体激光器,染料(液体)激光器和半导体激光器等.下面介绍几种常用激光器的构造、发光机制、工作过程和输出特征.

一 氦氖(He-Ne)激光器

氦氖激光器是 1961 年首先实现激光输出的气体激光器.气体激光器目前种类最多,它是应用最广泛的一种激光器.其突出的优点是:波长分布宽,单色性好,方向性好,容易实现连续输出.此外,它还具有结构简单、造价低廉等优点.因此在国防、工农业生产、科研中广泛地应用于准直、导向、计量、加工、全息照相及医学、育种等各个方面.

氦氖激光器的工作物质是氦气和氖气,氦氖激光器的构造可分为激光管和激光电源两部分.激光管又由工作气体、放电管、光学谐振腔组成,其结构如图 25-6 所示.管长通常为几十厘米,管中充一定比例的氦、氖混合气体作为工作物质(He、Ne 比例为 4∶1~10∶1,总气压为几个毫米汞柱).抽运方式是气体放电,工作电压 2~3 kV,工作电流由几到几十 mA.气体放电在毛细管中进行(毛细管半径为 mm 量级),贮气室与毛细管相通,其中的气体可以更新放电管中的工作气体,延长管子的使用寿命.谐振腔为凹面平面腔,平面镜为输出端,透射率约 1%~2%,凹面镜为全反射镜.

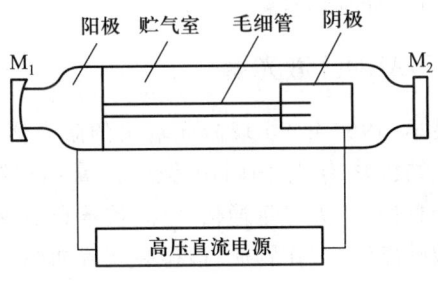

图 25-6 氦氖激光器

激光管中产生激光跃迁的是氖气,氦气是辅助气体,用来提高 Ne 原子的抽运速率.He 和 Ne 的能级如图 25-7 所示,它们组成四能级系统.气体放电时.电子被电场加速后主要与 He 原子碰撞,使 He 激发到能级 E_2,由于 E_2 能级是亚稳态(10^{-4}s),He 原子很难由 E_2 能级直接回到基态,所以 E_2 能级上可以积累较多的粒子.He 的 E_2 能级和 Ne 的 E_3' 能级十分接近,所以受激的 He 原子可以通过碰撞把能量转移给 Ne 原子,使 Ne 原子激发到 E_3' 能级而自己回到基态,这叫激发能的共振转移.由于 Ne 原子的 E_2' 能级基本上是空的,所以在 E_3' 和 E_2' 能级间很容易形成反转分布.

此外，E_3' 能级的寿命为 10^{-7} s 而 E_2' 能级寿命为 10^{-8} s，即粒子在 E_3' 能级的停留时间要比在 E_2' 能级大一个数量级，这意味着这种反转分布易于维持下去。由 $E_3' \to E_2'$ 的跃迁形成 0.632 8 μm 的激光，最后 Ne 原子通过与毛细管壁的碰撞，把能量转移给管壁而回到基态。由于反转比较容易实现，氦氖激光器无须很大的抽运速度就能连续运转，成为第一台连续激光器。

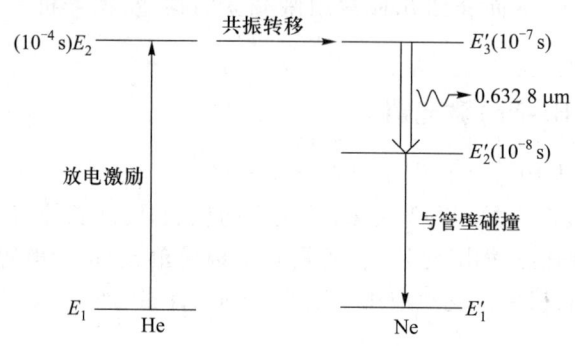

图 25-7 He 和 Ne 的能级

氦氖激光器的实际能级结构比较复杂，在抽运过程中所能形成的反转分布也不止一个，通常它还可以形成 1.15 μm 和 3.39 μm 的振荡。若只需要 0.632 8 μm 的输出，就必须抑制其余振荡生成，如在反射镜上涂用 0.632 8 μm 光的高反射膜，或用棱镜使长波部分偏移逸出，等等。

氦氖激光器的主要优点是单色性好（可达 10^{-14}，频宽可达几赫兹，波长宽度 10^{-8} pm），方向性好（发散角可达 10^{-3} rad），连续输出，性能稳定，结构简单、造价低廉。其缺点主要是功率较小（一般只有几 mW），效率较低（一般只有万分之几）。氦氖激光器是目前使用最广泛的激光器。

二 红宝石（$Cr^{3+}:Al_2O_3$）激光器

红宝石激光器是最早（1960 年）实现激光输出的激光器。红宝石激光器具有输出能量大、峰值功率高、结构紧凑、牢固耐用等优点，常用于激光加工、测距、雷达、激光武器、激光手术、全息摄影、大容量通信、空间技术和集成光学等方面。

红宝石激光器的激励能源、工作物质、谐振腔配置如图 25-8 所示。工作物质是一根长 10 cm、直径 1 cm 的红宝石棒，其基质是 Al_2O_3 晶体，其中渗 0.05%（质量比）的铬离子 Cr^{3+} 取代 Al^{3+} 作为激活离子。红宝石有关能级和光谱的性质都取决于 Cr^{3+}。激励能源是光源——常用脉冲氙灯。红宝石棒和氙灯各放在一个椭圆柱面反射镜的一条焦线上（亦可把氙灯做成螺旋形管包围红宝石棒）。用高压电源给电容充电，电容放电时氙灯发光，经反射镜汇聚于红宝石棒上。谐振腔是双平面镜，M_1 是全反射镜，M_2 是部分反射镜（透射率 10%）作为输出端。此外，红宝石激光器也有冷却系统，以防止工作物质温度过高而引起谱线增宽，效率下降。

图 25-9 是 Cr^{3+} 离子的能级图，为三能级系统。氙灯发光的能量与 E_3 能量接近，基态 Cr^{3+} 吸收光能后跃迁到 E_3 能级。Cr^{3+} 在 E_3 能级是不稳定的，约在 5×10^{-8} s

内衰变到 E_2 能级.这个过程并不发光,而是把能量转变为晶体热能,这种跃迁过程称为无辐射跃迁.E_2 能级是亚稳态,寿命长达 2×10^{-3} s,能积累大量粒子,从而可能在 E_2 态和基态之间实现粒子数反转.由于反转是在 E_2 态和基态间形成,所以红宝石激光器的阈值高,需要很高的抽运速率.氙灯通常一次工作 1 ms,输入能量 10^3 J,输入功率达到 1 MW.每激励一次,红宝石输出一个 0.694 3 μm 的激光脉冲.

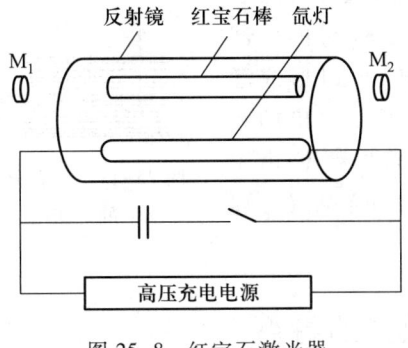

图 25-8　红宝石激光器

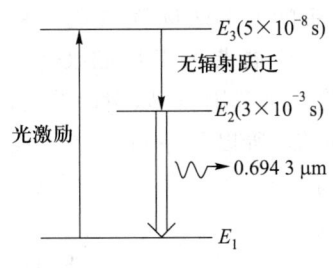

图 25-9　Cr^{3+} 离子的能级

红宝石激光器的主要优点是输出功率高(峰值功率可达几十 MW),调整红宝石光轴方向可直接得到线偏振光,装置的机械强度高等.它的主要缺点是阈值高,不能实现连续输出,性能随温度变化大:工作温度上升时,频率发生漂移,频宽变大(可达 10^{10} Hz),效率下降.

三　半导体激光器

以半导体材料作为工作物质的激光器称为半导体激光器.它有着超小型、高效率、结构简单、价格便宜、工作速度快、便于直接调制等特点.目前已在激光电视唱片、激光高速印刷、全息照相、数码显示、激光准直、测距、光通信、光信息处理和存储等方面有重要应用.

最简单的半导体激光器是由一个 pn 结构成.pn 结除了有整流特性外,还有一个特性:当正向电流通过时,电子从 n 区通过 pn 结进入 p 区,空穴从 p 区通过 pn 结进入 n 区,有一部分电子和空穴在结区复合,复合的结果要放出能量.这种能量可以通过光子的形式释放出来,称为复合辐射,这就是发光二极管的原理.目前制造发光二极管的材料通常都是砷化镓(GaAs).如同普通光源一样,这里也有自发辐射、受激辐射和受激吸收 3 个过程.在发光二极管中,自发辐射占绝对优势.研究表明,如果注入的电流足够大,受激辐射就会超过受激吸收引起光放大,当电流达到阈值使受激辐射的增益超过损耗时就可以形成激光.激光器的谐振腔可利用 GaAs 的天然解理面形成.图 25-10 是 1962 年问世的 GaAs 半导体激光器的示意图.

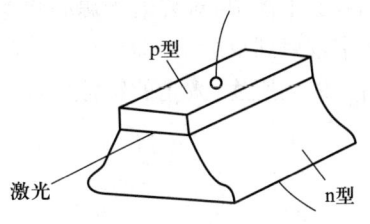

图 25-10　半导体激光器

四 染料(液体)激光器

第一台染料激光器是 1966 年制成的. 染料激光器的主要特点是能够连续调谐. 这主要是由于染料分子的能级是由密级能级组成的准连续能带构成, 其示意图见图 25-11. 在光泵(通常用激光源)的抽运下, 染料分子从基态即能带 E_1 的底部那些能级跃迁到上一能带 E_2, 然后通过无辐射跃迁衰变到 E_2 带的底部, 这时 E_2 带的底部和 E_1 带的上部之间就实现了粒子数反转, 可以形成激光. 由于 E_1 能带的上部能级有一个范围, 所以输出的频率就有一个范围, 可以用调谐元件来选择输出频率. 由于能级密集, 所以频率可以在一定范围(0.1 μm 左右)连续调谐.

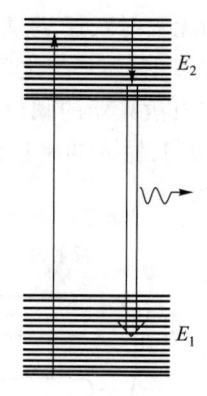

图 25-11 染料分子的能级

§25-4 激光的特点

通过前面的讨论可以知道, 激光与普通光源的最大区别在于两点: 一是方向性好, 二是单色性好.

方向性好又带来两个效果, 一是光源亮度很高, 如一个 10 mW 的氦氖激光器的亮度可以比太阳大几千倍. 其次是被照物体上照度很大. 实际上, 方向性好、亮度高、照度大三者是激光同一性质的三种表现, 它们可归纳为一条, 即激光光束的能量在空间高度集中. 如果再用调制技术使其能量在时间上也高度集中起来(如超短脉冲), 我们就可以获得极高的功率密度.

单色性好即谱线宽度小, 按不确定性关系, $\Delta\nu \cdot \tau \sim 1$, 这也意味着发光时间长, 波列长度 $L = c\tau$ 也长, 这使得激光有很好的时间相干性. 普通光源中由于原子发光时间的间断性, 其波列长度一般只有 cm 数量级, 而激光可达几十千米. 在一些精密光学仪器如迈克耳孙干涉仪中作长度测量时, 就要求光有良好的时间相干性, 以保证相干光束能同时到达干涉点. 激光还有很好的空间相干性, 这是指激光源中不同地方输出的受激辐射光是完全相同的, 因此在干涉点的相位差也是完全确定的. 而普通光源中各原子发光是独立的, 在干涉点, 光源上不同地方发来的光相位差不同, 强弱分布也不同, 这引起观察屏上条纹反衬度下降, 严重时条纹会完全消失. 例如在双缝干涉中, 对普通光源必须要求是极细的线光源, 而用氦氖激光器则可直接把光束投射到双缝上, 即可得到清晰的干涉条纹.

综上所述, 激光的特性可概括为: 方向性好、强度高、单色性好、相干性好.

§25-5 激光的应用

一 激光加工

利用激光能量在时间和空间上高度集中的特性,可以利用激光对工件进行精密加工.

1 激光打孔

在现代技术中,硬度大、熔点高的材料越来越多,并常常需要在这些材料上打出又小又深的孔,如钟表或仪器轴承、柴油机及火箭发动机的燃料喷嘴等.用通常机械钻孔方法很困难,有时甚至是不可能的,而用激光打孔,则容易得多.

一般说来,当功率密度达到 $10^5 \sim 10^6$ W·cm^{-2} 时,就能使各种材料(包括陶瓷)熔化或气化.由于激光的方向性好、亮度高,只需将中等强度的激光束用透镜聚焦,在焦点处的功率密度就远远大于上述数值,可以把工件"烧穿"成孔.

激光打孔的优点是速度快(10^{-3}s),操作简单,可加工极细(10 μm)、极深(与孔径比可达 50)的孔,材料污染、氧化、变形、热影响小,还能对真空中或其他不能直接接触的工件打孔.

2 激光焊接

激光焊接的原理和激光打孔基本相似,只是在焊接时不需将材料气化,只需将其熔化就可以了.

激光焊接的优点是速度快,深度大(深宽比可达 10),材料污染、变形、热影响均小,可进行微型焊接(如微型电子元件、钟表零件等),可焊接难以接近的部位(借助于反射镜或光导纤维),可在真空中焊接(如电子管内),还可以对性质差异悬殊的材料进行焊接(如陶瓷和蓝宝石).

3 激光切割

激光切割的原理和优点与激光打孔相似,不同的是激光束(或被切割物)要按一定方向移动,才能把材料切开.为了提高切割的效率和质量,在切割时往往还要加吹气体.如切割金属时加吹氧气,加速生成金属氧化物以提高切割速度;切割布匹、纸、塑料等非金属时加吹氩气、氮气,防止燃烧.吹气还能使切面干净、材料受热影响小.

由于激光打孔、焊接、切割原理相似,所以往往能使一机多用,例如一台激光加工设备可以既能打孔,又能切割,等等.

4 激光热处理

激光热处理是指对金属的表面用激光进行热处理,是一种改变金属表面性能的特殊工艺.其方法是用适当功率密度的激光来扫描金属表面,以极快的速度使金属表面加热,使其局部温度达到或超过相变温度,然后以极快的速度自行冷却,使金属表面强化、硬化或合金化.

激光热处理有如下几个优点:由于激光功率密度高,加热后冷却速度快,因此可实现自行冷却淬火.激光热处理的表面,深度可精确控制,处理后的金属表面硬化均匀,变形小,应力小,光洁,一般无须再加工.

二 激光测量

激光的方向性好、单色性强,以激光作为光学测量的光源,可以大大提高测量的精度和测量的范围.

1 激光准直和激光导向

随着工业的发展,需要对许多大而精密的部件进行准确的安装.如万吨轮船主轴的安装,分段建造船体的合龙,大型发电机中转子的安装.在建筑工程中也需要对桥梁、铁路、隧道、跑道的走向进行精密的测量.原始的拉钢丝法、普通的准直仪已满足不了现代技术的要求.由于激光束方向性好,又易于直接观察,以激光器作光源的激光准直仪以其精确性、直观性显示出很大的优越性.

激光准直仪以氦氖激光器为光源,光束通过一个反装着的望远镜辐射出来,使发散角再度缩小$\left(\text{若望远镜放大倍数是}10,\text{则光束通过望远镜后发散角成为}\frac{1}{10}\right)$.出射光束照到光电接收器上,接收器装有4块对称的光电池,光信号通过光电池转换为电信号,通过运算电路就直接在方位显示器中给出接收器中心对光束中心的偏离信号来.

激光导向和激光准直的原理相同,常用在隧道工程和采矿工程中.例如光控隧道掘进机,首先用激光束指出隧道掘进方向,再把光电接收器安装在隧道掘进机上,调整掘进机位置,使接收器的中心与激光束中心吻合,这时方位显示器给出零信号.掘进机工作时一旦偏离了掘进方向,光电接收器便给出偏移信号,信号经放大处理,操纵控制机械动作,纠正掘进方向,以确保掘进机按激光束方向前进.

2 激光精密测量

若测量长度不是很大(10 m之内),一般可用激光测长仪,其光路类似于迈克耳孙干涉仪.当干涉仪动臂移动时,可观察到条纹移动.每移动 N 个条纹,动臂移动 $L = N \cdot \frac{\lambda}{2}$.一般采用光电计数器代替人为观察,每移动一个条纹,计数器就收到一个信号,由记录仪记录,其精度达到 $\frac{\lambda}{2}$ 数量级.

此外,还可以用干涉的方法测透光平板的厚度、平行度、平整度、透镜的曲率半径等,这些在波动光学中已有介绍,这里就不重复了.

3 激光测距

若要测的距离超过几百米,就不能用干涉仪来测量,也无须用 $\frac{\lambda}{2}$ 来作计数单位,这时激光测距常用另外两个方法:相位测距法和脉冲测距法.

若待测距离为几到几十千米,且人可以到达测量的起点和终点(如测桥梁长度),可以用相位测距法.在测量的起点用一台砷化镓半导体激光器作光源(红外光),用石英振荡器调节激光器的输入电流可对光振幅进行调制.这时激光器的输出为调制光信号,其波形示意图见图 25-12.其中高频振荡是载波,低频振荡是调制波,调制波的频率即调制频率,调制波波长为 λ_1.在测量的终点放一反射镜,则调制波在起点和终点来回反射的过程中形成的相位差

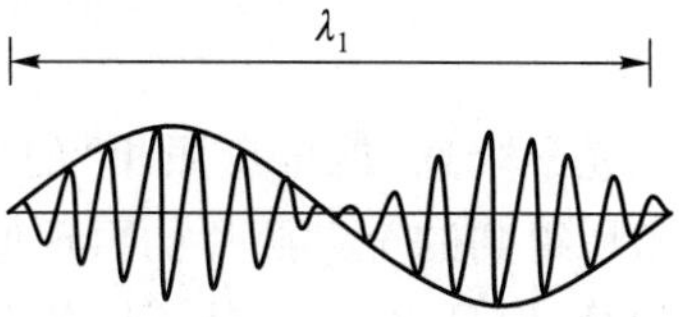

$$\Delta\phi = 2\pi \frac{2L}{\lambda_1} \qquad (25\text{-}25)$$

图 25-12 相位测距的波形

其中 L 即要测的距离.只要测出了相位差 $\Delta\phi$,即可由 λ_1 算出 L.在实用仪器上,计算由逻辑电路完成,并可直接显示出测量结果.

用这种方法测量的量程可达几十千米,精度可达到 mm 量级.

若待测距离很长,或测量的终端不能到达(如月球的距离),则可以用脉冲测距法.用脉冲激光器(如红宝石激光器)向被测物发射光脉冲(脉冲宽度一般为 10^{-9} s 数量级),直接测出光来回传播时间 t,即可求得要测的距离

$$L = \frac{1}{2}ct$$

其误差为脉冲时间(脉冲宽度)内脉冲所经过的距离(脉冲长度).用这种方法测量从地球表面到月球表面的距离,精度可达到 m 的量级.

三 激光通信

激光通信空间的原理和无线电通信的原理相同,也和相位测距法相似:都是以光波为载波(通常是用 CO_2 激光,它的输出波长 10.6 μm 正好处于大气窗口中),用通信信息去调制载波.调制方法不仅有上节所说的振幅调制,还可以进行频率调制或相位调制.把调制波发射出去,在通信终端接收,再用解调器把通信信号解调出来.

现在大力发展的是用光纤来传导激光信号.光纤是一种利用光在石英或高分子塑粒制成的纤维中的全反射原理而达成的光传导工具,其优点是频带宽、损耗低、抗干扰、性能可靠、成本低,可实现远距离、大容量传输,是目前通信技术发展的重要目标.

光纤传输的思想首先由英国物理学家丁达尔于 1870 年提出.1880 年美国人贝尔发明了光电话,开光信号传输之先河,但是由于传输损耗太大,难以付诸实用.1960 年激光器出现后,激光优良的相干性和方向性给光通信带来了新的希望.激光通信首先由麻省理工学院在大气中进行.1966 年,美籍华裔学者高锟提出了利用光纤进行信息传输的可能性和技术途径,指出了现代光纤传输的发展之路而被誉为"光纤之父".随后,光纤的传输损耗在科学家们的努力下逐年降低,从 1960 年的约 1 000 dB/km,缩减为 1990 年的 0.14 dB/km,这为光纤传输的应用铺平了道路.1976 年美国在亚特兰大的贝尔实验室开通了世界上第一条光纤通信的试验线路.1977 年,世界上第一条光纤通信系统在美国芝加哥市投入商用.1982 年,我国第一个实用型的光纤通信系统在武汉建成,目前光纤应用已进入人们的日常生活.

§25-6 光学全息

光学全息(或全息照相)的确切含意是指记录并再现光波的全部信息.用全息技术所得到的全息照片的再现像,看起来和通过一个窗口看原物一模一样.最具特色的是,像是立体的:从不同的角度去观察,可以看到物体的不同侧面.这一点和普通照相的区别是显而易见的.普通照相所再现的是摄影时照相机所"看见"的物体的平面图形,如果当时照相机没有"看见"某个侧面,那么从照片上无论你从什么角度去观察,都不会再看到这个侧面.全息术对物体形象再现的这一特点,已广泛地用于对物体空间结构的记录、显示、分析工作之中,而且在艺术上、商业上也具有神奇而新颖的魅力.当然,全息术的特点还远远不仅于此.

全息术作为一门科学诞生于1947年,但由于光全息实验对光源的相干性有很强的要求,而在20世纪50年代,还没有令人满意的相干光源,因此全息术的发展十分缓慢.到20世纪60年代,随着激光器这一强相干源的出现,光全息才进入了蓬勃发展的阶段,成为光学中最为活跃的领域之一.

一 光全息的基本思想

全息的基本思想,追本溯源,可以从我们最熟悉的惠更斯原理谈起.如图25-13所示,在一个屏的中部有一孔Σ,屏左面有一物体o,它发出的光经孔面Σ传到屏右面,于是在右面可以通过Σ看到o的立体形象.按惠更斯的思想,屏右的光波可看成是由孔面Σ上的光振动引起的.如果我们能移开物o,而设法在Σ面上激起一个与原来完全相同的光振动,那么屏右的光波也将和原来完全相同,也即是说,虽然没有物o存在,但我们也能在屏右面看到一个与原来的物完全一样的立体形象.

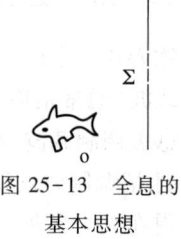

图25-13 全息的基本思想

二 光全息的实现

全息的实现分两个过程,首先是全息记录,如图25-14所示.把一束激光分束,一部分直接投射到感光胶片Σ上,称为参考光,一部分照射到拍摄物o上后,再反射到Σ上,称物光.参考光和物光在胶片Σ上干涉并形成底片,冲片后就是全息照片.显然,全息照片上记录的是参考光和物光干涉所形成的条纹,这可以在显微镜下看到.第二个过程是全息再现,如图25-15所示.把激光直接投射到全息照片上,这称为照明光,可以证明(从略),这时在照片Σ的右表面激起的光振动会产生3列光波,采用光栅的标记方式,分别称为0级和±1级.0级就是照明光,但亮度要弱一些;+1级是我们所期望的再现的物光,它是发散光,在物o原来的位置上形成和o一样的虚像o′,可以在Σ右面看到它;-1级是汇聚光,在与o′对称的方位上形成和o一样的实像o″,可以在Σ右面用一个屏来接收它.

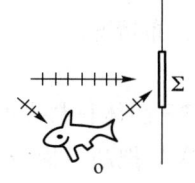
图 25-14　全息记录

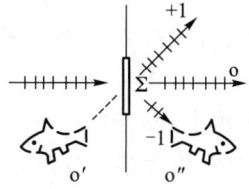
图 25-15　全息再现

三　光全息的应用

全息的应用十分广泛,在一般的工程技术中,最重要的是全息干涉测量,以及全息显微、超声全息等.

1　全息干涉测量

全息干涉测量的基本原理和普通的光学干涉测量(如迈克耳孙干涉仪)是相同的,不同的是普通方法测量的是实物,全息方法测量的是物像,这在处理上就有许多方便之处.首先,普通干涉测量主要适于一维和二维情况,如微长、晶面形变等,它要求物体表面必须光洁,才能保证测量的精度.全息干涉测量可用于一般的三维情况,而且无须表面光洁,即可达到与前者相等的精度.再者,全息干涉测量还可以进行无接触测量和瞬时测量(用脉冲激光器作相干光源),这对于普通干涉测量是很难实现的.下面以常用的二次曝光法来说明全息干涉测量的基本原理.

用二次曝光法,可以在一张全息图上记录一个物体的两个像,再用相干光照明时,这两个像将同时出现,两个像的相对位置表示物体在两次曝光之间的位移情况.在精密测量中,物体的位移量极小,它所形成的两个像的区别是难于直接观察出来的,但两个物体(作为虚源)"发出"的光将发生干涉,干涉条纹却很容易观察到.干涉条纹的分布如同两个物像表面所夹空气薄膜的等厚干涉,每出现一个条纹,相当于物体发生了 $\dfrac{\lambda}{2}$ 数量级的移动.用这种方法,可以测量一个物体在三维空间的微小移动.通过比较物体在形变前后的物像,可以测出物体的形变量,进而推算出物体内部的应力.由物体受力时表面形变的异常部位,可以估算出物体内部缺陷的位置和形状.

2　全息显微

全息显微的主要特点是来于全息成像的立体性.例如在实际中常常要测量样品中浮动粒子的瞬时空间分布特性.由于显微镜的景深很小,无论是直接观察还是用显微镜照相机拍下来,都只能是某一横截面上该时刻的粒子分布.若要获取另一截面上的分布,就必须调焦.调焦之际,由于粒子在运动,其分布就已经不是原来的分布了.全息显微术是先获取粒子瞬时分布的全息图,这就相当于把此时的粒子空间分布"冻结"起来了,然后用显微镜对图像的各个横截面逐一观察、拍照和统计,这样就可以很从容地得到粒子分布的全部情况.用激光脉冲多次曝光还可以得到粒子运动的信息,得到速度分布情况.全息显微术也可用全息图的实像作观测对象,将实像发出的光逐层地用透镜成像在电视摄像管上,通过电视系统将放大图像显示在电视屏上,就能很方便、很安全地看到粒子的分布情况.

3 超声全息

由于光在固体中衰减很快,所以不能直接用来探测固体材料中的损伤,但是超声波容易穿透固体,因此超声探测近几十年来发展很快.把超声探测和光全息技术结合起来,就构成能够三维显示的超声全息技术.

超声全息的原理和光学全息是一样的,都有一个全息记录和再现过程.不同的是超声全息的记录是用超声波,而再现却是用光波.

在一个水箱中放置两个相干超声源,它们发出的超声波一束直接照到水面上,一束照到工件上,再透射到水面上,两束波在水面上形成干涉条纹.振动剧烈处相当于光学中的亮纹,平静处相当于暗纹,这就是超声波的全息图.但是水面本身不能记录这个图,记录可以用普通照相机来完成.采用适当角度的光照明,在照片上,振动强处与弱处的光反射强度将不同,于是照片就忠实地记录下了超声反射的全息图.再用激光照明全息图,就可以得到工件透射时的立体像.由于水和工件对超声波是"透明"的,所以在再现像上工件外表面及其内部缺陷的表面都能显示出来.

习 题

25.1 在大学物理学中我们知道黑体单色辐出度的普朗克公式为

$$M(\lambda,T)=\frac{2\pi hc^2/\lambda^5}{\mathrm{e}^{hc/k\lambda T}-1}$$

若把它用频率 ν 表示出来,则 $M(\nu,T)=$?

25.2 可以证明黑体单色辐出度和空腔内单色能量密度的关系为

$$M(\nu,T)=\frac{c}{4}\rho(\nu,T)$$

由此推证黑体空腔内单色能量密度的普朗克公式

$$\rho(\nu,T)=\frac{8\pi h\nu^3/c^3}{\mathrm{e}^{h\nu/kT}-1}$$

25.3 一个密闭空腔处于热平衡状态,对于某频率的光若受激辐射与受激吸收的比率为 α,则自发辐射与受激吸收的比率为多少?受激辐射和自发辐射的比率为多少?

25.4 黑体温度 $T=6\,000$ K,对其辐射的 $\lambda=0.4$ μm 的光波,求受激辐射与受激吸收的比率.

25.5 已知氦氖激光器输出波长 $\lambda=0.632\,8$ μm,激光器内光的单色能量密度 $\rho(\nu)=10^{-3}$ J·s·m^{-3},求其受激辐射与自发辐射之比.

25.6 设某谱线的波长 $\lambda=0.6$ μm.自发辐射概率 $A_{21}=10^6$ s^{-1},试计算:

(1) 受激辐射概率 B_{21};

(2) 欲使受激辐射超过自发辐射,光源内的单色光能密度应是多少?

25.7 Ne 原子的某一激发态和基态的能量差 $E_2-E_1=16.7$ eV,试计算 $T=300$ K 时,在热平衡条件下,处于两能级上的原子数之比.

25.8 已知某能级的平均寿命 $\tau=10^{-8}$ s,约有 10^{11} 个原子处于该能量状态,这些原子经过

10^{-8} s 后还有多少留在该状态？要经过多长时间留下的为原来数量的一半？

25.9 已知由能级 E_3 通过自发辐射到 E_1, E_2 能级的概率分别为 A_{31}, A_{32}，求能级 E_3 的平均寿命．

25.10 一个被激发了的原子系统在停止激发之后 1.5 μs 辐射强度下降了一半，求这一激发态的平均寿命．

25.11 波长为 λ 的光的谱线宽度为 $\Delta\lambda$，$\Delta\lambda \ll \lambda$，求频宽 $\Delta\nu$，能级宽度 ΔE，发光时间 τ，波列长度 L．

25.12 求证，波长为 λ，谱线宽度为 $\Delta\lambda$，$\Delta\lambda \ll \lambda$ 的光波的相干长度 $L = \dfrac{\lambda^2}{\Delta\lambda}$．

25.13 氦氖激光器所发 0.632 8 μm 的激光谱线宽度 $\lambda = 10^{-5}$ pm，试计算其相干长度．

25.14 某激光器的激光跃迁发生在能级 E_2 和 E_1（基态）之间，若 E_2 的宽度为 ΔE_2，求发光频率 ν、频宽 $\Delta\nu$．

25.15 设光在介质中传播时，每通过 1 cm 路程有 1% 被吸收，计算吸收系数，并问光通过 1 m 的路程后还剩百分之几？

25.16 如果光在增益介质中通过 1 m 后光强增加到原来的 2 倍，试求增益系数．

25.17 在一个激光器中已生成了稳定的激光振荡，若知谐振腔长 300 mm，两反射镜的反射率分别为 100% 和 98%，介质的吸收系数为 0.126 m^{-1}，求光放大的增益系数．

25.18 对于 CO_2 激光器 10.6 μm 的谱线，若其频率的自然宽度 $\Delta\nu_n = 2$ MHz，碰撞宽度 $\Delta\nu_c = 20$ MHz，多普勒宽度 $\Delta\nu_d = 65$ MHz，试求其相应的波长宽度 $\Delta\lambda_n, \Delta\lambda_c, \Delta\lambda_d$．

25.19 设氩离子激光器输出的谱线波长 $\lambda = 0.488$ μm，谱线宽度 $\Delta\nu = 4\,000$ MHz，求腔长为 1 m 时，输出的纵模个数．

25.20 若氦氖激光器输出的 $\lambda = 0.632\,8$ μm 的红光谱线宽度 $\Delta\nu = 1\,000$ MHz，当腔长 L 为多长时可获得单模输出？

25.21 氦氖激光器是几能级系统？它的激励方式是什么？He 原子的能量通过什么方式转移给 Ne 原子？作出其能级示意图，标出亚稳态，标出激光跃迁的方向和上下能级．

25.22 红宝石激光器的激励方式是什么？它的激活粒子是什么？它是几能级系统？作出其能级示意图，标出激光跃迁的方向和上下能级．

第二十六章
半导体

半导体是导电性介于导体和绝缘体之间的一种物质,其导电性的特殊性使得由它构成的半导体器件也有着不同寻常的、多种多样的工作性能.自 20 世纪 40 年代末发明半导体晶体管以来,相继制成了从最简单的二极管、三极管一直到大规模集成电路,半导体使得电子技术突飞猛进,这给电子工业、通信工程、自动控制、计算机技术、信息处理技术的发展带来了极为深刻的影响,而且推动了宇航、原子能应用、人工智能等最尖端技术的研究工作.在当今,电子技术已广泛地深入到人们的生活之中,成为人们衡量现代生活水平的一个重要标志.这一切革命性的发展,都源于一种最基本的材料——半导体.

§26-1 固体的能带结构

半导体物理学是固体物理学的一个分支.固体按其结构的规则性可分为晶体和非晶体两大类.**晶体**是由粒子(原子、离子或分子)按一定的周期排列而成的,如岩盐、方解石、半导体硅、锗单晶等.非晶体的粒子排列则没有明确的周期性,如玻璃、橡胶、塑料等.目前固体物理学的研究对象主要是晶体,在以后的讨论中,若非特别说明,我们所说的固体都是指晶体.固体的一切物理特性都来源于其结构的周期性.粒子在空间的周期性排列称为**晶体点阵**,点阵的框架称为**晶格**,晶格的结点称为**格点**,格点标志粒子的空间位置.

固体由原子结合而成,固体的性质取决于这些原子及其结合方式.在原子的量子理论中,原子中的电子可处于不同的量子态,量子态用波函数 $\Psi_{n,l,m_l,m_s}(r,\theta,\varphi)$ 描述,其中足标 n,l,m_l,m_s 表示一组量子数,标志不同的量子态,r,θ,φ 为空间参量.波函数的物理意义是它的模量的平方 $|\Psi|^2$ 表示处于该态的电子概率密度的分布.电子在不同的态的能量是分立的,称之为能级.能级主要与主量子数 n 和角量子数 l 有关,记作 $E_{n,l}$.

固体由大量粒子按周期性结合而成,在粒子凝聚为固体时,由于相互扰动,它们的波函数和能级将发生一系列的变化.这种变化的严格处理非常复杂,一般不能用解析方法求解而只能用近似方法逐次逼近.下面我们通过一个最简单的例子来粗略地了解一下这种凝聚的作用,然后直接给出问题的结论.

考虑由两个基态氢原子相互靠近而形成氢分子的过程(这可作为原子凝聚的一个最简情况).当两个氢原子相距甚远时,它们的波函数互不重叠,各为 $\Psi_1(r_1)$ 和 $\Psi_1(r_2)$,其能量均为 E_1,波函数的示意图见图 26-1.两原子靠近后,波函数相互重叠,电子成为分子系统的共有电子,每个电子都要受到另一个原子核和电子的扰动.若忽略两电子间的相互影响,则任一电子的波函数可近似记为线性组合:

$$\phi_\pm = C_\pm [\Psi_1(r_1) \pm \Psi_1(r_2)]$$

$C_\pm$ 为归一化常数. 作这种组合的理由是: 若电子靠近哪个原子核,则其状态也应主要由该核的作用决定. $\phi_\pm$ 及 $|\phi_\pm|^2$ 的曲线见图 26-2. ϕ_+ 和 ϕ_- 所代表的电子状态的能量不相同. 对于 ϕ_+ 态, 电子较多地处于两核之间, 能量较低, 为基态能量 E_1'; ϕ_- 态的电子较多地处于两核之外, 能量较高, 为激发态 E_1''. E_1'' 略大于 E_1'.

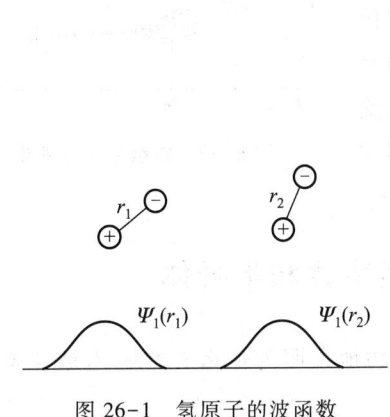

图 26-1 氢原子的波函数

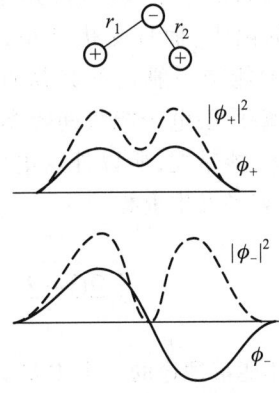

图 26-2 氢分子的波函数

让我们来考虑一下基态氢原子结合为氢分子前后对电子容纳能力有什么变化. 氢原子基态能级只有一个 E_1, 考虑到电子自旋有两个可能取向, 所以基态能级上能容纳两个电子. 两个基态氢原子形成氢分子时, 如上所述, E_1 能级分裂为两个子能级 E_1'、E_1'', 考虑到电子自旋, 共能容纳 4 个电子. 我们注意到, 这个数目正好等于原来两个基态氢原子所能容纳电子数的总和. 当 N 个原子形成晶体时, 电子将为整个晶体系统所共有, 称为**电子共有化**. 其量子态和能量所受到的影响, 比之分子的形成要复杂得多. 但在所能容纳电子数这个问题上, 却有一个相似的结论, 这就是: 当 N 个原子形成晶体时, 原子的每一能级都将分裂为若干子能级, 每个子能级都能容纳两个电子; 这些子能级所能容纳的电子数, 正好等于原来 N 个原子在该能级所能容纳电子数的总和. 例如, 若 N 个基态氢原子形成晶体, 则其基态能级就会分裂为 N 个子能级, 这些子能级共能容纳 $2N$ 个电子, 这正好是 N 个氢原子在基态所能容纳的电子总数.

一个能级分裂而成的子能级间隔极小, 一般约 10^{-23} eV 数量级, 所以单个子能级几乎是不可能区分的, 它们形成一个准连续的分布, 称之为**能带**. 能带之间的间隔是不允许有电子存在的, 称为**禁带**或**能隙**. 能带的标记一般仍用相应原子能级的标记来代表. 如氢原子形成晶体时, 由基态 1s 能级分裂而形成的能带就叫 1s 能带.

在原子的壳层理论中我们知道, l 一定的能级可容纳 $2(2l+1)$ 个电子, 故由之形成的能带, 将能容纳 $2N(2l+1)$ 个电子. 如 s 能带, 无论是 1s、2s 或 3s, 都只能容纳 $2N$ 个电子, 而 p 能带则能容纳 $6N$ 个电子, 依次类推. 从能带所能容纳电子数的结论可立即得到一个简单的推论, 即: 若在原子中某能级, 或说某壳层的电子是填满了的, 那么在形成晶体后, 相应能带中的电子也是满的, 这样的能带叫**满带**. 若壳层的电子未填满,则能带中的电子也不满,这样的能带叫**不满带**.若能带中没有电子,则称为**空带**.

原子凝聚时能级分裂为能带的示意图为图 26-3.其中 r_0 表示晶体中原子间距,它对应于能带分布的一个极小值,亦即稳定值.芯电子能量间隔大,而且受扰动小,能带狭,所以芯电子的能带一般是不交叠的,相互间的禁带也较宽.外层电子能级间隔本来就小,而受扰动又大,能带宽,所以外层电子能带间的禁带狭,且容易发生重叠.

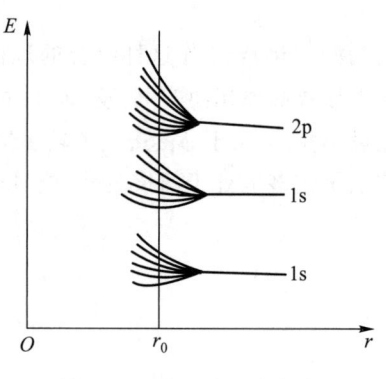

图 26-3 能级分裂为能带

§26-2 导体、绝缘体和半导体

固体能带理论的一个主要贡献就是成功地说明为什么有些固体是导体,有些却是绝缘体或半导体.

一 固体中的电子运动

在固体中电子的定向运动构成电流,由于固体结构的周期性,电子的运动是在一个周期性场的作用下进行,所以其运动状态也表现出特殊的规律.对这个问题的讨论属于固体物理中电子的动力学问题,我们不准备作详细的论证,只把两个重要的结论表述如下.

第一个结论是,在外电场作用下,满带电子的状态分布不变,整体上对电流没有贡献,不满带电子的状态分布改变,产生一个与外场方向一致的电流.

第二个结论是,满带顶部的电子"空穴",相当于一个带电为 $+e$ 的粒子,能引起空穴电流.

二 导体、绝缘体和半导体

一种固体材料是属于导体、绝缘体还是半导体,主要取决于电子在其中的运动情况,最终取决于材料的能带结构.

前面谈到,满带电子没有导电作用,只有不满带电子才参与导电,所以不满带又叫**导带**.原子内壳层的电子一般都是填满了的,所以固体的内层能带一般都是满带,没有导电作用.原子的外层电子即价电子则有可能是满的,也有可能是不满的,价电子能级形成的能带叫**价带**,价带电子在导电活动中起着十分重要的作用.

对于一价金属,如金属钠,其电子组态为($1s^2\ 2s^2\ 2p^6 3s$),其内层都是满的,但价电子能级 3s 却只填了一半,所以价带 3s 是半满的.在外电场作用下,可以产生电流,故钠是导体.周期表中第Ⅰ族元素(如 Li,Na,K,…)的情况都和 Na 相似,所以它们都是善于导电的金属.

对于绝缘体,如 NaCl,Na$^+$ 的电子组态为($1s^2\,2s^2\,2p^6$),Cl$^-$ 的电子组态为($1s^2\,2s^2\,2p^6\,3s^2\,3p^6$),它们的各个壳层都是满的,所以各个能带都是满带,故 NaCl 是绝缘体.大多数离子晶体如 NaCl、KCl 和分子晶体 Cl_2、CO_2、Ne 晶体都是绝缘体.

我们来看二价金属,例如镁,电子组态为($1s^2\,2s^2\,2p^6\,3s^2$).它们的价带也是满的,照理说镁也应是绝缘体,但由于镁的 3s 能带和 3p 有重叠,这相当于组成了一个不满带,所以二价金属(Be,Mg,Ca,…)也都是导体.

碳的情况更为复杂一些,金刚石和石墨都由 C 原子组成,金刚石是典型的绝缘体而石墨却是良导体.这主要是由于在形成晶体的过程中 C 原子的 2s 和 2p 态要发生所谓的"杂化"现象,即要叠加成新的状态.对于不同的"杂化"方式,构成的晶体能带结构不同,金刚石的价带是满带,而石墨的价带是不满的.

至于半导体,如硅 Si、锗 Ge 晶体,从能带结构看,基本上和金刚石相似,不过 C 原子价电子在第二壳层,Si 和 Ge 在第三、第四壳层,所以金刚石价带上面的能隙较宽(5.6 eV),Si 和 Ge 能隙较窄(Si 为 1.12 eV,Ge 为 0.67 eV).由于半导体的能隙较窄,所以用不大的激发能量(热、光或电场)就可以把满带中的电子激发到空带中,使空带中有电子分布,能引起电子电流,故半导体中的空带也叫导带.对于价带,由于出现空穴,也能形成空穴电流,这两种电流的方向均与外场同向.半导体的价带电子可以在能量的激发下跃迁到导带中,同时产生一个电子空穴对.反过来,电子也可以放出能量而从导带跃迁到价带,同时湮没一个电子空穴对,这个过程叫复合.在一定的激发能条件下,电子空穴对的产生和复合将达到一个平衡,而使载流子维持一个相应的浓度.显然,激发能越多,载流子数就越多,所以,半导体的导电能力强烈地依赖于激发能量(如温度),这是半导体的一个主要特征.

概括一下,若固体的价带不满或价带与上面的空带重叠,则为导体;若价带是满带,且上面的能隙较宽(典型值 5 eV 左右),则为绝缘体;若价带是满带,但上面的能隙较窄(1 eV 左右),则为半导体.它们的能带示意图见图 26-4.

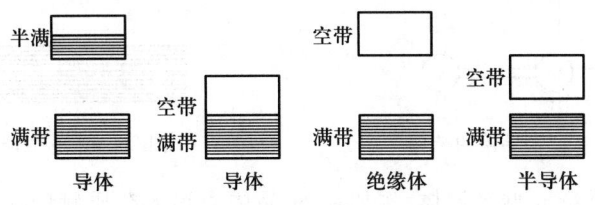

图 26-4 导体、绝缘体和半导体的能带

§26-3 本征半导体和杂质半导体

在上一节中讲到的半导体是由同种原子构成的晶体,这种晶体叫**本征半导体**.本征半导体的正负载流子,即电子和空穴的数目相等,但在常温下的浓度并不高.注意到其能隙为 eV 数量级,而常温下粒子热运动平均能量为 kT 数量级,即百分之几个电子伏,就不难理解这一点.所以常温下本征半导体的电导率很低.若在生成晶

体的过程中,掺杂少量适当种类的杂质元素,就可以大大降低能隙的宽度,增加载流子浓度,提高电导率.这些掺有杂质的半导体材料即称为**杂质半导体**.

例如,在硅(Si)中掺杂砷(As),掺杂原子 As 占据了基质原子 Si 占据的某些格点的位置,如图 26-5 所示.由于 Si 是四价的而 As 是五价,在形成晶体过程中,As 原子中有四个电子参与形成共价键,剩下的一个电子受母体原子约束很弱,容易被激发而释放出来参与导电活动.我们把能够提供剩余电子的杂质称为施主,本例中 As 即为施主.剩余电子脱离 As^+ 而需要的能量 E_d 叫施主电离能.对硅来说,在 Si 中掺杂 As,施主电离能 $E_d = 0.049$ eV,在 Si 中掺杂 P,$E_d = 0.044$ eV.

在一般掺杂水平,杂质原子是相当孤立的,相互之间波函数不重叠,所以它们的能级不形成能带,且各原子的能级结构相同.施主原子在得到能量 E_d 后即能电离,剩余电子脱离 As^+ 并与 Si 晶体中的自由电子汇合共同参与导电活动.从能级的观点来看,这就是说,剩余电子在受到能量 E_d 的激发后,就能跃迁到 Si 晶体的导带上成为导电电子.这意味着,在 Si 的能带中,施主剩余电子的能级位于 Si 的导带底部下方 E_d 处,是在 Si 的禁带之中,称为**施主能级**,其示意图见图 26-6.由于每个杂质原子可在施主能级上提供一个剩余电子,所以施主能级上所能拥有的电子总数即杂质原子的总数.由于施主上面的能隙 E_d 很小,所以在常温条件下,即能将几乎所有的剩余电子激发到导带中去.对于通常的掺杂水平,这些电子的数目远远大于 Si 自身所能提供的导电电子数(和空穴数),所以掺杂 As 的 Si 晶体载流子浓度远远大于纯 Si 晶体,且载流子中电子占绝大多数,称为**多子**,空穴为**少子**.这种杂质半导体叫电子型半导体或 **n 型半导体**.

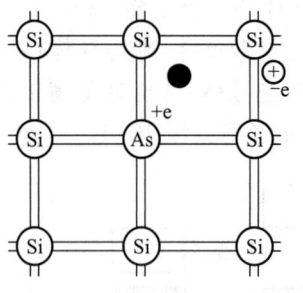

图 26-5 n 型半导体的结构

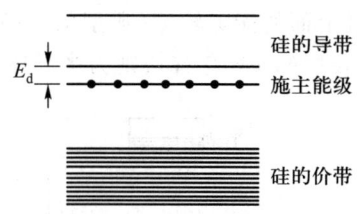

图 26-6 施主能级

下面我们讨论 p 型半导体,例如在 Si 晶体中渗入杂质硼(B),其示意图见图 26-7.由于 B 是三价,故形成晶体后,B 原子要接受一个电子形成 B^- 而在周围留下一个空穴.能接受电子的杂质称为受主,本例中 B 即为受主.我们知道,空穴相当于一个带正电的粒子,它为 B^- 所束缚,其电离能 E_a 称为受主电离能.在 Si 中掺 B 时 $E_a = 0.045$ eV,Si 中掺镓 Ga 时 $E_a = 0.067$ eV.空穴在接受了能量 E_a 后,即可脱离 B^- 而与 Si 晶体中的空穴一起参与导电.从电子的角度来看,这就是说:在 Si 晶体中那些能量较高的外层电子,必须获得能量 E_a 后,才能克服 B^- 的排斥而占据空穴,从而使空穴脱离 B^-.从电子能级的观点看来,这表明在 B^- 周围空穴处的电子能级比 Si 晶体中满带中的上能级还要高出一个 E_a;满带电子必须有大小为 E_a 的激发能,才能跃迁到这个能级.这个由受主 B 形成的能级叫受主能级,其示意图见图 26-8. 一个杂质原子能在其受主能级上接受一个跃迁的电子,故受主能级上共能接受的电子数即杂质原子总数,每接受一个电子,在满带即留下一个可以自由移动的空穴.由于能隙 E_a 很小,在常温下跃迁就容易进行,故受主能级几乎是满的.由此产生的空穴数远远大于 Si 自身产生的空穴占载流子的绝大多数,这时空穴为多子,电子为少子,故称为空穴型半导体或 **p 型半导体**.

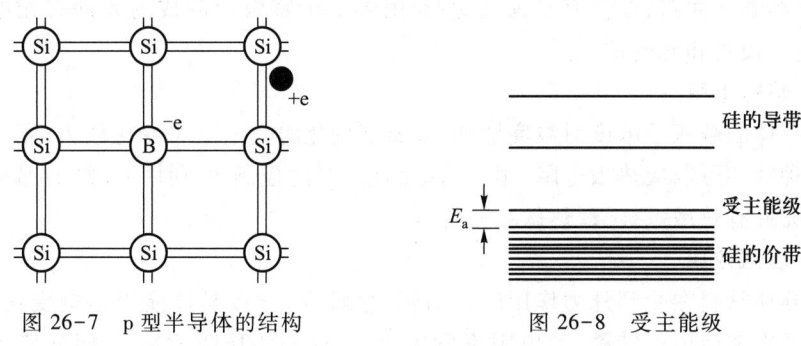

图 26-7　p 型半导体的结构　　　　图 26-8　受主能级

§26-4　半导体应用简介

一　pn 结

在一块半导体晶片上,通过控制掺杂浓度的方法,可以使得在一个界面的一边是 n 型半导体,一边是 p 型半导体,成为一个 pn 结.pn 结是大多数半导体器件的核心,例如二极管是一个 pn 结,三极管是由两个 pn 结构成的,半导体集成电路则大多数是将二极管、三极管等半导体元件做在同一块晶片上得到的.现在,所有的最尖端的技术都离不开集成电路芯片,包括我们的家用电器.

二　半导体传感元件

传感即信号转换,是通过各种效应——主要是物理效应,把我们感兴趣的外界信息转换为可用信号的过程.传感常被喻作人类五官的延伸,是现代社会获取信息的通道.传感(信息获取)技术、计算机(信息处理)技术和通信(信息传输)技术是现代信息技术的主要构成部分.

半导体材料的性质特殊,使得它在各种物理过程中表现十分活跃,能参与很多的物理效应.加上半导体体积小、重量轻、结构简单、坚固耐用、成本低廉,故常选作传感器的敏感元件.为篇幅所限,下面仅举几个较为常见的例子.

1　光电导效应

当光入射到本征半导体上时,如果光子的能量大于禁带宽度,则价带中的电子将吸收光子的能量而跃迁到导带,产生电子空穴对,从而使半导体中的载流子数量增加,电导率增大.对于杂质半导体,如果杂质原子还没有全部电离,光照也能使其电离,称为杂质电导.光电导效应描述半导体中光作用和电流之间的关系,属于光电效应,称为内光电效应,以区别于有光电子发射的外光电效应.以光电导效应为原理的元件称为光电导元件,如光敏电阻,用于测量和控制.

2 光生伏特效应

当光照射 pn 结时,pn 结吸收光子,如果光子能量大于禁带宽度,将产生电子空穴对,电子和空穴沿相反的方向移动、聚集,使 pn 结带电并产生光生电动势,如果将 pn 结连入回路,便会有电流流过.利用光生伏特效应制成的元件有光电二极管、光电三极管和光电池,等等.

3 热敏电阻

半导体的载流子浓度对温度敏感,故温度变化时其电阻率变化较大,利用半导体的这种特性可制成热敏电阻,用于温度测量,温度控制等.利用 pn 结的温度特性做成的元件有热敏二极管、热敏三极管等.

4 压阻效应

半导体材料在受到外力作用时,晶格发生畸变,导致晶体能级结构变化,进而引起电子在能带中的转移,使电阻率发生改变,这称为压阻效应.压阻效应可用于力传感器,检测压力以及材料中的应力等.

此外,半导体还有磁敏、气敏、湿敏等特性,常用作传感元件,广泛用于测量、监视、控制、仪表等技术中.

习　　题

26.1　区分下列概念:能带、禁带(能隙)、满带、不满带、空带、价带、导带.

26.2　请判断下述说法的正误(打√或×)

(1) 钠晶体的 2s 能带为满带＿＿＿＿；

(2) 钠晶体的 1s 能带和 2s 能带之间的禁带是空带＿＿＿＿；

(3) 钠晶体的价带为不满带＿＿＿＿；

(4) 钠晶体的 4s 能带为空带＿＿＿＿.

26.3　导体、绝缘体和半导体的能带结构有什么不同?

26.4　计算 N 个钠原子结合为晶体时,1s、2s、2p、3s 能带上的电子数,并指出该能带是满带还是半满带.

26.5　写出铝原子的电子组态,金属铝的价带是满带还是半满带? 由之说明铝是导体.

26.6　加热使半导体的电导率增加的原因是＿＿＿＿＿＿＿＿＿＿＿＿＿＿＿＿；掺杂使半导体的电导率增加的原因是＿＿＿＿＿＿＿＿＿＿＿＿＿＿＿.

26.7　在硅(Si)中掺杂砷(As),载流子中的多子是＿＿＿＿,故称为＿＿＿＿型半导体.在硅(Si)中掺杂硼(B),载流子中的多子是＿＿＿＿,故称为＿＿＿＿型半导体.

○ 习题答案

郑重声明

高等教育出版社依法对本书享有专有出版权。任何未经许可的复制、销售行为均违反《中华人民共和国著作权法》,其行为人将承担相应的民事责任和行政责任;构成犯罪的,将被依法追究刑事责任。为了维护市场秩序,保护读者的合法权益,避免读者误用盗版书造成不良后果,我社将配合行政执法部门和司法机关对违法犯罪的单位和个人进行严厉打击。社会各界人士如发现上述侵权行为,希望及时举报,本社将奖励举报有功人员。

反盗版举报电话 (010)58581999 58582371 58582488
反盗版举报传真 (010)82086060
反盗版举报邮箱 dd@hep.com.cn
通信地址 北京市西城区德外大街4号
 高等教育出版社法律事务与版权管理部
邮政编码 100120

防伪查询说明
用户购书后刮开封底防伪涂层,利用手机微信等软件扫描二维码,会跳转至防伪查询网页,获得所购图书详细信息。也可将防伪二维码下的20位密码按从左到右、从上到下的顺序发送短信至106695881280,免费查询所购图书真伪。
反盗版短信举报
编辑短信"JB,图书名称,出版社,购买地点"发送至10669588128
防伪客服电话
(010)58582300